Libro interactivo del estudiante

Revela las MATEMÁTICAS® Acelerado

Volumen 1

Mc Graw Hill

Cover: (tl)shuige/Moment/Getty Images, (tr)Kletr/Shutterstock.com, (bl)kuritafsheen/RooM/Getty Images, (br) Elles Rijsdijk/EyeEm/Getty Images

my.mheducation.com

Send all inquiries to:
McGraw-Hill Education
STEM Learning Solutions Center
8787 Orion Place
Columbus, OH 43240

ISBN: 978-0-07-689743-8
MHID: 0-07-689743-5

Revela las Matemáticas Acelerado
Libro interactivo del estudiante, Volumen 1

Printed in the United States of America.

3 4 5 6 7 8 9 10 11 LKV 28 27 26 25 24 23

Temas

Revela las Matemáticas Acelerado® y su importancia...

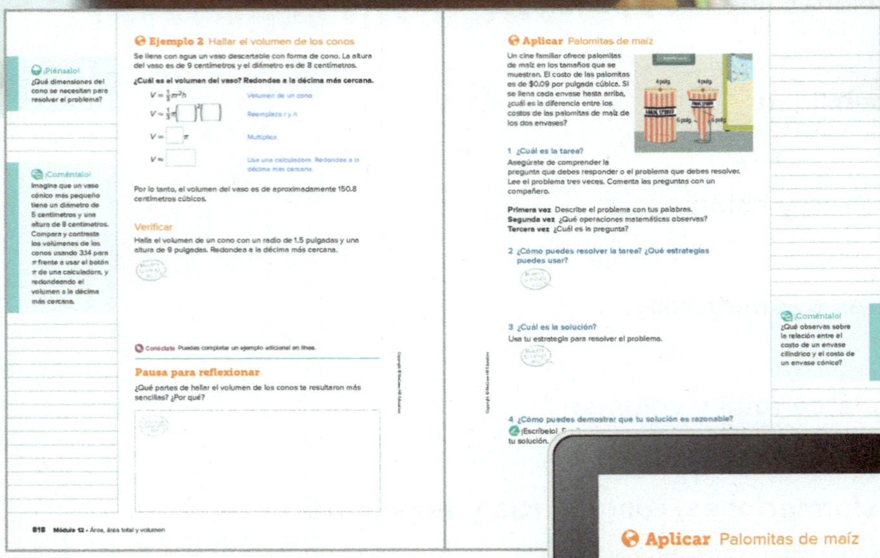

Libro interactivo del estudiante

¡Aprende en donde estés!

El enfoque flexible de *Revela las Matemáticas Acelerado* permite usar la versión digital sola o con el *Libro interactivo del estudiante*.

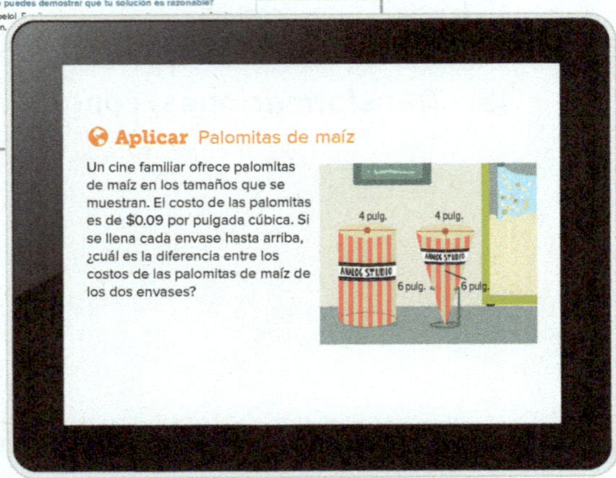

Centro digital para el estudiante

... para revelar TODO tu potencial

Revela las Matemáticas Acelerado® da vida a las matemáticas en cada lección

Revela las Matemáticas Acelerado es un programa impreso y digital que te brinda acceso donde estés. El *Libro interactivo del estudiante* va en paralelo con el Centro digital para que puedas tomar notas en clase y consultarlas en cualquier momento, acceder solo al centro digital o trabajar con los dos. En el Centro digital podrás acceder a lecciones y contenidos interactivos, animaciones, videos y preguntas de práctica mejoradas con la tecnología.

Escribe aquí tu usuario y contraseña

Usuario: ______________________________

Contraseña: __________________________

Conéctate my.mheducation.com

Web Sketchpad® de The Geometer's Sketchpad®: Actividades dinámicas, exploratorias y visuales integradas en la lección.

Animaciones y videos: Aprende con las matemáticas en acción.

Herramientas interactivas: Interactúa con el contenido gracias a las funciones de arrastrar, soltar, seleccionar y completar tablas.

Tutores personales: Mira y escucha cómo un maestro resuelve los problemas.

eTools: Utiliza herramientas matemáticas disponibles que te ayudan a resolver problemas y desarrollar conceptos.

CONTENIDO

Módulo 1

Relaciones proporcionales

Pregunta esencial

¿Qué significa que dos cantidades tengan una relación proporcional?

Módulo 2

Resolver problemas de porcentajes

Pregunta esencial

¿De qué modo el porcentaje describe cómo cambia una cantidad?

CONTENIDO

Módulo 3

Operaciones con números enteros y racionales

Pregunta esencial

¿Cuál es la relación entre las operaciones con números racionales y las operaciones con enteros?

Módulo 4

Exponentes y notación científica

Pregunta esencial

¿Por qué son útiles los exponentes al trabajar con números muy grandes o muy pequeños?

CONTENIDO

Módulo 5

Números reales

Pregunta esencial

¿Por qué clasificamos los números?

Módulo 6

Expresiones algebraicas

Pregunta esencial

¿Cuál es la ventaja de escribir expresiones de diferentes maneras?

CONTENIDO

Módulo 7

Ecuaciones y desigualdades

Pregunta esencial

¿Cómo se pueden usar las ecuaciones para resolver problemas de la vida diaria?

Módulo 8

Relaciones lineales y pendiente

Pregunta esencial

¿Cómo se conectan las relaciones lineales con las relaciones proporcionales?

CONTENIDO

Módulo 9

Probabilidad

Pregunta esencial

¿Cómo se puede usar la probabilidad para predecir sucesos futuros?

Módulo 10

Muestreo y estadísticas

Pregunta esencial

¿Cómo puedes utilizar una muestra para obtener información sobre una población?

CONTENIDO

Módulo 11

Figuras geométricas

Pregunta esencial

¿Cómo ayuda la geometría a describir objetos?

Módulo 12

Área, área total y volumen

Pregunta esencial

¿Cómo podemos medir objetos para resolver problemas?

CONTENIDO

Módulo 13

Transformaciones, congruencia y semejanza

Pregunta esencial

¿Qué significa transformar una figura?

Módulo 1

Relaciones proporcionales

Pregunta esencial

¿Qué significa que dos cantidades tengan una relación proporcional?

¿Qué aprenderás?

Haz una marca (✓) en cada fila para indicar lo que sabes sobre cada tema **antes** de comenzar este módulo.

CLAVE

■ — No lo sé. ◆ — Lo escuché. ★ — Lo sé.

	Antes			Después		
	■	◆	★	■	◆	★
calcular tasas por unidad que incluyan razones de fracciones						
determinar si una relación es proporcional viendo una tabla de valores						
determinar si una relación es proporcional viendo una gráfica						
hallar e interpretar la constante de proporcionalidad						
interpretar los puntos (0, 0) y (1, r) en la gráfica de una relación proporcional						
representar relaciones proporcionales con ecuaciones						
resolver problemas que incluyan relaciones proporcionales						

Foldables Recorta el Foldable y pégalo al Repaso al final del módulo. Puedes usar el Foldable a lo largo del módulo mientras aprendes relaciones proporcionales.

¿Qué palabras de vocabulario aprenderás?

Haz una marca junto a cada palabra de vocabulario que conozcas.

- ☐ constante de proporcionalidad
- ☐ no proporcional
- ☐ proporción
- ☐ proporcional
- ☐ relación proporcional
- ☐ tasa por unidad

¿Estás listo?

Completa el cuadro de Repaso rápido para ver si estás listo para comenzar este módulo. Luego, completa el cuadro Comprobación rápida.

Repaso rápido

Ejemplo 1

Escribir razones.

Escribe la razón entre victorias y derrotas.

Mavericks	
Victorias	10
Derrotas	12
Empates	8

victorias : derrotas

10 : 12

La razón de victorias y derrotas es 10 : 12.

Ejemplo 2

Determinar si las razones son equivalentes.

Determina si las razones 250 millas en 4 horas y 500 millas en 8 horas son equivalentes.

250 millas : 4 horas → $\frac{250}{4} = \frac{125}{2}$ o $62\frac{1}{2}$ (÷2 en el numerador y en el denominador)

500 millas: 8 horas → $\frac{500}{8} = \frac{125}{2}$ o $62\frac{1}{2}$ (÷4 en el numerador y en el denominador)

Las razones son equivalentes porque se mantiene la razón $\frac{125}{2}$.

Comprobación rápida

1. Consulta la tabla del Ejemplo 1. Escribe la razón de victorias y partidos totales.

2. Determina si las razones de 20 clavos para 5 tejas y 12 clavos para 3 tejas son equivalentes.

¿Cómo te fue?

¿Qué ejercicios respondiste correctamente en el cuadro Comprobación rápida? Sombrea los números de los ejercicios a la derecha.

① ②

Tasas por unidad que incluyen razones de fracciones

Puedo... hallar tasas por unidad cuando una o las dos cantidades son fracciones.

Explorar Hallar tasas por unidad con fracciones

Actividad en línea Usarás diagramas de barras para explorar cómo hallar una tasa por unidad cuando una o las dos cantidades de una razón dada son fracciones.

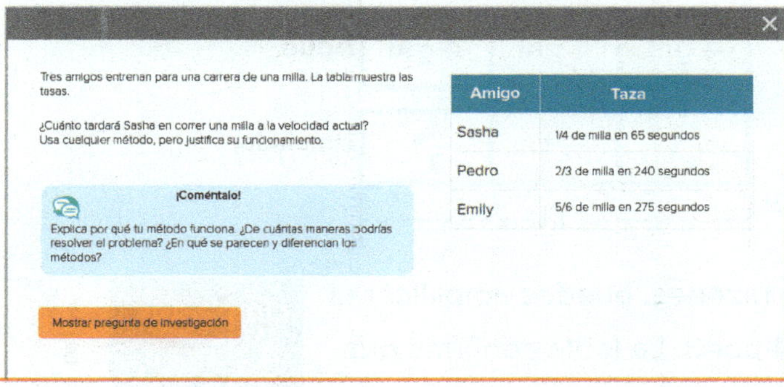

Aprender Tasas por unidad que incluyen razones de fracciones

En una receta para hacer una solución de limpieza diluida, se necesitan 4 galones de agua mezclada con $\frac{1}{3}$ de taza de limpiador.

La razón de galones de agua y tazas de limpiador es de 4 a $\frac{1}{3}$ o $4 : \frac{1}{3}$. Tienes 1 taza de limpiador y quieres usarla toda.

¿Cuántos galones de agua necesitas para mezclar con 1 taza de limpiador para mantener la razón $4 : \frac{1}{3}$?

Para hallar la *tasa por unidad*, es decir, la cantidad de galones de agua necesarios para mezclar con 1 taza de limpiador, puedes usar distintas estrategias.

¿Qué palabras de vocabulario aprenderás?
tasa por unidad

Consejo de estudio

Aprendiste sobre razones, tasas y tasas por unidad en el grado anterior.

Una *razón* es una comparación de dos cantidades, en las que por cada unidad *a* de una cantidad, hay *b* unidades de otra cantidad.

Una *tasa* es una razón que compara dos cantidades que tienen unidades diferentes.

Una *tasa por unidad* compara la primera cantidad por cada unidad de la segunda cantidad.

Tus notas

¡Coméntalo!

Explica a un compañero por qué la tasa $4 : \frac{1}{3}$ no es una tasa por unidad.

Consejo de estudio

La expresión $\frac{4}{\frac{1}{3}}$ se denomina *fracción compleja*. Una fracción compleja es una fracción en la que el numerador, el denominador o los dos también son fracciones.

¡Coméntalo!

¿En qué se parece hallar una tasa por unidad cuando una de las cantidades es una fracción a hallar una tasa por unidad cuando las dos cantidades son números enteros? ¿En qué se diferencia?

La recta numérica doble muestra que, por cada $\frac{1}{3}$ de taza de limpiador, se necesitan 4 galones de agua. Por lo tanto, se necesitan 12 galones de agua para mezclar con 1 taza de limpiador.

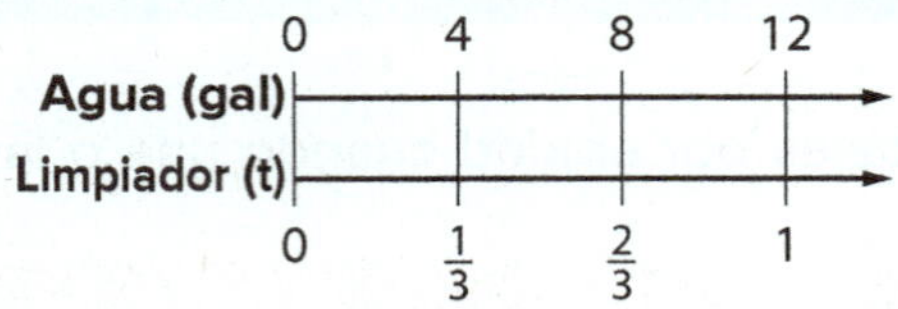

En el diagrama de barras, también se muestra que son necesarios 12 galones de agua para mezclarlos con 1 taza de limpiador. Por cada $\frac{1}{3}$ de taza de limpiador, se necesitan 4 galones de agua.

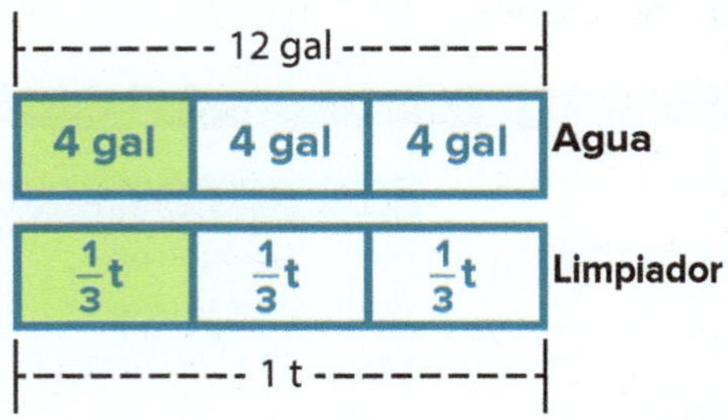

En una tabla de razones, puedes amplificar al multiplicar $\frac{1}{3}$ y 4 por 3. La tabla confirma que necesitas 12 galones de agua para mezclarlos con 1 taza de limpiador.

	×3 →	
Limpiador (t)	$\frac{1}{3}$	1
Agua (gal)	4	12
	×3 →	

Haz una la división para hallar la tasa por unidad. Una razón o tasa se puede escribir como fracción. La razón 4 : 1 se puede escribir como $\frac{4}{1}$. La razón $4 : \frac{1}{3}$ se puede escribir $\frac{4}{\frac{1}{3}}$.

Dado que una barra de fracción indica división, divide el numerador por el denominador para hallar la tasa por unidad.

$\frac{4}{\frac{1}{3}} = 4 \div \frac{1}{3}$ — La barra de fracción indica división.

$= \frac{4}{1} \div \frac{1}{3}$ — Escribe 4 como $\frac{4}{1}$.

$= \frac{4}{1} \cdot \frac{3}{1}$ — Multiplica por el inverso multiplicativo de $\frac{1}{3}$.

$= \frac{12}{1}$, o 12 — Multiplica las fracciones.

Por lo tanto, $\frac{4}{\frac{1}{3}} = 12$.

Usando cualquiera de estas estrategias, la tasa por unidad es 12 galones de agua por cada taza de limpiador.

Ejemplo 1 Hallar tasas por unidad

Tia está pintando una pared de su cobertizo. Pinta 36 pies cuadrados en 45 minutos.

A esa velocidad, ¿cuántos pies cuadrados pintará por hora?

Sabes que 45 minutos son $\frac{3}{4}$ de una hora. Por lo tanto, la tasa de Tia es 36 pies cuadrados por $\frac{3}{4}$ de hora. Debes hallar la tasa por unidad, es decir, la cantidad de pies cuadrados que puede pintar en 1 hora.

Método 1 Usar un diagrama de barras.

Dibuja dos barras para representar la razón 36 : $\frac{3}{4}$. Divide cada barra en cuatro secciones, porque $\frac{3}{4}$ es múltiplo de $\frac{1}{4}$, y hay 4 secciones de $\frac{1}{4}$ de hora en 1 hora.

Para hallar la tasa por unidad, primero halla el valor de cada sección en la barra que representa los pies cuadrados. Dado que tres secciones tienen un valor de 36 pies cuadrados, cada sección tiene un valor de 36 ÷ 3 o 12 pies cuadrados. Dado que 4(12) = 48, la tasa por unidad es 48 pies cuadrados por hora.

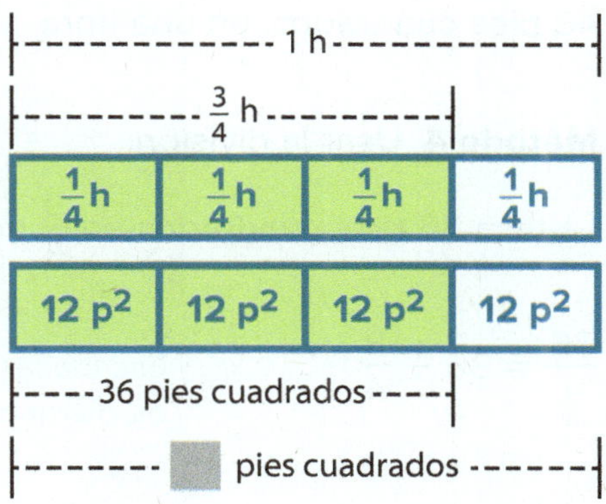

Método 2 Usar una recta numérica doble.

La recta numérica de arriba representa la cantidad de horas. La recta numérica de abajo representa la cantidad de pies cuadrados. Marca y rotula la razón 36 : $\frac{3}{4}$.

Marca y rotula cuatro incrementos iguales de $\frac{1}{4}$ en la recta numérica de arriba.

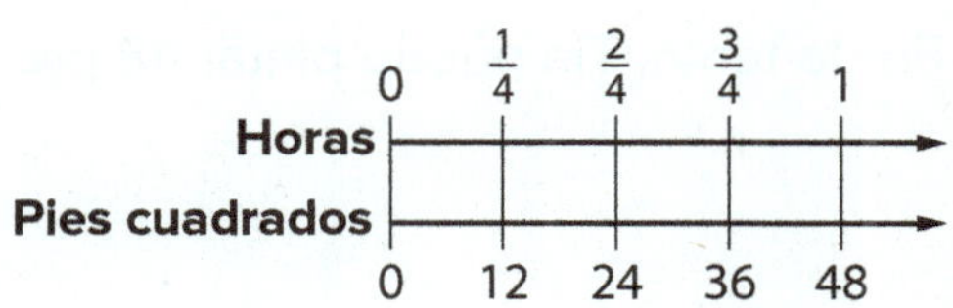

Marca la misma cantidad de incrementos iguales en la recta numérica de abajo.

Cada incremento de la recta numérica inferior representa 12 pies cuadrados. Dado que 4(12) = 48, la tasa por unidad es 48 pies cuadrados por hora.

(continúa en la página siguiente)

¡Piénsalo!
¿Por qué 45 minutos es igual a $\frac{3}{4}$ de hora?

¡Coméntalo!
Utiliza el razonamiento matemático para explicar por qué Tia puede pintar más de 36 pies cuadrados por hora.

¡Coméntalo!
¿Por qué debes simplificar antes de amplificar?

Método 3 Usar una tabla de razones.

La tabla de razones muestra la cantidad de pies cuadrados que se pintaron en $\frac{3}{4}$ de hora. Simplifica para hallar la cantidad de pies cuadrados que se pintaron en $\frac{1}{4}$ de hora.

Horas	$\frac{1}{4}$	$\frac{3}{4}$
Pies cuadrados	?	36

(÷3 en ambas filas)

Amplifica para hallar la cantidad de pies cuadrados que puede pintar Tia en 1 hora. Esta es la tasa por unidad.

Horas	$\frac{1}{4}$	$\frac{3}{4}$	1
Pies cuadrados	12	36	?

(×4 en ambas filas)

Como $\frac{1}{4}(4) = 1$, multiplica 12(4). Por lo tanto, Tia puede pintar 12(4), o 48 pies cuadrados, en una hora.

¡Coméntalo!
Compara los cuatro métodos. ¿Qué operación u operaciones usaste en cada uno de los métodos?

Método 4 Usar la división.

La tasa 36 pies cuadrados en $\frac{3}{4}$ de hora se puede escribir como $\frac{36}{\frac{3}{4}}$.

$\frac{36}{\frac{3}{4}} = 36 \div \frac{3}{4}$ — Escribe la fracción compleja como un problema de división.

$= \frac{36}{1} \div \frac{3}{4}$ — Escribe 36 como $\frac{36}{1}$.

$= \frac{36}{1} \cdot \frac{4}{3}$ — Multiplica por el recíproco de $\frac{3}{4}$, que es $\frac{4}{3}$.

$= \frac{144}{3}$ o 48 — Multiplica. La tasa por unidad es 48 $pies^2$ por hora.

Por lo tanto, Tia puede pintar 48 pies cuadrados en una hora.

Verificar

Doug participó en una carrera de canoas. Remó 5 millas en $\frac{2}{3}$ de hora. ¿Cuál es su velocidad en millas por hora? Usa cualquier estrategia.

Muestra tu trabajo aquí

Conéctate Puedes completar un ejemplo adicional en línea.

Ejemplo 2 Hallar tasas por unidad

Josiah corre $\frac{5}{6}$ de milla en 15 minutos.

Halla su velocidad promedio en millas por hora.

Sabes que 15 minutos es $\frac{1}{4}$ de hora. Por lo tanto, la tasa de Josiah es $\frac{5}{6}$ de milla por $\frac{1}{4}$ de hora. Debes hallar la tasa por unidad, es decir, la cantidad de millas que corre por hora.

Método 1 Usar un diagrama de barras.

Dibuja dos barras para representar la razón $\frac{5}{6} : \frac{1}{4}$. Divide cada barra en 4 secciones, porque hay 4 secciones de $\frac{1}{4}$ en 1 hora.

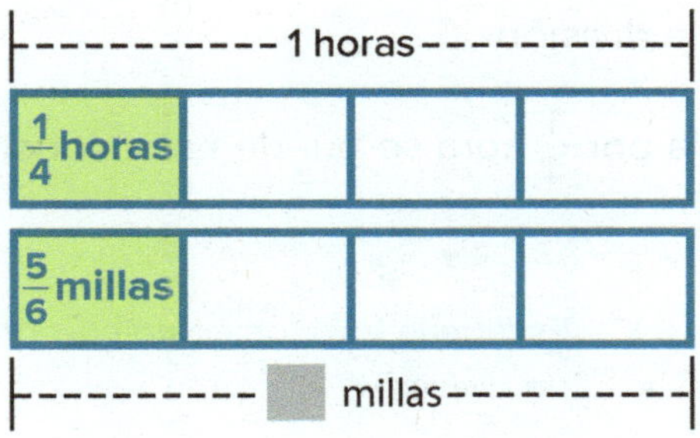

Para hallar la tasa por unidad, primero halla el valor de cada sección en la barra de las millas. Cada sección tiene un valor de $\frac{5}{6}$ de milla. Como $4\left(\frac{5}{6}\right) = \frac{20}{6}$ o $3\frac{1}{3}$, la tasa por unidad es $3\frac{1}{3}$ de milla por hora.

Método 2 Usar una recta numérica doble.

La recta numérica de arriba representa la cantidad de horas. La recta numérica de abajo representa la cantidad de millas. Marca y rotula la razón $\frac{5}{6} : \frac{1}{4}$.

Marca y rotula cuatro incrementos iguales de $\frac{1}{4}$ en la recta numérica de arriba. Marca la misma cantidad de incrementos iguales en la recta numérica de abajo.

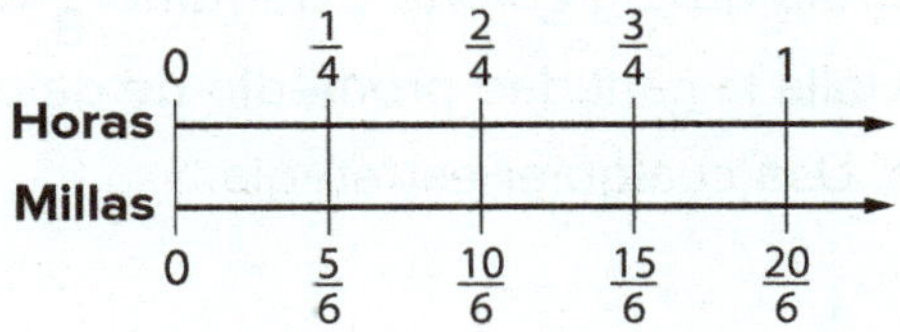

Cada incremento de la recta numérica inferior representa $\frac{5}{6}$ de milla. Como $4\left(\frac{5}{6}\right) = \frac{20}{6}$, o $3\frac{1}{3}$, la tasa por unidad es $3\frac{1}{3}$ millas por hora.

(continúa en la página siguiente)

¡Piénsalo!

¿Qué observas sobre las dos cantidades de la tasa?

Método 3 Usar una tabla de razones.

La tabla de razones muestra la cantidad de millas que corrió en $\frac{1}{4}$ de hora. Amplifica para hallar la cantidad de millas que corre Josiah en 1 hora. Esta es la tasa por unidad.

	×4 →	
Horas	$\frac{1}{4}$	1
Millas	$\frac{5}{6}$	?
	×4 →	

Como $\frac{1}{4}(4) = 1$, multiplica $\frac{5}{6}(4)$. Por lo tanto, Josiah corre $\frac{5}{6}(4)$, o $3\frac{1}{3}$ de milla en una hora.

Método 4 Usar la división.

La tasa $\frac{5}{6}$ de milla por $\frac{1}{4}$ hora se puede escribir como $\frac{\frac{5}{6}}{\frac{1}{4}}$.

$\frac{\frac{5}{6}}{\frac{1}{4}} = \frac{5}{6} \div \frac{1}{4}$ — Escribe la fracción compleja como una expresión de división.

$= \frac{5}{6} \cdot \frac{4}{1}$ — Vuelve a escribir la división como una multiplicación.

$= \frac{20}{6}$ — Multiplica.

$= 3\frac{1}{3}$ — Simplifica. La tasa por unidad es $3\frac{1}{3}$ de milla por hora.

Según cada representación, y dado que hay 4 cuartos de hora en una hora, su velocidad promedio se halla al multiplicar por 4. Por lo tanto, Josiah corre $3\frac{1}{3}$ de milla por hora.

Verificar

Una manguera de jardín quedó abierta y derramó $\frac{7}{8}$ de galón cada $\frac{2}{3}$ de minuto. Halla la cantidad promedio de galones que derramó por minuto. Usa cualquier estrategia.

Muestra tu trabajo aquí

Conéctate Puedes completar un ejemplo adicional en línea.

¡Coméntalo!

¿Cómo podrías formular este problema con minutos en vez de horas? ¿Altera el resultado de la velocidad promedio de Josiah?

Aplicar Navegar en kayak

Carolina y sus amigos se entrenan por separado para una competencia de navegación en kayak. La distancia y el tiempo promedio recorridos por cada uno se muestran en la tabla. Si la distancia recorrida en la competencia es 3 millas, predice quién ganará en base a las tasas que se muestran. Predice cuánto tiempo tardará el ganador en completar la carrera si su tasa es constante.

Persona	Carolina	Leslie	Bryan	Javier
Distancia promedio (mi)	$\frac{7}{8}$	1	$\frac{3}{4}$	1
Tiempo promedio (h)	$\frac{1}{2}$	$\frac{1}{3}$	$\frac{3}{4}$	$\frac{2}{3}$

1 ¿Cuál es la tarea?

Asegúrate de comprender la pregunta que debes responder o el problema que debes resolver. Lee el problema tres veces. Comenta las preguntas con un compañero.

Primera vez Describe el problema con tus palabras.
Segunda vez ¿Qué operaciones matemáticas observas?
Tercera vez ¿Cuál es la pregunta?

2 ¿Cómo puedes resolver la tarea? ¿Qué estrategias puedes usar?

Registra tus observaciones aquí

3 ¿Cuál es la solución?

Usa tu estrategia para resolver el problema.

Muestra tu trabajo aquí

4 ¿Cómo puedes demostrar que tu solución es razonable?

¡Escríbelo! Escribe un argumento que puedas utilizar para defender tu solución.

¡Coméntalo!
¿Qué método es más conveniente para resolver este problema?

Verificar

Se realizó una maratón de caminata en una escuela secundaria local. En la tabla, se muestran las distancias y los tiempos promedio de tres competidores para determinadas etapas de la carrera. Si la distancia total de la ruta fue de 2 millas, ¿quién completó la ruta primero? ¿Cuánto tardó en completar la ruta si caminó a un ritmo constante?

Persona	Distancia (mi)	Tiempo (min)
Lakeisha	$\frac{7}{8}$	18
Baydan	$\frac{9}{10}$	22
Madison	$\frac{4}{5}$	17

Muestra tu trabajo aquí

Conéctate Puedes completar un ejemplo adicional en línea.

Pausa para reflexionar

Compara el proceso para hallar las tasas por unidad que incluyen fracciones con lo que sabes sobre la división de fracciones. ¿En qué se parecen? ¿En qué se diferencian?

Registra tus observaciones aquí

Nombre ______ Período ______ Fecha ______

Práctica

Conéctate Puedes completar tu tarea en línea.

Resuelve los problemas. Usa cualquier estrategia, como un diagrama de barras, una recta numérica doble, una tabla de razones o una división.

1. Un chofer de camión condujo 48 millas en 45 minutos. A esta velocidad, ¿cuántas millas puede recorrer en una hora? **(Ejemplo 1)**

2. Russell corre $\frac{9}{10}$ de milla en 5 minutos. A esta velocidad, ¿cuántas millas puede correr en un minuto? **(Ejemplo 1)**

3. Un avión pequeño voló 104 millas en 50 minutos. A esta velocidad, ¿cuántas millas puede volar en una hora? *(50 minutos* $= \frac{5}{6}$ *de hora)* **(Ejemplo 1)**

4. DeAndre descargó 8 aplicaciones en su tableta en 12 segundos. A esta velocidad, ¿cuántas aplicaciones puede descargar en un minuto? *(12 segundos* $= \frac{1}{5}$ *de minuto)* **(Ejemplo 1)**

5. En el jardín de Lixue, las plantas de pimientos verdes crecieron 5 pulgadas en $\frac{3}{4}$ de mes. A esta velocidad, ¿cuántos pies pueden crecer en un mes? *(Si 5 pulgadas* $= \frac{5}{12}$ *pies)* **(Ejemplo 2)**

6. El trueno de un rayo recorre $\frac{1}{10}$ de milla en $\frac{1}{2}$ segundo. A esta velocidad, ¿cuántas millas puede recorrer en un segundo? **(Ejemplo 2)**

7. Un estornudo típico puede recorrer $\frac{3}{100}$ de milla en 3 segundos. A esta velocidad, ¿cuánto puede recorrer en un minuto? *(3 segundos* $= \frac{1}{20}$ *de minuto)* **(Ejemplo 2)**

Práctica para la prueba

8. Selección múltiple Anita hace cintas de tela para su equipo de sóftbol. Necesita un total de $\frac{3}{4}$ de yarda de tela. Elige todos los tipos de tela que cuesten menos de $8 por yarda. **(Ejemplo 2)**

☐ algodón

☐ franela

☐ lana

☐ toalla

Tela	Costo total para $\frac{3}{4}$ de yarda ($)
Algodón	5.54
Franela	2.62
Lana	4.27
Toalla	6.52

Aplicar

9. Durante los primeros segundos después del despegue, un cohete recorrió 208 kilómetros en 50 minutos a una velocidad constante. Imagina que arrojamos una moneda desde un rascacielos y que recorre 153 kilómetros en $\frac{1}{2}$ hora a una velocidad constante. ¿Cuál de estos objetos tiene una tasa por unidad más rápida por hora? ¿Cuánto más rápida?

10. Para entrenar para una competencia de esquí de fondo, Román tomó tres sesiones de entrenamiento. La tabla muestra el tiempo y la distancia promedio de cada sesión. ¿Incrementó Román la velocidad, en millas por hora, de una sesión a otra? Escribe un argumento para defender la solución.

Sesión	Tiempo (h)	Distancia (mi)
1	$\frac{2}{125}$	$\frac{9}{10}$
2	$\frac{3}{200}$	$\frac{11}{12}$
3	$\frac{3}{250}$	$\frac{17}{20}$

Problemas de pensamiento de orden superior

11. MP **Razonamiento abstracto** Explica por qué un estudiante que corre $\frac{3}{4}$ de milla en 6 minutos es más rápido que un estudiante que corre $\frac{1}{2}$ milla en 5 minutos.

12. Compara y contrasta las tasas $\frac{4}{5}$ *de milla en 8 y en 4 minutos para viajar* $\frac{2}{5}$ *de milla.*

13. MP **Hallar el error** Carli hizo 9 tarjetas de felicitación en $\frac{3}{4}$ de hora. Determinó que la tasa por unidad era de $\frac{1}{12}$ de tarjeta por hora. Halla el error y corrígelo.

14. MP **Ser preciso** Una rejilla estándar de ducha puede drenar agua a una tasa de 480 galones en $\frac{2}{3}$ de hora. Crea tres tasas diferentes, usando unidades iguales o distintas, que sean equivalentes a esta tasa. Sé preciso a la hora de elegir las unidades. Luego, halla la tasa por unidad en galones por minuto.

Comprender las relaciones proporcionales

Puedo... usar modelos y argumentar con razones para entender qué es una una relación proporcional entre cantidades.

¿Qué palabras de vocabulario aprenderás?
relación proporcional

Aprender Relaciones proporcionales

Al cocinar, es importante mantener las razones de los ingredientes. La tabla muestra una receta para hacer masa de pizza. Si pones demasiado o muy poco de algún ingrediente, no saldrá bien la masa.

Ingrediente	Cantidad
Harina	3 t
Sal	$\frac{1}{2}$ cdta.
Levadura	2 cdtas.
Agua	1 t
Aceite de oliva	4 cdtas.

Según la receta, la razón de tazas de harina por tazas de agua es 3 : 1. Supongamos que quieres hacer dos tandas de masa. ¿Será igual la razón de harina y agua? ¿Y si quisieras hacer tres tandas?

Los diagramas de barras muestran la relación entre la harina y el agua para las distintas tandas de masa. En cada tanda, 3 secciones de igual tamaño representan las tazas de harina y 1 sección del mismo tamaño representa las tazas de agua.

Una tanda

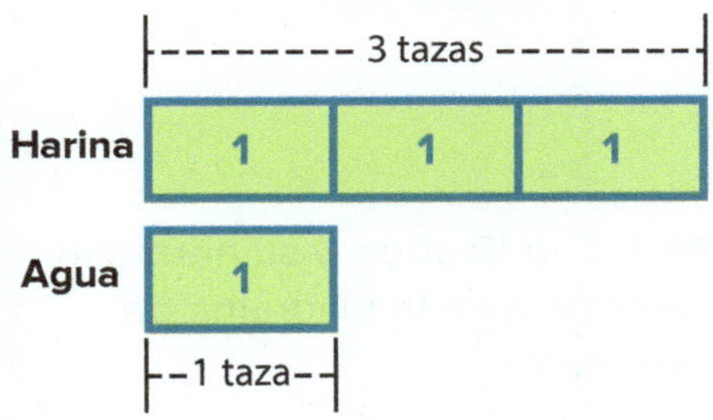

Para una tanda, la razón es 3 tazas de harina por 1 taza de agua.

Dos tandas

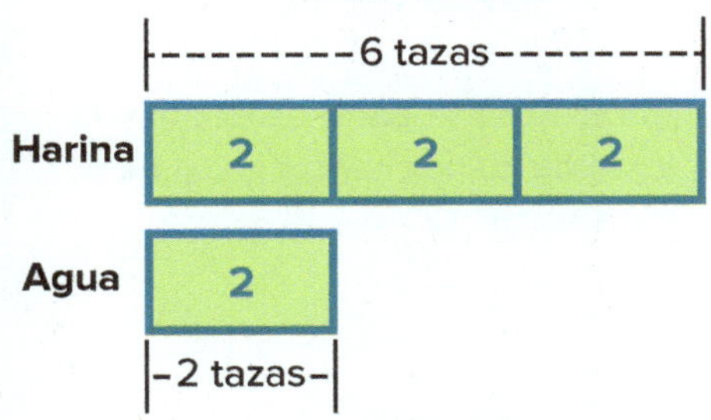

Para dos tandas, la razón es 6 tazas de harina por 2 tazas de agua. Por cada 3 tazas de harina, necesitas 1 taza de agua. La razón 3 : 1 se mantiene.

Tres tandas

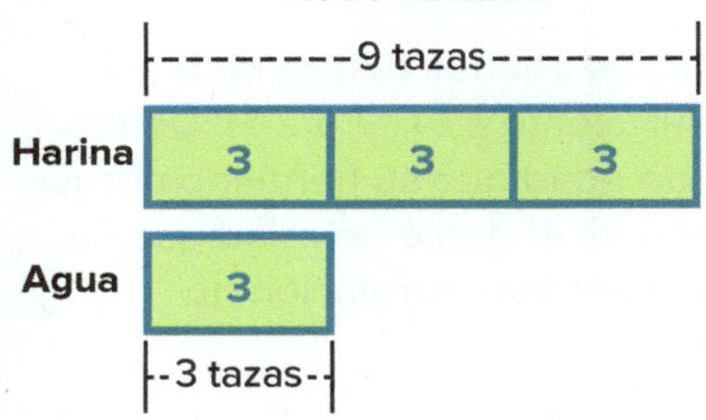

Para tres tandas, la razón es 9 tazas de harina por 3 tazas de agua. Por cada 3 tazas de harina, necesitas 1 taza de agua. La razón 3 : 1 se mantiene.

¡Coméntalo!
¿Se mantendría esta razón si quisieras hacer media tanda de masa? Explícalo.

(continúa en la página siguiente)

Tus notas

La razón de tazas de harina y tazas de agua se mantiene sin importar cuántas tandas de masa para pizza hagas. En cada tanda, hay 3 tazas de harina por cada taza de agua.

Dos cantidades tienen una **relación proporcional** si las dos cantidades varían, pero mantienen una razón constante entre ellas. Por ejemplo, si para una receta se necesitan 2 tazas de harina por cada taza de azúcar, los ingredientes tienen una relación proporcional porque, si bien la cantidad de tazas de harina o azúcar puede variar, la razón de tazas de harina y de azúcar es constante, 2 : 1.

Algunas relaciones no son proporcionales. En esos casos, no se mantiene una razón. Imagina que Pedro tiene 14 años y su hermano menor tiene 7. La razón de sus edades actuales es 14 : 7. Pedro tiene el doble de edad que su hermano. ¿Siempre tendrá el doble de edad?

El diagrama de barras representa esta relación. Como Pedro actualmente tiene el doble de edad que su hermano, el diagrama de barras que representa la edad de Pedro tiene el doble de secciones que el diagrama de barras que representa la edad de su hermano.

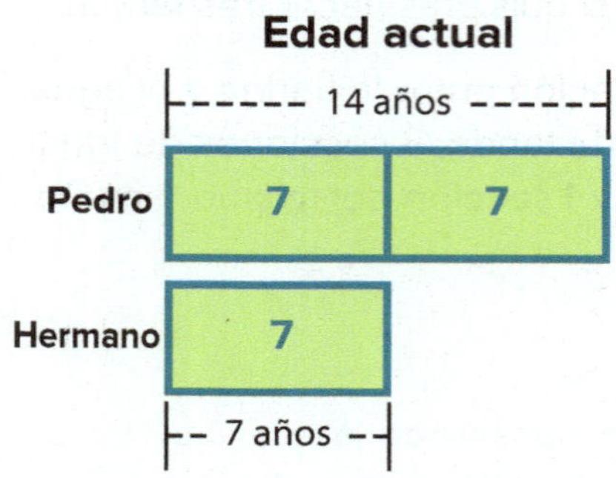

La razón de la edad de Pedro y la edad de su hermano es 14 : 7. Esta razón es equivalente a 2 : 1 porque 14 es el doble de 7.

Dentro de cinco años, Pedro tendrá 14 + 5, o 19 años, y su hermano tendrá 7 + 5, o 12 años. Agrega una sección a cada diagrama de barras para representar los 5 años adicionales.

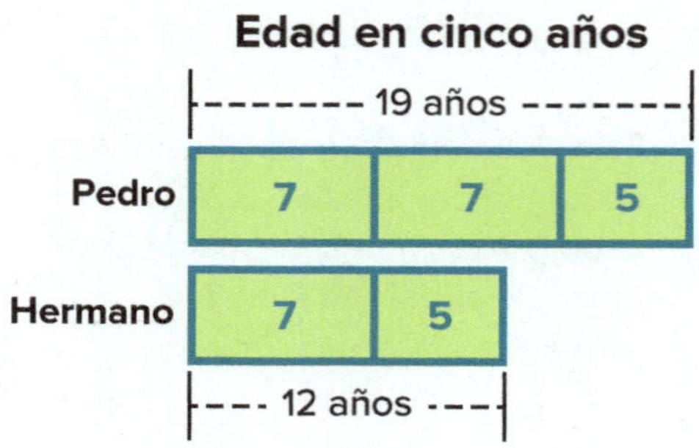

La razón de la edad de Pedro y la edad de su hermano dentro de 5 años es 19 : 12.

El diagrama de barras que representa sus edades dentro de 5 años muestra que la razón 19 : 12 no es equivalente a 14 : 7 o 2 : 1. Dentro de 5 años, Pedro no tendrá el doble de edad que su hermano porque $19 \neq 2(12)$. Como Pedro no siempre tendrá el doble de edad que su hermano y la razón 14 : 7 o 2 : 1 no se mantiene, la relación no es proporcional.

¡Coméntalo!
¿Habrá alguna vez una edad, distinta de 14 y 7, en que Pedro tenga el doble de edad que su hermano? Explícalo.

Ejemplo 1 Identificar relaciones proporcionales

La receta para un limpiador de vidrios casero indica que se debe usar una razón de 1 parte de vinagre por 4 partes de agua. Elyse usó 3 cucharadas de vinagre y 12 de agua para hacer el limpiador.

¿Es una relación proporcional la relación entre el vinagre y el agua de la receta y el vinagre y el agua de la solución de limpieza de Elyse? Explica tu razonamiento.

Para determinar si la relación es proporcional, Elyse debe mantener la razón de vinagre y agua. Dibuja un diagrama de barras para representar la razón de los ingredientes de la receta.

Por cada parte de vinagre, hay 4 partes de agua. Las unidades que representan la parte no importan. Pueden ser tazas, cuartos de galón, galones, etc.

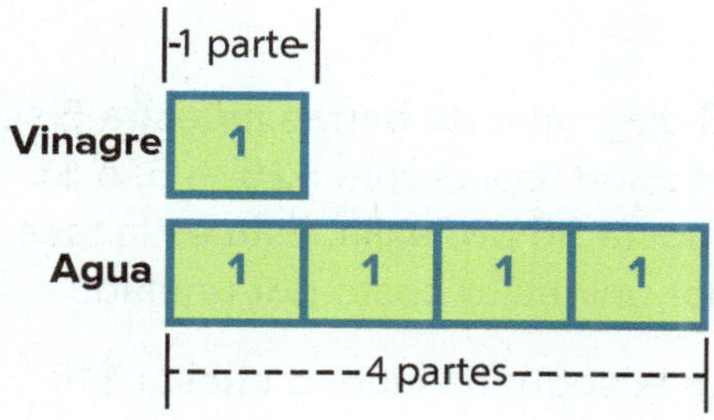

Dibuja un diagrama de barras que represente la razón de los ingredientes del limpiador de vidrios de Elyse.

Elyse usó 3 cucharadas de vinagre, que representan 1 parte. Usó 12 cucharadas de agua. Como hay cuatro partes de 3 en 12, usó 4 partes de agua.

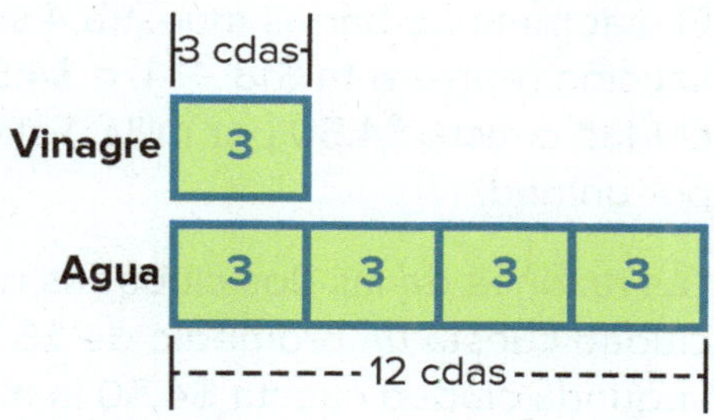

La razón de vinagre y agua se mantuvo cuando Elyse usó 3 cucharadas de vinagre y 12 cucharadas de agua. Como se mantuvo la razón, hay una relación proporcional.

Verificar

Consulta la receta de limpiador de vidrios casero del Ejemplo 1. Marcus mezcló 1.5 tazas de vinagre y 6 tazas de agua para hacer el limpiador. ¿Es proporcional la relación entre el vinagre y el agua de la receta y el vinagre y el agua de la solución de limpieza de Marcus? Explica tu razonamiento.

Muestra tu trabajo aquí

Conéctate Puedes completar un ejemplo adicional en línea.

¡Piénsalo!

¿Cuál es la relación entre las partes de agua y las partes de vinagre de la receta?

¡Coméntalo!

¿Se mantendría esta razón si usaras 1 taza de vinagre y 4 tazas de agua? Explícalo.

Ejemplo 2 Identificar relaciones proporcionales

Un viaje de 5 millas en taxi en una ciudad le cuesta a Ayana $25. Un viaje de 4 millas en taxi en otra ciudad cuesta $18. Supón que el precio en cada ciudad es el mismo por milla.

¿Es proporcional la relación entre la cantidad de millas y el costo total entre las dos ciudades? Explícalo.

Dibuja un diagrama para representar la relación entre las millas y el costo en cada ciudad.

En la primera ciudad cuesta $25 viajar 5 millas.

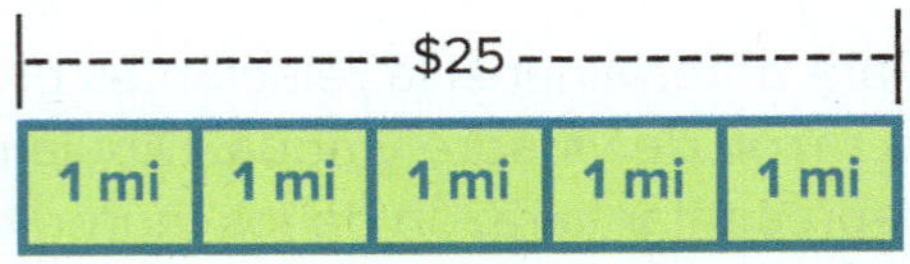

El diagrama de barras muestra 5 secciones de igual tamaño. Cada sección representa $25 ÷ 5, o $5. Por lo tanto, en la primera ciudad cuesta $5 por milla. Esta es la tasa por unidad, o costo por unidad.

En la segunda ciudad cuesta $18 viajar 4 millas.

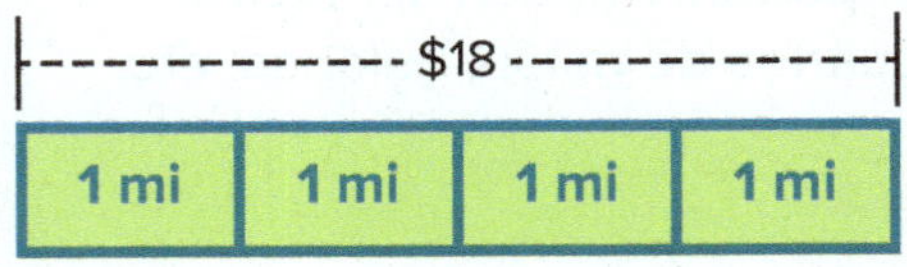

El diagrama de barras muestra 4 secciones de igual tamaño. Cada sección representa $18 ÷ 4, o $4.50. Por lo tanto, en la segunda ciudad cuesta $4.50 por milla. Esta es la tasa por unidad, o costo por unidad.

Las razones de las dos ciudades no son equivalentes. En la primera ciudad cuesta un promedio de $5 la milla, mientras que en la segunda ciudad cuesta $4.50 la milla. Como las razones no son equivalentes, esta no es una relación proporcional.

¡Coméntalo!
¿Cuál debería ser el costo de un viaje de 4 millas en taxi en la segunda ciudad para que fuera una relación proporcional?

Verificar

Un tipo de lana cuesta $4 las 100 yardas. Otro tipo de lana cuesta $5 las 150 yardas. ¿Es proporcional la relación entre la cantidad de yardas y el costo entre los dos tipos de lana? Explícalo.

Muestra tu trabajo aquí

Conéctate Puedes completar un ejemplo adicional en línea.

Aplicar Construcción

Christine construye una terraza en su patio. Para colocar los postes, preparará hormigón usando una mezcla. Para la mezcla necesita 1 parte de agua por 2 partes de cemento y 3 partes de arena. La relación entre el agua, el cemento y la arena es proporcional según el peso. Si tiene 25 libras de cemento y las usará todas, ¿cuántas libras de arena necesitará? Un galón de agua pesa unas 8.34 libras. ¿Cuántos galones de agua necesitará? Redondea a la décima más cercana.

1 ¿Cuál es la tarea?

Asegúrate de comprender la pregunta que debes responder o el problema que debes resolver. Lee el problema tres veces. Comenta las preguntas con un compañero.

Primera vez Describe el problema con tus palabras.
Segunda vez ¿Qué operaciones matemáticas observas?
Tercera vez ¿Cuál es la pregunta?

2 ¿Cómo puedes resolver la tarea? ¿Qué estrategias puedes usar?

Registra tus observaciones aquí

3 ¿Cuál es la solución?

Usa tu estrategia para resolver el problema.

Muestra tu trabajo aquí

4 ¿Cómo puedes demostrar que tu solución es razonable?

¡Escríbelo! Escribe un argumento que puedas utilizar para defender tu solución.

¡Coméntalo!
Compara y contrasta tu método para resolver este problema con el método de un compañero.

Verificar

Para preparar un material gelatinoso, se necesita 1 parte de bórax, 24 partes de pegamento blanco y 48 partes de agua. La relación entre el bórax, el pegamento blanco y el agua es proporcional según su volumen. Si Catalina tiene 3 cucharadas de bórax y las usará todas, ¿cuántas tazas de pegamento blanco necesitará? (*Pista*: 1 taza es igual a 16 cucharadas).

Muestra tu trabajo aquí

Conéctate Puedes completar un ejemplo adicional en línea.

Pausa para reflexionar

¿Te has preguntado cuándo podrías usar lo que aprendiste en la clase de Matemáticas? ¿Cuáles son algunas situaciones de la vida diaria en las que podrías usar lo que aprendiste hoy?

Registra tus observaciones aquí

Nombre ______________ Período ______________ Fecha ______________

Práctica

Conéctate Puedes completar tu tarea en línea.

Determina si existe una relación proporcional en cada situación. Explica tu razonamiento. (Ejemplos 1 y 2)

1. Se necesitan 3 partes de aceite por parte de vinagre para un aderezo de ensalada. Manuela usa 2 cucharadas de vinagre y 6 cucharadas de aceite para hacerlo.

2. Para un tono específico de pintura anaranjada se necesitan 2 partes de amarillo y 3 partes de rojo. Catie usa 3 tazas de pintura amarilla y 4 tazas de roja para preparar la pintura anaranjada.

3. Con 35 partes de sal por 1000 partes de agua se prepara una solución salina para una pecera. Tareq usó 7 cucharadas de sal y 200 cucharadas de agua.

4. Una cinta transportadora se mueve a una velocidad constante de 12 pies en 3 segundos. Otra cinta transportadora se mueve 16 pies en 4 segundos.

5. Una placa tectónica de la corteza terrestre se mueve a una velocidad constante de 4 centímetros por año. Otra placa tectónica se mueve a una velocidad constante de 30 centímetros cada diez años.

6. Un mechón de cabello crece a una velocidad constante de $\frac{1}{2}$ de pulgada por mes. Otro mechón de cabello crece a una velocidad constante de 4 pulgadas por año.

Práctica para la prueba

7. **Selección múltiple** Una mezcla de tierra para jardín tiene 1 parte de minerales, 1 parte de musgo y 2 partes de abono. Elige todas las mezclas de abajo que tengan una relación proporcional con esta mezcla.

- ☐ 5 pies^3 de minerales, 5 pies^3 de musgo, 10 pies^3 de abono
- ☐ 10 pies^3 de minerales, 15 pies^3 de musgo, 15 pies^3 de abono
- ☐ 12 pies^3 de minerales, 12 pies^3 de musgo, 24 pies^3 de abono
- ☐ 20 pies^3 de minerales, 20 pies^3 de musgo, 40 pies^3 de abono
- ☐ 100 pies^3 de minerales, 100 pies^3 de musgo, 200 pies^3 de abono
- ☐ 50 pies^3 de minerales, 50 pies^3 de musgo, 50 pies^3 de abono

Aplicar

8. Melanie prepara limonada con una receta que requiere 1 parte de jugo de limón, 2 partes de azúcar y 8 partes de agua. Exprime 2 limones y obtiene 6 cucharadas de jugo de limón. ¿Cuánto azúcar y agua necesitará para preparar limonada con la misma razón de ingredientes de la receta? (*Pista*: 1 taza es igual a 16 cucharadas)

9. La receta de masa para pizza que se muestra es para una tanda. Charlie quiere preparar media tanda. Tiene 1 taza de harina. ¿Cuánto más de harina necesita?

Ingrediente	Cantidad
Harina	3 t
Sal	$\frac{1}{2}$ cdta.
Levadura	2 cdtas.
Agua	1 t
Aceite de oliva	4 cdtas.

Problemas de pensamiento de orden superior

10. MP **Identificar la estructura** La mitad de una mezcla de jugo de naranja es un concentrado de naranja. Explica por qué la razón de concentrado de naranja y agua es de 1 : 1.

11. MP **Hallar el error** Para una solución de limpieza se usa 1 parte de vinagre por 2 partes de agua. Para otra solución de limpieza se usan 2 partes de vinagre por 3 partes de agua. Un estudiante dice que esto representa una relación proporcional porque, en cada solución, hay una parte más de agua que de vinagre. Halla el error y corrígelo.

12. Patrick preparó una solución sencilla de azúcar con 3 partes de azúcar y 4 partes de agua. Thomas preparó una solución de azúcar con 6 partes de azúcar y 7 partes de agua. ¿De quién fue la solución más azucarada? Explícalo.

13. MP **Ser preciso** ¿Cómo puedes utilizar una tasa por unidad para determinar si una relación es proporcional?

Tablas de relaciones proporcionales

Puedo... determinar si dos cantidades registradas en una tabla tienen una relación proporcional realizando una prueba de razones equivalentes.

Explorar Razones en tablas

Actividad en línea Explorarás cómo determinar si las razones entre dos cantidades son equivalentes.

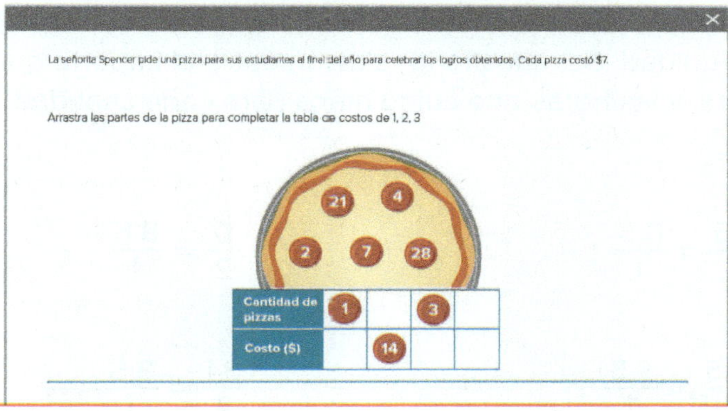

Aprender Relaciones proporcionales y tablas

Dos cantidades son **proporcionales** si las razones que las comparan son equivalentes.

Todas las razones de la tabla que comparan el costo con la cantidad de pizzas son equivalentes y tienen una tasa por unidad de $\frac{\$7}{1 \text{ pizza}}$. El costo del pedido es proporcional a la cantidad de pizzas pedidas.

Cantidad de pizzas	1	2	3	4
Costo ($)	7	14	21	28
Costo por pizza ($)	7	7	7	7

En las relaciones donde estas razones no son equivalentes, las dos cantidades se llaman **no proporcionales**.

En la siguiente tabla, las razones que comparan el costo con la cantidad de pizzas son diferentes. Por lo tanto, la relación representada en esta tabla es no proporcional.

Cantidad de pizzas	1	2	3	4
Costo ($)	9	16	23	30
Costo por pizza ($)	9	8	7.67	7.50

¿Qué palabras de vocabulario aprenderás?
constante de proporcionalidad
no proporcional
proporcional

¡Coméntalo!
¿Cómo puedes utilizar razones para determinar si una relación es proporcional?

Tus notas

¡Piénsalo!

¿Qué hace que una relación sea proporcional?

¡Coméntalo!

Piensa en una manera de pagarle a Carrie en la cual el dinero que gane no sea proporcional a la cantidad de horas que trabaje. Explica tu razonamiento.

Ejemplo 1 Relaciones proporcionales y tablas

Carrie gana $8.50 por hora cuidando niños.

¿Es la cantidad de dinero que gana proporcional a la cantidad de horas que pasa cuidando niños?

Completa la tabla con la cantidad de dinero que gana cuidando niños durante 1, 2, 3 y 4 horas.

Cantidad de horas	1	2	3	4
Importe ganado ($)				

Puedes comprobar la proporcionalidad escribiendo cada razón con el mismo denominador. El denominador más eficaz es 1, que también es la razón por unidad. Se muestra la relación entre el importe que ganó, en dólares, y las horas que cuidó niños para cada cantidad de horas.

$$\frac{8.5}{1} = \frac{8.5}{1} \qquad \frac{17}{2} = \frac{8.5}{1}$$

$$\frac{25.5}{3} = \frac{8.5}{1} \qquad \frac{34}{4} = \frac{8.5}{1}$$

Por lo tanto, la relación es proporcional porque las razones de las cantidades son equivalentes y tienen una tasa por unidad de $8.50 por hora.

Verificar

Un elefante adulto toma alrededor de 225 litros de agua por día. ¿Es la cantidad de agua proporcional a la cantidad de días que han pasado? Utiliza la tabla para responder la pregunta.

Tiempo (días)	1	2	3	4
Agua (L)	225	450	675	900

Muestra tu trabajo aquí

Conéctate Puedes completar un ejemplo adicional en línea.

Ejemplo 2 Relaciones proporcionales y tablas

Una agencia de venta de entradas cobra un cargo de servicio de $6 por cada pedido. Una entrada para un concierto cuesta $25.

¿Es el costo de un pedido proporcional a la cantidad de entradas pedidas?

La tabla muestra la relación entre el costo total de un pedido y la cantidad de entradas pedidas.

Cantidad de entradas	1	2	3	4
Costo total del pedido ($)	31	56	81	106

El costo de cada entrada adicional es de $25 más, ya que el cargo de servicio se cobra una sola vez por pedido.

Por cada cantidad de entradas, escribe la relación del costo total con la cantidad de entradas como una razón con un denominador de 1. Las primeras dos ya están calculadas a modo de ejemplo.

$$\frac{31}{1} = \frac{31}{1} \qquad \frac{56}{2} = \frac{28}{1}$$

$$\frac{81}{3} = \frac{\square}{1} \qquad \frac{106}{4} = \frac{\square}{1}$$

Como las razones de las cantidades no son iguales, el costo de un pedido no es proporcional a la cantidad de entradas vendidas.

Verificar

La tabla muestra cuánto tiempo le llevó a María correr vueltas en la pista de la escuela. ¿Es la cantidad de vueltas proporcional al tiempo que le llevó correrlas? Explícalo.

Vueltas	2	4	6
Tiempo (s)	150	320	580

Muestra tu trabajo aquí

¡Piénsalo!
¿Cómo comenzarías a resolver el problema?

¡Coméntalo!
¿Qué dato hace que la situación sea no proporcional? Explica tu razonamiento.

Conéctate Puedes completar un ejemplo adicional en línea.

Aprender Identificar la constante de proporcionalidad

Aprendiste que dos cantidades son proporcionales si las razones que las comparan son equivalentes o constantes. La razón constante se llama **constante de proporcionalidad**. La constante de proporcionalidad tiene el mismo valor que la tasa por unidad.

Los creadores de una animación cuadro por cuadro pueden filmar 24 cuadros por segundo. La tabla muestra la cantidad de cuadros filmados en 1, 2, 3 y 4 segundos.

Cantidad de segundos	1	2	3	4
Cantidad de cuadros	24	48	72	96

¿Cuál es la constante de proporcionalidad? __________

¿Cuál es la tasa por unidad? ______________________________

Dado que la razón constante es $\frac{24}{1}$, la constante de proporcionalidad es 24, y la tasa por unidad es 24 cuadros por segundo.

¡Coméntalo!
¿Qué observas sobre la constante de proporcionalidad y la tasa por unidad?

¡Piénsalo!
¿Cómo se relacionan la constante de proporcionalidad y la tasa por unidad?

¡Coméntalo!
Si la relación fuera no proporcional, ¿habría una constante de proporcionalidad? Explícalo.

Ejemplo 3 Identificar la constante de proporcionalidad

El ganador de una competencia de salto en la cuerda saltó 124 veces en 20 segundos y 186 veces en 30 segundos.

¿Cuál es la constante de proporcionalidad?

Escribe las razones equivalentes de modo que cada razón tenga un denominador de 1.

$$\frac{124 \text{ saltos}}{\square} = \frac{\square}{1 \text{ segundo}}$$

$$\frac{\square}{30 \text{ segundos}} = \frac{\square}{1 \text{ segundo}}$$

Dado que la razón constante es $\frac{6.2}{1}$, la constante de proporcionalidad es 6.2, y la tasa por unidad es 6.2 saltos por segundo.

Verificar

El costo de una fiesta en una pista de patinaje es proporcional a la cantidad de invitados. Se cobra $82.50 por 10 invitados.

Las opciones muestran la cantidad de invitados y el costo total de cuatro fiestas que se festejaron en diferentes lugares. Elige cada fiesta que se realizó con la misma constante de proporcionalidad, o tasa por unidad, que la tasa por unidad de la pista de patinaje.

- ☐ 12 invitados por $99.00
- ☐ 8 invitados por $52.00
- ☐ 15 invitados por $97.50
- ☐ 6 invitados por $49.50

Muestra tu trabajo aquí

Conéctate Puedes completar un ejemplo adicional en línea.

Ejemplo 4 Identificar la constante de proporcionalidad

Tras una erupción volcánica, la lava fluye por las laderas del volcán. La distancia que recorre la lava es proporcional al tiempo.

Tiempo (min)	Distancia (m)
5	9
10	18
15	27
20	36

¿Cuál es la constante de proporcionalidad del flujo de lava?

Para cada tiempo, halla la razón $\frac{\text{cantidad de metros}}{\text{cantidad de minutos}}$ y vuelve a escribirla con un denominador de 1.

$$\frac{9}{5} = \frac{\square}{1} \qquad \frac{18}{10} = \frac{\square}{1}$$

$$\frac{27}{15} = \frac{\square}{1} \qquad \frac{36}{20} = \frac{\square}{1}$$

Como las razones constantes son $\frac{1.8}{1}$, la constante de proporcionalidad es 1.8, y la tasa por unidad es 1.8 metros por segundo.

¡Piénsalo!
¿Por qué es útil una tabla para organizar la información?

¡Coméntalo!
¿Qué significa la constante de proporcionalidad, 1.8, en el contexto del problema?

Verificar

La tabla muestra el dinero que ganan tres amigos en una venta de pasteles. Escribe en los espacios la tasa por unidad correcta que gana cada amigo.

Allie

Ingresos ($)	17.00	34.00	51.00
Tiempo (h)	1	2	3

Ben

Ingresos ($)	9.00	18.00	27.00
Tiempo (h)	0.75	1.5	2.25

Sri

Ingresos ($)	40.00	80.00	120.00
Tiempo (h)	2.5	5	7.5

Allie	Ben	Sri

Muestra tu trabajo aquí

Un minuto de historia

Erika Tatiana Camacho (1974-) es una bióloga matemática mexicoamericana; profesora adjunta de la Universidad Estatal de Arizona. En 2014, ganó el Premio Presidencial a la Excelencia en la Enseñanza de Ciencias, Matemáticas e Ingeniería. Su maestro de escuela secundaria y mentor fue Jaime Escalante, el profesor de la película de 1988, *Stand and Deliver*.

Conéctate Puedes completar un ejemplo adicional en línea.

Aplicar Impuesto sobre las ventas

Jalen compró uniformes escolares. La tabla muestra los impuestos sobre la venta para varios costos de compra. ¿Son los impuestos sobre la venta proporcionales al costo de la compra? ¿Cuál es el costo total, en dólares, para una compra de $84?

Costo de compra ($)	12	24	36	48
Impuestos sobre la venta ($)	0.60	1.20	1.80	2.40

1 ¿Cuál es la tarea?

Asegúrate de comprender la pregunta que debes responder o el problema que debes resolver. Lee el problema tres veces. Comenta las preguntas con un compañero.

Primera vez Describe el problema con tus palabras.
Segunda vez ¿Qué operaciones matemáticas observas?
Tercera vez ¿Cuál es la pregunta?

2 ¿Cómo puedes resolver la tarea? ¿Qué estrategias puedes usar?

Registra tus observaciones aquí

3 ¿Cuál es la solución?

Usa tu estrategia para resolver el problema.

Muestra tu trabajo aquí

4 ¿Cómo puedes demostrar que tu solución es razonable?

¡Escríbelo! Escribe un argumento que puedas utilizar para defender tu solución.

¡Coméntalo!
Si la relación fuera no proporcional, ¿cómo resolverías este problema? Explícalo.

Verificar

La tabla muestra tres opciones de membresía en un gimnasio.

Membresía	Costo
Básica	$20 por clase
Extra	$60 por mes más $10 por clase
Superior	$75 por mes más $30 costo de inscripción

Logan elige la membresía que representa una relación proporcional entre la cantidad de clases y el costo mensual. ¿Qué membresía eligió Logan? ¿Cuánto gastará si toma 12 clases por mes?

Muestra tu trabajo aquí

Conéctate Puedes completar un ejemplo adicional en línea.

Foldables Es hora de actualizar tu Foldable en el Repaso del módulo, en función de lo que aprendiste en esta lección. Si aún no armaste tu Foldable, encontrarás instrucciones en la página FL1.

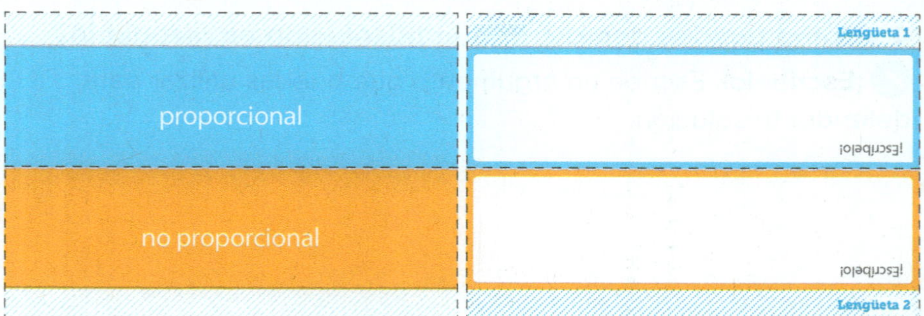

Nombre ____________ Período ________ Fecha ________

Práctica

Conéctate Puedes completar tu tarea en línea.

Completa la tabla de cada ejercicio. Determina si existe una relación proporcional en cada situación. Explícalo.

1. El costo de un almuerzo escolar es de $2.50. (Ejemplo 1)

Almuerzos	1	2	3	4
Costo total ($)				

2. Anna lleva a su perro a pasear y camina a un ritmo constante de 12 cuadras en 8 minutos. (Ejemplo 1)

Cantidad de cuadras	12	24	36	48
Cantidad de minutos				

3. Un salón alquila máquinas de palomitas de maíz a $20 por hora. Además del cargo por hora, hay un costo de alquiler de $35. (Ejemplo 2)

Horas	1	2	3	4
Costo ($)				

4. Jean tiene $280 en su caja de ahorros. A partir de la semana que viene, depositará $30 por semana en esa cuenta. (Ejemplo 2)

Semanas	1	2	3	4
Ahorros ($)				

5. Rocko pagó $12.50 por 25 entradas para juegos. Louisa pagó $17.50 por 35 entradas para juegos. ¿Cuál es la constante de proporcionalidad? (Ejemplo 3)

6. Un pastelero recubre con cobertura 40 pastelillos en 70 minutos y 28 pastelillos en 49 minutos. ¿Cuál es la constante de proporcionalidad? (Ejemplo 3)

7. La tabla muestra la cantidad de fibra alimentaria en porciones de plátano. Halla la constante de proporcionalidad. (Ejemplo 4)

Fibra alimentaria (g)	9.3	18.6	27.9	37.2
Plátanos	3	6	9	12

Práctica para la prueba

8. **Respuesta abierta** La tabla muestra la distancia que recorrió un corredor. Usa la tabla para hallar la constante de proporcionalidad.

Distancia (mi)	4.55	13.65	22.75	31.85
Tiempo (h)	0.5	1.5	2.5	3.5

Aplicar

9. La tabla muestra la cantidad de dinero que dona un restaurante a una escuela local de acuerdo a las cuentas de distintas cenas. ¿Es la cantidad de dinero de la donación proporcional a la cuenta de la cena? Si es así, ¿cuál sería la cantidad donada en base a una cuenta de \$50? Si la respuesta es no, explica tu razonamiento.

Donaciones	
Cuenta (\$)	Donación (\$)
25	4.50
30	5.40
35	6.30
40	7.20

10. La tabla muestra el costo de enviar varias cartas de diferente peso. ¿Es el costo de enviar una carta proporcional al peso? Si es así, ¿cuál sería el costo de enviar una carta de 6 onzas? Si la respuesta es no, explica tu razonamiento.

Costos de envío	
Peso (oz)	Costo (\$)
1	0.47
2	0.68
3	0.89
4	1.10

Problemas de pensamiento de orden superior

11. Hay 8 onzas líquidas en una taza. Si duplicas la cantidad de onzas líquidas, ¿se duplicará también la cantidad de tazas? Escribe un argumento que puedas utilizar para defender tu solución.

12. Determina si el costo de alquilar un equipo para hacer deporte es proporcional *a veces*, *siempre* o *nunca*. Explica tu razonamiento.

13. MP **Justificar las conclusiones** Noah da vueltas corriendo alrededor del edificio de la escuela. La tabla muestra sus tiempos. Cree que la cantidad de vueltas es proporcional a su tiempo. Explica cómo Noah llegó a esta conclusión.

Vueltas	5	10	15
Tiempo (min.)	4	6	8

14. **Representaciones múltiples** Representa la relación proporcional \$2 por 5 mazorcas de maíz y \$4 por 10 mazorcas de maíz utilizando otra representación.

Gráficas de relaciones proporcionales

Puedo... determinar si una relación es proporcional analizando su gráfica y explicando qué significan los puntos (0, 0) y (1, *r*) en la gráfica de una relación proporcional.

Explorar Relaciones proporcionales, tablas y gráficas

Actividad en línea Usarás el Web Sketchpad para explorar las gráficas de relaciones lineales proporcionales y no proporcionales.

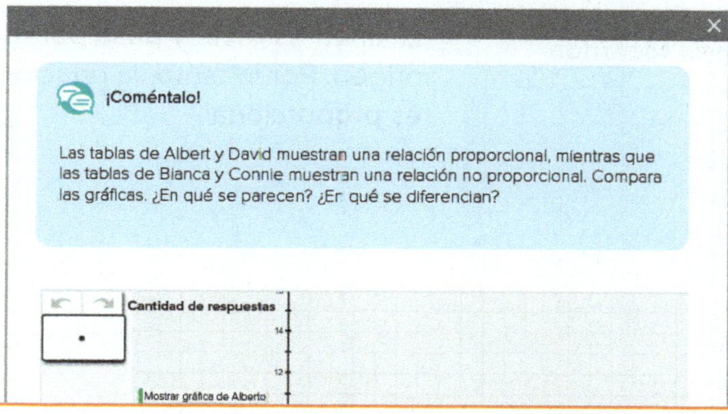

Aprender Relaciones proporcionales y gráficas

Una gráfica muestra una relación proporcional si hay una línea recta que pasa por el origen. Una gráfica muestra una relación no proporcional si no hay una línea recta o si hay una línea recta que no pasa por el origen.

Determina si la relación que se muestra en cada gráfica es *proporcional* o *no proporcional*.

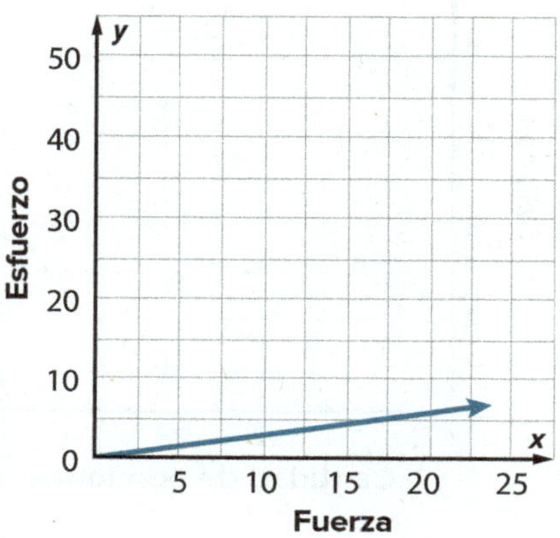

____

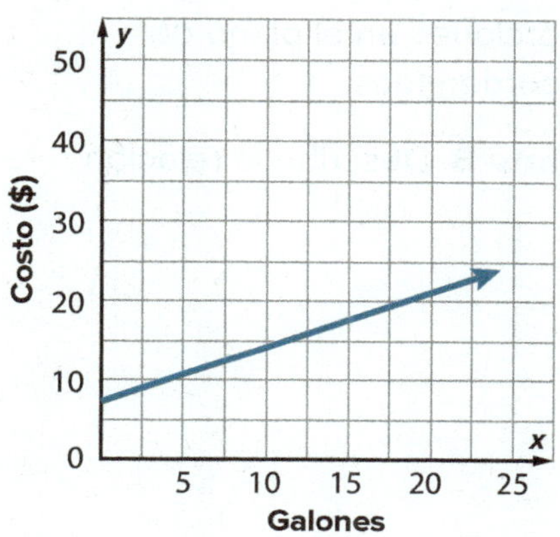

____

¡Coméntalo!

¿Por qué la línea de una gráfica de relación proporcional debe ser recta y pasar por el origen?

Tus notas

¡Piénsalo!
¿Cómo te ayuda la tabla a representar gráficamente la relación?

¡Coméntalo!
Si la gráfica de una relación proporcional debe mostrar una línea recta que pasa por el origen, ¿cómo ilustra la tabla esa misma información?

Ejemplo 1 Relaciones proporcionales y gráficas

Un conejo reta a una tortuga a correr una carrera. En la tabla, se muestra la distancia que recorrió la tortuga en 0, 1, 2 y 3 minutos.

Tiempo (min.)	Distancia (pies)
0	0
1	6
2	12
3	18

Determina si la cantidad de pies que recorre la tortuga es proporcional a la cantidad de minutos que tarda; representa gráficamente la relación en el plano de coordenadas.

Parte A Representa gráficamente la relación.

Distancia recorrida

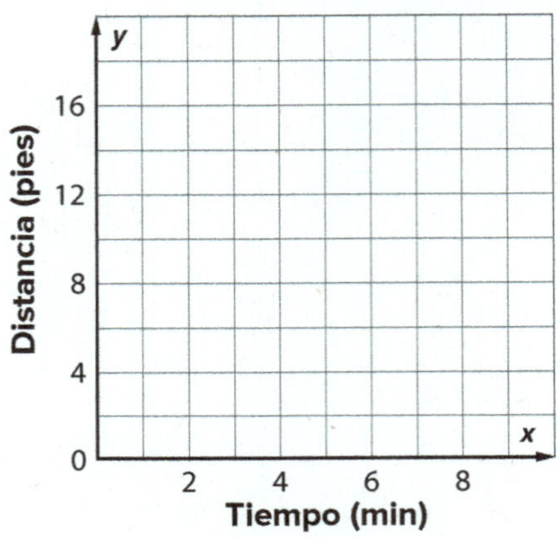

Parte B Describe la relación.

La línea es recta y pasa por el origen. Por lo tanto, la relación es proporcional.

Verificar

En un paquete de refrigerios, una porción tiene 5 calorías; dos porciones, 10 calorías, y tres porciones, 15 calorías.

Parte A Representa gráficamente la relación para 0, 1, 2 y 3 porciones en el plano de coordenadas.

Parte B Describe la relación.

Calorías por porción

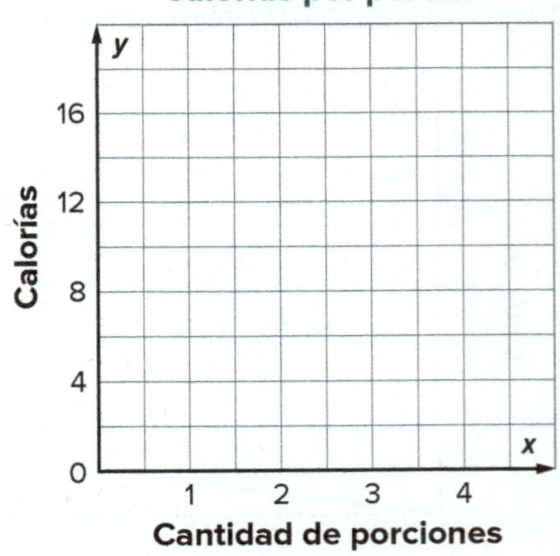

Conéctate Puedes completar un ejemplo adicional en línea.

Ejemplo 2 Relaciones proporcionales y gráficas

Un conejo reta a una tortuga a correr una carrera. La tabla muestra la distancia que recorrió el conejo en 0, 1, 2 y 3 minutos.

Tiempo (min.)	Distancia (pies)
0	0
1	8
2	8
3	15

Determina si la distancia que recorre el conejo es proporcional al tiempo; para esto, representa gráficamente la relación en el plano de coordenadas.

Parte A Representa gráficamente la relación.

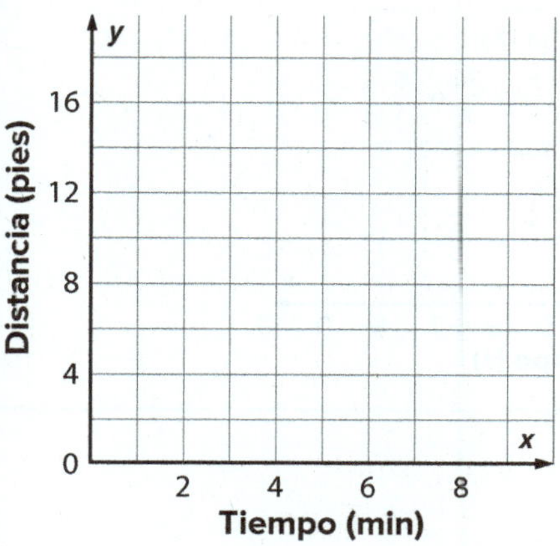

Parte B Describe la relación.

La relación entre el tiempo y la distancia no es proporcional pues no traza una línea recta.

¡Coméntalo!

¿Existe algún otro modo de determinar si la relación es proporcional o no proporcional?

Verificar

La tabla muestra el saldo de una cuenta de ahorros al final de cada semana.

Determina si el saldo de la cuenta es proporcional al tiempo; para esto, representa gráficamente la relación en el plano de coordenadas.

Tiempo (semana)	Saldo de la cuenta ($)
0	10
1	12
2	14
3	16

Parte A Representa gráficamente la relación.

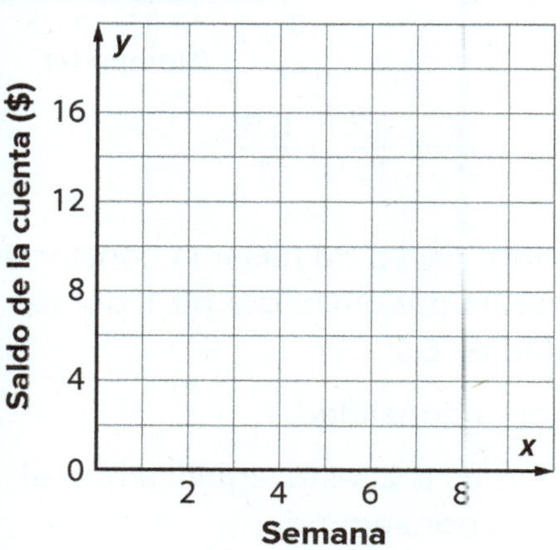

Parte B Describe la relación.

¡Coméntalo!

¿Qué parte de la situación hipotética hace que la relación sea no proporcional?

Conéctate

Puedes completar un ejemplo adicional en línea.

Aprender Hallar la constante de proporcionalidad a partir de gráficas

Cuando representas gráficamente una relación proporcional, puedes determinar la constante utilizando cualquier punto de la recta que no sea el origen. La constante de proporcionalidad es la razón de $\frac{y}{x}$ para cualquier punto de la recta, excepto (0, 0), cuando $x = 1$.

Escribe cada par y escribe la razón $\frac{y}{x}$, cuando $x = 1$, para cada caso.

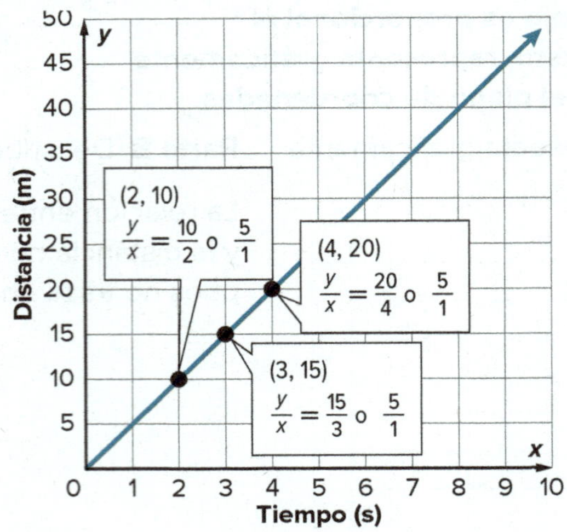

Ejemplo 3 Hallar la constante de proporcionalidad a partir de gráficas

En una carrera de 100 metros, la velocidad del corredor es constante, la distancia recorrida es proporcional al tiempo que corrió. La información de uno de los corredores se muestra en la gráfica.

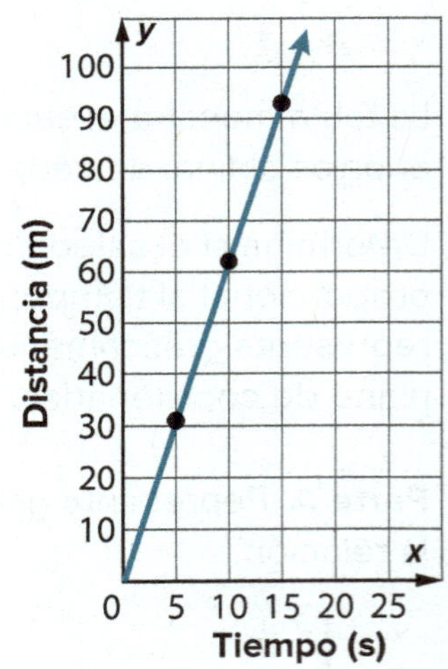

Halla la constante de proporcionalidad y describe qué significa.

Parte A Halla la constante.

Se muestran las razones $\frac{y}{x}$ o $\frac{\text{distancia}}{\text{tiempo}}$ para todos los puntos.

$\frac{y}{x} = \frac{31}{5} = \frac{6.2}{1}$ $\frac{y}{x} = \frac{62}{10} = \frac{6.2}{1}$ $\frac{y}{x} = \frac{93}{15} = \frac{6.2}{1}$

Escribe las razones con un denominador de 1 para hallar la constante de proporcionalidad. Cada razón tiene un denominador de 1; por lo tanto, la constante de proporcionalidad es 6.2.

Parte B Describe la constante de proporcionalidad.

Como la constante de proporcionalidad es 6.2, esto significa que el corredor corre a una tasa de 6.2 metros por segundo.

¡Piénsalo!

¿Cómo comenzarías a resolver el problema?

¡Coméntalo!

Sobre la base de la constante de proporcionalidad, 6.2, ¿qué distancia recorrerá el corredor después de 20 segundos? Explica tu razonamiento.

Verificar

Briana decide ahorrar dinero todas las semanas para sus vacaciones familiares. Utiliza la gráfica para hallar la constante de proporcionalidad. Luego, describe qué significa.

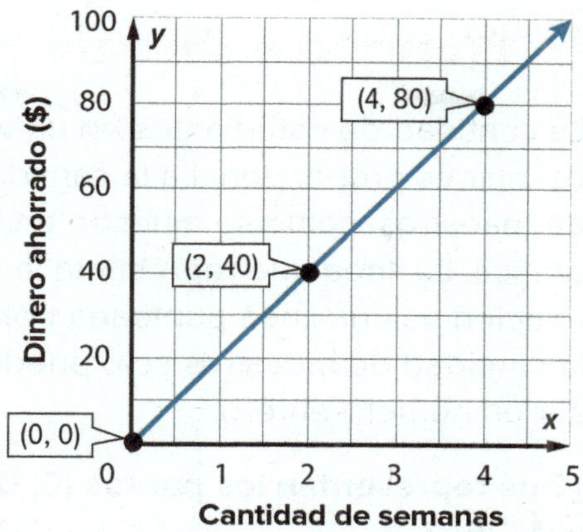

Parte A
La constante de proporcionalidad es ________.

Parte B
La constante de proporcionalidad significa que Briana ahorra ________ por semana.

Conéctate Puedes completar un ejemplo adicional en línea.

Explorar Analizar puntos

Actividad en línea Explorarás y analizarás los puntos (0, 0) y (1, *r*) en una gráfica de relación proporcional.

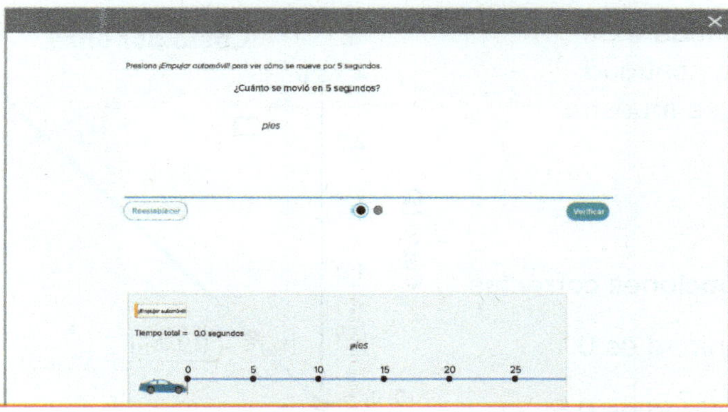

Aprender Analizar puntos en una gráfica

Cuando dos cantidades son proporcionales, puedes utilizar una gráfica para hallar la constante de proporcionalidad e interpretar el punto (0, 0).

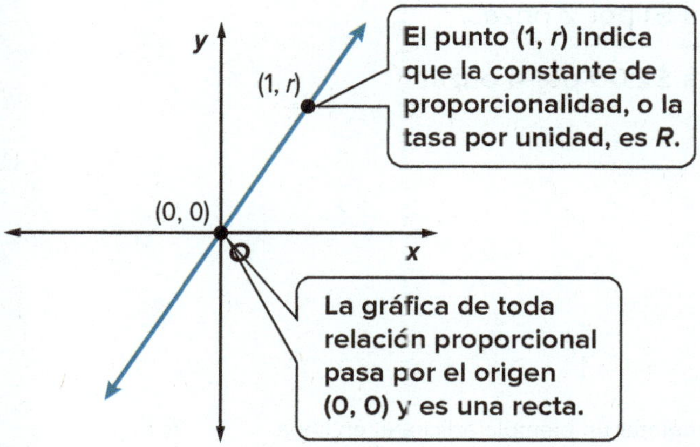

¡Coméntalo!
¿Cuál es la importancia de (0, 0) en la gráfica de una relación proporcional?

¡Piénsalo!

En los pares ordenados, ¿qué representa la coordenada *x*? ¿Y la coordenada *y*?

Ejemplo 4 Analizar puntos en una gráfica

La cantidad de estudiantes en un viaje escolar es proporcional a la cantidad de maestros, como se muestra en la gráfica. La línea que representa la relación es una línea punteada porque la cantidad de maestros solo puede ser un número entero.

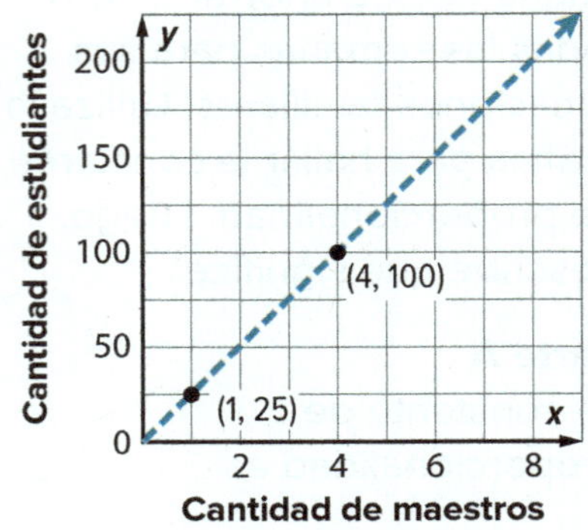

¿Qué representan los puntos (0, 0) y (1, 25) ?

El punto (0, 0) implica que, para cero maestros, hay cero estudiantes.

El punto (1, 25) significa que, para un maestro, hay ________ estudiantes. Esto también significa que la constante de proporcionalidad es 25 y la tasa por unidad es 25 estudiantes por cada 1 maestro.

Verificar

El costo de un batido es proporcional a la cantidad de onzas, como se muestra en la gráfica.

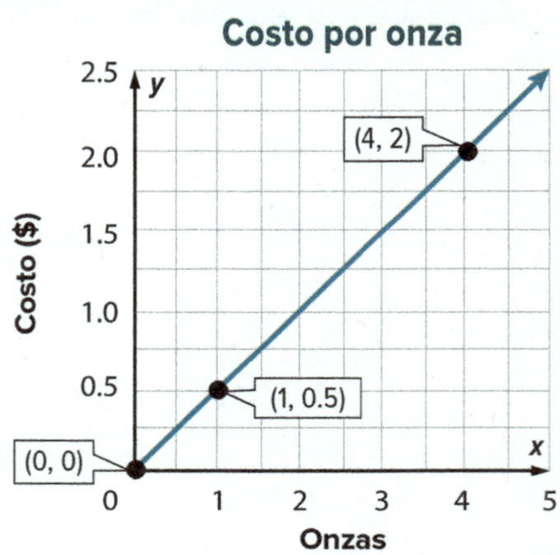

Elige todas las opciones correctas.

- ☐ La tasa por unidad es 0.
- ☐ La tasa por unidad es 0.5.
- ☐ La tasa por unidad es 1.
- ☐ Cada batido cuesta $1.50 por 1 onza.
- ☐ Cada batido cuesta $2 por 1 onza.
- ☐ Cada batido cuesta $1 por 2 onzas.
- ☐ Cada batido cuesta $2.00 por 4 onzas.

¡Coméntalo!

¿Puedes hallar la tasa por unidad de cualquier punto en una gráfica que muestre una relación proporcional? Explica tu razonamiento.

Conéctate Puedes completar un ejemplo adicional en línea.

Aplicar Recaudación de fondos

Michele y Angelo participan de una recaudación de fondos de la escuela. La tabla muestra la cantidad de artículos que vende cada estudiante después de 1, 2 y 3 días. ¿Qué par ordenado representa la tasa por unidad de la cantidad de artículos que se venden por día?

Día	0	1	2	3
Cantidad de artículos de Michele	0	3	6	9
Cantidad de artículos de Angelo	0	1	4	5

1 ¿Cuál es la tarea?

Asegúrate de comprender la pregunta que debes responder o el problema que debes resolver. Lee el problema tres veces. Comenta las preguntas con un compañero.

Primera vez Describe el problema con tus palabras.
Segunda vez ¿Qué operaciones matemáticas observas?
Tercera vez ¿Cuál es la pregunta?

2 ¿Cómo puedes resolver la tarea? ¿Qué estrategias puedes usar?

Registra tus observaciones aquí

3 ¿Cuál es la solución?

Resuelve el problema usando tu estrategia.

Muestra tu trabajo aquí

¡Coméntalo!
¿Cómo podrías haber determinado que la gráfica de Angelo no era proporcional antes de representar gráficamente la relación en el plano de coordenadas?

4 ¿Cómo puedes demostrar que tu solución es razonable?

¡Escríbelo! Escribe un argumento que puedas utilizar para defender tu solución.

Verificar

Se registró la altura de dos plantas después de 1, 2 y 3 semanas. La tabla muestra la información registrada. ¿Qué par ordenado representa la tasa por unidad para la cantidad de pulgadas que crecieron por semana?

Tiempo (semanas)	Altura de la planta 1 (pulg.)	Tiempo (semanas)	Altura de la planta 2 (pulg.)
0	0	0	0
1	5	1	3
2	6	2	6
3	7	3	9

Conéctate Puedes completar un ejemplo adicional en línea.

Foldables Es hora de actualizar tu Foldable en el Repaso del módulo, en función de lo que aprendiste en esta lección. Si aún no armaste tu Foldable, encontrarás instrucciones en la página FL1.

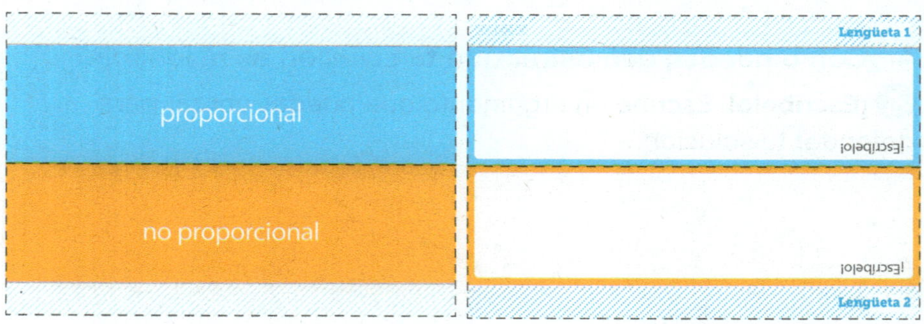

Nombre ______________________ Período ____________ Fecha ____________

Práctica

Conéctate Puedes completar tu tarea en línea.

1. La tabla muestra el costo de las calabazas. Determina si el costo de una calabaza es proporcional a la cantidad comprada; para esto, representa gráficamente la relación en el plano de coordenadas. Explícalo. (Ejemplo 1)

Cantidad de calabazas	0	1	2	3	4
Costo ($)	0	4	8	12	16

Costo de las calabazas

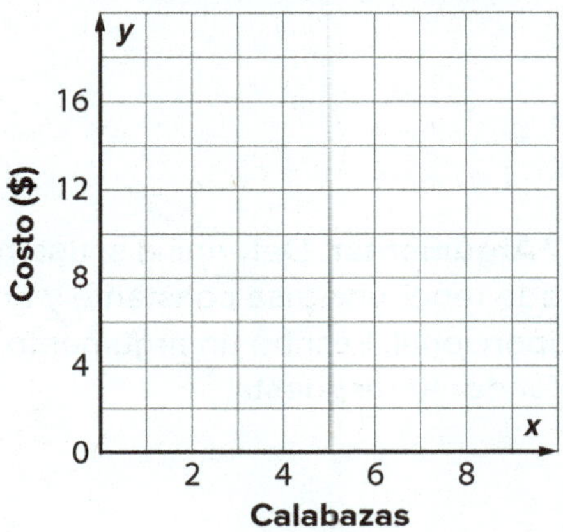

2. La tabla muestra las temperaturas en grados Celsius y el equivalente en grados Fahrenheit. Determina si la temperatura en grados Fahrenheit es proporcional a la temperatura en grados Celsius; para esto, representa gráficamente la relación en el plano de coordenadas. Explícalo. (Ejemplo 2)

Celsius (grados)	0	5	10	15	20
Fahrenheit (grados)	32	41	50	59	68

Temperatura

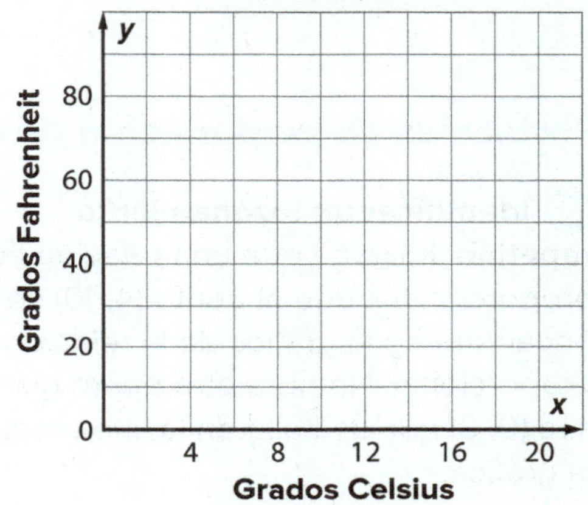

3. El costo total de la transmisión en línea es proporcional a la cantidad de meses. ¿Cuál es la constante de proporcionalidad? (Ejemplo 3)

Transmisión en línea de shows/películas en TV

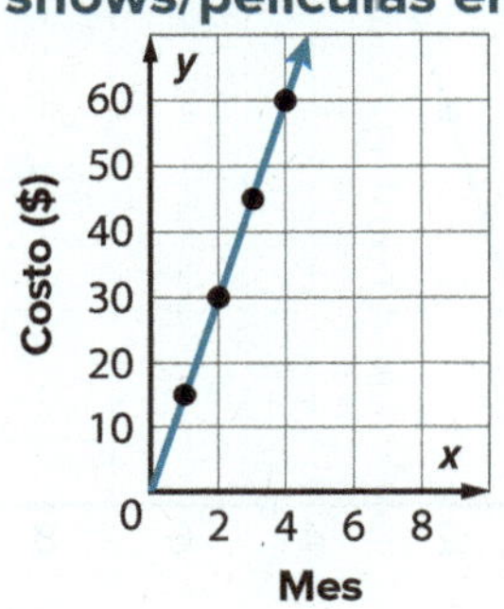

Práctica para la prueba

4. Respuesta abierta El costo de pizza por porción es proporcional a la cantidad de porciones, como se muestra en la gráfica. ¿Qué representan los puntos (0, 0) y (1, 2)? (Ejemplo 4)

Costo porción pizza

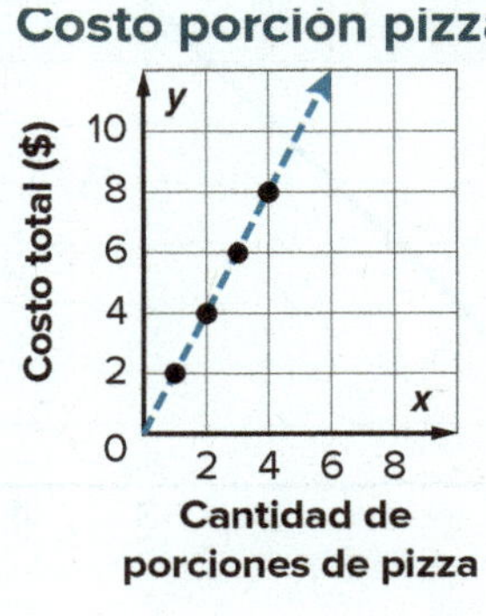

Aplicar

5. La tabla se muestra la cantidad de calorías que quemaron José y Natalie después de haber corrido 1, 2 y 3 minutos. Representa gráficamente la relación entre la cantidad de minutos corridos y la cantidad de calorías que quemó cada persona. ¿Mediante qué par ordenado se representa la tasa por unidad?

	Calorías quemadas	
Tiempo (min)	**José**	**Natalie**
0	0	0
1	8	5
2	15	10
3	23	15

Problemas de pensamiento de orden superior

6. MP **Identificar un razonamiento repetido** Imagina que una relación es proporcional y que el punto (4, 10) se encuentra en la gráfica de la relación proporcional. Nombra otro punto que no sea (0, 0) que se halle en la línea recta de la gráfica.

7. MP **Argumentar** Determina si una recta puede tener una tasa constante y no ser proporcional. Escribe un argumento para defender tu respuesta.

8. MP **Hallar el error** Karl dijo que el punto (1, 1) representa la constante de proporcionalidad en esta gráfica. Halla su error y corrígelo.

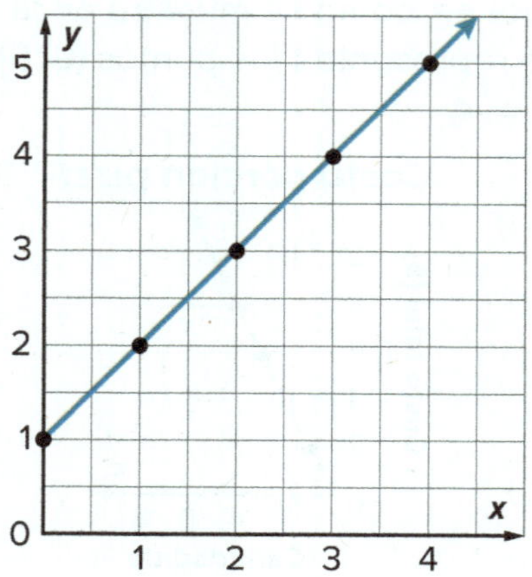

9. **Crear** Se muestra la gráfica de una relación proporcional. Describe una situación de la vida diaria para representar. Incluye el significado de la constante de proporcionalidad.

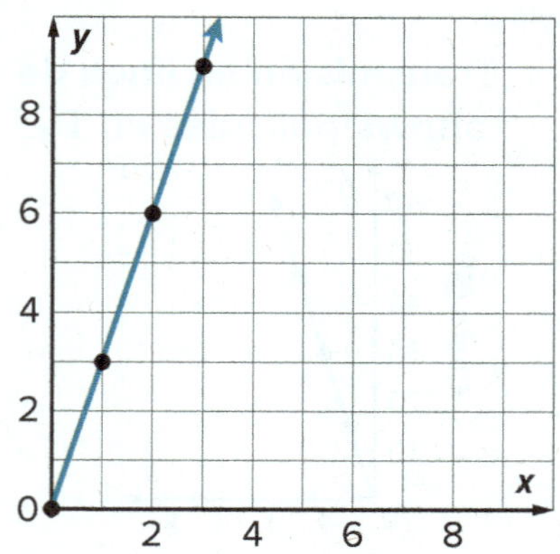

Ecuaciones de relaciones proporcionales

Puedo... escribir ecuaciones para representar relaciones proporcionales e identificar la constante de proporcionalidad en la ecuación que representa una relación proporcional.

Explorar Relaciones proporcionales y ecuaciones

Actividad en línea Explorarás las ecuaciones de relaciones proporcionales.

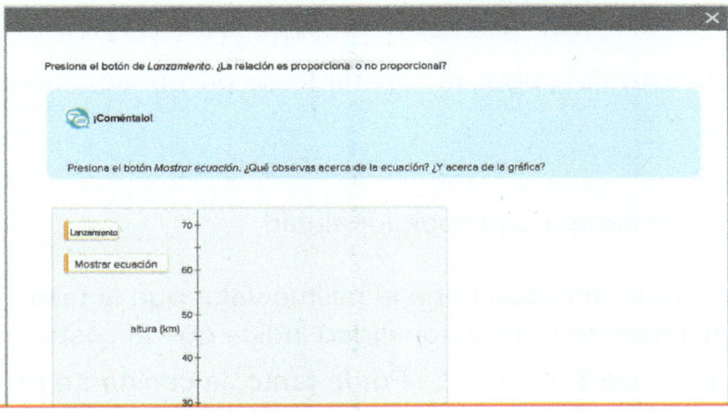

Aprender Identificar la constante de proporcionalidad en ecuaciones

Dos cantidades son proporcionales si las razones que las comparan son equivalentes. A esta razón se la llama constante de proporcionalidad. Las relaciones proporcionales pueden representarse con la ecuación $y = kx$, donde k es la constante de proporcionalidad.

Palabras	Símbolos
Una relación lineal es proporcional cuando la razón de y por x es una constante k.	$y = kx$, donde $k \neq 0$
Ejemplo	**Gráfica**
$y = 3x$	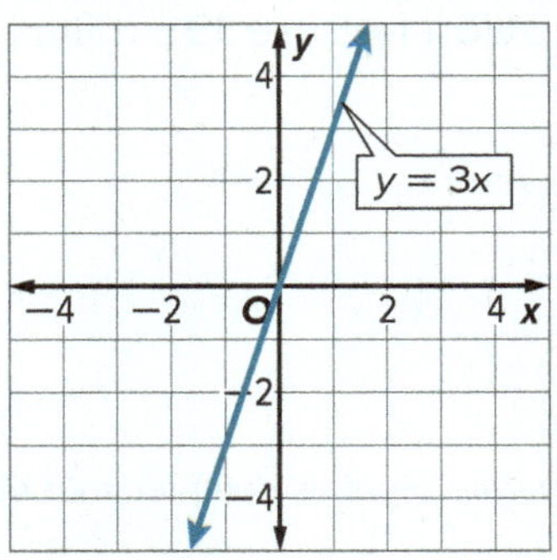

¡Coméntalo!
¿Puedes escribir una ecuación con la forma $y = kx$ para una recta que no pasa por el origen? Explícalo.

Tus notas

¡Piénsalo!

¿Cómo comenzarías a resolver el problema?

¡Coméntalo!

¿Cuánto tendrá que pagar Olivia si compra 10 potes de yogur a esta misma tasa?

Ejemplo 1 Identificar la constante de proporcionalidad en ecuaciones

Olivia compró seis potes de yogur a $7.68. La ecuación $y = 1.28x$ puede utilizarse para representar esta situación, donde y representa el costo total del yogur y x representa la cantidad de potes comprados.

Identifica la constante de proporcionalidad. Luego, explica qué representa.

Parte A Identifica la constante de proporcionalidad.

Compara las dos ecuaciones.

$y = kx$, donde k es la constante de proporcionalidad

$y = 1.28x$

En la ecuación del costo del yogur, la constante de proporcionalidad k es ________ .

Parte B Explica la constante de proporcionalidad.

La constante de proporcionalidad tiene el mismo valor que la tasa por unidad. La constante de proporcionalidad indica que el costo de cada pote de yogur es de $ ________. Por lo tanto, la constante de proporcionalidad es 1.28 y la tasa por unidad es $1.28 por pote.

Verificar

Un avión recorre 780 millas en 4 horas. La ecuación $y = 195x$ representa esta situación.

Parte A ¿Cuál es la constante de proporcionalidad?

Parte B ¿Qué representa la constante de proporcionalidad en el contexto del problema?

Ⓐ Un avión recorre 390 millas por hora.

Ⓑ Un avión recorre 1 milla en 4 horas.

Ⓒ Un avión recorre 1 milla en 585 horas.

Ⓓ Un avión recorre 195 millas por hora.

Conéctate Puedes completar un ejemplo adicional en línea.

Aprender Relaciones proporcionales y ecuaciones

Puedes utilizar la constante de proporcionalidad, o tasa por unidad, para escribir una ecuación con la forma $y = kx$ que represente una relación proporcional.

Para hallar k, escribe la razón que compara y con x. Para escribir la razón, resuelve la ecuación $y = kx$ para k.

$y = kx$	Escribe la ecuación.
$\frac{y}{x} = \frac{kx}{x}$	Divide cada lado por x.
$\frac{y}{x} = k$	Simplifica.

La constante de proporcionalidad es la razón $\frac{y}{x}$ donde $x \neq 0$.

¡Coméntalo!
¿Cuál es la ecuación para una relación proporcional donde la constante de proporcionalidad es 3.25?

Ejemplo 2 Relaciones proporcionales y ecuaciones

Jaycee compró 8 galones de gasolina por $31.12.

Escribe una ecuación que relacione el costo total *y* con la cantidad de galones de gasolina *x* si es una relación proporcional.

Paso 1 Halla la constante de proporcionalidad entre el costo y los galones.

$$\frac{\text{costo total (\$)}}{\text{cantidad de galones}} \quad \frac{31.12}{8}$$

$$= \frac{3.89}{1}$$

La constante de proporcionalidad es ________.

Paso 2 Escribe la ecuación.

El costo total es $3.89 multiplicado por la cantidad de galones. La fórmula es y = costo total y x = cantidad de galones.

Por lo tanto, para hallar el costo total de una cantidad de galones, utiliza la ecuación $y = 3.89x$.

¡Coméntalo!
¿Cómo puedes utilizar la ecuación $y = 3.89x$ para determinar el costo de 15 galones de gasolina?

Verificar

Un mecánico cobra $270 por 5 horas de trabajo en un automóvil. Escribe una ecuación que compare el costo total con la cantidad de horas que trabaja en el automóvil si es una relación proporcional.

Muestra tu trabajo aquí

Conéctate Puedes completar un ejemplo adicional en línea.

Ejemplo 3 Relaciones proporcionales y ecuaciones

El perímetro de un cuadrado es proporcional a la longitud de un lado. Un cuadrado con lados de 10 pulgadas tiene un perímetro de 40 pulgadas.

Escribe una ecuación que relacione el perímetro del cuadrado con la longitud de sus lados. Luego, halla el perímetro de un cuadrado de 6 pulgadas de lado.

Parte A Escribe una ecuación.
El perímetro de un cuadrado de 10 pulgadas de lado es 40 pulgadas. Escribe una razón que compare el perímetro con la longitud de los lados. Halla la constante de proporcionalidad. Halla una razón equivalente con un denominador de 1.

$$\frac{\text{perímetro}}{\text{longitud de lado}} = \frac{\square}{\square} = \frac{\square}{1}$$

Entonces, la constante de proporcionalidad es ______.

El perímetro es 4 veces la longitud de un lado, por lo que la ecuación se escribe $y = 4x$.

Parte B Utiliza la ecuación para hallar el perímetro de un cuadrado de 6 pulgadas de lado.

$y = 4x$ Escribe la ecuación.

$y = 4(6)$ Reemplaza x por 6.

$y = 24$ Multiplica.

Entonces, el perímetro de un cuadrado con lados de 6 pulgadas es ______ pulgadas.

¡Piénsalo!

¿Qué debes hallar antes de escribir la ecuación?

¡Coméntalo!

Supón que el perímetro de un cuadrado es de 52 pulgadas. Explica cómo podrías utilizar la ecuación $y = 4x$ para hallar la longitud de los lados del cuadrado. Luego, halla la longitud de cada lado.

Verificar

Jack está a cargo de la piscina comunitaria de 120,000 galones. Todas las primaveras, vacía la piscina para poder limpiarla. Al terminar, vuelve a llenarla con agua limpia. Jack puede poner en la piscina 500 galones de agua en 5 minutos.

Parte A
Escribe una ecuación que represente la relación entre la cantidad total de galones, y, y la cantidad de minutos que tardó en llenar la piscina, x.

Parte B
¿Cuánto tardará en llenarse por completo? ______

Conéctate Puedes completar un ejemplo adicional en línea.

Aplicar Carrera

Hugo corre 4 millas en 25 minutos. ¿Cuántas millas más puede correr Hugo en 90 minutos que en 25 minutos? Imagina que la relación es proporcional y que corre a una velocidad constante.

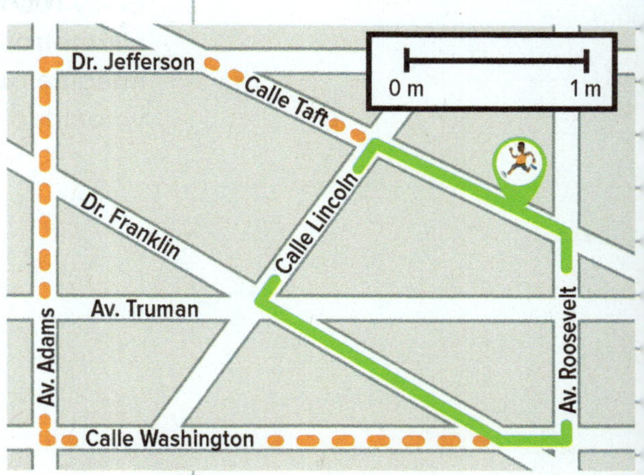

1 ¿Cuál es la tarea?

Asegúrate de comprender la pregunta que debes responder o el problema que debes resolver. Lee el problema tres veces. Comenta las preguntas con un compañero.

Primera vez Describe el problema con tus palabras.
Segunda vez ¿Qué operaciones matemáticas observas?
Tercera vez ¿Cuál es la pregunta?

2 ¿Cómo puedes resolver la tarea? ¿Qué estrategias puedes usar?

Registra tus observaciones aquí

3 ¿Cuál es la solución?

Usa tu estrategia para resolver el problema.

Muestra tu trabajo aquí

4 ¿Cómo puedes demostrar que tu solución es razonable?

¡Escríbelo! Escribe un argumento que puedas utilizar para defender tu solución.

¡Coméntalo!
¿Puedes suponer que Hugo siempre correrá a una velocidad constante para cualquier cantidad de tiempo? Explica tu razonamiento.

Verificar

Emily recorre con su bicicleta 15 kilómetros en 45 minutos. ¿Cuántos kilómetros más puede recorrer en 2 horas que en 45 minutos? Imagina que la relación es proporcional y que Emily viaja a una velocidad constante.

Muestra tu trabajo aquí

Conéctate Puedes completar un ejemplo adicional en línea.

Foldables Es hora de actualizar tu Foldable en el Repaso del módulo, en función de lo que aprendiste en esta lección. Si aún no armaste tu Foldable, encontrarás instrucciones en la página FL1.

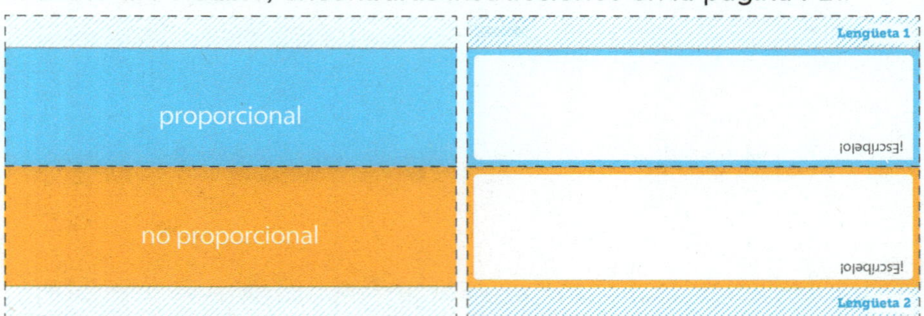

Nombre ______________________ Período ____________ Fecha ____________

Práctica

Conéctate Puedes completar tu tarea en línea.

1. Liv gana \$9.50 por cada dos brazaletes que vende. La ecuación $y = 4.75x$, donde x es la cantidad de brazaletes e y es el costo total de dólares ganados, representa la situación. ¿Cuál es la constante de proporcionalidad? ¿Qué representa la constante de proporcionalidad en el contexto del problema? **(Ejemplo 1)**

2. John corrió 3 millas en 25.5 minutos. La ecuación $y = 8.5x$, donde x es la cantidad de millas e y es el tiempo total en minutos, representa la situación. ¿Cuál es la constante de proporcionalidad? ¿Qué representa la constante de proporcionalidad en el contexto del problema? **(Ejemplo 1)**

3. Lincoln compró 3 botellas de bebida energética por \$4.50. Escribe una ecuación que relacione el costo total y con la cantidad de bebidas compradas x. **(Ejemplo 2)**

4. El costo total de alquilar una máquina de algodón de azúcar durante 4 horas es de \$72. ¿Qué ecuación puede utilizarse para representar el costo total y de alquilar la máquina de algodón de azúcar x horas? **(Ejemplo 2)**

5. Marley utilizó 7 tazas de agua para hacer 4 hogazas de pan francés. ¿Qué ecuación puede utilizarse para representar el total de tazas de agua necesarias y para hacer x hogazas de pan francés? ¿Cuántas tazas de agua se necesitan para hacer 6 hogazas de pan francés? **(Ejemplo 3)**

6. La Sra. Henderson usó $6\frac{3}{4}$ yardas de tela para confeccionar 3 disfraces de duende. ¿Qué ecuación se puede usar para representar la cantidad total de yardas de tela y para x disfraces? ¿Cuántas yardas se necesitan para hacer 7 disfraces de duende? **(Ejemplo 3)**

Práctica para la prueba

7. Selección múltiple En la tabla, se muestra el costo de 4 entradas en dos cines. Selecciona los enunciados que son verdaderos sobre la situación.

Cine	Costo (\$)
Movies Galore	30
Star Cinema	31

- ☐ La ecuación $y = 7.75x$ representa el costo de las entradas en el cine Star Cinema.
- ☐ La ecuación $y = 30x$ representa el costo de las entradas en el cine Movies Galore.
- ☐ El costo total de 9 entradas en el cine Star Cinema sería de \$69.75.
- ☐ El costo total de 1 entrada en el cine Movies Galore es de \$30.

Aplicar

8. Roman puede escribir con el teclado 3 páginas en 60 minutos. ¿Cuántas páginas más puede escribir Roman en 90 minutos que en 60 minutos? Imagina que la relación es proporcional y que Roman escribe a una velocidad constante.

9. En promedio, Asia anota 14 de cada 20 tiros libres. Si la relación es proporcional, ¿cuántas veces más anotará si hace 150 tiros libres?

Problemas de pensamiento de orden superior

10. Evan ganó $26 por cuidar niños durante 4 horas. ¿Qué ecuación puede utilizarse para representar sus ganancias totales *y* por cuidar niños durante *x* horas? Luego, representa gráficamente la ecuación en el plano de coordenadas. ¿Cuál es la tasa por unidad? ¿Cómo se representa en la gráfica?

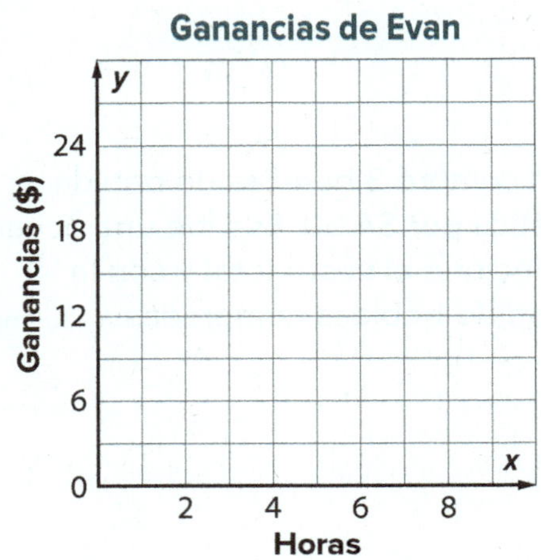

11. **Perseverar con los problemas** La familia Díaz gastó $38.25 en 3 pizzas grandes. ¿Cuánto cuesta una pizza grande? Imagina que la situación es proporcional. Explica cómo lo resolviste.

12. **Usar un contraejemplo** Determina si el enunciado es *verdadero* o *falso*. Si es falso, da un contraejemplo.
La constante de proporcionalidad de una ecuación nunca puede ser 0.

13. **Justificar las conclusiones** Una receta para preparar plastilina casera requiere $\frac{1}{3}$ de taza de sal por cada taza de agua. Si se precisan 6 tazas de sal, ¿cuántos galones de agua se necesitan? Identifica la constante de proporcionalidad. Explica tu razonamiento.

Lección 1-6

Resolver problemas que incluyan relaciones proporcionales

Puedo... resolver problemas con relaciones proporcionales haciendo una tabla, usando una gráfica o escribiendo una ecuación.

¿Qué palabras de vocabulario aprenderás?
proporción

Aprender Proporciones

Una **proporción** es una ecuación en la que dos razones son equivalentes. Supón que una receta indica una razón de 3 tazas de leche por cada 4 tazas de harina. La razón de 3 tazas de leche y 4 tazas de harina es equivalente a 6 tazas de leche y 8 tazas de harina. Esta relación se puede escribir como una proporción.

tazas de leche → $\frac{3}{4} = \frac{6}{8}$ ← tazas de leche
tazas de harina → ← tazas de harina

El signo igual significa que las razones son equivalentes y que la razón de 3 tazas de leche por cada 4 tazas de harina se mantiene. La tasa por unidad es $\frac{3}{4}$ de taza de leche por cada taza de harina.

Puedes usar cualquier representación para resolver un problema que incluya una relación proporcional. En la tabla de representaciones múltiples se muestran distintos métodos para hallar la cantidad de tazas de leche que se necesitan por cada 3 tazas de harina.

Palabras

La tasa por unidad es $\frac{3}{4}$ de taza de leche por cada taza de harina. Si usas 3 tazas de harina, necesitas $3\left(\frac{3}{4}\right)$ o $2\frac{1}{4}$ de taza de leche.

Tabla de razones

÷4 ×3

Tazas de leche	3	$\frac{3}{4}$	$\frac{9}{4}$ o $2\frac{1}{4}$
Tazas de harina	4	1	3

÷4 ×3

Gráfica

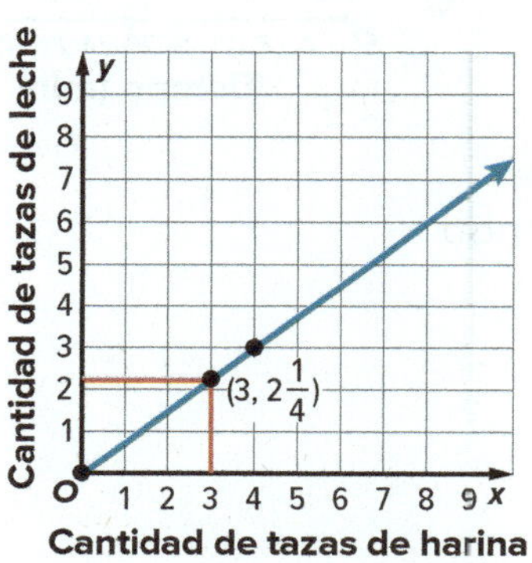

Ejemplo

La tasa por unidad es $\frac{3}{4}$ de taza de leche por 1 taza de harina; la constante de proporcionalidad es $\frac{3}{4}$. La y representa la cantidad de tazas de leche y x representa la cantidad de tazas de harina.

$$y = \frac{3}{4}x$$

$$y = \frac{3}{4}(3), \text{ o } 2\frac{1}{4}$$

¡Coméntalo!
¿Cómo indica cada representación la tasa por unidad?

Tus notas

¡Piénsalo!
¿Es el tiempo de espera para 240 personas menor que, mayor que o igual a 40 minutos? ¿Cómo lo sabes?

¡Coméntalo!
¿Cómo se muestra la tasa por unidad, o constante de proporcionalidad, en la tabla de razones?

¡Coméntalo!
En esta situación, ¿es preciso el uso de una gráfica para hallar la coordenada *x* o *y*?

Ejemplo 1 Resolver problemas que incluyan relaciones proporcionales

El tiempo de espera para subir a una montaña rusa es de 20 minutos cuando hay 160 personas haciendo fila.

¿Cuál es el tiempo de espera cuando hay 240 personas haciendo fila? Imagina que la relación es proporcional.

Método 1 Usar una tabla.

No existe un número entero por el que se pueda multiplicar 160 para obtener 240.

÷20

Tiempo (min)	1	20	?
Cantidad de personas	8	160	240

÷20

Simplifica para hallar la tasa por unidad. Como 20 ÷ 20 = 1, divide 160 por 20 para obtener 8. Cuando hay 8 personas haciendo fila, el tiempo de espera es de 1 minuto.

×30

Tiempo (min)	1	20	?
Cantidad de personas	8	160	240

×30

Luego, amplifica para hallar el tiempo de espera cuando hay 240 personas haciendo fila. Como 8(30) = 240, multiplica 1 por 30 para obtener 30.

Cuando hay 240 personas haciendo fila, el tiempo de espera es de 30 minutos.

Método 2 Usar una gráfica.

Representa gráficamente los puntos (0, 0) y (20, 160). Como suponemos que la relación es proporcional, dibuja una línea punteada que una los puntos. La línea pasa por el origen. Determina la coordenada *x* correspondiente para el caso en que la coordenada *y* es 240.

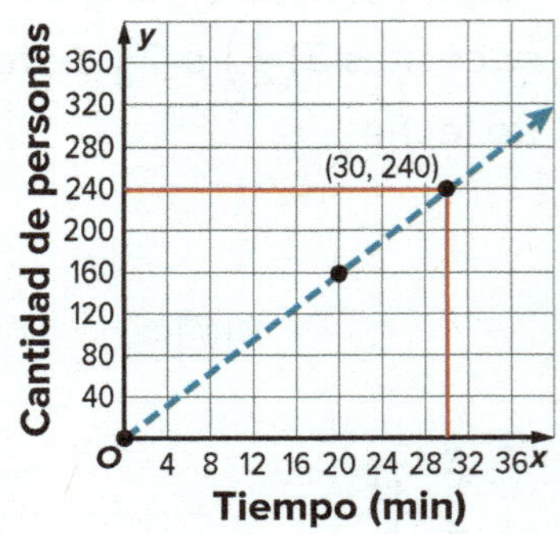

La coordenada *x* correspondiente para el caso en que la coordenada *y* es 240 parece ser 30. Por lo tanto, el tiempo de espera cuando hay 240 personas haciendo fila es de 30 minutos.

(continúa en la página siguiente)

Método 3 Usar una ecuación.

La ecuación que representa una relación proporcional es $y = kx$, donde k es la constante de proporcionalidad, o tasa por unidad.

Halla la tasa por unidad, la cantidad de personas haciendo fila cuando el tiempo de espera es de 1 minuto. La variable y debe representar la cantidad de personas haciendo fila y x la cantidad de minutos.

$y = kx$	Escribe la ecuación.
$160 = k(20)$	Reemplaza y por 160 y x por 20.
$\frac{160}{20} = \frac{k(20)}{20}$	Divide cada lado por 20 para hallar el valor de k.
$8 = k$	Simplifica. La tasa por unidad, o constante de proporcionalidad, es 8.

Cuando hay 8 personas haciendo fila, el tiempo de espera es de 1 minuto. Usa la ecuación $y = 8x$ para hallar el tiempo de espera cuando hay 240 personas haciendo fila.

$y = 8x$	Escribe la ecuación. La constante de proporcionalidad es 8.
$240 = 8x$	Reemplaza y por 240.
$\frac{240}{8} = \frac{8x}{8}$	Divide cada lado por 8 para hallar el valor de x.
$30 = x$	Simplifica.

Por lo tanto, el tiempo de espera cuando hay 240 personas haciendo fila es de 30 minutos.

Verificar

Matthew pagó $49.45 por cinco videojuegos usados de igual precio. La relación entre la cantidad de videojuegos y el costo total es proporcional. ¿Cuál es el costo total de 11 videojuegos usados? Usa cualquier estrategia.

Muestra tu trabajo aquí

¡Coméntalo!

Imagina que un compañero hace una recta numérica doble para representar y resolver este problema. ¿Es este un método válido? Explícalo. ¿Indica este método la tasa por unidad? ¿Es necesaria la tasa por unidad para resolver el problema? Explícalo.

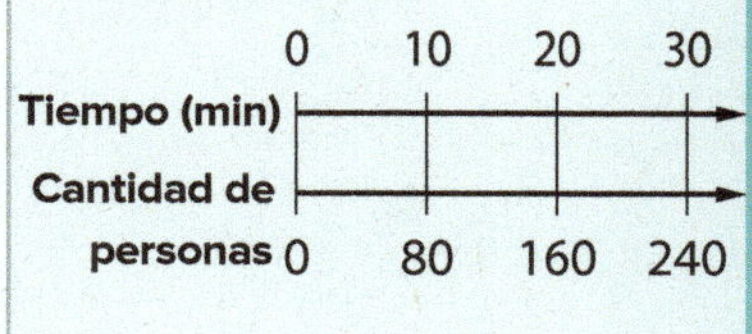

Conéctate Puedes completar un ejemplo adicional en línea.

Ejemplo 2 Resolver problemas que incluyan relaciones proporcionales

Después de dos horas, la temperatura del aire exterior había subido 6 °F. Se pronostica que la temperatura seguirá aumentando en esta misma proporción durante las próximas horas.

A este ritmo, ¿en cuántas horas aumentará 13 °F adicionales la temperatura?

Elige una estrategia para resolver este problema. Una estrategia conveniente para este problema sería usar una ecuación porque hay cálculos con fracciones. Lo sabes porque no existe un número entero por el que se pueda multiplicar 6 para obtener 13.

La ecuación que representa una relación proporcional es $y = kx$, donde k es la constante de proporcionalidad, o tasa por unidad.

Halla la tasa por unidad, es decir, el aumento de la temperatura en grados Fahrenheit por hora. Usa y para representar el aumento de la temperatura en grados Fahrenheit y x para representar la cantidad de horas.

$y = kx$	Escribe la ecuación.
$6 = k(2)$	Reemplaza y por 6 y x por 2.
$\frac{6}{2} = \frac{k(2)}{2}$	Divide cada lado por 2 para hallar el valor de k.
$3 = k$	Simplifica. La tasa por unidad, o constante de proporcionalidad, es 3.

Se pronostica que, por hora, la temperatura subirá 3 °F.

Usa la ecuación $y = 3x$ para hallar la cantidad de horas en que se pronostica que la temperatura aumentará 13 °F adicionales.

$y = 3x$	Escribe la ecuación. La constante de proporcionalidad es 3.
$13 = 3x$	Reemplaza y por 13.
$\frac{13}{3} = \frac{3x}{3}$	Divide cada lado por 3 para hallar el valor de x.
$4\frac{1}{3} = x$	Simplifica.

Por lo tanto, después de $4\frac{1}{3}$ horas, o 4 horas y 20 minutos, se pronostica que la temperatura subirá 13 °F adicionales.

Verificar

Brooke compró 8 botellas de té por $13.52. Imagina que la relación entre la cantidad de botellas y el costo total, en dólares, es proporcional. ¿Cuánto espera pagar Brooke por 12 botellas?

Conéctate Puedes completar un ejemplo adicional en línea.

¡Piénsalo!

Un compañero dijo que la cantidad de horas para que la temperatura suba 13 °F es mayor que 4 horas. ¿Es verdad? ¿Cómo lo sabes sin calcularlo?

¡Coméntalo!

¿Qué otras estrategias puedes elegir para resolver este problema? Explica por qué pueden o no ser convenientes.

Aplicar Donaciones de sangre

En una campaña estatal reciente de donación de sangre, la razón de donantes de tipo 0 y donantes de otro tipo fue de 37 : 43. Imagina que hay 300 donantes en una donación de sangre local. ¿Aproximadamente cuántos son de tipo O?

1 ¿Cuál es la tarea?

Asegúrate de comprender la pregunta que debes responder o el problema que debes resolver. Lee el problema tres veces. Comenta las preguntas con un compañero.

Primera vez Describe el problema con tus palabras.
Segunda vez ¿Qué operaciones matemáticas observas?
Tercera vez ¿Cuál es la pregunta?

2 ¿Cómo puedes resolver la tarea? ¿Qué estrategias puedes usar?

Registra tus observaciones aquí

3 ¿Cuál es la solución?

Usa tu estrategia para resolver el problema.

Muestra tu trabajo aquí

4 ¿Cómo puedes demostrar que tu solución es razonable?

¡Escríbelo! Escribe un argumento que puedas utilizar para defender tu solución.

Conéctate
Mira la animación en línea.

¡Coméntalo!
¿Cómo puedes usar la razón 37 : 43 para resolver el problema?

Verificar

La razón de niñas a niños en una escuela es 2 : 3. La cantidad de niñas y niños es proporcional. ¿Cuántos son los niños si hay un total de 345 estudiantes en la escuela?

Muestra tu trabajo aquí

Conéctate Puedes completar un ejemplo adicional en línea.

Pausa para reflexionar

Compara y contrasta los distintos métodos que se presentaron en esta lección para resolver los problemas que incluyen relaciones proporcionales.

Registra tus observaciones aquí

Nombre ______________________ Período ____________ Fecha ____________

Práctica

Conéctate Puedes completar tu tarea en línea.

Usa el método que prefieras para cada problema. Considera que cada relación es proporcional.
(Ejemplos 1 y 2)

1. Por cada tres niñas que toman clases de artes marciales en la escuela, hay 4 varones que también toman clases. Si hay 236 varones tomando clases, haz una predicción sobre la cantidad de niñas que toman clases en la escuela.

2. Una máquina calificadora puede corregir 96 pruebas de opción múltiple en 2 minutos. Si un profesor tiene 300 pruebas de opción múltiple para corregir, haz una predicción sobre la cantidad de minutos que le llevará a la máquina calificar las pruebas.

3. Un paquete de bocados de fruta de 6 onzas contiene 45 trozos. ¿Cuántos trozos debería tener un paquete de 10 onzas?

4. De los 50 estudiantes que hay en la cafetería, 7 son pelirrojos. Si hay 750 estudiantes en la escuela, haz una predicción sobre la cantidad de estudiantes que son pelirrojos.

5. La tabla muestra el tiempo de espera para dos juegos. Si hay 120 personas en la fila para los columpios, ¿cuánto habrá que esperar para subirse?

Juego	Tiempos de espera
Carrusel	6 minutos para 48 personas en la fila
Columpios	12 minutos para 75 personas en la fila

Práctica para la prueba

6. **Respuesta abierta** Ingrid escribe con el teclado 3 páginas en el mismo tiempo que Tanya escribe 4.5 páginas. Si las dos comienzan a escribir al mismo tiempo y lo hacen a su respectivo ritmo, ¿cuántas páginas habrá escrito Tanya cuando Ingrid haya escrito 11 páginas?

Aplicar

7. La razón de niños a adultos en un festival escolar es de 11 : 7. Imagina que hay un total de 810 niños y adultos en el festival. ¿Cuántos adultos hay en el festival?

8. La razón de computadoras portátiles a *tablets* en el almacén de una tienda es de 13 : 17. Si hay un total de 90 computadoras portátiles y *tablets* en el almacén, ¿cuántas computadoras portátiles hay en el almacén?

Problemas de pensamiento de orden superior

9. MP **Perseverar con los problemas** Lisa pinta las superficies exteriores de su casa. Un galón de pintura cubrirá 350 pies cuadrados. ¿Cuántos galones de pintura necesitará Lisa para pintar un lado de la cerca? Explica cómo lo resolviste.

Elemento por pintar	Longitud (pies)	Ancho (pies)
Cerca	26	7
Puerta del granero	11	6

10. MP **Hallar el error** La tasa de crecimiento de una planta es 0.2 centímetros cada 0.5 días. Un estudiante descubrió que la cantidad de días que tardaba la planta en crecer 3.6 centímetros era 1.44 días. Halla el error y corrígelo.

11. **Crear** Escribe un problema de la vida diaria que incluya una relación proporcional. Luego, resuelve el problema.

12. MP **Ser preciso** ¿Cuándo es más conveniente resolver un problema que incluye una relación proporcional usando una ecuación en lugar de una gráfica?

Repaso

Foldables Usa tu Foldable para revisar el módulo.

Lengüeta 1

Tabla

Gráfica

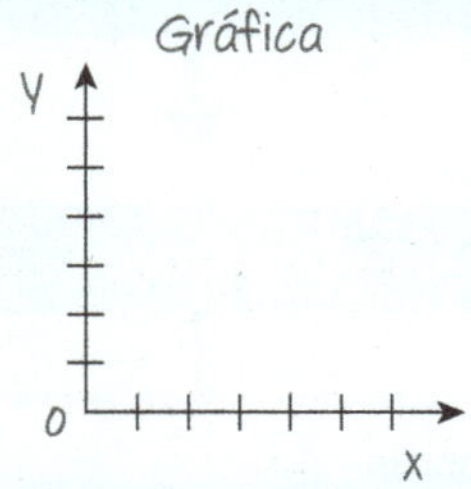

Ecuación

y =

Tabla

Gráfica

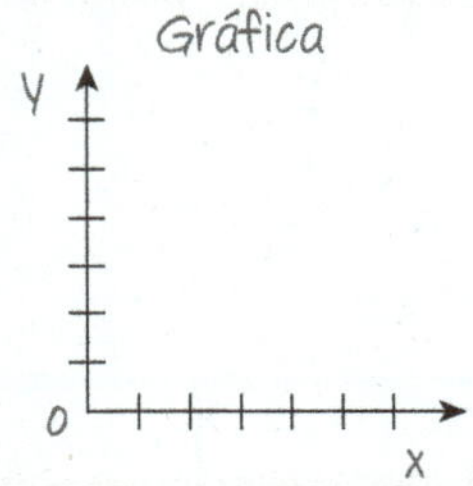

Ecuación

y =

Lengüeta 2

¡Califícate!

Cuando hayas terminado el módulo, completa el cuadro que está al principio. Coloca una marca en cada fila que corresponda a lo que sabes sobre cada tema.

Escribe sobre algo que aprendiste.

Escribe una pregunta que tengas aún.

Reflexión sobre el módulo

Usa lo que aprendiste sobre relaciones proporcionales para completar el organizador gráfico.

Pregunta esencial

¿Qué significa que dos cantidades tengan una relación proporcional?

Tablas

Palabras

Ejemplo

x				
y				

Contraejemplo

x				
y				

Gráficas

Palabras

Ejemplo

Contraejemplo

Ecuaciones

Palabras

Ejemplo

Contraejemplo

Nombre ______________________ Período ____________ Fecha ____________

Práctica para la prueba

1. Selección múltiple Noreen camina $\frac{1}{3}$ de milla en 12 minutos. ¿Cuál es su velocidad promedio en millas por hora? (Lección 1)

Ⓐ 36 millas por hora

Ⓑ 12 millas por hora

Ⓒ $\frac{1}{4}$ de milla por hora

Ⓓ $1\frac{2}{3}$ de milla por hora

2. Respuesta abierta La tabla muestra el dinero gastado en tomates en tres puestos de un mercado de agricultores. ¿Qué puesto vendió los tomates más baratos por libra y cuál fue el precio? Redondea al centavo más cercano si es necesario. (Lección 1)

Puesto	Peso (lb)	Costo ($)
A	$\frac{3}{4}$	2.00
B	$1\frac{1}{4}$	3.45
C	$5\frac{1}{2}$	14.85

3. Selección múltiple Una receta de plastilina casera requiere de 4 partes de harina, 1 parte de sal y 2 partes de agua. Elige todas las mezclas que tengan una relación proporcional con esta receta. (Lección 2)

☐ 8 tazas de harina, 2 tazas de sal, 4 tazas de agua

☐ 2 tazas de harina, $\frac{1}{2}$ de taza de sal, $\frac{1}{2}$ de taza de agua

☐ 6 tazas de harina, $1\frac{1}{2}$ de taza de sal, 3 tazas de agua

☐ 10 tazas de harina, 1 taza de sal, 2 tazas de agua

4. Respuesta abierta La razón de la cantidad de vueltas que corrió Braydon por el tiempo es 6 : 2. La razón de la cantidad de vueltas que corrió Monique por el tiempo es 10 : 4. Explica por qué estas razones no tienen una relación proporcional. (Lección 2)

5. Respuesta abierta Un mes Miko compró dos libros en una tienda de libros usados por un total de $2. Los meses siguientes, compró cuatro libros por $5, seis libros por un total de $7 y ocho libros por un total de $10. ¿Es el costo proporcional a la cantidad de libros que compró? Explícalo. (Lección 3)

6. Elemento de la tabla La tabla muestra el tiempo y la distancia que recorrió Héctor en una caminata de 5 kilómetros a beneficio de una organización de caridad. La distancia es proporcional al tiempo de caminata. Completa la tabla para mostrar los tiempos de sus últimas tres caminatas. (Lección 3)

Distancia (km)	Tiempo (min.)
1.5	13.5
2	
4.5	
5	

7. Selección múltiple La gráfica muestra la relación entre la cantidad de porciones de pizza compradas y la cantidad de estudiantes que comieron pizza. Elige todas las opciones que sean verdaderas. (Lección 4)

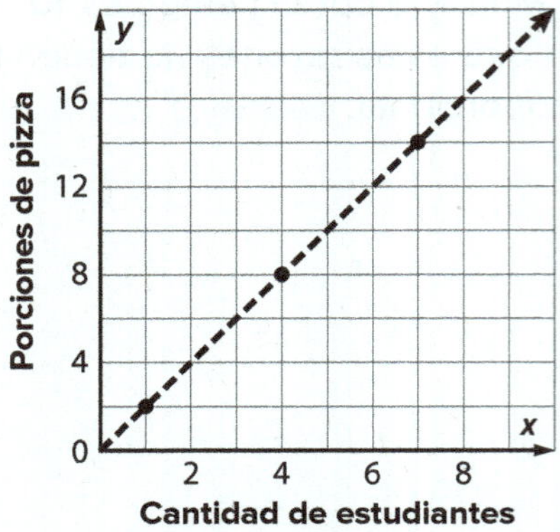

- [ ] La relación es proporcional.
- [ ] El punto (9, 18) respeta esta relación.
- [ ] La constante de proporcionalidad es $\frac{1}{2}$.
- [ ] La constante de proporcionalidad es 2.

8. Cuadrícula El costo de una clase de baile es de \$12 por 1 clase, \$22 por 2 y \$32 por 3. (Lección 4)

A. Representa gráficamente los pares ordenados en el plano de coordenadas.

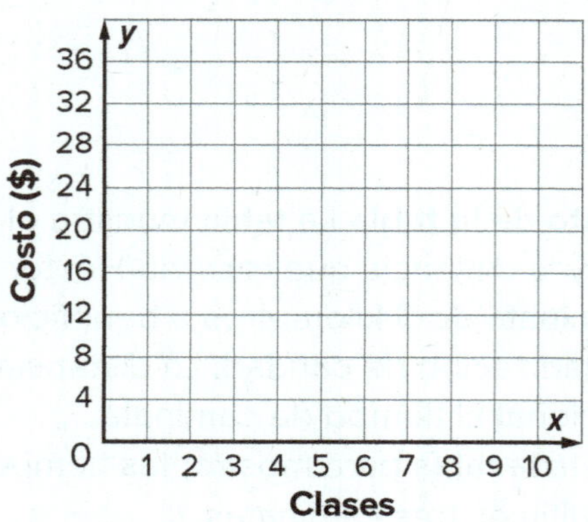

B. Determina si el costo es proporcional a la cantidad de clases. Explica tu razonamiento.

9. Editor de ecuaciones La Srta. Jameson pagó \$202.50 para que un grupo de 9 estudiantes visitara un parque de diversiones. (Lección 5)

A. Escribe una ecuación que relacione el costo total *y* y la cantidad de estudiantes *x* que visitaron el parque.

B. ¿Cuál sería el costo total si cuatro estudiantes más quisieran unirse al grupo?

10. Editor de ecuaciones El dueño de una casa valorada en \$120,000 paga \$1,800 de impuestos. A la misma tasa, ¿cuál es el valor de los impuestos para una casa valorada en \$135,000? (Lección 6)

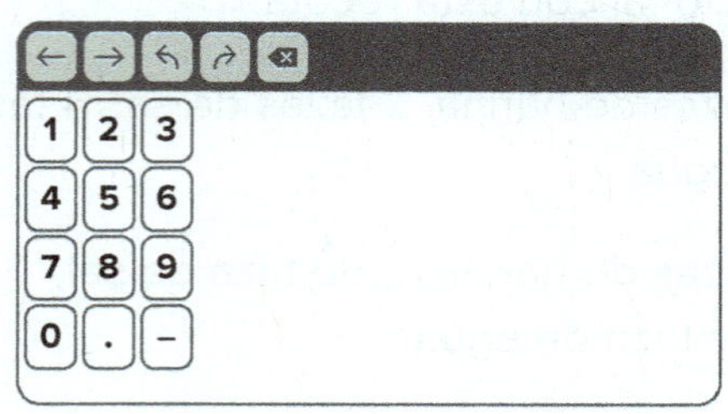

Módulo 2

Resolver problemas de porcentajes

Pregunta esencial

¿De qué modo el porcentaje describe cómo cambia una cantidad?

¿Qué aprenderás?

Haz una marca (✓) en cada fila para indicar lo que sabes sobre cada tema **antes** de comenzar este módulo.

CLAVE

■ — No lo sé. ◆ — Lo escuché. ★ — Lo sé.

	Antes			Después		
	■	◆	★	■	◆	★
hallar el porcentaje de cambio						
resolver problemas de impuestos						
resolver problemas de propinas y márgenes de ganancia						
resolver problemas de descuentos						
resolver problemas de intereses						
resolver problemas de comisiones y tarifas						
hallar el porcentaje de error						

Foldables Recorta el Foldable y pégalo al Repaso al final del módulo. Puedes usar el Foldable a lo largo del módulo mientras aprendes a resolver problemas de porcentajes.

¿Qué palabras de vocabulario aprenderás?

Haz una marca junto a cada palabra de vocabulario que conozcas.

☐ capital	☐ impuesto sobre las ventas	☐ porcentaje de error
☐ comisión	☐ interés	☐ porcentaje de incremento
☐ costo al por mayor	☐ interés simple	☐ precio de venta
☐ descuento	☐ margen de ganancia	☐ propina
☐ gratificación	☐ porcentaje de cambio	☐ rebaja
☐ honorario	☐ porcentaje de disminución	☐ valor de error

¿Estás listo?

Estudia el Repaso rápido para ver si estás listo para comenzar este módulo. Luego, completa el cuadro Comprobación rápida.

Repaso rápido

Ejemplo 1

Multiplicar con decimales.

Multiplica $240 \times 0.03 \times 5$.

$240 \times 0.03 \times 5$

$= 7.2 \times 5$ — Multiplica 240 por 0.03.

$= 36$ — Multiplica 7.2 por 5.

Ejemplo 2

Escribir los decimales en forma de fracciones y porcentajes.

Escribe 0.35 en forma de fracción.

$0.35 = \frac{35}{100}$ — 0.35 significa *treinta y cinco centésimos*.

$= \frac{7}{20}$ — Halla una razón equivalente.

Escribe 0.35 en forma de porcentaje.

$0.35 = \frac{35}{100}$ — 0.35 significa *treinta y cinco centésimos*.

$0.35 = 35\%$ — Definición de porcentaje.

Comprobación rápida

1. Supón que Nicole ahorra \$2.50 por día. ¿Cuánto dinero ahorrará en 4 semanas?

2. Alrededor del 0.92 de un melón es agua. ¿Qué porcentaje y qué fracción, en la mínima expresión, representan este decimal?

¿Cómo te fue?

¿Qué ejercicios respondiste correctamente en el cuadro Comprobación rápida? Sombrea los números de los ejercicios a la derecha. ① ②

Porcentaje de cambio

Puedo... usar las relaciones proporcionales para resolver problemas con porcentajes de cambio.

Explorar Porcentaje de cambio

Actividad en línea Usarás un diagrama de barras para determinar cómo puede utilizarse un porcentaje para describir un cambio cuando una cantidad aumenta o disminuye.

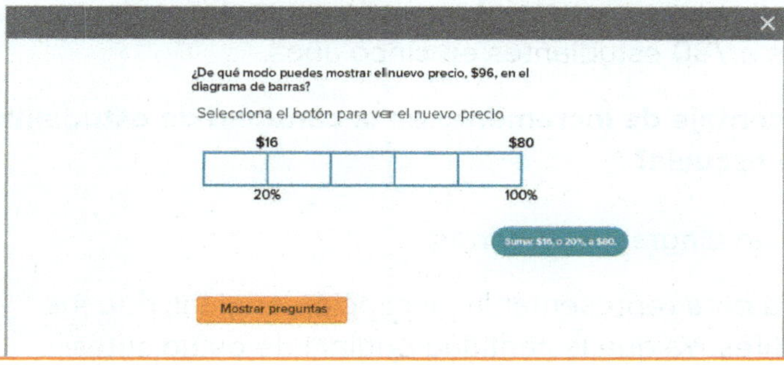

Aprender Porcentaje de incremento

Un **porcentaje de cambio** es una razón, en forma de porcentaje, que compara el cambio de una cantidad con respecto a la original. Si la cantidad original aumenta, se denomina porcentaje de incremento.

El precio de un plan de internet mensual aumentó de $36 a $45. Usa un diagrama de barras para determinar el porcentaje de incremento.

Dibuja una barra para representar el precio original, $36. Ya que el precio original representa el total, rotula la longitud de la barra 100%.

El precio aumentó de $36 a $45, lo que representa un incremento de $9. Dado que $36 dividido por $9 es 4, divide la barra que representa $36 en cuatro secciones de igual tamaño de $9. Cada sección representa un 25% del total, que es $36.

(continúa en la página siguiente)

¿Qué palabras de vocabulario aprenderás?
porcentaje de cambio
porcentaje de disminución
porcentaje de incremento

¡Coméntalo!
¿Por qué es importante que las dos cantidades tengan la misma unidad de medida para hallar porcentajes de cambio?

Tus notas

Cada sección de $9 representa un 25% del total, que es $36. Entonces, el precio aumentó un 25%.

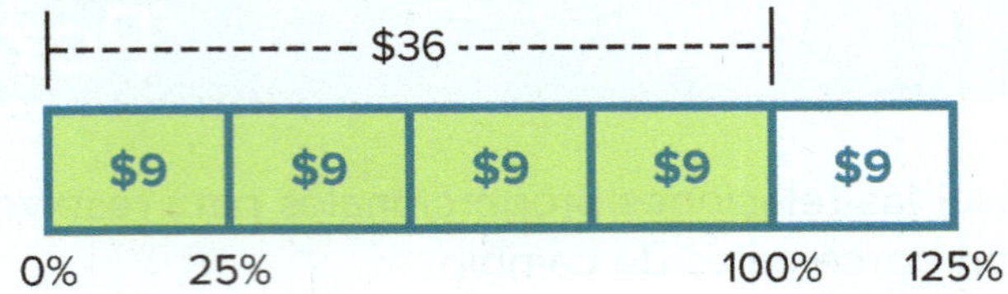

Observa que el nuevo precio, $45, es el 125% del precio original, pero que el precio aumentó un 25%.

Ejemplo 1 Porcentaje de incremento

¡Piénsalo!
¿Cuántos estudiantes más se inscribieron?

Las inscripciones en una escuela secundaria aumentaron de 650 estudiantes a 780 estudiantes en cinco años.

¿Cuál es el porcentaje de incremento en la cantidad de estudiantes inscriptos en la escuela?

Método 1 Usar un diagrama de barras.

Dibuja una barra para representar la inscripción original, que fue de 650 estudiantes. Ya que la cantidad original de estudiantes representa el total, rotula la longitud de la barra 100%.

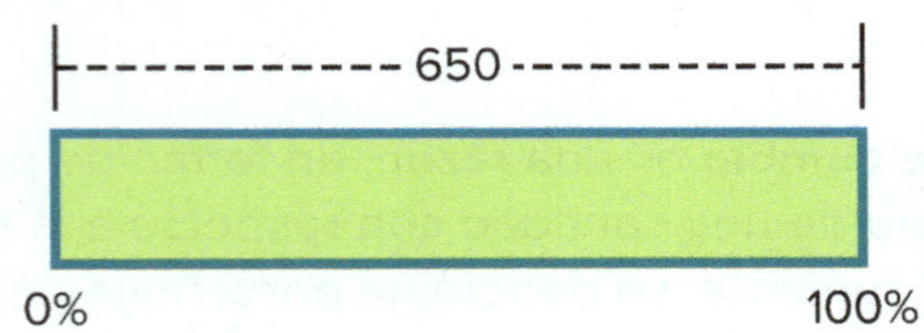

Las inscripciones aumentaron de 650 a 780 estudiantes. Esto es un incremento de 130 estudiantes. Divide la barra en partes iguales para que la cantidad de incremento, 130, esté representada por una de las partes. 650 dividido por 130 es 5. Divide la barra que representa 650 en cinco secciones de igual tamaño de 130 estudiantes cada una.

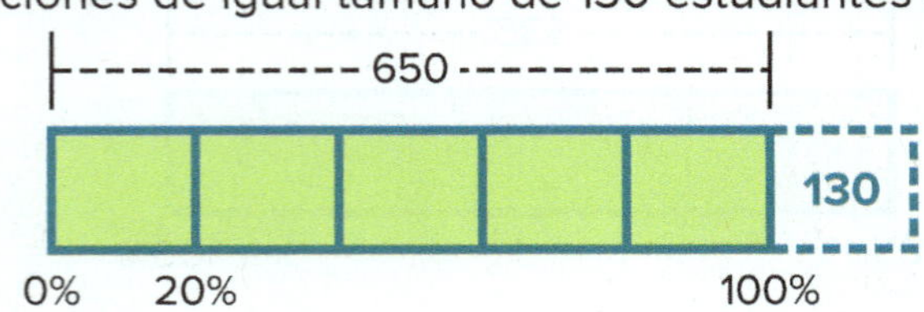

Cada sección representa un 20% del total, que es 650. Entonces, las inscripciones aumentaron un 20%.

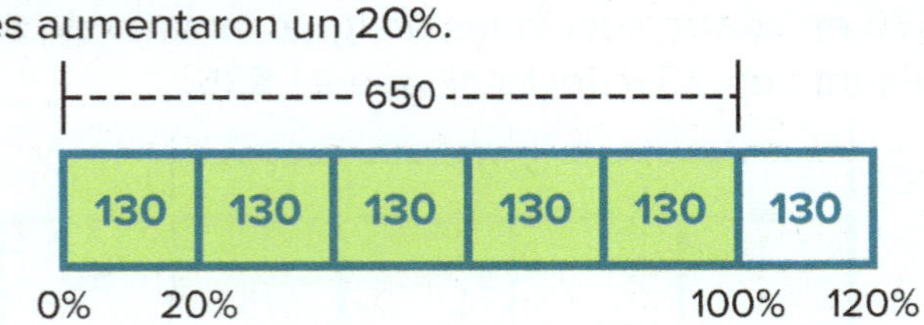

(continúa en la página siguiente)

Método 2 Usar razones equivalentes.

Paso 1 Identifica la parte y el total.

cantidad original = 650 — Este es el total.

nueva cantidad = 780 — Este es el total más la parte.

cantidad de incremento = 130 — Esta es la parte.

Paso 2 Halla el porcentaje de incremento.

$\frac{\text{parte}}{\text{total}} = \frac{130}{650}$ — Escribe la razón de parte a total. La parte es 130. El total es de 650.

$= 0.20$ — Divide.

$= \frac{20}{100}$ — Escribe una razón equivalente, en forma de una tasa por 100.

$= 20\%$ — Definición de porcentaje

Entonces, al utilizar cualquiera de los métodos, el porcentaje de incremento en las inscripciones de estudiantes es del 20%.

¡Coméntalo!
¿Por qué el total es de 650 y no 780?

Verificar

Una marca de champú tiene una botella de 12 onzas. La empresa decide rediseñar la forma de la botella de champú. La botella nueva contiene 15 onzas de champú. ¿Cuál es el porcentaje de incremento en la cantidad de champú que contiene la botella nueva?
Usa cualquier estrategia.

Muestra tu trabajo aquí

Conéctate Puedes completar un ejemplo adicional en línea.

Pausa para reflexionar

Describe algunas situaciones de la vida diaria en las que haya porcentajes de cambio.

Registra tus observaciones aquí

Ejemplo 2 Porcentaje de incremento

El costo promedio de la gasolina en el 2000 era de alrededor de $1.50 por galón. Supongamos que compras gasolina a $3.30 el galón.

¿Cuál es el porcentaje de incremento en el costo de un galón de gasolina?

Paso 1 Identifica la parte y el total.

cantidad original = $1.50 — Este es el total.

nueva cantidad = $3.30 — Este es el total más la parte.

cantidad de incremento = $1.80 — Esta es la parte.

Paso 2 Halla el porcentaje de incremento.

$\frac{\text{parte}}{\text{total}} = \frac{1.80}{1.50}$ — Escribe la razón de parte a total. La parte es 1.80. El total es de 1.50.

$= 1.20$ — Divide.

$= \frac{120}{100}$ — Escribe una razón equivalente, en forma de una tasa por 100.

$= 120\%$ — Definición de porcentaje

Entonces, el porcentaje de incremento en el precio por galón de gasolina es del 120%.

¡Piénsalo!

Antes de hallar el porcentaje de incremento, ¿qué valor necesitas calcular?

¡Coméntalo!

Supongamos que el costo de un galón de gasolina aumentó $1.80 más, pero el precio original era de $2.00, en lugar de $1.50. ¿Sería todavía 120% el porcentaje de incremento? Explícalo.

Verificar

Frankie calculó que necesitaría 9.5 yardas de papel para empapelar su habitación. El papel que eligió tenía un diseño grande, por lo que necesitaba en verdad 13 yardas de ese papel. ¿Cuál es el porcentaje de incremento, redondeado al porcentaje más cercano, en la cantidad de papel que necesita?

Muestra tu trabajo aquí

Conéctate Puedes completar un ejemplo adicional en línea.

Aprender Porcentaje de disminución

Un porcentaje de cambio es una razón, en forma de porcentaje, que compara el cambio de una cantidad con respecto a la cantidad original. Si la cantidad original disminuye, se llama porcentaje de disminución.

Jordan entrenó para una carrera de 5 km y redujo su tiempo de 35 minutos a 28 minutos. Usa un diagrama de barras para determinar el porcentaje de disminución.

Dibuja una barra con el tiempo original, 35 minutos. Como el tiempo original representa el total, rotula la longitud de la barra 100%.

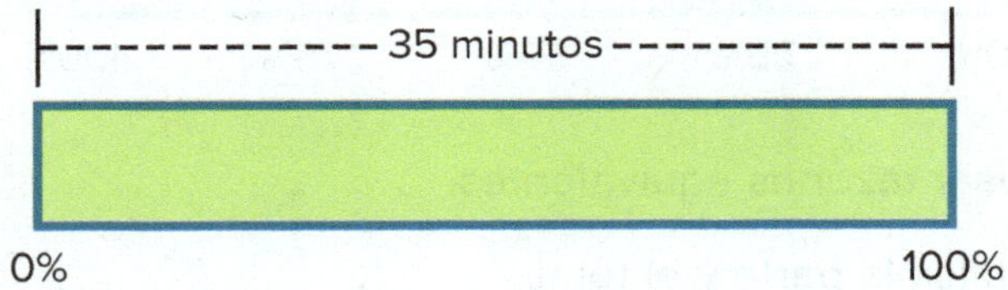

El tiempo de Jordan bajó de 35 minutos a 28 minutos, lo que es una disminución de 7 minutos. Como 35 dividido por 7 es 5, divide la barra en cinco secciones de igual tamaño de 7 minutos cada una. Cada sección representa un 20% del total, que es 35 minutos.

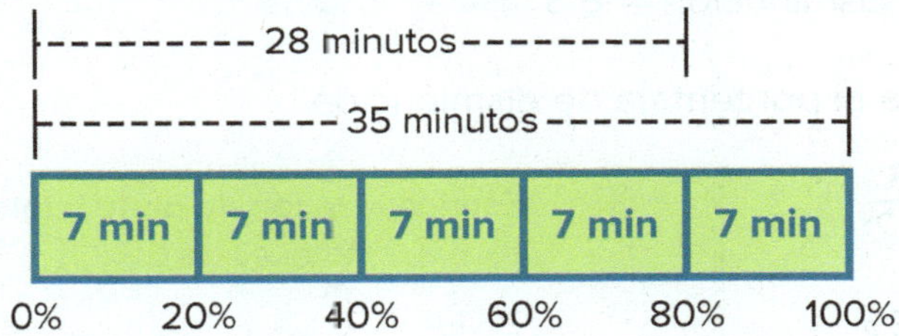

Cada sección de 7 minutos representa un 20% del total, que es 35. Entonces, el tiempo de Jordan disminuyó un 20%.

Observa que el nuevo tiempo de Jordan es el 80% del tiempo original, pero su tiempo disminuyó un 20%.

> **¡Coméntalo!**
> El porcentaje de disminución es del 20%. Explica por qué no es del 80%.

Ejemplo 3 Porcentaje de disminución

Al comienzo de un experimento de química, el volumen del líquido en un recipiente era de 25.2 mililitros. Durante el experimento, el volumen bajó a 18.9 mililitros.

¿Cuál es el porcentaje de disminución en el volumen del líquido?

Método 1 Usar un diagrama de barras.

Dibuja una barra que represente el volumen original, 25.2 mililitros. El volumen es el total, así que rotula la longitud de la barra 100%.

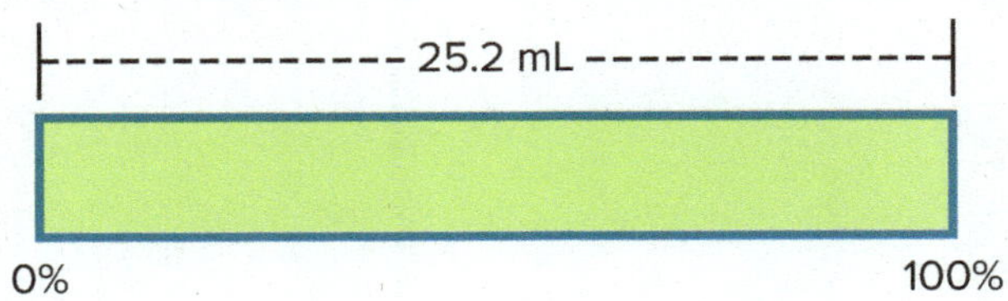

(continúa en la página siguiente)

> **¡Piénsalo!**
> Antes de hallar el porcentaje de disminución, ¿qué valor necesitas calcular?

El volumen disminuyó de 25.2 mililitros a 18.9 mililitros. La disminución es de 6.3 mililitros. 25.2 dividido por 6.3 es 4. Divide la barra en cuatro secciones de igual tamaño de 6.3 mililitros cada una. Cada sección representa un 25% del total, que es 25.2 mililitros. El porcentaje de disminución en el volumen del líquido es de 25%.

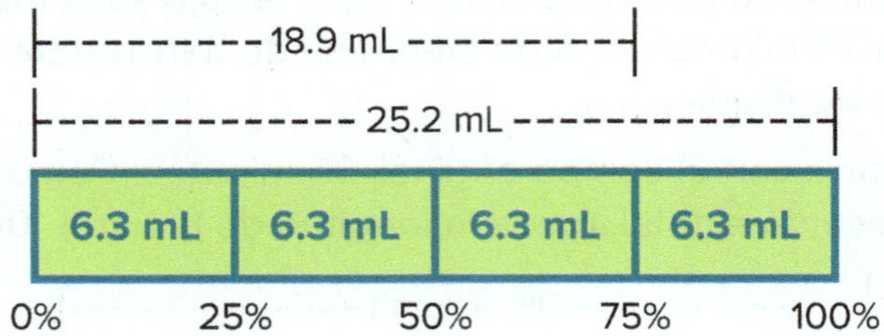

Método 2 Usar razones equivalentes.

Paso 1 Identifica la parte y el total.

cantidad original = 25.2	Este es el total.
nueva cantidad = 18.9	Este es el total menos la parte.
cantidad de disminución = 6.3	Esta es la parte.

Paso 2 Halla el porcentaje de disminución.

$\frac{\text{parte}}{\text{total}} = \frac{6.3}{25.2}$	Escribe la razón de parte a total. La parte es 6.3. El total es de 25.2.
$= 0.25$	Divide.
$= \frac{25}{100}$	Escribe una razón equivalente, en forma de una tasa por 100.
$= 25\%$	Definición de porcentaje

Entonces, el porcentaje de disminución en el volumen del líquido es del 25%.

¡Coméntalo!
¿Cómo puedes hacer una estimación para saber si tu respuesta es razonable?

Verificar

En reposo, un resorte mide 73.3 milímetros. Cuando el resorte se comprime, mide 51.29 milímetros. Halla el porcentaje de disminución de la longitud del resorte. Redondea al porcentaje más cercano si es necesario. Usa cualquier estrategia.

Muestra tu trabajo aquí

Conéctate Puedes completar un ejemplo adicional en línea.

Aplicar Películas

La primera película conocida se filmó en 1888 y duraba solo 2.11 segundos. Hoy en día, miramos películas que duran dos horas aproximadamente. ¿Cuál es el porcentaje de cambio de 1888 a hoy? Redondea tu respuesta al porcentaje más cercano si es necesario.

1 ¿Cuál es la tarea?

Asegúrate de comprender la pregunta que debes responder o el problema que debes resolver. Lee el problema tres veces. Comenta las preguntas con un compañero.

Primera vez Describe el contexto con tus palabras.
Segunda vez ¿Qué operaciones matemáticas observas?
Tercera vez ¿Cuál es la pregunta?

2 ¿Cómo puedes resolver la tarea? ¿Qué estrategias puedes usar?

Registra tus observaciones aquí

3 ¿Cuál es la solución?

Usa tu estrategia para resolver el problema.

Muestra tu trabajo aquí

4 ¿Cómo puedes demostrar que tu solución es razonable?

¡Escríbelo! Escribe un argumento que puedas usar para defender la solución.

¡Coméntalo!
¿Por qué el porcentaje de cambio es un número tan grande?

Verificar

La gráfica muestra el saldo de la cuenta bancaria de Alexa a lo largo de los últimos cuatro meses. ¿Entre qué meses consecutivos el porcentaje de incremento es el más bajo?

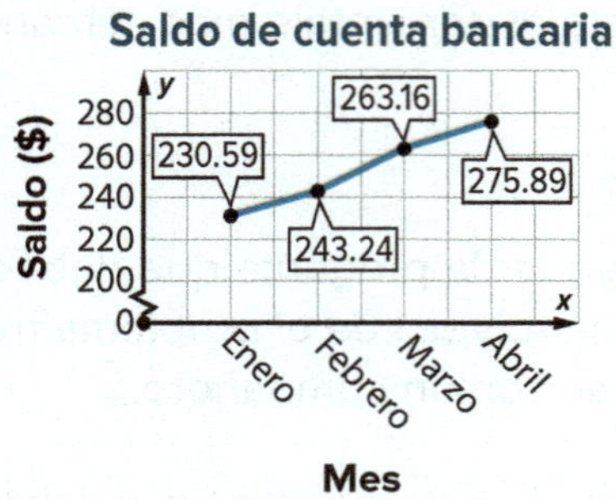

Muestra tu trabajo aquí

Conéctate Puedes completar un ejemplo adicional en línea.

Foldables Es hora de actualizar tu Foldable en el Repaso del Módulo, en función de lo que aprendiste en esta lección. Si aún no armaste tu Foldable, encontrarás las instrucciones en la página FL1.

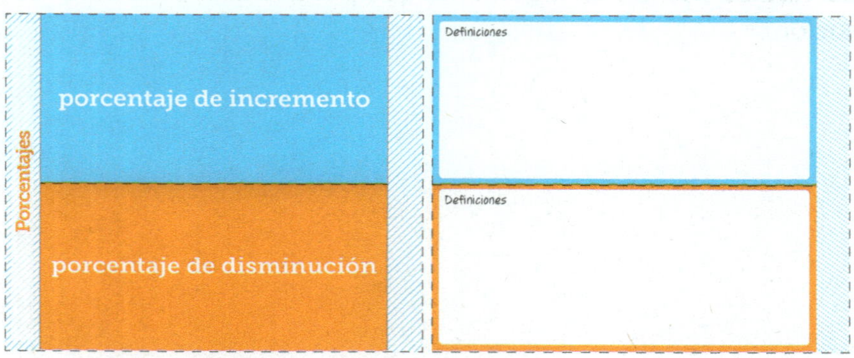

Nombre ________________ Período ________ Fecha ________

Práctica

Conéctate Puedes completar tu tarea en línea.

Halla los cambios. Indica los porcentajes de incremento y disminución. (Ejemplos 1–3)

1. 8 pies a 10 pies

2. 62 árboles a 31 árboles

3. 136 días a 85 días

4. El mes pasado, el precio de un auto a batería era de $250. Este mes, el precio es de $330. ¿Cuál es el porcentaje de incremento en el precio del auto? (Ejemplo 1)

5. Al final del primer tiempo de un partido de fútbol americano, Nathan había corrido 50.5 yardas con el balón. Para el final, había corrido 75 yardas con el balón. Halla el porcentaje de incremento en la cantidad de yardas. Redondea a la décima más cercana si es necesario. (Ejemplo 1)

6. Un sitio web de videos musicales recibió 5,000 comentarios en una nueva canción que lanzaron. Al día siguiente, el artista tocó la canción en televisión y se publicaron 1,500 comentarios más. ¿Cuál es el porcentaje de incremento? (Ejemplo 1)

7. Cuando Ricardo tenía 9 años, medía 56 pulgadas. Ricardo ahora tiene 12 años y mide 62 pulgadas. Halla el porcentaje de incremento en la altura de Ricardo a la décima más cercana. (Ejemplo 1)

8. En una feria, Petra puso su patineta en venta a $15.50. La vendió a $10.75. Halla el porcentaje de disminución en el precio de la patineta. Redondea a la décima más cercana si es necesario. (Ejemplo 2)

9. Al comienzo de una sesión de cocina, había 2.26 kilogramos de harina en la bolsa. Al final de la sesión, había 0.98 kilogramos de harina en la bolsa. ¿Cuál es el porcentaje de disminución, redondeado a la décima más cercana, de la harina? (Ejemplo 2)

Práctica para la prueba

10. Respuesta abierta La tabla muestra la cantidad de fotos de estudiantes en el anuario durante dos años consecutivos. ¿Cuál fue el porcentaje de disminución de fotos del 2015 al 2016, redondeado a la décima más cercana?

Año	Cantidad de fotos
2015	236
2016	214

Aplicar

11. La longitud del lado del cuadrado se triplica. ¿Qué porcentaje de incremento es mayor, el porcentaje de incremento del perímetro del cuadrado o el porcentaje de incremento del área? ¿Cuánto se incrementó?

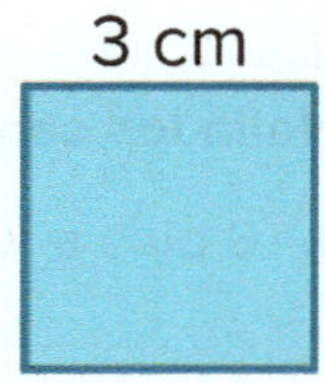

12. La familia Keating tiene varios comederos para pájaros en su jardín. Comenzaron con 10.5 libras de alpiste. Después de dos meses, quedaban 12 onzas. ¿Cuál es el porcentaje de cambio en la cantidad de alpiste después de dos meses? Redondea tu respuesta a la décima más cercana si es necesario.

Problemas de pensamiento de orden superior

13. Crear Escribe y resuelve un problema del de la vida diaria que incluya un porcentaje de incremento con decimales.

14. MP **Justificar conclusiones** Los dos hijos de la señora White recibieron $50 para sus cajas de ahorro. Las cantidades originales en sus cajas de ahorro eran de $500 y $300 respectivamente. Sin realizar cálculos, ¿qué caja de ahorro tiene el mayor porcentaje de incremento? Explica.

15. MP **Razonamiento abstracto** Determina si el enunciado es *verdadero* o *falso*. Explícalo.

Cuando el porcentaje de cambio implica una disminución, la cantidad original será mayor que la nueva cantidad.

16. MP **Razonamiento abstracto** ¿Puede un porcentaje de cambio ser mayor que 100%? Explícalo.

Impuestos

Puedo... usar relaciones proporcionales para hallar la cantidad de impuestos que se cobra por un artículo.

Explorar Impuesto sobre las ventas

Actividad en línea Usarás el Web Sketchpad para explorar cómo el impuesto sobre la venta cambia el costo total de un artículo.

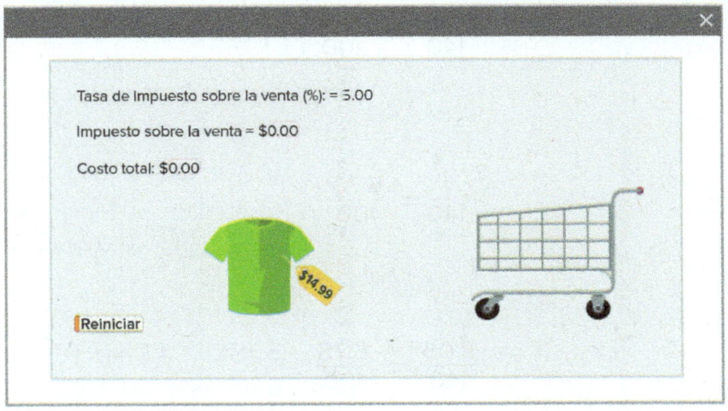

Aprender Impuestos sobre las ventas

Un impuesto es la cantidad de dinero que se agrega al precio de productos o servicios. El impuesto es un porcentaje del costo del producto. Algunos impuestos comunes son el impuesto la venta, la renta, sobre la propiedad y la hotelería. Los ingresos fiscales se utilizan para pagar los servicios que el gobierno brinda.

El **impuesto sobre las ventas** es un impuesto estatal o local que se suma al precio de un artículo o servicio. El costo total para comprar un artículo es el precio de venta más el impuesto sobre la venta.

El impuesto sobre las ventas varía según la ciudad o el estado. Una camiseta cuesta $10 con un impuesto sobre la venta del 7.5%. Usa razones equivalentes y el porcentaje escrito como una razón de 100 para hallar el impuesto. La variable *i* representa el valor del impuesto.

impuesto sobre la venta → / costo de la camiseta → $\frac{i}{10} = \frac{7.5}{100}$ } porcentaje

$\div 10$

$\frac{0.75}{10} = \frac{7.5}{100}$

$\div 10$

100 ÷ 10 es 10. Divide 7.5 por 10 para hallar *i*. El impuesto es $0.75, o 75 centavos.

¿Qué palabras de vocabulario aprenderás?
impuesto sobre las ventas

¡Coméntalo!
¿Cómo puedes hallar el costo total de la camiseta con el impuesto incluido?

Tus notas

¡Piénsalo!

Antes de hallar el total que Carie pagó, ¿qué valor debes hallar?

¡Coméntalo!

Compara y contrasta los dos métodos usados para hallar el costo total del equipo.

Ejemplo 1 Impuesto sobre la venta

Carie quiere comprar un equipo deportivo que cuesta $140. El impuesto sobre la venta en su ciudad es del 5.75%.

¿Cuál es el costo total del equipo?

Método 1 Usar lo que sabes sobre las razones.

Escribe una proporción que relacione las dos razones equivalentes. La variable *i* representa el valor del impuesto sobre la venta. Luego resuelve usando lo que sabes sobre las razones.

impuesto sobre la venta →
costo del equipo deportivo →

$$\frac{i}{140} = \frac{5.75}{100} \text{ } \} \text{ porcentaje}$$

$$\frac{i}{140} = \frac{5.75}{100} \quad (\times 1.40)$$

100 × 1.40 = 140. Multiplica 5.75 por 1.40 para hallar el valor de *i*.

$$\frac{8.05}{140} = \frac{5.75}{100}$$

5.75 × 1.40 = 8.05, entonces, $i = 8.05$.

Suma el impuesto sobre la venta al precio de venta. El costo total es $8.05 + $140 o $148.05.

Método 2 Usar las propiedades de las operaciones. La variable *i* representa el valor del impuesto sobre la venta.

$$\frac{i}{140} = \frac{5.75}{100}$$ Escribe la proporción.

$$\frac{i}{140} = 0.0575$$ Divide 5.75 por 100. El resultado es una ecuación de un paso.

$$140 \cdot \left(\frac{i}{140}\right) = (0.0575) \cdot 140$$ Propiedad multiplicativa de la igualdad; Observa que el impuesto es igual al producto del porcentaje, escrito en forma decimal, y el costo.

$$i = 8.05$$ Simplifica.

Suma el impuesto sobre la venta al precio de venta. El costo total es $8.05 + $140 o $148.05.

Entonces, usando cualquiera de los métodos, el costo total del equipo deportivo es de $148.05.

Verificar

Ashley va a comprar una computadora portátil que cuesta $749. La tasa del impuesto sobre la venta en su ciudad es del $8\frac{1}{4}$%. ¿Cuál es el costo total de la computadora portátil? Redondea tu respuesta a la décima más cercana. Usa cualquier estrategia.

Muestra tu trabajo aquí

Conéctate Puedes completar un ejemplo adicional en línea.

¡Piénsalo!

¿Es el impuesto menor, mayor o igual a $28? ¿Cómo lo sabes?

Ejemplo 2 Impuesto sobre la hotelería

El costo de alquilar una habitación en un hotel por 2 noches es de $280. Además, la habitación tiene un impuesto del 12%.

¿Cuál es el costo total de la habitación?

Método 1 Usar lo que sabes sobre las razones.

Escribe una proporción. La variable *i* representa el valor del impuesto. Resuelve la ecuación con lo que sabes sobre las razones.

impuesto sobre la habitación →
costo de la habitación →

$$\frac{i}{280} = \frac{12}{100}$$ } porcentaje

×2.80

$$\frac{i}{280} = \frac{12}{100}$$

×2.80

Dado que 100 × 2.80 = 280, multiplica 12 por 2.80 para hallar el valor de *i*.

$$\frac{33.60}{280} = \frac{12}{100}$$

12 × 2.80 = 33.60, entonces, *i* = 33.60.

Suma el impuesto hotelero al costo de la habitación del hotel. El costo total es de $280 + $33.60, o $313.60.

(continúa en la página siguiente)

¡Coméntalo!

En el método 2, ¿de qué modo puedes usar los pasos para resolver la ecuación y hallar la tasa del impuesto, o el porcentaje, del valor?

Método 2 Usar las propiedades de las operaciones. La letra *i* representa el valor del impuesto.

$\frac{i}{280} = \frac{12}{100}$	Escribe la proporción.
$\frac{i}{280} = 0.12$	Divide 12 por 100. El resultado es una ecuación de un paso.
$280 \cdot \left(\frac{i}{280}\right) = (0.12) \cdot 280$	Propiedad multiplicativa de la igualdad; Observa que el impuesto es igual al producto del porcentaje, escrito en forma decimal, y el costo.
$i = 33.60$	Simplifica.

Suma el impuesto hotelero al costo de la habitación del hotel. El costo total es de \$280 + \$33.60, o \$313.60.

Entonces, al utilizar cualquiera de los métodos, el costo total de la habitación es de \$313.60.

Verificar

El costo de una habitación en un hotel por 5 noches es de \$610. Hay un impuesto del 9.5% sobre la habitación del hotel. ¿Cuál es el costo total de la habitación? Usa cualquier estrategia.

Muestra tu trabajo aquí

Conéctate Puedes completar un ejemplo adicional en línea.

Pausa para reflexionar

Usa internet, u otra fuente, para investigar la tasa del impuesto sobre la venta en tu ciudad o estado. Describe un producto que podrías comprar. Investiga el costo. Intercambia con un compañero y agrega el impuesto sobre la venta para hallar el costo total del producto.

Registra tus observaciones aquí

Ejemplo 3 Impuesto sobre la venta

Henry compra ropa en una tienda por $56.00. El impuesto sobre la venta en su ciudad es del 7.5%.

¿Cuál es el costo total de la ropa?

Método 1 Hallar el impuesto sobre la venta.

Usa una proporción para hallar cuánto es el impuesto. La variable *i* representa el valor del impuesto. Luego, suma el impuesto al costo de la ropa.

$\frac{i}{56} = \frac{7.5}{100}$ Escribe la proporción.

$\frac{i}{56} = 0.075$ Divide 7.5 por 100.

$56 \cdot \left(\frac{i}{56}\right) = (0.075) \cdot 56$ Propiedad multiplicativa de la igualdad; Observa que el impuesto es igual al producto del porcentaje, escrito en forma decimal, y el costo.

$i = 4.20$ Simplifica.

Suma el impuesto sobre la venta al precio de venta.

$4.20 + $56.00 = $60.20 El costo total es $60.20.

Método 2 Sumar el porcentaje del impuesto sobre la venta al 100%.

Como el 100% representa el precio de venta, suma el porcentaje del impuesto sobre la venta al 100%. El porcentaje total es de 100% + 7.5%, o 107.5%.

$\frac{c}{56} = \frac{107.5}{100}$ Escribe la proporción. La letra c representa el costo total.

$\frac{c}{56} = 1.075$ Divide 107.5 por 100.

$56 \cdot \left(\frac{c}{56}\right) = (1.075) \cdot 56$ Propiedad multiplicativa de la igualdad; Observa que el costo total es igual al producto del porcentaje total, escrito en forma decimal, y el costo.

$c = 60.20$ Simplifica.

Entonces, el costo total de la ropa es $60.20.

(continúa en la página siguiente)

¡Piénsalo!
¿Cómo comenzarías a resolver el problema?

¡Coméntalo!
Si estás en una tienda y necesitas calcular con rapidez el total con el impuesto sobre la venta, ¿qué método usarías? Explícalo.

Método 3 Escribir una ecuación.

El costo total es el costo de la ropa más el impuesto sobre la venta. La letra *c* representa el costo total.

$c = 56 + 0.075(56)$	Escribe una ecuación. Escribe 7.5% como 0.075.
$= 56(1 + 0.075)$	Propiedad distributiva
$= 56(1.075)$	Suma.
$= 60.20$	Multiplica.

Aumentar el precio por 7.5% es lo mismo que multiplicar el precio por 1.075. Entonces, utilizando cualquiera de los métodos, el costo total de la ropa es \$60.20.

Verificar

Jimena compró unas artesanías a \$24. El impuesto sobre la venta en su ciudad es del 6.25%. ¿Cuál es el costo total de las artesanías? Usa cualquier estrategia.

Muestra tu trabajo aquí

Conéctate Puedes completar un ejemplo adicional en línea.

Pausa para reflexionar

Compara lo que has aprendido en esta lección con lo que aprendiste anteriormente sobre las relaciones proporcionales.

Registra tus observaciones aquí

Aplicar Compras

Davit hace las compras en una tienda local y compra los artículos que se muestran en la tabla. En la ciudad en la que vive, hay un impuesto sobre la venta del 7.3% en todos los artículos, excepto en los alimentos. ¿Cuánto dinero gasta Davit en la tienda? Redondea al centavo más cercano si es necesario.

Artículo	Costo ($)
Pollo	6.25
Zanahorias	1.99
Papas	2.55
Platos de cartón	5.50
Servilletas	6.15

1 ¿Cuál es la tarea?

Asegúrate de comprender la pregunta que debes responder o el problema que debes resolver. Lee el problema tres veces. Comenta las preguntas con un compañero.

Primera vez Describe el problema con tus palabras.
Segunda vez ¿Qué operaciones matemáticas observas?
Tercera vez ¿Cuál es la pregunta?

2 ¿Cómo puedes resolver la tarea? ¿Qué estrategias puedes usar?

Registra tus observaciones aquí

3 ¿Cuál es la solución?

Usa tu estrategia para resolver el problema.

Muestra tu trabajo aquí

4 ¿Cómo puedes demostrar que tu solución es razonable?

¡Escríbelo! Escribe un argumento que puedas usar para defender la solución.

¡Coméntalo!
¿Cómo puedes hacer una estimación para saber si tu respuesta es razonable?

Verificar

La tabla muestra los artículos que Victoria compró en el supermercado. En su ciudad hay un impuesto sobre la venta del 8% en todos los artículos, excepto en los alimentos. ¿Cuánto dinero gasta Victoria en el supermercado? Redondea al centavo más cercano si es necesario.

Artículo	Costo ($)
Cereal	3.55
Leche	3.10
Jabón para la ropa	8.95
Yogurt	5.35
Detergente para platos	2.95

Muestra tu trabajo aquí

Conéctate Puedes completar un ejemplo adicional en línea.

Pausa para reflexionar

¿Cómo puedes calcular mentalmente para estimar el total incluyendo el impuesto sobre la venta?

Registra tus observaciones aquí

Nombre ______________________ Período ______________ Fecha

Práctica

Conéctate Puedes completar tu tarea en línea.

Halla el costo total redondeando al centavo más cercano (Ejemplos 1–3)

1. desayuno: $18; impuesto: 7%

2. camiseta: $24; impuesto: 6%

3. zapatos: $49.95; impuesto: 5%

4. Emily quiere comprar unas botas de $68. El impuesto sobre la venta en su ciudad es del $5\frac{1}{2}$%. ¿Cuánto cuestan las botas? (Ejemplo 1)

5. Jack quiere comprar un abrigo de $74.95. El impuesto sobre la venta es del $6\frac{1}{2}$%. ¿Cuánto cuesta el abrigo? (Ejemplo 1)

6. El señor Phuong se quedó 2 noches en una habitación que costó $210. El impuesto sobre la habitación es del 12%. ¿Cuál es el costo total de la habitación? (Ejemplo 2)

7. La habitación de un hotel sale $325. El impuesto sobre la habitación del hotel es del 10.5%. ¿Cuál es el costo total de la habitación? (Ejemplo 2)

8. Robert gasta $30.45, antes de agregar el impuesto, en una librería. Si la tasa del impuesto sobre la venta en su ciudad es del 7.25%, ¿cuál es el costo total de su compra? (Ejemplo 3)

Práctica para la prueba

9. Opción múltiple Anya gastó $124.35 en artículos para mejorar el hogar en una ferretería. Si la tasa del impuesto sobre la venta en su ciudad es del 6.75%, ¿cuál es el costo total de su compra? (Ejemplo 3)

Ⓐ $131.10

Ⓑ $8.39

Ⓒ $115.96

Ⓓ $132.74

Aplicar

10. Jen compró los artículos que se muestran en la tabla. En donde vive, la tasa del impuesto sobre la venta es del 7.15%. En otra ciudad, es del 6.35%. ¿Cuánto dinero adicional gasta si compra los artículos en la ciudad en la que vive? Redondea al centavo más cercano.

Artículo	Costo ($)
Camisa	11.99
Zapatos	35.50
Cinturón	6.75
Medias	3.00

11. Shamir quiere decidir entre dos ciudades para hacer un viaje de fin de semana. Los precios para una habitación por dos noches y la tasa del impuesto hotelero se hallan en la tabla. ¿Cuál es la diferencia de los costos entre las dos ciudades? Redondea al centavo más cercano.

Ciudad	Costo ($)	Tasa del impuesto
A	250	12.5%
B	215	14.75%

Problemas de pensamiento de orden superior

12. MP **Hallar el error** Un estudiante calcula el costo total c de un libro que cuesta $9.95. El impuesto sobre la venta es del 9%. Halla su error y corrígelo.

$c = 1.9 \times 9.95$

$c \approx 18.91$

$c \approx \$18.91$

13. MP **Identificar estructuras** Escribe dos expresiones diferentes para hallar el costo de un artículo que cuesta $\$a$ si el impuesto sobre la venta es del 6%. Explica por qué las expresiones dan el mismo resultado.

14. ¿En qué se parecen el impuesto sobre la venta y el impuesto sobre la hotelería?

15. MP **Razonamiento** Una casa de muñecas está a la venta a $160. La tasa del impuesto es del $5\frac{1}{4}$%. ¿Será el impuesto mayor o menor que $8? Escribe un argumento que puedas usar para defender la solución.

Propinas y márgenes de ganancia

Puedo... usar las relaciones proporcionales para hallar cuánta propina dejar y definir los márgenes de ganancia de los artículos.

Aprender Propinas

Una **propina,** o **gratificación,** es una suma de dinero adicional que se paga por prestación de un servicio. A veces es un porcentaje del servicio. El monto total es el costo del servicio más la propina.

¿Qué palabras de vocabulario aprenderás?

costo al por mayor

gratificación

margen de ganancia

precio de venta

propina

Ejemplo 1 Propinas

La cuenta para un grupo en un restaurante fue de $125 antes de que se sumara la propina. El grupo quiere sumar un 18% de propina.

¿Cuál será la cuenta total con la propina incluida?

Método 1 Usar lo que sabes sobre las razones.

Escribe una proporción. Luego resuélvela aplicando lo que sabes de las razones. La letra *p* representa la propina.

valor de la propina → / valor de la cuenta → $\frac{p}{125} = \frac{18}{100}$ } porcentaje

$\frac{p}{125} = \frac{18}{100}$ (×1.25, ×1.25) Dado que 100 × 1.25 = 125, multiplica 18 por 1.25 para hallar el valor de *p*.

$\frac{22.50}{125} = \frac{18}{100}$ 18 × 1.25 = 22.50, entonces, *p* = 22.50.

Suma la propina. El costo total es de $125 + $22.50, o $147.50.

Método 2 Usar las propiedades de las operaciones. La letra *p* representa el valor de la propina.

$\frac{p}{125} = \frac{18}{100}$ Escribe la proporción.

$\frac{p}{125} = 0.18$ Divide 18 por 100. El resultado es una ecuación de un paso.

$125 \cdot \left(\frac{p}{125}\right) = (0.18) \cdot 125$ Propiedad multiplicativa de la igualdad

$t = 33.60$ Simplifica.

Suma la propina a la cuenta. El costo total es de $125 + $22.50, o $147.50. Usando los dos métodos, el costo total es de $147.50.

¡Piénsalo!
¿Cuál es una buena estimación para la solución? Explica cómo calculaste la solución.

¡Coméntalo!
¿Podrías resolver el problema de otra forma?

Tus notas

Verificar

Amy quiere darle a su estilista una propina del 20% por un corte de pelo que cuesta \$48. ¿Cuál es el total de su cuenta con la propina? Usa cualquier estrategia.

Muestra tu trabajo aquí

Conéctate Puedes completar un ejemplo adicional en línea.

Aprender Margen de ganancia

Las tiendas suelen vender artículos a un precio mayor del que pagaron. El valor que la tienda paga por un artículo se llama **costo al por mayor**. La cantidad de aumento se llama **margen de ganancia**. El **precio de venta** es el monto que el consumidor paga. Es igual al costo al por mayor más el margen de ganancia.

precio de venta = costo al por mayor + margen de ganancia

¡Piénsalo!
¿Cuál es una buena estimación para la solución? Explica cómo calculaste esa estimación.

Ejemplo 2 Margen de ganancia

El costo al por mayor por cada camisa en una tienda de ropa es de \$17. El gerente planea aumentar el margen de ganancia un 125%.

¿Cuál será el precio de venta de cada camisa?

Método 1 Usar lo que sabes sobre las razones.

Escribe una proporción. Luego resuélvela con lo que sabes de las razones. La letra x representa el margen de ganancia.

margen de ganancia → x; costo al por mayor → 17

$$\frac{x}{17} = \frac{125}{100} \text{ (porcentaje)}$$

$$\frac{x}{17} = \frac{125}{100} \quad (\times 0.17)$$

Dado que $100 \times 0.17 = 17$, multiplica 125 por 0.17 para hallar el valor de x.

$$\frac{21.25}{17} = \frac{125}{100}$$

$125 \times 0.17 = 21.25$, entonces, $x = 21.25$.

Suma el margen de ganancia al costo al por mayor. El precio de venta es de \$17 + \$21.25, o \$38.25. *(continúa en la página siguiente)*

Método 2 Usar las propiedades de las operaciones.

$\frac{x}{17} = \frac{125}{100}$ Escribe la proporción. La letra x representa el margen de ganancia.

$\frac{x}{17} = 1.25$ Divide 125 por 100. El resultado es una ecuación de un paso.

$17 \cdot \left(\frac{x}{17}\right) = (1.25) \cdot 17$ Propiedad multiplicativa de la igualdad

$x = 21.25$ Simplifica.

Suma el margen de ganancia al costo al por mayor. El precio de venta es de $17 + $21.25, o $38.25.

Con cualquiera de los métodos, el precio de venta es $38.25.

Verificar

El costo al por mayor de un tablero de básquetbol es $32. Si el margen de ganancia es del $85\frac{1}{2}$%, ¿cuál es el precio de venta? Usa cualquier estrategia.

Muestra tu trabajo aquí

Conéctate Puedes completar un ejemplo adicional en línea.

Ejemplo 3 Margen de ganancia

La familia de Ben está por comprar un automóvil nuevo. El precio del automóvil es de $24,199.50. Ben investiga y encuentra que el costo al por mayor del automóvil es de $22,100.00.

¿Cuál es el porcentaje del margen de ganancia?

Hallar el porcentaje del margen de ganancia es lo mismo que hallar el porcentaje de incremento.

Paso 1 Identifica la parte y el total.

cantidad original = $22,100.00 Este es el total.

cantidad nueva = $24,199.50 Este es el total más la parte.

cantidad de incremento = $2,099.50 Esta es la parte.

(continúa en la página siguiente)

¡Coméntalo!
Compara el costo al por mayor con el precio de venta. ¿Cómo sabes que el precio es razonable?

¡Piénsalo!
¿Cuál es una buena estimación para la solución? Explica cómo calculaste esa estimación.

Paso 2 Halla el porcentaje de incremento.

$$\frac{\text{parte}}{\text{total}} = \frac{2{,}099.50}{22{,}100.00}$$ Escribe la razón de parte a total. La parte es 2,099.50. El total es de 22,100.00.

$$= 0.095$$ Divide.

$$= \frac{9.5}{100}$$ Escribe una razón equivalente, en forma de una tasa por 100.

$$= 9.5\%$$ Definición de porcentaje

Entonces, el porcentaje del margen de ganancia para el precio del auto al por mayor es del 9.5%.

Verificar

Mikka está haciendo joyas para una exposición de manualidades. El costo al por mayor de una pulsera es de $12.50. Si las vende a $20, ¿cuál es el porcentaje del margen de ganancia?

Muestra tu trabajo aquí

Conéctate Puedes completar un ejemplo adicional en línea.

Pausa para reflexionar

Compara y contrasta propinas y márgenes de ganancia. ¿En dónde viste o usaste propinas y márgenes de ganancia en tu vida diaria?

Registra tus observaciones aquí

¡Coméntalo!
¿Cuál es la diferencia entre hallar el porcentaje del margen de ganancia y hallar el precio de venta de un artículo?

Aplicar Salir a cenar

Kerry y tres amigos salieron a cenar. Compartieron una pizza grande y cada persona también compró una ensalada y una gaseosa. Quieren dejar una propina del 15% sobre el costo de la cena, y el impuesto sobre la venta es del $8\frac{1}{4}$%. ¿Cuánto pagará cada persona si dividen la cuenta de forma equitativa?

Pizza	$18.60
Ensalada	$2.50
Gaseosa	$2.25

1 ¿Cuál es la tarea?

Asegúrate de comprender la pregunta que debes responder o el problema que debes resolver. Lee el problema tres veces. Comenta las preguntas con un compañero.

Primera vez Describe el problema con tus palabras.
Segunda vez ¿Qué operaciones matemáticas observas?
Tercera vez ¿Cuál es la pregunta?

2 ¿Cómo puedes resolver la tarea? ¿Qué estrategias puedes usar?

Registra tus observaciones aquí

3 ¿Cuál es la solución?

Usa tu estrategia para resolver el problema.

Muestra tu trabajo aquí

¡Coméntalo!
¿Qué pasos debes seguir antes de dividir la cuenta?

4 ¿Cómo puedes demostrar que tu solución es razonable?

¡Escríbelo! Escribe un argumento que puedas usar para defender la solución.

Verificar

Brian hace un pedido de pizza por $24 a domicilio. Paga la cuenta con una propina del 15% y un impuesto sobre la venta del 7%. Además, paga un cargo de entrega de $3 que se agrega después del impuesto y de la propina. Si paga con dos billetes de $20, ¿cuánto cambio recibe?

Muestra tu trabajo aquí

Conéctate Puedes completar un ejemplo adicional en línea.

Pausa para reflexionar

Explica cómo las propinas y los márgenes de ganancia son porcentajes de incremento.

Registra tus observaciones aquí

Nombre ______________________ Período ____________ Fecha ____________

Práctica

Conéctate Puedes completar tu tarea en línea.

Halla el costo total redondeado al centavo más cercano. Usa cualquier estrategia. (Ejemplos 1 y 2)

1. peluquería: $20; propina: 10%

2. almuerzo: $24; propina: 15%

3. TV: $185; ganancia: 5%

4. Vera fue a un salón de belleza para cortarse el pelo. El costo fue de $24. Vera le dio una propina del 18% al estilista. ¿Cuál fue el costo total del corte de pelo con la propina incluida? Redondea al centavo más cercano. (Ejemplo 1)

5. La familia Gómez encargó una pizza y sándwiches. El pedido salió $39.50. Le dieron una propina del 20% al repartidor. ¿Cuál fue el costo total de la comida y la propina? Redondea al centavo más cercano. (Ejemplo 1)

6. El costo al por mayor de una bicicleta es de $98.75. El margen de ganancia es del 33.3%. Halla el precio de venta. Redondea al centavo más cercano. (Ejemplo 2)

7. El costo al por mayor de un bolso en una tienda es de $12.50. Se planea aumentar el margen de ganancia un 140%. ¿Cuál será el precio de venta del bolso? Redondea al centavo más cercano. (Ejemplo 2)

8. Keri está haciendo ropa para muñecas para una exposición. El costo al por mayor de los materiales para un conjunto es de $9.38. Si lo vende a $15, ¿cuál es el margen de ganancia? Redondea al porcentaje más cercano. (Ejemplo 3)

9. Una tienda de mascotas vende una caseta grande para perros a $98.50. El costo al por mayor de la caseta es de $63.55. ¿Cuál es el porcentaje de ganancia? Redondea al porcentaje más cercano. (Ejemplo 3)

Práctica para la prueba

10. Respuesta abierta Una escuela primaria quiere comprar un columpio nuevo. La tabla muestra el precio de venta de los columpios. El margen de ganancia de los dos columpios es del $20\frac{1}{4}$%. La escuela decide comprar el modelo Aventura. ¿Cuál es el precio que deben pagar?

Columpio	Precio al por mayor ($)
Aventura	3,056
Deportivo	4,125

Aplicar

11. Louise compró un marco y un lienzo en línea por $125. Luego, compró los suministros que se muestran en la tabla y pagó un impuesto sobre la venta del 7% solo para estos productos. Aplicó un margen de ganancia del 115% sobre la suma de dinero que gastó en el lienzo, el marco y los suministros. ¿Cuánto le costó la pintura? Redondea al centavo más cercano.

Artículo	Costo ($)
Pinceles	12.50
Pintura	19.50

12. Brendan compra globos y flores por $65 y los envía a la casa de su madre. Él paga la cuenta más un impuesto sobre la venta del 8.5% y una propina del 18% sobre el costo total con el impuesto incluido. Además, paga un cargo de entrega de $10 que se agrega después del impuesto y de la propina. Si paga con dos billetes de $50, ¿cuánto cambio recibe? Redondea al centavo más cercano.

Problemas de pensamiento de orden superior

13. Toru llevó a su perro a la peluquería. El costo es de $70 más una propina del 10%. ¿Alcanzan $80 para pagar el servicio y la propina? Explica tu razonamiento.

14. MP **Usar un contraejemplo** Determina si el siguiente enunciado es falso o verdadero. Si es falso, da un contraejemplo.

Es imposible aumentar el costo de un artículo menos del 1%.

15. MP **Identificar estructuras** Escribe dos expresiones diferentes para hallar el costo total de un servicio que cuesta $*x* si la propina es del 18%. Explica por qué las expresiones dan el mismo resultado.

16. **Crear** Escribe y resuelve un problema de la vida diaria con impuesto sobre la venta y propina.

Descuentos

Puedo... usar relaciones proporcionales para hallar la cantidad de descuento o de rebaja.

¿Qué palabras de vocabulario aprenderás?
descuento
rebaja

Aprender Descuentos

Un **descuento** o una **rebaja** es el valor que se resta del precio de un artículo. El precio con rebaja es el precio original menos el descuento. El porcentaje de descuento es un porcentaje de disminución.

precio de rebaja = precio original − descuento

Ejemplo 1 Descuentos

Summer Sports está ofreciendo rebajas. El precio original de un balón de vóleibol es $59. El precio de rebaja tiene un 65% de descuento.

¿Cuál es el precio con rebaja del balón de vóleibol?

Método 1 Halla el valor del descuento. La letra *d* representa ese valor.

Escribe una proporción. Luego resuélvela aplicando tus conocimientos sobre las razones.

valor del descuento → d; precio original → 59; Porcentaje: $\frac{65}{100}$

$$\frac{d}{59} = \frac{65}{100}$$

$$\frac{d}{59} \overset{\times 0.59}{=} \frac{65}{100}$$

Dado que $100 \times 0.59 = 59$, multiplica 65 por 0.59 para obtener el valor de *d*.

$65 \times 0.59 = 38.35$, entonces, $d = 38.35$.

$$\frac{38.35}{59} = \frac{65}{100}$$

Resta el descuento del precio original. El precio con rebaja es de $59 − $38.35, o $20.65.

¡Coméntalo!
En el Método 1, ¿por qué la respuesta no es $38.35?

(continúa en la página siguiente)

Tus notas

Método 2 Restar el porcentaje de descuento del 100%.

Dado que 100% representa el precio original, resta el porcentaje de descuento del 100%. El precio con rebaja es de 100% − 65%, o el 35% del precio original. Escribe una proporción y resuélvela usando tus conocimientos sobre las razones. La letra *x* representa el precio con rebaja.

precio con rebaja → ; precio original →

$$\frac{x}{59} = \frac{35}{100} \quad \text{Porcentaje}$$

$$\frac{x}{59} = \frac{35}{100} \quad (\times 0.59)$$

Dado que 100 × 0.59 = 59, multiplica 35 por 0.59 para hallar el valor de *x*.

$$\frac{20.65}{59} = \frac{35}{100}$$

35 × 0.59 = 20.65, entonces, $x = 20.65$.

Al utilizar cualquier método, el precio con rebaja es $20.65.

Verificar

Un restaurante retrotrajo sus precios por un día a los precios de 1964. El precio de una pizza, que cuesta $15.40, disminuyó un 85%. ¿Cuál era el precio de la pizza en 1964? Usa cualquier estrategia.

Muestra tu trabajo aquí

Conéctate Puedes completar un ejemplo adicional en línea.

Ejemplo 2 Descuentos combinados

En una oferta de temporada, el precio de unas *tablets* disminuyó un 20%. Un día, los precios ya rebajados disminuyeron un 30% más. Una *tablet* originalmente se vendía a $375.

¿Cuál es el precio final cuando se aplican los dos descuentos?

Paso 1 Halla el precio después del primer descuento.

Como el 100% representa el precio original, resta el porcentaje de descuento de 100%. El precio rebajado es de 100% − 20%, o 80% del precio original. Escribe una proporción y resuélvela usando tus conocimientos sobre las razones. La letra *x* representa el precio con rebaja después del primer descuento.

¡Piénsalo!

¿Cómo puedes estimar la solución?

(continúa en la página siguiente)

precio con rebaja → precio original → $\frac{x}{375} = \frac{80}{100}$ } Porcentaje

$$\frac{x}{375} = \frac{80}{100}$$ (×3.75)

$100 \times 3.75 = 375$. Multiplica 80 por 3.75 para hallar el valor de x.

$$\frac{300}{375} = \frac{80}{100}$$

$80 \times 3.75 = 300$, entonces, $x = 300$. El precio después del primer descuento es $300.

Paso 2 Halla el precio final después del descuento adicional.

Dado que ahora 100% representa el precio después del primer descuento, resta el porcentaje del descuento adicional de 100%. El precio con rebaja es de 100% − 30%, o 70% del precio después del primer descuento. Escribe una proporción y resuélvela aplicando lo que sabes sobre las razones. La letra x representa el precio con rebaja después del descuento adicional.

precio con rebaja → precio original → $\frac{x}{300} = \frac{70}{100}$ } Porcentaje

$$\frac{x}{300} = \frac{70}{100}$$ (×3)

Dado que $100 \times 3 = 300$, multiplica 70 por 3 para hallar el valor de x.

$$\frac{210}{300} = \frac{70}{100}$$

$70 \times 3 = 210$, entonces, $x = 210$.

Entonces, el precio final de la *tablet*, después de que se aplicaran los dos descuentos, era de $210.

Verificar

Una tienda de ropa redujo en un 50% el precio de sus prendas de verano. Un cartel en la tienda indica que los precios de liquidación bajarán un 20% adicional. ¿Cuál es el precio final de una remera que originalmente se vendía a $58?

Muestra tu trabajo aquí

¡Coméntalo!

El precio final tenía un descuento del 20% seguido por un descuento del 30%. ¿Es igual el 20% + 30% que el 50% del precio original? Usa los valores del ejemplo para justificar tu razonamiento.

Conéctate Puedes completar un ejemplo adicional en línea.

¡Piénsalo!

¿Intentas hallar la parte, el porcentaje o el total?

¡Coméntalo!

Al escribir la proporción, ¿por qué el porcentaje es 75 de 100 en lugar de 25 de 100?

Ejemplo 3 Hallar el precio original

Sandy tiene un cupón de descuento del 25% para equipamiento atlético. Compra un equipo de *hockey* a un precio final de $172.50.

¿Cuál es el precio original?

Si el descuento es del 25%, el precio rebajado es de 100% − 25%, o 75%, del precio original. El 75% del precio original es $172.50.

Escribe una proporción y resuélvela aplicando lo que sabes sobre las razones. La letra *x* representa el precio original.

precio con rebaja → (numerador), precio original → (denominador)

$$\frac{172.50}{x} = \frac{75}{100} \quad \text{Porcentaje}$$

$$\frac{172.50}{x} \overset{\times 2.3}{=} \frac{75}{100}$$

Dado que 75 × 2.3 = 172.50, multiplica 100 por 2.3 para hallar el valor de *x*.

$$\frac{172.50}{230} = \frac{75}{100}$$

100 × 2.3 = 230, entonces, $x = 230$.

Entonces, el precio original del equipo de *hockey* es de $230.

Verificar

Un par de zapatillas de deportes está en oferta por $125.99. Si el precio con rebaja tiene un descuento del 9% sobre el precio original, ¿cuál es el precio original? Redondea al centavo más cercano.

Muestra tu trabajo aquí

Conéctate Puedes completar un ejemplo adicional en línea.

Aplicar Compras

La familia Wares quiere comprar una computadora nueva. La tienda A tiene un precio regular de $1,300 y ofrece un descuento del 20%. La tienda B tiene un precio regular de $1,089 sin ningún descuento. Quieren comprar la computadora que sea más económica. Si hay un impuesto sobre la venta del $7\frac{1}{4}$% en su ciudad, ¿en qué tienda deberían comprar su computadora, y cuánto dinero se ahorrarán si la compran en esa tienda en lugar de hacerlo en la otra?

Conéctate Mira la animación.

1 ¿Cuál es la tarea?

Asegúrate de comprender la pregunta que debes responder o el problema que debes resolver. Lee el problema tres veces. Comenta las preguntas con un compañero.

Primera vez Describe el problema con tus palabras.
Segunda vez ¿Qué operaciones matemáticas observas?
Tercera vez ¿Cuál es la pregunta?

2 ¿Cómo puedes resolver la tarea? ¿Qué estrategias puedes usar?

Registra tus observaciones aquí

3 ¿Cuál es la solución?

Usa tu estrategia para resolver el problema.

Muestra tu trabajo aquí

¡Coméntalo! ¿Cómo determinas qué computadora será más barata antes de que se aplique el impuesto sobre la venta?

4 ¿Cómo puedes demostrar que tu solución es razonable?

¡Escríbelo! Escribe un argumento que puedas usar para defender tu solución.

Verificar

Una tienda de bicicletas tiene dos bicicletas de carretera en oferta. La bicicleta Guerrero tiene un precio regular de $379 y tiene un descuento del 25%. La bicicleta Corredor tiene un precio regular de $320 y ofrece un descuento del 12%. Si la tasa del impuesto sobre la venta es del 6.5%, ¿qué bicicleta es menos costosa? ¿Cuánto dinero ahorrarías al comprar esa bicicleta?

Muestra tu trabajo aquí

Conéctate Puedes completar un ejemplo adicional en línea.

Pausa para reflexionar

Escribe un párrafo explicando por qué un descuento del 30% no es igual a un descuento del 20% más un 10% de descuento adicional. ¿Qué descuento es mejor?

Registra tus observaciones aquí

Nombre ______________________ Período ____________ Fecha ____________

Práctica

Conéctate Puedes completar tu tarea en línea.

Halla el precio rebajado redondeado al centavo más cercano. Usa cualquier estrategia. (Ejemplo 1)

1. abrigo: $140; descuento: 10%

2. botas: $80; descuento: 25%

3. tienda: $325; descuento: 15%

4. En época de rebajas, un sistema de videojuegos cuesta $99. Está a la venta con un descuento del 40%. Halla el precio con rebaja. Redondea al centavo más cercano. (Ejemplo 1)

5. El costo anual de una suscripción en una cafetería es de $65. Avery recibió un descuento del 62%. ¿Cuál es el precio de la suscripción con la rebaja incluida? Redondea al centavo más cercano. (Ejemplo 1)

6. Durante una liquidación en una tienda de artículos de deporte, el precio de las patinetas bajó un 30%. El sábado los precios ya rebajados de las patinetas se redujeron un 25% adicional. Si una patineta costaba $119.50, ¿cuál es el precio final al aplicar los descuentos? Redondea al centavo más cercano. (Ejemplo 2)

7. En una tienda de electrónica, un teléfono inteligente está a la venta con un descuento del 35%. El precio original es $679. Si usas la tarjeta de crédito de la tienda, recibes un 15% de descuento adicional. ¿Cuál es el precio final del teléfono inteligente si usas esa tarjeta? Redondea al centavo más cercano. (Ejemplo 2)

8. Gary tenía un descuento del 40% para neumáticos nuevos. El precio con rebaja de un neumático era $96.25. ¿Cuál era el precio original del neumático? Redondea al centavo más cercano. (Ejemplo 3)

9. Un traje de baño está en oferta por $45.50. Si el precio con rebaja tiene un descuento del 5% sobre el precio original, ¿cuál era el precio original? Redondea al centavo más cercano. (Ejemplo 3)

Práctica para la prueba

10. Respuesta. Hay una liquidación de zapatos de verano. Todos los zapatos tienen un descuento del 55%. En un letrero se ofrece un descuento adicional del 10%. A Kelly le gustan dos pares de sandalias. Si compra las sandalias azules, ¿qué precio final pagará? Redondea al centavo más cercano.

Zapatos	Precio original
Sandalias azules	$75
Sandalias doradas	$68

Aplicar

11. Una tienda ofrece dos trampolines. La tabla muestra los precios originales. El Saltarín tiene un descuento del 15% y el Máximo tiene un descuento del 13%. Si la tasa del impuesto sobre la venta es del 7.5%, ¿qué trampolín es más económico? ¿Cuánto dinero ahorrarías al comprar ese trampolín? Redondea al centavo más cercano.

Modelo de trampolín	Precio original ($)
Saltarín	1,480
Máximo	1,450

12. Mascotas Plus y Planeta Mascotas ofrecen la misma pecera con rebaja. En Mascotas Plus el acuario tiene un descuento del 30% sobre el precio original y en Planeta Mascotas, del 25%. Si la tasa del impuesto sobre la venta es del 8%, ¿qué tienda ofrece el precio más económico? ¿Cuánto dinero ahorrarías al comprar la pecera allí? Redondea al centavo más cercano.

Tienda	Precio original de la pecera ($)
Mascotas Plus	118
Planeta Mascotas	110

Problemas de pensamiento de orden superior

13. MP **Perseverar con los problemas** Una tienda en línea tiene un artículo en oferta con un descuento del 10%. ¿Qué porcentaje debería aumentar el precio del artículo para venderlo al precio original? Explícalo.

14. MP **Identificar estructuras** Una tienda de zapatos compra pares de medias al por mayor por $5 cada uno y los aumenta un 40%. La tienda decide aplicar un descuento del 40%. ¿Es $5 el precio de descuento? Explica tu razonamiento.

15. Un auto de juguete está en oferta en línea. El dueño rebaja el precio un 5% por día hasta venderlo. Al tercer día, lo vende. Si el precio original del auto de juguete era de $40, ¿cuál fue el valor de venta? ¿Qué porcentaje de descuento se aplicó sobre el precio original?

16. Describe un problema de la vida diaria en el que un artículo tiene una rebaja del 75%. Luego, halla el precio original.

Interés

Puedo... usar la fórmula de interés simple para hallar los intereses ganados sobre un capital determinado, a una tasa de interés determinada, durante un período determinado.

¿Qué palabras de vocabulario aprenderás?

capital

interés

interés simple

Explorar Interés

Actividad en línea Usarás las herramientas en línea para explorar la fórmula de interés simple.

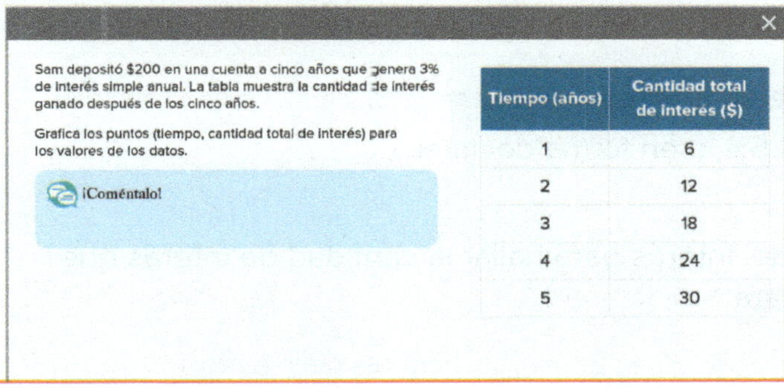

Aprender Interés simple

El **capital** es la cantidad de dinero que se pide prestado o se deposita. El **interés** es la cantidad de dinero que se obtiene o se paga por el uso del capital. El **interés simple** es el interés durante un tiempo dado.

Se usan los porcentajes para calcular el interés. Puedes ganar intereses si permites que el banco use el dinero que depositas en tu cuenta bancaria. Pagarás intereses cuando pidas dinero prestado al banco o uses una tarjeta de crédito.

Conéctate Mira la animación para hallar el interés obtenido con la información de la tabla.

capital	$430
tasa de interés	2%, o 0.02
tiempo	5 años

La animación muestra que los pasos para hallar el interés son:

$I = cit$	Fórmula del interés
$I = 430 \cdot 0.02 \cdot 5$	El capital es de 580, la tasa es de 0.035, y el tiempo es de 0.5.
$I = 43$	Simplifica.

El interés es de $43. En 5 años, tendrás $430 + $43, o $473, en tu cuenta si no depositas o retiras.

(continúa en la página siguiente)

Tus notas

Palabras	Símbolos
El interés simple I es el producto del capital c, la tasa de interés i y el período de tiempo t, expresado en años.	$I = cit$

Ejemplo 1 Hallar el interés simple

Magdalena depositó $580 en una caja de ahorro. La cuenta paga un interés simple del 2.5% anual.

Si no deposita ni retira dinero de la cuenta, ¿cuánto interés ganará en 2 años?

El período es de un año, entonces $t =$ ________.

La tasa es del 2.5%, o en forma decimal, ________.

Usa la fórmula del interés para hallar la cantidad de interés que Magdalena ganará.

$I = cit$	Fórmula del interés
$I = \square \cdot \square \cdot \square$	El capital es 580, la tasa es 0.025, y el tiempo es 2.
$I = 29$	Multiplica.

Entonces, Magdalena ganará $ ________ en intereses en 2 años.

Verificar

Curtis deposita $550 en una caja de ahorro. La cuenta paga un interés simple del 1.75% anual. Si no deposita ni retira dinero de la cuenta, ¿cuánto interés ganará en 3 años?

Muestra tu trabajo aquí

Conéctate Puedes completar un ejemplo adicional en línea.

Ejemplo 2 Hallar el interés simple

Supongamos que Magdalena abre una caja de ahorro por solo 6 meses. Deposita $580 en esa cuenta y gana un 3.5% anual.

¿Cuánto interés ganará?

Dado que el período es de un año, 6 meses equivalen a $\frac{6}{12}$, o

_________ de un año.

¿Cómo se escribe una tasa del 3.5% en forma decimal? _________

Usa la fórmula del interés para hallar la cantidad de interés que ganará Magdalena.

$I = cit$	Fórmula del interés
$I = \square \cdot \square \cdot \square$	El capital es 580, la tasa es 0.035, y el tiempo es 0.5.
$I = 10.15$	Multiplica.

Magdalena ganará $ _________ de interés en _________ meses.

Verificar

Carrie invierte $430 en una caja de ahorro. La cuenta paga un interés simple del 2.5% anual. Si no deposita ni retira dinero de la cuenta, ¿cuánto interés ganará en 15 meses?

Muestra tu trabajo aquí

Conéctate Puedes completar un ejemplo adicional en línea.

¡Piénsalo!

¿Cuál es la fórmula del interés simple? ¿Hallarás el *interés, el capital, la tasa* o *el tiempo*?

¡Coméntalo!

¿En qué difiere el proceso de hallar el interés simple cuando el tiempo se indica en meses?

Ejemplo 3 Hallar el interés simple

¡Piénsalo!
¿Cómo comenzarías a resolver el problema?

Los padres de Rondell están organizando una empresa inmobiliaria. Pidieron un préstamo al banco de $99,400 para financiar los costos de la puesta en marcha. El interés simple es del $4\frac{3}{4}$% anual, y planifican pagar el préstamo en 15 años.

¿Cuánto interés simple pagarán?

El período de un año, entonces $t =$ ________.

¿Cómo se escribe una tasa del $4\frac{3}{4}$% en forma decimal? ________

Usa la fórmula del interés para hallar cuánto interés pagarán.

$I = cit$	Fórmula del interés
$I = \square \cdot \square \cdot \square$	El capital es 99,400, la tasa es 0.0475, y el tiempo es 15.
$I = 70,822.50$	Multiplica.

Los padres de Rondell pagarán $ ____________ de interés.

Verificar

Abbie pide prestados $3,216 a una tasa del $6\frac{4}{5}$% anual. ¿Cuánto interés simple deberá si le lleva 2 años pagar el préstamo?

Muestra tu trabajo aquí

Conéctate Puedes completar un ejemplo adicional en línea.

Pausa para reflexionar

¿Por qué es importante cancelar el pago de los préstamos tan pronto como sea posible?

Registra tus observaciones aquí

Aplicar Compra de automóviles

Alex comprará un automóvil que cuesta $18,000. La tasa del impuesto es del 7% y planea pagar un anticipo de $2,000. El impuesto sobre la venta se suma al precio del automóvil antes de que pague el anticipo. Está considerando pedir un préstamo a cinco años con una tasa de interés simple del 6.2% anual. ¿Cuánto deberá pagar por mes?

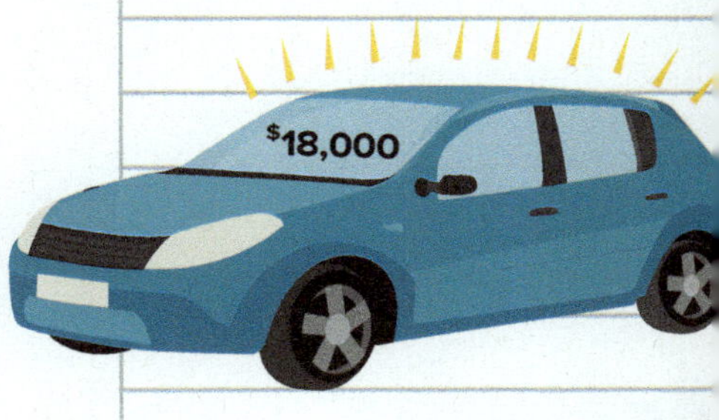

1 ¿Cuál es la tarea?

Asegúrate de comprender la pregunta que debes responder o el problema que debes resolver. Lee el problema tres veces. Comenta las preguntas con un compañero.

Primera vez Describe el problema con tus palabras.
Segunda vez ¿Qué operaciones matemáticas observas?
Tercera vez ¿Cuál es la pregunta?

2 ¿Cómo puedes resolver la tarea? ¿Qué estrategias puedes usar?

Registra tus observaciones aquí

¡Coméntalo!
¿Cómo afecta el valor del anticipo al pago mensual?

3 ¿Cuál es la solución?

Usa tu estrategia para resolver el problema.

Muestra tu trabajo aquí

4 ¿Cómo puedes demostrar que tu solución es razonable?

¡Escríbelo! Escribe un argumento que puedas usar para defender tu solución.

Verificar

Donte comprará un automóvil que cuesta $8,000. Debe decidir entre un préstamo a 3 años y uno a 4 años. Usa las tasas de la tabla para determinar cuánto dinero ahorrará si elige el préstamo a 3 años en lugar del préstamo a 4 años.

Tiempo (y)	Tasa de interés simple (%)
3	**2.25**
4	**2.5**
5	**3**

Muestra tu trabajo aquí

Conéctate Puedes completar un ejemplo adicional en línea.

Pausa para reflexionar

¿Te preguntaste cuándo podrías usar los conceptos que aprendiste en la clase de Matemáticas? ¿Cuáles son algunas situaciones de la vida diaria en las que podrías usar lo que aprendiste hoy?

Registra tus observaciones aquí

Nombre ______ Período ______ Fecha ______

Práctica

Conéctate Puedes completar tu tarea en línea.

Halla el interés simple ganado, al centavo más cercano, para cada capital, tasa de interés y unidad de tiempo. (Ejemplo 1)

1. \$530, 6%, 1 año

2. \$1,200, 3.5%, 2 años

3. \$750, 7%, 3 años

4. En la caja de ahorro de Elena, su padre deposita \$460. La cuenta paga un interés simple del 2.5% anual. Si no deposita ni retira dinero de la cuenta, ¿cuánto interés ganará la cuenta en 4 años? Redondea al centavo más cercano. (Ejemplo 1)

5. Ethan depositó \$1,250 en una caja de ahorro. La cuenta paga un interés simple del 4.5% anual. Si no deposita ni retira dinero de la cuenta, ¿cuánto interés ganará en 2 años? Redondea al centavo más cercano. (Ejemplo 1)

6. Marc deposita \$840 en una caja de ahorro. La cuenta paga un interés simple del 2% anual. Si no deposita ni retira dinero de la cuenta, ¿cuánto interés ganará en 6 meses? Redondea al centavo más cercano. (Ejemplo 2)

7. En la caja de ahorro de Nina, su abuela de deposita \$3,000. La cuenta paga un interés simple del 5.5% anual. Si no deposita ni retira dinero de la cuenta, ¿cuánto interés ganará en 21 meses? Redondea al centavo más cercano. (Ejemplo 2)

8. Jack pide un préstamo de \$2,700 a una tasa del 8.2% anual. ¿Cuánto interés simple pagará si le lleva 3 meses pagar el préstamo? Redondea al centavo más cercano. (Ejemplo 3)

9. Los padres de Liliya piden prestados \$1,400 al banco para una nueva lavadora y secadora. La tasa de interés es del 7.5% anual. ¿Cuánto interés simple pagarán si les lleva 18 meses pagar el préstamo? Redondea al centavo más cercano. (Ejemplo 3)

Práctica para la prueba

10. Respuesta abierta La tabla muestra las tasas de interés de tres préstamos para reparar automóviles, ordenados de acuerdo al tiempo que lleva cancelar el préstamo. Jin pide prestados \$3,600 y planea pagar el préstamo en 18 meses. ¿Cuánto interés simple deberá en 18 meses? Redondea al centavo más cercano.

Tiempo	Tasa (%)
6 meses	**3.5**
12 meses	**4.0**
18 meses	**4.25**

Aplicar

11. Jarvis comprará un barco que cuesta $6,000. Tiene $500 para el anticipo. Debe decidir entre un préstamo a 2 años y uno a 3 años. Usa las tasas en la tabla para determinar cuánto dinero ahorrará si elige el préstamo a 2 años. Redondea al centavo más cercano.

Tiempo (años)	Tasa de interés simple (%)
1	1.5
2	2.25
3	3.0

12. Evelyn comprará una motocicleta que cuesta $14,000. La tasa del impuesto es del 6.75% y planea hacer un anticipo de $1,500. El impuesto sobre la venta se suma antes de que se haga el anticipo. Considera solicitar un préstamo a tres años. ¿Cuánto pagará por mes? Redondea al centavo más cercano.

Tiempo (años)	Tasa de interés simple (%)
1	3.25
3	6.75
5	8.5

Problemas de pensamiento de orden superior

13. MP **Perseverar con los problemas** Imagina que Serena invierte $2,500 durante 3 años y 6 meses y gana $328.13. ¿Cuál es la tasa de interés? Explica cómo la resolviste.

14. Un estudiante comentó que una tasa de interés no puede ser inferior al 1%. ¿Estás de acuerdo? ¿Por qué?

15. MP **Justificar las conclusiones** Imagina que ganas un 2% de $1,000 durante 2 años. Explica de qué modo el interés simple se vería afectado si la tasa se duplica. ¿Qué sucede si el tiempo se duplica?

16. Menciona un capital y una tasa de interés que generen un interés simple de $200 a lo largo de 10 años. Justifica tu respuesta.

Comisiones y honorarios

Puedo... usar relaciones proporcionales para hallar el valor de las comisiones ganadas por ventas y los honorarios de ciertos servicios.

¿Qué palabras de vocabulario aprenderás?
comisión
honorario

Aprender Comisiones y honorarios

Estas son cuatro formas en que se les paga a las personas.

Por hora	A estos empleados se les paga una suma fija por hora, por ejemplo, $15 por hora.
Sueldo	A estos empleados se les paga una suma fija, sin importar cuántas horas trabajan, por ejemplo, $45,000 por año.
Solo comisiones	A estos empleados se les paga solo un porcentaje de lo que venden.
Sueldo más comisiones	A estos empleados se les paga un sueldo base pequeño, más un porcentaje de lo que venden.

A algunos empleados, como por ejemplo los agentes inmobiliarios, los vendedores de autos y los corredores de bolsa, se les paga un porcentaje de lo que venden. Este pago se denomina **comisión**.

Si pagas una comisión a una persona o una empresa, estás pagando un **honorario**. Un honorario es un pago por un servicio. Puede ser una cantidad fija, un porcentaje del cargo, o las dos cosas.

Un agente inmobiliario gana una comisión del 5% por la venta de una casa. El agente inmobiliario vende una casa por $140,000. Usa razones equivalentes, y el porcentaje en forma de una tasa por 100, para determinar el valor de la comisión. La letra *c* representa ese valor.

valor de la comisión → / precio de la casa →

$$\frac{c}{140{,}000} = \frac{5}{100}$$ } Porcentaje

× 1,400

$$\frac{7{,}000}{140{,}000} = \frac{5}{100}$$

× 1,400

100 × 1,400 es 140,000. Multiplica 5 por 1,400 para hallar el valor de *c*.

La comisión es de $7,000. Esto significa que al agente inmobiliario le pagarán $7,000 por vender una casa de $140,000.

Tus notas

¡Piénsalo!
¿Cuál es una buena estimación para la solución? Explica cómo calculaste la estimación.

¡Coméntalo!
¿Cómo se compara tu respuesta con tu estimación?

Ejemplo 1 Hallar la comisión

Angie trabaja en una joyería y gana una comisión del 6.25% por cada joya que vende.

¿Cuánto gana de comisión por vender un anillo que cuesta $1,300?

Método 1 Usar lo que sabes sobre las razones.

Escribe una proporción y resuélvela aplicando tus conocimientos sobre de las razones. La letra *c* representa el valor de la comisión.

valor de la comisión → c; costo del anillo → 1,300

$$\frac{c}{1{,}300} = \frac{6.25}{100} \quad \text{Porcentaje}$$

$$\frac{c}{1{,}300} \overset{\times 13}{=} \frac{6.25}{100}$$

Dado que 100 × 13 = 1,300, multiplica 6.25 por 13 para hallar el valor de *c*.

$$\frac{81.25}{1{,}300} = \frac{6.25}{100}$$

6.25 × 13 = 81.25, entonces, *c* = 81.25.

Método 2 Usar las propiedades de las operaciones.

$$\frac{c}{1{,}300} = \frac{6.25}{100}$$

Escribe la proporción. La letra *c* representa la cantidad.

$$\frac{c}{1{,}300} = 0.0625$$

Divide 6.25 por 100. El resultado es una ecuación de un paso.

$$1{,}300 \cdot \left(\frac{c}{1{,}300}\right) = (0.0625) \cdot 1{,}300$$

Propiedad multiplicativa de la igualdad

$$c = 81.25$$

Simplifica.

Al utilizar cualquiera de los métodos, la comisión es $81.25.

Verificar

Nathan vende joyas y gana una comisión del 9.75% por cada pieza que vende. ¿Cuánto ganaría de comisión por una pulsera que cuesta $220? Usa cualquier estrategia.

Muestra tu trabajo aquí

Conéctate Puedes completar un ejemplo adicional en línea.

Ejemplo 2 Hallar el valor de las ventas

Caleb necesita ganar $1,200 por mes para cubrir sus gastos básicos. Gana una comisión del 8% de cada venta.

¿Cuál es el valor mínimo que debe vender para ganar $1,200?

Escribe una proporción. Resuélvela aplicando tus conocimientos sobre las razones. La letra *v* representa el valor de las ventas.

Caleb debe vender $15,000 para ganar $1,200 en comisiones.

valor de la comisión →
valor de las ventas → $\frac{1{,}200}{v} = \frac{8}{100}$ } Porcentaje

× 150

$\frac{1{,}200}{v} = \frac{8}{100}$ Dado que $8 \times 150 = 1{,}200$, multiplica 100 por 150 para hallar el valor de *v*.

× 150

$\frac{1{,}200}{15{,}000} = \frac{8}{100}$ $100 \times 150 = 15{,}000$, entonces, $v = 15{,}000$.

Verificar

Quentin quiere ganar al menos $945 este mes en comisiones. ¿Cuál es el valor mínimo que necesita vender si recibe una comisión del 5.25%?

Muestra tu trabajo aquí

Conéctate Puedes completar un ejemplo adicional en línea.

Pausa para reflexionar

¿Cometiste algún error al completar el ejercicio Verificar? ¿Qué puedes hacer para asegurarte de no repetir los errores en el futuro?

Registra tus observaciones aquí

¡Piénsalo!
¿Necesitas hallar la parte, el porcentaje o el total?

¡Coméntalo!
¿Cómo sabes que tu respuesta es razonable?

Ejemplo 3 Honorarios

Sybrina compró algunos artículos de papel en una tienda en línea. La tienda cobra un costo de envío de $6.95 o del 8% del valor total de la compra, lo que sea mayor.

Si la compra total de Sybrina es de $85.50, ¿cuánto tendrá que pagar de envío?

Paso 1 Halla el porcentaje del valor total de la compra.

Dado que el costo de envío puede ser el 8% de la compra total, halla el 8% de $85.50.

Escribe una proporción y resuélvela usando las propiedades de las operaciones. La letra *x* representa el honorario de envío.

$$\frac{x}{85.50} = \frac{8}{100}$$ Escribe la proporción.

$$\frac{x}{85.50} = 0.08$$ Divide 8 por 100.

$$85.50 \cdot \left(\frac{x}{85.50}\right) = (0.08) \cdot 85.50$$ Propiedad multiplicativa de la igualdad

$$x = 6.84$$ Simplifica.

Paso 2 Compara los dos costos.

El costo de envío del 8% ($6.84), es menor que el costo de envío de $6.95. Sybrina debe pagar el valor más grande.

Entonces, Sybrina pagará $6.95 en costos de envío.

Verificar

Los revendedores de entradas en línea venden entradas para conciertos. Una compañía cobra un honorario del 4% sobre el valor del boleto. Otra compañía cobra un honorario fijo de $2.50. La entrada que quieres comprar cuesta $60.50. Si compras el boleto en línea, ¿cuál es el precio más bajo?

Muestra tu trabajo aquí

Conéctate Puedes completar un ejemplo adicional en línea.

¡Piénsalo!
¿Cuál es una buena estimación para un costo de envío del 8%? Explica cómo la calculaste.

¡Coméntalo!
¿Puedes resolver el problema de otra forma?

Aplicar Finanzas personales

David comienza un nuevo empleo en ventas. Puede elegir cobrar solo un 10% de comisión sobre las ventas por mes, o ganar un sueldo mensual de $1,500 con un 3% de comisión sobre las ventas mayores de $7,500. ¿Cuál de los métodos de pago le permitiría ganar más dinero si tiene un promedio de ventas de $16,000 por mes?

1 ¿Cuál es la tarea?

Asegúrate de comprender la pregunta que debes responder o el problema que debes resolver. Lee el problema tres veces. Comenta las preguntas con un compañero.

Primera vez Describe el problema con tus palabras.
Segunda vez ¿Qué operaciones matemáticas observas?
Tercera vez ¿Cuál es la pregunta?

2 ¿Cómo puedes resolver la tarea? ¿Qué estrategias puedes usar?

Registra tus observaciones aquí

3 ¿Cuál es la solución?

Usa tu estrategia para resolver el problema.

Muestra tu trabajo aquí

4 ¿Cómo puedes demostrar que tu solución es razonable?

¡Escríbelo! Escribe un argumento que puedas usar para defender la solución.

¡Coméntalo!
¿Cómo calculas una comisión del 3% sobre ventas mayores de $7,500?

Verificar

Kelly tiene un empleo en ventas que solo le paga una comisión del 24% sobre el total de sus ventas mensuales. Le ofrecen un nuevo empleo con un sueldo mensual de $3,750 y una comisión del 9.5% sobre el total de las ventas mensuales mayores de $12,500. Si ella estima que sus ventas mensuales promediarán los $20,000, ¿qué afirmación es correcta?

Ⓐ En el empleo nuevo le pagarán más ya que ganaría $4,462.50, mientras que en su empleo actual solo le pagan $4,220.

Ⓑ En el empleo nuevo le pagarán más ya que ganaría $4,742.75, mientras que en su empleo actual solo le pagan $4,220.

Ⓒ En el empleo actual le pagarán más ya que ganaría $4,800, mientras que en el empleo nuevo solo le pagarán $4,462.50.

Ⓓ En el empleo actual le pagarán más ya que ganaría $4,800, mientras que en el empleo nuevo solo le pagarán $4,742.75.

Muestra tu trabajo aquí

Conéctate Puedes completar un ejemplo adicional en línea.

Pausa para reflexionar

¿Cómo se representan las *partes* y el *todo* en las cuotas y comisiones? Da ejemplos para justificar tu respuesta.

Registra tus observaciones aquí

Nombre ______________________ Período ____________ Fecha ____________

Práctica

Conéctate Puedes completar tu tarea en línea.

Utiliza una estrategia, como un diagrama de barras, una tabla de razones o la división.

1. La señora Hollern trabaja en una joyería y gana una comisión del 8.5% por cada joya que vende. ¿Cuánto gana de comisión al vender un collar de $4,600? (Ejemplo 1)

2. El padre de Booker vende *software* de computadoras y gana una comisión del 4.25% sobre cada paquete de *software* que vende. ¿Cuánto ganaría de comisión si vende un paquete por $15,725? Redondea al centavo más cercano. (Ejemplo 1)

3. Chase quiere ganar al menos $900 este mes en comisiones. ¿Cuál es el valor mínimo que debe vender para ganar $900 si recibe una comisión del 3.3% sobre su total de ventas? Redondea al dólar más cercano. (Ejemplo 2)

4. Sophia necesita ganar al menos $1,800 por mes para cubrir sus gastos. ¿Cuál es el valor mínimo que necesita vender para ganar al menos $1,800 si recibe una comisión del 10.75% sobre sus ventas? Redondea al dólar más cercano. (Ejemplo 2)

5. El señor Jackson necesita ganar $3,000 por mes. ¿Cuánto necesita vender si gana una comisión del 15% sobre todo lo que vende? (Ejemplo 2)

6. Raymond compra entradas para un concierto por $43.50. Hay un honorario de tramitación del 3%. ¿Cuál es el costo total de las entradas? Redondea al centavo más cercano. (Ejemplo 3)

7. La tabla muestra las opciones de los costos de envío de dos mercados en línea. Si vendes un teléfono inteligente a $115, ¿cuál es el costo de envío más bajo? (Ejemplo 3)

Mercado en línea	Costo de envío
Oportunidades	Costo fijo de $12
Vende tus cosas	11% del precio de venta

Práctica para la prueba

8. Opción múltiple Mai compró algunos artículos para una fiesta en una tienda en línea. La tienda cobra un costo de envío de $7.95 o del 6.25% de la compra total, lo que sea mayor. Si el valor total de la compra de Mai es de $128, ¿cuánto pagará de envío?

Ⓐ $7.95

Ⓑ $8.00

Ⓒ $15.95

Ⓓ $16.00

Aplicar

9. Addison está considerando dos empleos en ventas. La tabla muestra los empleos. Calcula que sus ventas mensuales totales promediarán los $18,000. ¿Qué empleo debe tomar Addison si quiere ganar más dinero por mes? ¿Cuánto más ganará?

	Ofrece
Empleo 1	Una comisión del 24% sobre el total de sus ventas mensuales.
Empleo 2	Sueldo de $4,000 con una comisión del 12.25% sobre el total de sus ventas mensuales mayores de $14,500.

10. La tabla muestra los sueldos mensuales de Frank y su hermano. En una semana, tanto Frank como Daniel tuvieron ventas de $9,500. ¿Quién ganó más dinero esa semana? ¿Cuánto más ganó?

	Ofrece
Daniel	Una comisión del 15% sobre sus ventas semanales.
Frank	Un sueldo semanal de $450 más un 18% de comisión sobre las ventas semanales mayores de $4,000.

Problemas de pensamiento de orden superior

11. MP **Hallar el error** Un estudiante calcula una comisión del 6.5% sobre un total de ventas de $525.08. Halla su error y corrígelo. La letra *x* representa la comisión.

$$\frac{x}{525.08} = \frac{65}{100}$$

$$\frac{x}{525.08} = 0.65$$

$$x = 341.30$$

12. **Hacer** Escribe y resuelve un problema de la vida diaria en el que halles el valor de la comisión.

13. Determina si el siguiente enunciado es *verdadero* o *falso*. Escribe un argumento para defender la solución.

Una comisión puede ser inferior al 1%.

14. MP **Perseverar con los problemas** Natalie es una agente inmobiliaria que gana una comisión del 3% por las casas que vende. Calculó que ganaría $8.250 con la próxima casa que iba a vender. En realidad, ganó $8,210. ¿Cuál fue la estimación de Natalie para el precio de venta de la casa? ¿Cuál fue el precio real de venta?

Lección 2-7

Porcentaje de error

Puedo... usar las relaciones proporcionales para resolver problemas sobre porcentajes de error.

¿Qué palabras de vocabulario aprenderás?
porcentaje de error
valor del error

Explorar Porcentaje de error

Actividad en línea Usarás el Web Sketchpad para explorar el porcentaje de error.

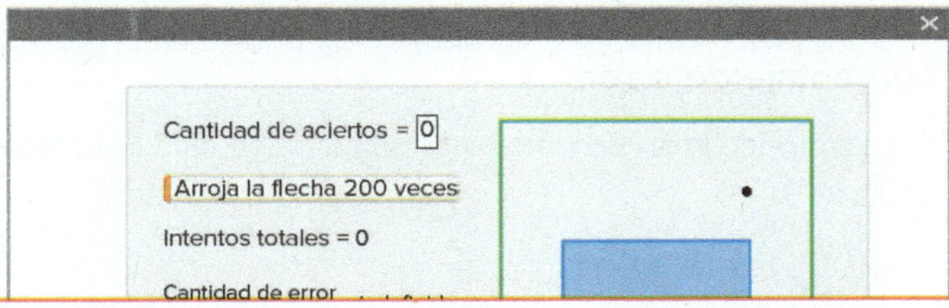

Aprender Porcentaje de error

El **porcentaje de error** es una razón, en forma de porcentaje, que compara la inexactitud de una estimación con la cantidad real.

El **valor del error** es la diferencia positiva entre una estimación y una cantidad real. Para hallarlo, se debe restar la cantidad menor de la cantidad mayor.

Se estimó que 800 personas asistirían a un partido de fútbol americano. La asistencia real fue de 1,000 personas. Puedes usar un diagrama de barras para representar y hallar el porcentaje de error.

Representa en una barra la asistencia real, que fue de 1,000 personas. Este es el total, así que rotula la longitud de la barra 100%.

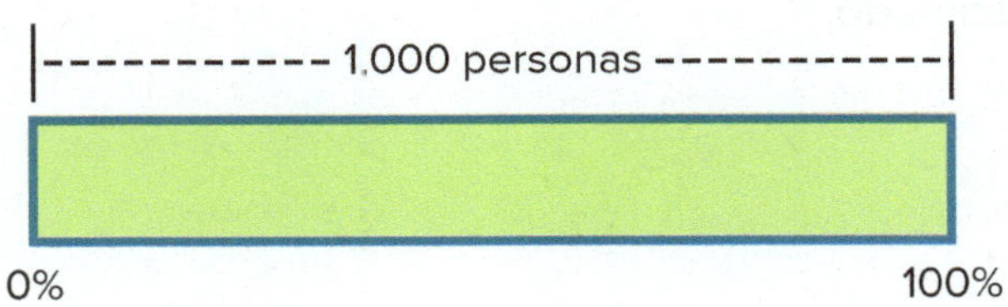

El error es de 1,000 − 800, o 200 personas. 1,000 ÷ 200 = 5. Divide la barra en 5 secciones de igual tamaño de 200.

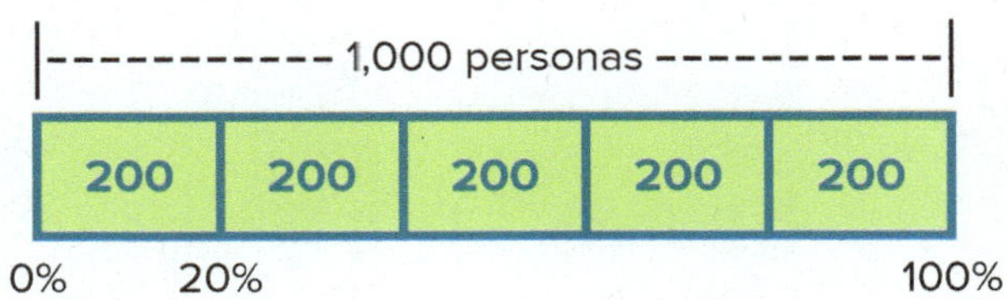

Cada sección representa un 20% del total, que fue de 200 personas. Entonces, el porcentaje de error es del 20%.

¡Coméntalo!
¿Por qué crees que es importante restar la cantidad menor de la cantidad mayor para hallar el valor del error?

Tus notas

¡Piénsalo!

¿Por qué un diagrama de barras no sería útil para resolver este problema?

¡Coméntalo!

En realidad, el contratista tardó 19.5 horas. ¿Qué parte de la resolución del problema se mantiene igual? ¿Qué parte cambia?

Ejemplo 1 Porcentaje de error

Un contratista estima que le llevará 16 horas completar un proyecto de renovación del hogar. En realidad, le lleva 12.5 horas.

¿Cuál es el porcentaje de error de la estimación del contratista?

Paso 1 Identifica la parte y el total.

cantidad real = 12.5 — Este es el total.

cantidad estimada = 16 — Este es el total más la parte.

valor del error = 16 − 12.5, o 3.5 — Esta es la parte.

Paso 2 Halla el porcentaje de error.

$\frac{\text{parte}}{\text{total}} = \frac{3.5}{12.5}$ — Escribe la razón de parte a total. La parte es 3.5. El total es 12,5.

$= 0.28$ — Divide.

$= \frac{28}{100}$ — Escribe una razón equivalente, en forma de una tasa por 100.

$= 28\%$ — Definición del porcentaje

Entonces, el porcentaje de error es del 28%.

Verificar

La familia Ramírez se iba de viaje. Su sistema de GPS estimó que les llevaría 4.25 horas llegar a su destino. En realidad, les llevó 5 horas debido a las paradas. Halla el porcentaje de error del tiempo estimado.

Muestra tu trabajo aquí

Conéctate Puedes completar un ejemplo adicional en línea.

Aplicar Deportes

Un periódico estima que un equipo de básquetbol ganará 23 de los 25 partidos de la temporada. Tras 10 partidos, llevan 8 ganados. Si el equipo continúa ganando a este ritmo, ¿cuál será el porcentaje de error de la estimación del periódico cuando termine la temporada?

1 ¿Cuál es la tarea?

Asegúrate de comprender la pregunta que debes responder o el problema que debes resolver. Lee el problema tres veces. Comenta las preguntas con un compañero.

Primera vez Describe el problema con tus palabras.
Segunda vez ¿Qué operaciones matemáticas observas?
Tercera vez ¿Cuál es la pregunta?

2 ¿Cómo puedes resolver la tarea? ¿Qué estrategias puedes usar?

Registra tus observaciones aquí

3 ¿Cuál es la solución?

Usa tu estrategia para resolver el problema.

Muestra tu trabajo aquí

4 ¿Cómo puedes demostrar que tu solución es razonable?

¡Escríbelo! Escribe un argumento que puedas usar para defender la solución.

¡Coméntalo!
¿De qué modo puedes predecir la cantidad real de partidos que habrán ganado al final de la temporada?

Verificar

Se predice que un equipo de sóftbol ganará 35 de 50 partidos durante la temporada de verano. Tras 20 partidos, llevan 16 ganados. Si el equipo continúa ganando a este ritmo, ¿cuál será el porcentaje de error de la predicción una vez que termine la temporada?

Muestra tu trabajo aquí

Conéctate Puedes completar un ejemplo adicional en línea.

Pausa para reflexionar

Explica cómo puedes usar el razonamiento proporcional y lo que sabes de las razones para resolver problemas de porcentajes.

Registra tus observaciones aquí

Un minuto historia

Marjorie Lee Browne (1914–1979) fue la primera mujer afroamericana en obtener un doctorado en Matemáticas. Mientras era la directora del departamento de Matemáticas en la Universidad de Carolina del Norte, solicitó una subvención de $60,000 a IBM (International Business Machines) para que la universidad pudiera tener su primera computadora.

Nombre ______________________ Período ____________ Fecha ____________

Práctica

Conéctate Puedes completar tu tarea en línea.

Resuelve los problemas.

1. Doug estima que su equipo de fútbol va a ganar 7 partidos este año. El equipo gana 10 partidos. ¿Cuál es el porcentaje de error de su estimación? Redondea tu respuesta a la décima más cercana. (Ejemplo 1)

2. Un alcalde estima que asistirán 4,000 personas a una feria durante el primer día. En realidad, asistieron 8,400 personas. ¿Cuál es el porcentaje de error de la estimación del alcalde? Redondea tu respuesta a la décima más cercana. (Ejemplo 1)

3. Maya estima que el tiempo de espera en una montaña rusa es de 35 minutos. En realidad, es 55.5 minutos. ¿Cuál es el porcentaje de error de su estimación? Redondea tu respuesta a la décima más cercana. (Ejemplo 1)

4. Oliver estima que su gato pesa 16 libras. El peso real de su gato es 14.25 libras. ¿Cuál es el porcentaje de error de la estimación de Oliver redondeado a la décima más cercana? (Ejemplo 1)

5. Un frasco contiene alrededor de 100 canicas. En realidad, contiene 99. ¿Cuál es el porcentaje de error redondeado a la centésima más cercana? (Ejemplo 1)

6. Un ciclista estima que recorrerá 80 millas en bicicleta esta semana. En realidad, recorre 75.5 millas. ¿Cuál es el porcentaje de error de la estimación del ciclista redondeado a la centésima más cercana? (Ejemplo 1)

7. La tabla muestra la cantidad de nieve que se predijo y la precipitación real en una ciudad. ¿Cuál es el porcentaje de error respecto de la cantidad de nieve que cayó? Redondea tu respuesta a la décima más cercana de un porcentaje. (Ejemplo 1)

	Nieve (pulgadas)
Predicción	6.75
Real	10.25

Práctica para la prueba

8. Opción múltiple La madre de Jin estima que queda medio galón de refresco de frutas en el recipiente. En realidad, quedan 72 onzas. ¿Cuál es el porcentaje de error de la estimación de la madre de Jin, redondeado al décimo más cercano?

Ⓐ 11.1%

Ⓑ 36%

Ⓒ 88.9%

Ⓓ 144%

Aplicar

9. Un periódico escolar estima que su equipo académico ganará 25 de los 30 partidos de la temporada. Tras 15 partidos, llevan 12 ganados. Si el equipo continúa ganando a este ritmo, ¿cuál será el porcentaje de error de la estimación del periódico al terminar la temporada? Redondea al porcentaje más cercano.

10. Una compañía que fabrica líquido para burbujas usa una máquina para llenar botellas de 8 onzas. La empresa verifica de forma aleatoria que la máquina llene las botellas correctamente. Una botella pasa la inspección si el porcentaje de error es del 2% o menos. ¿Qué rango de valores puede tener una botella para pasar la inspección? Redondea a la centésima más cercana.

Problemas de pensamiento de orden superior

11. MP **Hallar el error** Un estudiante calcula el porcentaje de error entre una longitud estimada de 22 pulgadas y una longitud real de 25 pulgadas. Halla el error y corrígelo.

$$25 \text{ pulg.} - 22 \text{ pulg.} = 3 \text{ pulg.}$$
$$\frac{3}{25} = 0.12$$
$$= 0.12\%$$

12. Se estimó que un alumnado aumentaría un 15% en los próximos cinco años. En realidad, el alumnado aumentó un 20%. Halla los valores estimados y reales y señala el porcentaje de error.

13. MP **Construir un argumento** Construye un argumento sobre por qué no puedes hallar el porcentaje de error cuando el valor real es de 0. Explica tu razonamiento.

14. MP **Usar un contraejemplo** Determina si el siguiente enunciado es *verdadero* o *falso*. Si es falso, da un contraejemplo.
El porcentaje de error nunca puede ser mayor que el 100%.

Repaso

Foldables Usa tu Foldable para revisar el módulo.

Porcentajes

¡Califícate!

Cuando hayas terminado el módulo, completa el cuadro que está al principio. Coloca una marca en cada fila que corresponda a lo que sabes sobre cada tema.

Escribe sobre algo que aprendiste.

Escribe una pregunta que tengas aún.

Reflexión sobre el módulo

Usa lo que aprendiste sobre porcentajes para completar el organizador gráfico.

Pregunta esencial

¿De qué modo el porcentaje describe el cambio de una cantidad?

¿Cómo hallas el porcentaje de cambio entre dos cantidades?

Porcentaje de error	Comisiones y honorarios	Impuestos

Propinas y márgenes de ganancia	Descuentos	Interés

Nombre ______________________ Período ____________ Fecha ____________

Práctica para la prueba

1. Respuesta abierta Una heladería recibió 316 clientes la primera semana. La segunda semana recibió 468. ¿Cuál es el porcentaje de incremento? Redondea al porcentaje más cercano. (Lección 1)

2. Respuesta abierta Cynthia está entrenando para correr una carrera de 100 yardas. Cada semana, registra su mejor tiempo para seguir el progreso. La tabla muestra sus mejores tiempos después de las primeras 3 semanas de entrenamiento. (Lección 1)

Semana	Tiempo (s)
1	14,0
2	13,5
3	13,1

A. Halla el porcentaje de cambio de la semana 1 a la semana 2 y de la semana 2 a la semana 3. Redondea a la décima más cercana.

B. ¿Cuánto más grande es el porcentaje de cambio entre las primeras dos semanas en comparación con el cambio entre la segunda y la tercera semana? Redondea a la décima más cercana.

3. Opción múltiple El costo al por mayor de un par de sandalias en una tienda de zapatos es de $22.60. El margen de ganancia de las sandalias es del 45%. ¿Cuál es el precio de venta de las sandalias? (Lección 3)

Ⓐ $10.17

Ⓑ $32.77

Ⓒ $41.15

Ⓓ $54.90

4. Editor de ecuaciones Julia quiere comprar un par de auriculares que están en oferta a $42.79. La tasa del impuesto sobre la venta en su ciudad es del 6%. Calcula la cantidad de impuesto sobre la venta que pagará Julia sobre la compra. Redondea al centavo más cercano si es necesario. (Lección 2)

5. Elemento de la tabla Para las reuniones de 6 o más personas en un determinado restaurante, se incluye automáticamente una propina del 18% sobre la cuenta.

Selecciona *sí* o *no* para indicar si las propinas implican una gratificación del 18% sobre cada subtotal. (Lección 3)

	Sí	No
Subtotal: $129.50 Propina: $23.27		
Subtotal: $98.40 Propina: $17.71		
Subtotal: $142.17 Propina: $22.75		

6. Opción múltiple Durante una liquidación, los precios de unos sillones disminuyeron un 30%. Tienes un cupón por un descuento adicional del 15%. ¿Cuál es el precio final de un sillón que costaba $550? (Lección 4)

Ⓐ $302.50

Ⓑ $327.25

Ⓒ $396.00

Ⓓ $275.00

7. Editor de ecuaciones Un conjunto de cortinas se vende a $58.99. Roberta usó un cupón de descuento del 20%. Redondeado al centavo más cercano, ¿cuánto pagó Roberta por las cortinas antes del impuesto sobre la venta? (Lección 4)

8. Respuesta abierta La caja de ahorro de Rebecca le paga una tasa de interés simple del 2.5% anual. Deposita $4,280 en la cuenta y no realiza un depósito ni retira dinero en 4 años. ¿Cuál será el valor total de la cuenta después de 4 años? (Lección 5)

9. Selección múltiple Hay 118 elementos en la tabla periódica. Clark dice que existen 128 elementos diferentes. Selecciona las afirmaciones verdaderas. (Lección 7)

- ☐ Existen en verdad 118 elementos.
- ☐ El valor del error en la estimación de Clark es de 10.
- ☐ El valor del error en la estimación de Clark es de 118.
- ☐ El porcentaje de error en la estimación de Clark es del 8.5%, redondeado a la décima más cercana.
- ☐ El porcentaje de error en la estimación de Clark es del 10%, redondeado a la décima más cercana.

10. Editor de ecuaciones Manny es un agente inmobiliario y gana una comisión del 3% sobre la venta de una casa. Si la casa se vendiera por $155,000, ¿cuánto obtendría de comisión? (Lección 6)

11. Respuesta abierta El señor Gómez gana una comisión del 5.4% sobre sus ventas totales por el mes. Si quiere ganar al menos $3,500 en comisiones este mes, ¿cuál es la cantidad mínima que necesita vender? Redondea al dólar más cercano. Explica cómo hallaste tu respuesta. (Lección 6)

12. Opción múltiple Jake es el gerente de fábrica de una empresa que produce pilas. De vez en cuando, se descubre que algunas son defectuosas. Basándose en los resultados anteriores, Jake estima que 12 pilas serán defectuosas en un mes determinado. Pero en realidad, se hallaron 10 pilas defectuosas. ¿Cuál es el porcentaje de error de la estimación de Jake? (Lección 7)

Ⓐ 2%

Ⓑ 16%

Ⓒ 1.6%

Ⓓ 20%

Módulo 3

Operaciones con números enteros y racionales

Pregunta esencial

¿Cuál es la relación entre las operaciones con números racionales y las operaciones con enteros?

¿Qué aprenderás?

Haz una marca (✓) en cada fila para indicar lo que sabes sobre cada tema **antes** de comenzar este módulo.

CLAVE

□ — No lo sé. ◇ — Lo escuché. ☆ — Lo sé.

	Antes			Después		
	□	◇	☆	□	◇	☆
sumar y restar números enteros						
hallar la distancia entre dos enteros en una recta numérica						
multiplicar y dividir números enteros						
simplificar expresiones usando el orden de las operaciones						
resolver expresiones algebraicas que incluyen enteros						
escribir fracciones en forma decimal						
escribir decimales periódicos en forma de fracciones y números mixtos						
sumar y restar números racionales						
multiplicar y dividir números racionales						
simplificar expresiones que incluyen números racionales usando el orden de las operaciones						
resolver expresiones algebraicas que incluyen números racionales						

Foldables Recorta el Foldable y pégalo al Repaso al final del módulo. Puedes usar el Foldable a lo largo del módulo mientras aprendes operaciones con números racionales.

¿Qué palabras de vocabulario aprenderás?

Haz una marca junto a cada palabra de vocabulario que conozcas.

- ☐ decimal finito
- ☐ decimal periódico
- ☐ inversos de suma
- ☐ inversos multiplicativos
- ☐ notación de barra
- ☐ número racional
- ☐ opuestos
- ☐ orden de las operaciones
- ☐ propiedad de los inversos de suma
- ☐ propiedad distributiva
- ☐ propiedad multiplicativa de la identidad
- ☐ propiedad multiplicativa del cero
- ☐ valor absoluto

¿Estás listo?

Estudia el Repaso rápido para ver si estás listo para comenzar este módulo.
Luego, completa el cuadro Comprobación rápida.

Repaso rápido

Ejemplo 1

Escribir una fracción equivalente.

Escribe una fracción equivalente a $\frac{25}{100}$.

$$\frac{25}{100} \overset{\div 25}{=} \frac{1}{4}$$

Divide el numerador y el denominador por 25.

Una fracción equivalente a $\frac{25}{100}$ es $\frac{1}{4}$.

Ejemplo 2

Representar gráficamente los números mixtos en una recta numérica.

Representa gráficamente $3\frac{2}{3}$ en una recta numérica.

Halla dos números enteros no negativos entre los que se encuentre $3\frac{2}{3}$.

$3 < 3\frac{2}{3} < 4$

Como el denominador es 3, divide cada espacio en 3 secciones.

Marca un punto en $3\frac{2}{3}$.

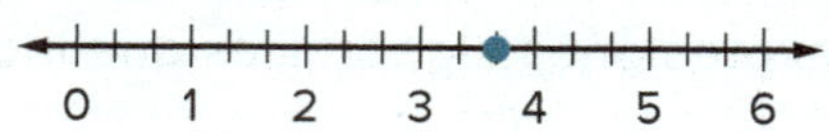

Comprobación rápida

1. Escribe una fracción equivalente a $\frac{24}{36}$.

2. Escribe una fracción equivalente a $\frac{45}{50}$.

3. Representa gráficamente $1\frac{1}{4}$ en una recta numérica.

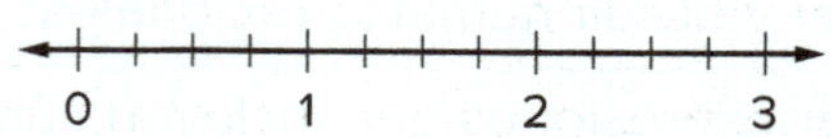

¿Cómo te fue?

¿Qué ejercicios respondiste correctamente en el cuadro Comprobación rápida?
Sombrea los números de los ejercicios a la derecha.

① ② ③

Sumar números enteros

Puedo... usar diferentes métodos, incluyendo fichas de álgebra, rectas numéricas o valor absoluto para sumar números enteros.

Explorar Usar fichas de álgebra para sumar enteros

Actividad en línea Usarás fichas de álgebra para representar la suma de números enteros y harás una conjetura acerca del signo de la suma de dos números enteros.

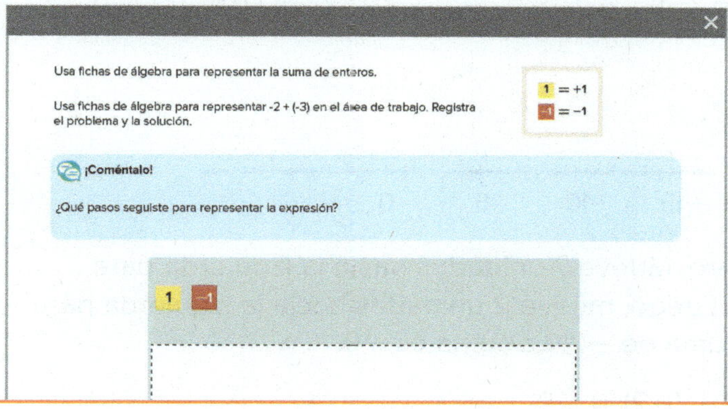

Aprender Sumar enteros con el mismo signo

Para sumar dos enteros con el mismo signo, puedes usar una recta numérica horizontal o vertical.

La ecuación $-3 + (-4) = -7$ se representa en una recta numérica horizontal. Comienza en cero. Mueve tres unidades hacia la izquierda para representar el entero negativo -3. Luego, mueve cuatro unidades hacia la izquierda para representar la suma del entero negativo -4. La suma es -7.

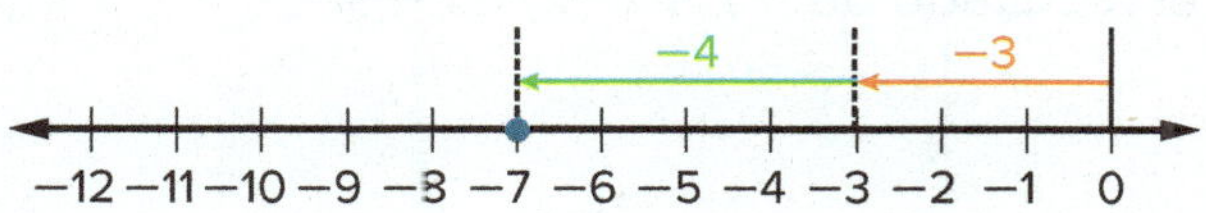

La ecuación $-5 + (-4) = -9$ se representa en una recta numérica vertical. Comienza en cero. Mueve cinco unidades hacia abajo para representar el entero negativo -5. Luego, mueve cuatro unidades hacia abajo para representar el entero negativo -4. La suma es -9.

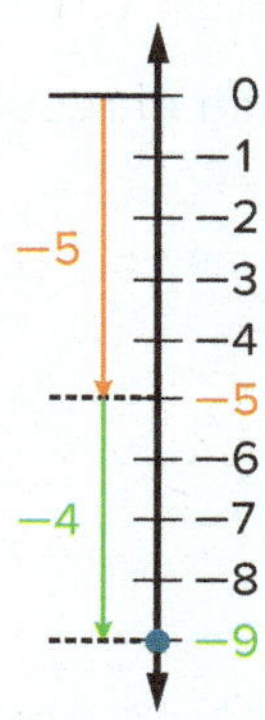

(continúa en la página siguiente)

¿Qué palabras de vocabulario aprenderás?
inverso de suma
opuestos
propiedad de los inversos de suma

Tus notas

¡Coméntalo!
¿De qué manera una recta numérica ayuda a mostrar que la suma de dos enteros negativos siempre resultará negativa?

¡Coméntalo!
Compara el Método 1 con el Método 2. Brinda un ejemplo de una situación donde el Método 1 sea más efectivo.

Las rectas numéricas sirven para representar las reglas para la suma de dos números enteros con el mismo signo. Para sumar dos enteros con el mismo signo se suman sus valores absolutos. La suma es:

- ____________ si los dos enteros son positivos.
- ____________ si los dos enteros son negativos.

Ejemplo 1 Sumar enteros con el mismo signo

Halla $-7 + (-2)$.

Método 1 Usar una recta numérica.

Conéctate Puedes usar la recta numérica del Web Sketchpad.

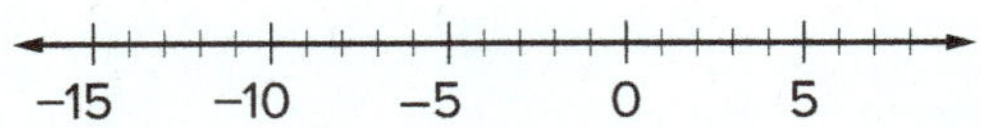

Comienza en cero. Mueve 7 unidades hacia la izquierda para representar -7. Luego, mueve 2 unidades hacia la izquierda para representar la suma de -2. La suma es -9.

Por lo tanto, $-7 + (-2) = -9$.

Método 2 Usar el valor absoluto.

Como los enteros tienen el mismo signo, halla la suma de los valores absolutos.

$$|-7| = \square \text{ y } |-2| = \square$$

La suma de sus valores absolutos es $7 + 2$, o 9.

Como ambos enteros son negativos, la suma resultará negativa.

Por lo tanto, el resultado de $-7 + (-2)$ es -9.

Verificar

Halla el resultado de la suma de $-5 + (-11)$.

Muestra tu trabajo aquí

Conéctate Puedes completar un ejemplo adicional en línea.

Ejemplo 2 Sumar enteros con el mismo signo

Allie pidió prestados a sus padres $139 para comprar un lector de libros electrónicos. Durante el primer mes, gastó $47 en aplicaciones, juegos y películas que se agregaron al monto que ya le debía a sus padres.

¿Qué entero representa la cantidad de dinero que Allie tenía al final del primer mes?

La expresión de suma $-139 + (-47)$ representa la cantidad de dinero que Allie tenía al final del mes.

Como los enteros tienen el mismo signo, halla la suma de los valores absolutos.

$|-139| = \square$ y $|-47| = \square$

La suma de sus valores absolutos es $139 + 47$, o ________.

Como ambos enteros son negativos, la suma resultará ____________.

Por lo tanto, la cantidad de dinero que tiene Allie es $-\$186$.

Verificar

Un participante de un programa de juegos tiene $-1{,}500$ puntos. Pierde 750 puntos. ¿Cuál es su nuevo puntaje?

Muestra tu trabajo aquí

Conéctate Puedes completar un ejemplo adicional en línea.

¡Piénsalo!

¿Es positivo o negativo el entero que representa pedir prestado y gastar dinero?

¡Coméntalo!

¿Qué significa el valor $-\$186$ en el problema?

Aprender Hallar inversos de suma

Los enteros 4 y −4 son opuestos. Los **opuestos** tienen el mismo valor absoluto, pero diferente signo. Dos enteros que son opuestos se denominan **inversos de suma** y su suma es cero.

La **propiedad de los inversos de suma** se puede usar para hallar inversos de suma.

Palabras	Ejemplo	Álgebra
La suma de cualquier número y su inverso de suma es cero.	$4 + (-4) = 0$	$a + (-a) = 0$

Completa la tabla de los enteros y sus inversos de suma.

Entero	Inverso de suma	Suma
−1	1	
2		0
	−3	0
−4		0
	5	0

¡Coméntalo!
¿Qué número es su propio inverso de suma? Explícalo.

Pausa para reflexionar

¿Estás listo para continuar con el siguiente ejemplo? Si es así, ¿qué has aprendido que te ayudará? Si no, ¿aún tienes preguntas? ¿Qué puedes hacer para hallar las respuestas?

Registra tus observaciones aquí

Ejemplo 3 Hallar inversos de suma

Un sendero comienza a una altura de 150 pies sobre el nivel del mar. Desciende hacia la costa, que tiene una altura de 0 pies sobre el nivel del mar.

¿Qué número entero representa el cambio en la altura del sendero de principio a fin?

El sendero comienza a una altura positiva sobre la línea costera. Para alcanzar el nivel del mar a 0 pies, el cambio en la altura debería ser igual al inverso de suma de 150 pies. El inverso de suma de 150 pies es −150 pies.

Por lo tanto, el entero que representa el cambio en la altura del sendero de principio a fin es ________ .

Verificar

Una gaviota vuela a 29 pies sobre el nivel del mar. ¿Qué cambio en la altura, en pies, deberá volar para alcanzar el nivel del mar?

Muestra tu trabajo aquí

Conéctate Puedes completar un ejemplo adicional en línea.

Aprender Sumar enteros con diferente signo

Para sumar dos números enteros con diferente signo puedes usar una recta numérica horizontal o vertical.

La recta numérica horizontal representa la ecuación $5 + (-3) = 2$. Comienza en cero. Mueve cinco unidades hacia la derecha para representar el entero positivo 5. Luego, mueve tres unidades hacia la izquierda para representar la suma del entero negativo −3. La suma es 2.

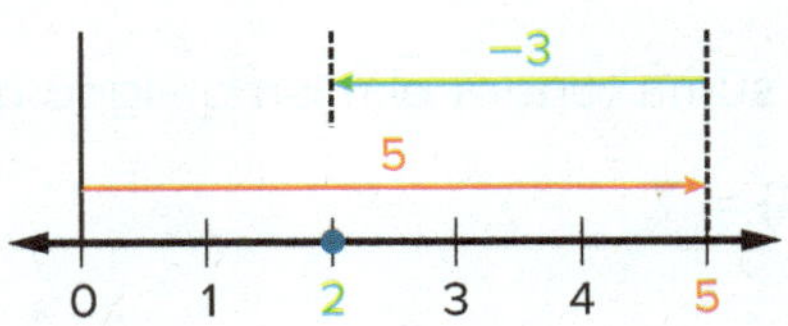

Predice cómo puedes usar una recta numérica vertical para sumar los enteros. Da vuelta la página para comprobar tu predicción.

(continúa en la página siguiente)

¡Piénsalo!
¿El sendero asciende o desciende?

¡Coméntalo!
¿Qué observas acerca de los signos de un par de inversos de suma?

¡Coméntalo!

Da un ejemplo de una suma de enteros con diferente signo. ¿Refuerza tu ejemplo las afirmaciones acerca del signo de una suma?

La recta vertical representa la ecuación $-7 + 1 = -6$. Comienza en cero. Mueve siete unidades hacia abajo para representar el entero negativo -7. Luego, mueve una unidad hacia arriba para representar el entero positivo 1. La suma es -6.

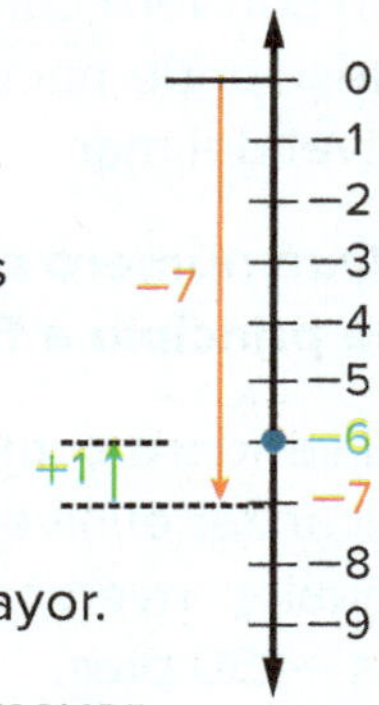

Las rectas numéricas sirven para representar las reglas para la suma de dos números enteros con diferente signo. Para sumar números enteros con diferente signo, resta sus valores absolutos. La suma es:

- positiva si el valor absoluto del entero positivo es mayor.
- negativa si el valor absoluto del entero negativo es mayor.

Ejemplo 4 Sumar enteros con diferente signo

Halla 11 + (−4).

Método 1 Usar una recta numérica.

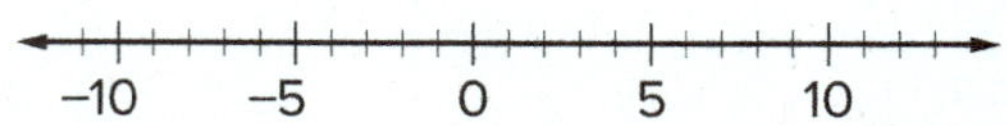

Conéctate Puedes usar la recta numérica del Web Sketchpad.

Comienza en cero. Mueve 11 unidades hacia la derecha para representar 11. Luego, mueve 4 unidades hacia la izquierda para representar la suma de -4. La suma es 7.

Por lo tanto, $11 + (-4) = \square$.

Método 2 Usar el valor absoluto.

Como los enteros tienen diferente signo, halla la diferencia de los valores absolutos.

$$|11| = \square \text{ y } |-4| = \square$$

La diferencia de sus valores absolutos es $11 - 4$, o 7.

Como $|11| > |-4|$, la suma tendrá el mismo signo que ________.

Por lo tanto, $11 + (-4) = 7$.

¡Coméntalo!

¿Cómo podrías cambiar el segundo sumando para que la suma resulte negativa?

Verificar

Halla la suma de $10 + (-22)$.

Muestra tu trabajo aquí

Conéctate Puedes completar un ejemplo adicional en línea.

Ejemplo 5 Sumar enteros con diferente signo

Una ballena se sumergió 275 pies por debajo de la superficie del océano. Después de 10 minutos, ascendió 194 pies.

¿Qué número entero representa la ubicación de la ballena respecto de la superficie del océano después de 10 minutos? Interpreta el número entero dentro del contexto del problema.

Como los enteros tienen diferente signo, halla la diferencia de los valores absolutos.

$|-275| =$ ☐ y $|194| =$ ☐

La diferencia de sus valores absolutos es 275 − 194, o ______.

Como $|-275| > |194|$, la suma tendrá el mismo signo que ______.

Por lo tanto, el número entero en pies que describe la ubicación de la ballena es −81. Esto significa que la ballena está a 81 pies por debajo de la superficie del océano.

¡Coméntalo!

¿Por qué no tendría sentido un número entero positivo como respuesta a este problema?

¡Coméntalo!

¿Qué cambio podría hacerse al problema para que un número entero positivo tuviera sentido como respuesta?

Verificar

A las 5:00 P. M., un termómetro muestra una temperatura externa de 2 °F. Durante las tres horas siguientes, la temperatura desciende 11 °F. ¿Qué entero representa la lectura del termómetro, en grados, a las 8:00 P. M.?

Muestra tu trabajo aquí

Conéctate Puedes completar un ejemplo adicional en línea.

Pausa para reflexionar

Cuando viste este ejemplo por primera vez, ¿cuál fue tu reacción? ¿Creías que podrías resolver el problema? ¿Tus conocimientos previos te ayudaron a resolver el problema?

Registra tus observaciones aquí

¡Piénsalo!

¿Puedes agrupar los sumandos negativos para sumarlos primero? ¿Qué propiedad te permite hacerlo?

¡Coméntalo!

Compara el Método 1 con el Método 2.

Ejemplo 6 Sumar tres o más enteros

Halla −26 + 74 + (−14).

Método 1 Sumar los enteros en orden.

$-26 + 74 + (-14)$	Escribe la expresión.
$= \square + (-14)$	Suma −26 + 74.
$= \square$	Suma 48 + (−14).

Método 2 Agrupar los signos iguales.

$-26 + 74 + (-14)$	Escribe la expresión.
$= -26 + (\square) + \square$	Usa la propiedad conmutativa.
$= \square + 74$	Suma −26 + (−14).
$= \square$	Suma.

Por lo tanto, la suma de −26 + 74 + (−14) es 34.

Verificar

Halla −14 + 8 + (−6).

Muestra tu trabajo aquí

Conéctate Puedes completar un ejemplo adicional en línea.

Ejemplo 7 Sumar tres o más enteros

Una montaña rusa comienza en el punto *A*, a 43 pies del suelo. Asciende 55 pies, desciende 80 pies, y luego asciende 110 pies hasta el punto *B*.

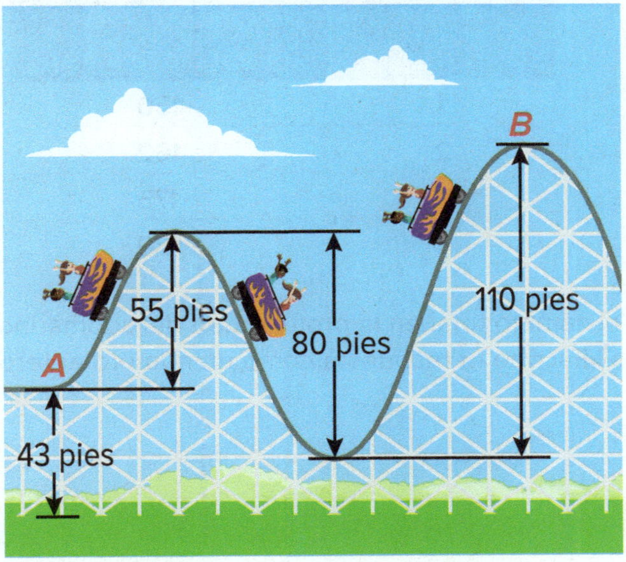

¿Cuál es la altura de la montaña rusa en el punto *B* respecto del suelo?

El ascenso se puede representar con un entero positivo y el descenso se puede representar con un entero negativo. Entonces, la expresión de suma 43 + 55 + (−80) + 110 representa la situación.

Simplifica la expresión.

43 + 55 + (−80) + 110	Escribe la expresión.
= 43 + 55 + ☐ + (☐)	Usa la propiedad conmutativa.
= ☐ + 110 + (−80)	Suma 43 + 55.
= ☐ + (−80)	Suma 98 + 110.
= ☐	Suma 208 + (−80).

Por lo tanto, el punto *B* está a 128 pies del suelo.

¡Piénsalo!

¿Qué expresión de suma podría representar este problema?

¡Coméntalo!

Describe otra manera de resolver el problema.

Verificar

Un submarino sin tripulación hace investigaciones en el fondo del océano. La siguiente tabla muestra el cambio en la profundidad del submarino por minuto durante 4 minutos.

Minuto	Cambio en la profundidad (pies)
1	−150
2	162
3	−175
4	−180

¿Cuál es el cambio total en la profundidad del submarino después de 4 minutos? Escribe tu respuesta como un número entero.

Muestra tu trabajo aquí

Conéctate Puedes completar un ejemplo adicional en línea.

Foldables Es hora de actualizar tu Foldable en el Repaso del módulo, en función de lo que aprendiste en esta lección. Si aún no armaste tu Foldable, encontrarás instrucciones en la página FL1.

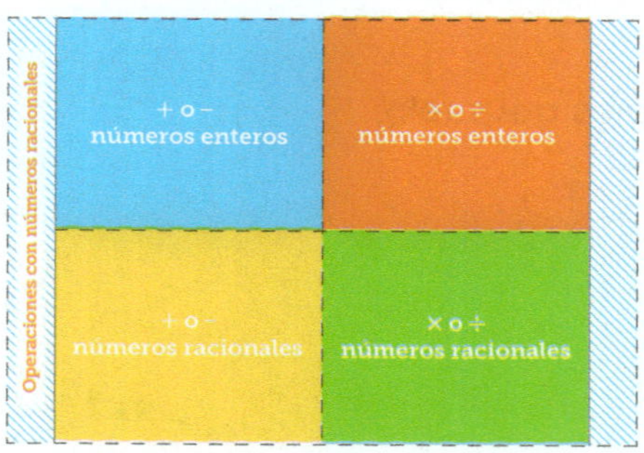

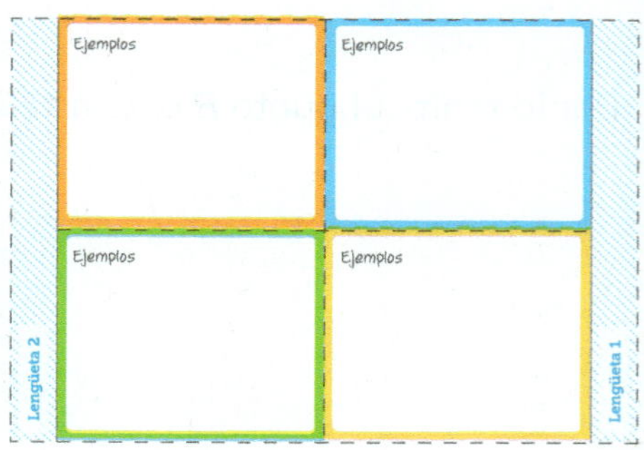

Nombre ________________ Período ________ Fecha ________

Práctica

Conéctate Puedes completar tu tarea en línea.

Suma. (Ejemplos 1, 4 y 6)

1. $-3 + (-8)$

2. $-11 + (-13)$

3. $9 + (-35)$

4. $-28 + 14$

5. $-22 + (-10) + 15$

6. $18 + (-12) + 5$

7. Roger le debe $15 a su padre. Le pide prestados otros $25. ¿Qué entero representa lo que le debe? (Ejemplo 2)

8. Un equipo de fútbol perdió 14 yardas en su primer partido y luego perdió otras 7 yardas en el siguiente. ¿Qué entero representa el cambio total en yardas de los dos partidos? (Ejemplo 2)

9. El saldo inicial de la cuenta de Kwan era $20. El saldo final es $0. ¿Qué entero representa el cambio en el saldo de la cuenta de principio a fin? (Ejemplo 3)

10. El perro de Lucy perdió 6 libras. ¿Cuánto peso debe ganar su perro para que el cambio neto sea de 0 libras? (Ejemplo 3)

11. La tabla muestra los puntajes de Jewel correspondientes a los primeros 9 hoyos y a los segundos 9 hoyos en un partido de golf. ¿Qué entero representa el puntaje del partido completo? (Ejemplo 5)

Hoyos	Puntaje
1–9	3 por encima del par
10–18	4 por debajo del par

12. A las 4:00 A. M. la temperatura externa era de −28 °F. A las 4:00 P. M. del mismo día, había aumentado 38 grados. ¿Qué entero representa la temperatura a las 4:00 P. M.? (Ejemplo 5)

13. En 20 segundos, una montaña rusa sube una colina de 100 metros, luego baja 72 metros y después vuelve a subir 48 metros. ¿Cuánto más abajo o arriba del punto de partida está la montaña rusa a los 20 segundos? (Ejemplo 7)

Práctica para la prueba

14. Respuesta abierta Joe abrió una cuenta bancaria con $80. Después extrajo $35 y depositó $115. ¿Cuál es el saldo de la cuenta después de esas transacciones?

Aplicar

15. La tabla muestra las transacciones de Tasha y Jamal correspondientes a una semana. ¿Quién tiene más saldo en su cuenta al final de la semana? ¿Cuánto dinero más tiene?

Transacciones	Tasha	Jamal
Depósito inicial	\$250	\$200
Extracciones	\$20	\$60
Depósitos	\$65	\$135
Compras con tarjeta de débito	\$46	\$27

16. Un globo de aire caliente asciende por el aire 340 pies. Después desciende 130 pies, sube 80 pies y vuelve a bajar otros 45 pies. ¿Cuántos pies deberá recorrer el globo para volver al suelo? Representa esa cantidad como un número entero. Explica cómo lo resolviste.

Problemas de pensamiento de orden superior

17. ¿Qué valor de x daría como resultado el valor numérico de cero en cada expresión?

a. $-10 + 11 + x$

b. $7 + x + (-10)$

c. $x + 1 + (-1)$

18. MP **Hallar un contraejemplo** Patrick afirmó que la suma de un entero positivo y un entero negativo es siempre negativa. Halla un contraejemplo para demostrar que esta afirmación es falsa.

19. Explica cómo sabes que la suma de 2, 3 y −2 es positiva sin calcularla.

20. Crear Escribe y resuelve un problema de la vida diaria donde sumes tres enteros y el resultado sea negativo.

Restar números enteros

Puedo... usar diferentes métodos, incluyendo fichas de álgebra, rectas numéricas o el inverso de suma, para restar números enteros.

Explorar Usar fichas de álgebra para restar enteros

Actividad en línea Usarás fichas de álgebra para representar la resta de números enteros y harás una conjetura acerca de qué signo tendrá la diferencia entre los dos enteros.

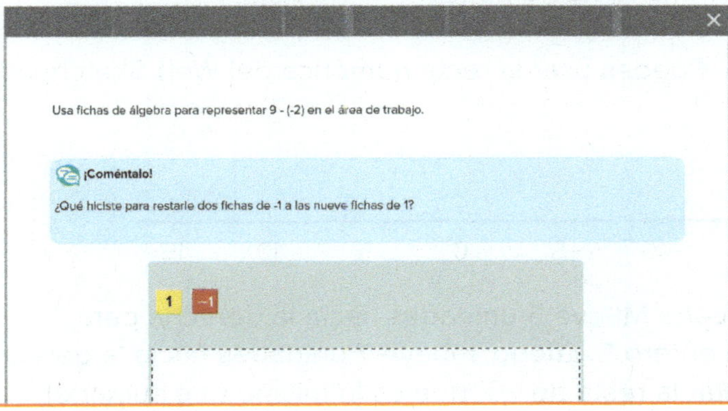

Aprender Restar enteros

Para restar números enteros, puedes usar una recta numérica horizontal o vertical.

La recta numérica representa la ecuación $4 - 9 = -5$. Comienza en cero. Mueve cuatro unidades hacia la derecha para representar el número entero 4. Luego, mueve nueve unidades hacia la izquierda para representar la resta de 9. La diferencia es -5.

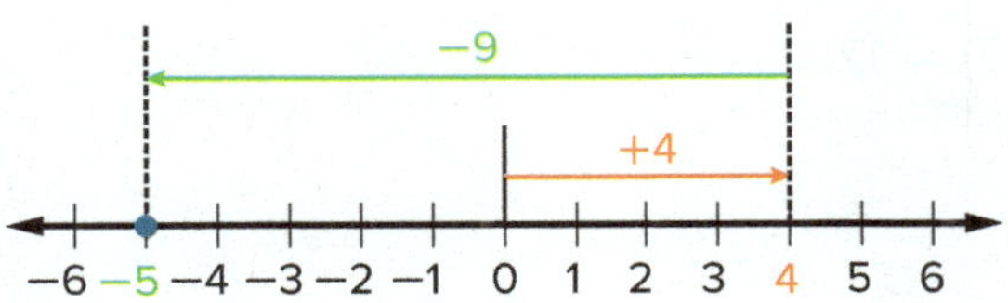

La recta numérica representa la ecuación $4 - 9 = -5$. Comienza en cero. Mueve cuatro unidades hacia arriba para representar el entero 4. Luego, mueve nueve unidades hacia abajo para representar la resta de 9. La diferencia es -5.

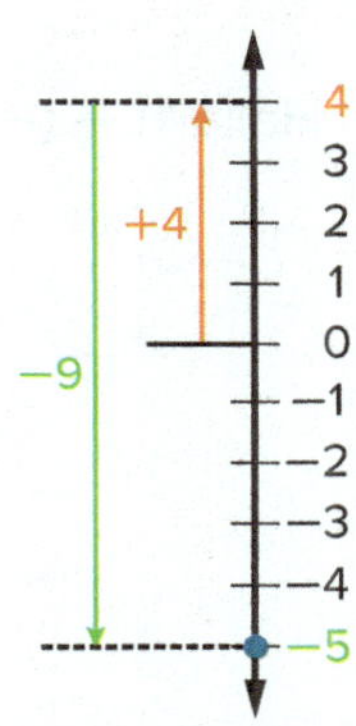

(continúa en la página siguiente)

¡Coméntalo!
La propiedad conmutativa se cumple en la suma. Por ejemplo, $7 + 2 = 2 + 7$. ¿Se cumple la propiedad conmutativa en la resta? ¿Es la igualdad $7 - 2 = 2 - 7$ verdadera? Usa una recta numérica para explicar.

Tus notas

¡Piénsalo!

¿Usarás una recta numérica o sumarás el inverso de suma para resolver este problema?

¡Coméntalo!

Compara y contrasta el Método 1 con el 2.

Las rectas numéricas clarifican las reglas para la resta de dos enteros.

Palabras	Símbolos	Ejemplo
Para restar un entero, suma el inverso de suma del entero.	$p - q = p + (-q)$	$4 - 9 = 4 + (-9) = -5$

Ejemplo 1 Restar enteros

Halla 5 − (−7).

Método 1 Usar una recta numérica.

Conéctate Puedes usar la recta numérica del Web Sketchpad.

Comienza en cero. Mueve 5 unidades hacia la derecha para representar el entero 5. Luego, mueve 7 unidades hacia la derecha para representar la resta de −7, que es lo mismo que sumar el inverso de suma 7. La suma es 12.

Por lo tanto, $5 - (-7) = 12$.

Método 2 Usar el inverso de suma.

$5 - (-7) = 5 + 7$ Para restar −7, suma el inverso de suma.

$= \square$ Suma 5 + 7.

Por lo tanto, $5 - (-7) = 12$.

Verificar

Halla $11 - (-15)$.

Muestra tu trabajo aquí

Conéctate Puedes completar un ejemplo adicional en línea.

Ejemplo 2 Restar enteros

Halla −24 − (−17).

$-24 - (-17) = -24 + 17$ Para restar −17, suma su inverso de suma.

$= -7$ Suma.

Por lo tanto, $-24 - (-17) = -7$.

Verificar

Halla $-39 - (-24)$.

Ejemplo 3 Restar expresiones

Resuelve $x - y$ si $x = -23$ e $y = 19$.

$x - y = -23 - 19$ Reemplaza x con −23 e y con 19.

$= -23 + (-19)$ Para restar 19, suma su inverso de suma.

$= -42$ Suma $-23 + (-19)$.

Por lo tanto, si $x = -23$, e $y = 19$, $x - y = -42$.

Verificar

Resuelve $p - q$ si $p = -21$ y $q = 37$.

Conéctate Puedes completar un ejemplo adicional en línea.

Explorar Hallar la distancia en una recta numérica

Actividad en línea Usarás una recta numérica para hallar la diferencia entre dos números enteros y calcular la distancia recorrida.

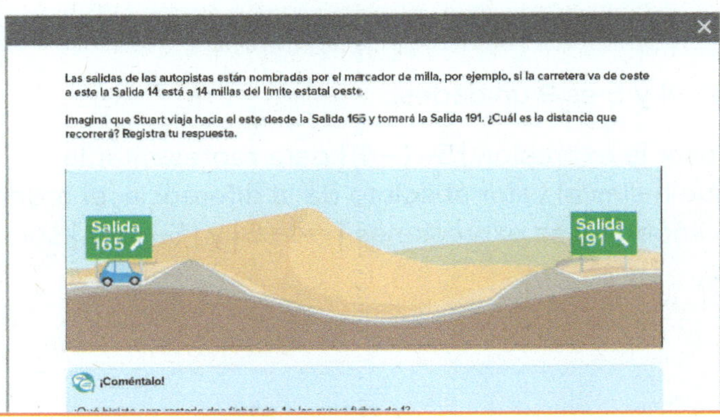

¡Piénsalo!
Predice el signo de la diferencia entre los dos enteros.

¡Coméntalo!
Describe una situación donde la diferencia entre dos enteros sea mayor que cualquiera de ellos. Luego explica por qué sucede eso.

Aprender Hallar la distancia entre enteros

Halla la distancia entre −4 y 5.

Conéctate Mira la animación para aprender cómo hallar la distancia entre dos números enteros.

Método 1 Usar una recta numérica.

Paso 1 Traza los enteros en una recta numérica. La animación muestra dos puntos en −4 y 5.

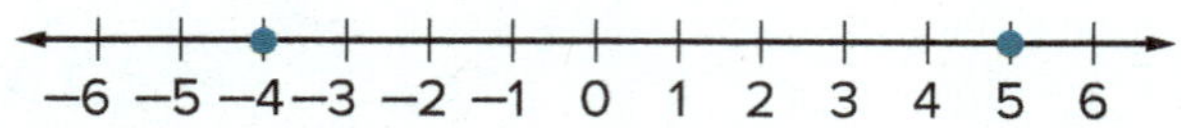

Paso 2 Cuenta la cantidad de unidades entre los dos enteros.

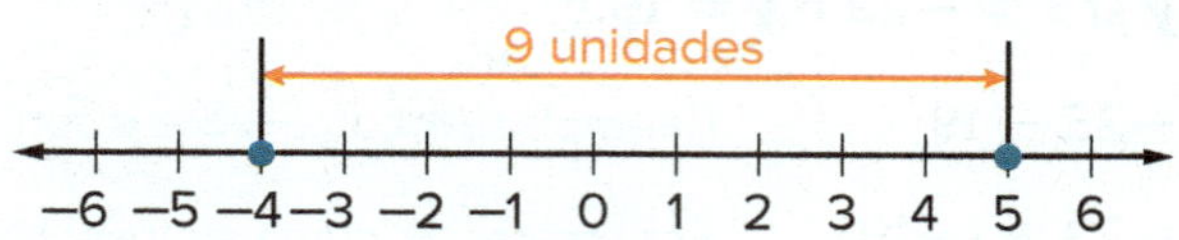

Hay 9 unidades entre −4 y 5.

Método 2 Usar una expresión.

La distancia entre dos enteros es igual al valor absoluto de su diferencia.

distancia = |diferencia de enteros|

Paso 1 Escribe una expresión para la distancia.

$|-4 - 5|$

Paso 2 Simplifica la expresión.

$|-4 - 5| = \square$

$= \square$

La distancia entre −4 y 5 es 9 unidades.

También puedes usar la expresión $|5-(-4)|$ para representar la distancia. Dado que hallas el valor absoluto de la diferencia, el orden de los enteros no importa. Las expresiones $|-4-5|$ y $|5-(-4)|$ son iguales a 9.

¡Coméntalo!
¿Por qué tomamos el valor absoluto de la diferencia?

Ejemplo 4 Hallar la distancia entre enteros

Halla la distancia entre −9 y 8.

Método 1 Usar una recta numérica.

Conéctate Puedes usar la recta numérica del Web Sketchpad.

Comienza en −9. Mueve unidades hacia la derecha hasta llegar al 8.

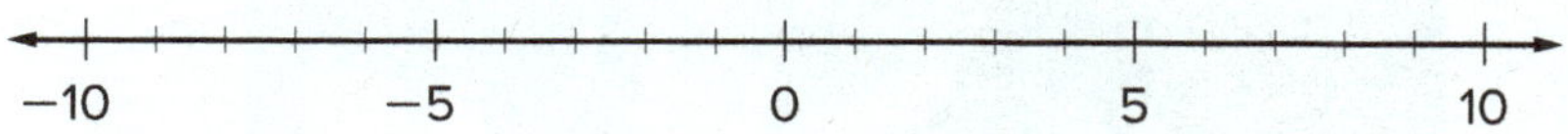

Hay ________ unidades entre −9 y 8.

Método 2 Usar el valor absoluto.

Para hallar la distancia entre enteros, puedes hallar el valor absoluto de la diferencia entre ellos.

$|-9 - 8| = |-9 + (-8)|$ Suma el inverso de suma de 8.

$= |\square|$ o $\square$ Simplifica.

Por lo tanto, la distancia entre −9 y 8 es 17 unidades.

Verificar

Halla la distancia entre −5 y 9 sobre la recta numérica.

Muestra tu trabajo aquí

Conéctate Puedes completar un ejemplo adicional en línea.

Pausa para reflexionar

¿Qué método elegirías para hallar la distancia entre números enteros con distinto signo? Explica.

Registra tus observaciones aquí

¡Piénsalo!

¿Qué expresión de resta se podría usar para hallar la distancia?

¡Coméntalo!

Compara y contrasta los dos métodos.

Ejemplo 5 Hallar la distancia entre enteros

El punto más alto en California es el Monte Whitney con una altura de 14,494 pies. El punto más bajo es el Valle de la Muerte con una altura de −282 pies.

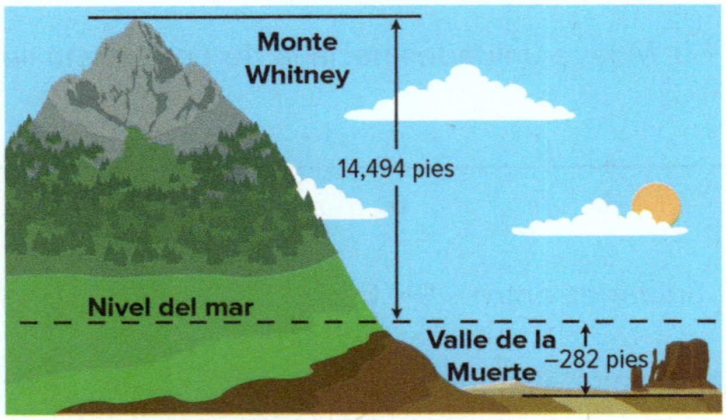

¿Cuál es la distancia entre la altura del Monte Whitney y la profundidad del Valle de la Muerte?

$|14{,}494 - (-282)| = |14{,}494 + 282|$ Para restar −282, suma su inverso de suma.

$= |14{,}776|$ Suma.

$=$ ☐ Halla el valor absoluto.

Por lo tanto, la distancia entre los dos puntos es 14,776 pies.

Verificar

La cima de un iceberg está a 55 pies sobre el nivel del mar, mientras que su base está a 385 pies debajo del nivel del mar. ¿Cuál es la distancia entre la cima y la base del iceberg?

Muestra tu trabajo aquí

¡Piénsalo!
¿Será la distancia mayor o menor que 14,494 pies?

¡Coméntalo!
¿Es razonable obtener un resultado negativo? ¿Por qué?

Conéctate Puedes completar un ejemplo adicional en línea.

Aplicar El sistema solar

La tabla muestra las temperaturas mínimas y máximas de varios cuerpos celestes en el sistema solar.

Cuerpo celeste	Temperatura mínima (°F)	Temperatura máxima (°F)
Luna	−387	253
Marte	−225	70
Mercurio	−279	801
Venus	864	864

Los científicos desean enviar una sonda para estudiar el cuerpo celeste que tenga la mayor variación de temperatura. ¿A qué cuerpo celeste deberían enviar la sonda?

Conéctate para mirar la animación.

1 ¿Cuál es la tarea?

Asegúrate de comprender la pregunta que debes responder o el problema que debes resolver. Lee el problema tres veces. Comenta las preguntas con un compañero.

Primera vez Describe el problema con tus palabras.
Segunda vez ¿Qué operaciones matemáticas observas?
Tercera vez ¿Cuál es la pregunta?

¡Coméntalo!
¿En qué cuerpo celeste de la tabla sería más razonable vivir? Explica.

2 ¿Cómo puedes resolver la tarea? ¿Qué estrategias puedes usar?

Registra tus observaciones aquí

3 ¿Cuál es la solución?

Usa tu estrategia para resolver el problema.

Muestra tu trabajo aquí

4 ¿Cómo puedes demostrar que la solución es razonable?

¡Escríbelo! Escribe un argumento que puedas usar para defender la solución.

Verificar

La tabla muestra los puntos de elevación más altos y más bajos, respecto del nivel del mar en cuatro países. ¿Qué país de la lista tiene la mayor variación en elevación? ¿Y la menor?

País	Punto más alto (pies)	Punto más bajo (pies)
Jordania	6,083	−1,404
Reino Unido	4,406	−13
Suecia	6,903	−8
Irlanda	3,406	−10

Muestra tu trabajo aquí

Conéctate Puedes completar un ejemplo adicional en línea.

Foldables Es hora de actualizar tu Foldable en el Repaso del módulo, en función de lo que aprendiste en esta lección. Si aún no armaste tu Foldable, encontrarás instrucciones en la página FL1.

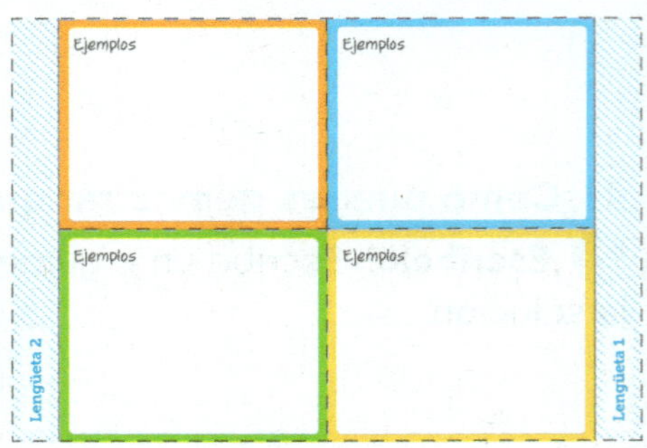

Nombre ________________ Período ________ Fecha ________

Práctica

Conéctate Puedes completar tu tarea en línea.

Resta. (Ejemplos 1 y 2)

1. $9 - (-2)$

2. $-20 - 10$

3. $13 - (-63)$

4. $28 - 14$

5. $-10 - 0$

6. $-33 - 33$

7. $-18 - (-12)$

8. $-28 - (-13)$

9. $-18 - (-40)$

10. Resuelve $a - b$ si $a = 10$ y $b = -7$. (Ejemplo 3)

11. Resuelve $x - y$ si $x = -11$ e $y = 26$. (Ejemplo 3)

12. Halla la distancia entre -6 y 7 sobre una recta numérica. (Ejemplo 4)

13. Halla la distancia entre -14 y 5 sobre una recta numérica. (Ejemplo 4)

14. Las temperaturas más alta y más baja registradas en el estado de Texas son 120 °F y -23 °F. Halla el rango de estas temperaturas extremas. (Ejemplo 5)

Práctica para la prueba

15. Respuesta abierta La tabla muestra la altura del punto inicial y del punto final de un sendero. ¿Cuánto mayor es la altura del punto final con respecto al punto inicial del sendero?

Punto del sendero	Altura
Punto inicial	180 pies por debajo del nivel del mar
Punto final	260 pies por sobre el nivel del mar

Aplicar

16. La tabla muestra los saldos de cuenta máximos y mínimos correspondientes a tres estudiantes. Guido afirmó tener la menor variación (de máximo a mínimo) en su saldo de cuenta. ¿Está en lo correcto? Escribe un argumento matemático para justificar tu solución.

Estudiante	Saldo máximo ($)	Saldo mínimo ($)
Jordan	145	−25
Guido	168	15
Elisa	152	−10

17. La tabla muestra los récords de mayor y menor temperatura para algunos estados de Estados Unidos. ¿Qué estado de la lista tiene la mayor variación en temperatura? ¿Y la menor?

Estado	Récord de temperatura máxima (°F)	Récord de temperatura mínima (°F)
Alaska	100	−80
Idaho	118	−60
Nevada	125	−50
Utah	117	−69

Problemas de pensamiento de orden superior

18. MP **Hallar un contraejemplo** Determina si cada enunciado es *verdadero* o *falso*. Si es falso, da un contraejemplo.

a. La distancia es siempre positiva.

b. El cambio es siempre positivo.

19. MP **Hallar el error** Un estudiante calcula $4 - (-2)$. Halla su error y corrígelo.

$$4 - (-2) = 4 - 2$$
$$= 2$$

20. **Crear** Escribe una expresión de resta con un entero positivo y uno negativo cuya diferencia sea negativa. Luego, halla la diferencia.

21. Si restas dos enteros negativos, ¿la diferencia será negativa *siempre, a veces* o *nunca*? Justifica tu solución con ejemplos.

Multiplicar números enteros

Puedo... usar rectas numéricas y propiedades matemáticas para multiplicar números enteros.

¿Qué palabras de vocabulario aprenderás?
inverso de suma
propiedad distributiva
propiedad multiplicativa de identidad
propiedad multiplicativa del cero

Explorar Usar fichas de álgebra para multiplicar enteros

Actividad en línea Usarás fichas de álgebra para representar la multiplicación de números enteros y hacer una conjetura sobre el signo del producto de dos enteros.

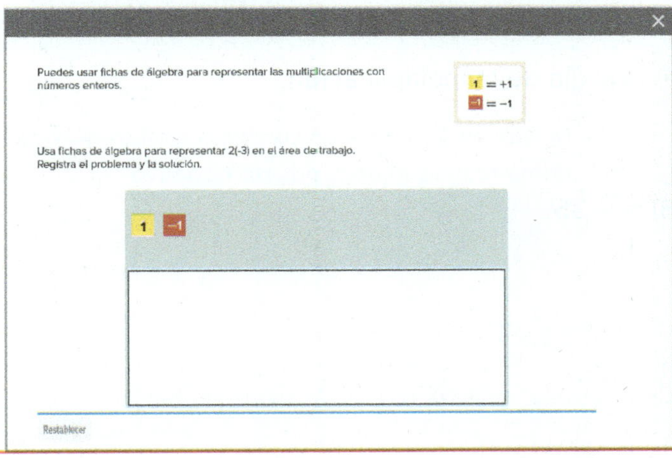

Aprender Multiplicar enteros con signos diferentes

Como la multiplicación consiste en repetir sumas, se puede utilizar una recta numérica para demostrar que 3(−6) equivale a repetir −6 3 veces como sumando.

La recta numérica representa 3(−6).

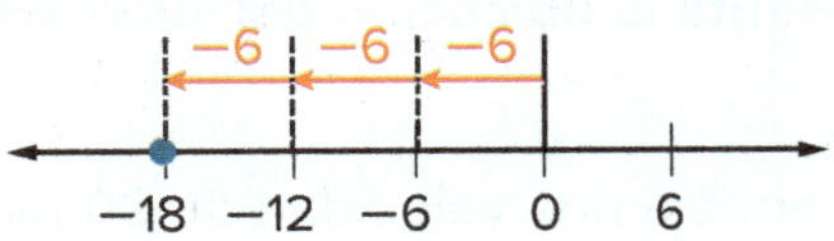

La recta numérica sirve para representar la regla para multiplicar números enteros con signos diferentes.

Palabras	Ejemplos
El producto de dos enteros con signos diferentes es negativo.	$3(-6) = -18$ $-3(6) = -18$

Tus notas

¡Piénsalo!
Predice el signo de los dos enteros.

¡Coméntalo!
¿Cómo podrías expresar −7(5) como una suma?

¡Piénsalo!
¿Qué expresión de la multiplicación podrías utilizar para resolver el Ejemplo 2?

¡Coméntalo!
En la expresión, ¿por qué 90 es negativo? ¿Por qué un entero positivo no tendría sentido como respuesta al Ejemplo 2?

Ejemplo 1 Multiplicar enteros con signos diferentes

Halla −7(5).

Método 1 Usar una recta numérica.

Con la propiedad conmutativa de la multiplicación, se puede volver a escribir −7(5) como 5(−7). Se usa una recta numérica para mostrar cinco grupos de −7.

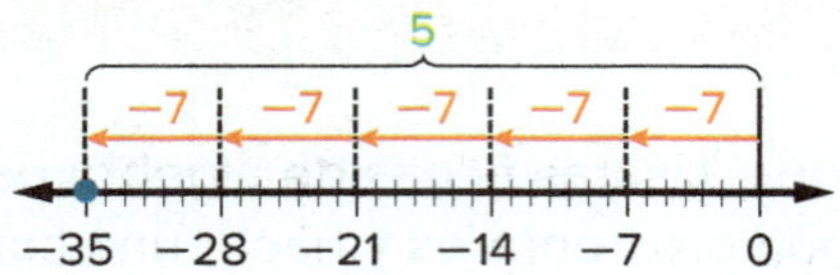

−7(5) = ☐

Método 2 Usar la regla de la multiplicación.

−7(5) = ☐ Multiplica. Los enteros con signos diferentes dan como resultado un producto negativo.

Entonces, −7(5) = −35.

Verificar

Halla 9(−13).

Muestra tu trabajo aquí

Conéctate Puedes completar un ejemplo adicional en línea.

Ejemplo 2 Multiplicar enteros con signos diferentes

Un submarino se sumerge desde la superficie del agua y desciende 90 pies por minuto.

¿Qué entero representa la ubicación del submarino en pies luego de 11 minutos?

El submarino desciende a una velocidad de 90 pies por minuto durante 11 minutos. La expresión 11(−90) representa la situación.

Los enteros tienen signos diferentes. El producto es negativo.

11(−90) = ☐

Por lo tanto, luego de 11 minutos, la ubicación del submarino será de 990 pies debajo de la superficie.

Verificar

Un helicóptero desciende a una velocidad de 275 pies por minuto. ¿Qué entero representa la altura del helicóptero en pies luego de 7 minutos?

Muestra tu trabajo aquí

Conéctate Puedes completar un ejemplo adicional en línea.

Aprender Multiplicar enteros con el mismo signo

Conéctate Mira la animación para aprender a multiplicar números enteros con el mismo signo.

La animación muestra que se puede utilizar un patrón para demostrar que el producto de dos enteros negativos es positivo. Observa que, al disminuir el primer factor en 1, el producto aumenta en 3. Puedes seguir el patrón de los enteros negativos.

$$(2)(-3) = -6$$
$$(1)(-3) = -3$$
$$(0)(-3) = 0$$
$$(-1)(-3) = 3$$
$$(-2)(-3) = 6$$

El patrón muestra que el producto de dos negativos es positivo.

Al multiplicar dos enteros con el mismo signo, como 5 y 6, o −5 y −6, el signo del producto siempre será positivo.

Palabras	Ejemplos
El producto de dos enteros con el mismo signo es positivo.	$6(5) = 30$ $-6(-5) = 30$

Un minuto de historia

Salvo escasas excepciones, los matemáticos no reconocieron la importancia de los números negativos hasta el siglo diecinueve. En cambio, en la India ya desde el siglo seis se usaban los números negativos para representar las deudas. El matemático indio **Brahmagupta (598-668)** comenzó a formular las reglas para sumar, restar, multiplicar y dividir negativos.

Ejemplo 3 Multiplicar enteros con el mismo signo

Halla −8(−9).

$-8(-9) = \square$ Los signos de los enteros son los mismos. El producto es positivo.

Por lo tanto, el producto de −8(−9) es 72.

Verificar

Halla −5(−13).

Muestra tu trabajo aquí

Ejemplo 4 Multiplicar enteros con el mismo signo

Resuelve *xy* si *x* = −14 e *y* = −7.

$xy = -14(-7)$ Reemplaza *x* por −14 e *y* por −7.

$= \square$ Los signos de los enteros son los mismos. El producto es positivo.

Por lo tanto, el valor de la expresión es 98.

Verificar

Resuelve *pq* si *p* = −16 y *q* = −7.

Muestra tu trabajo aquí

Conéctate Puedes completar un ejemplo adicional en línea.

Ejemplo 5 Multiplicar tres o más enteros

Halla $-4(-7)(-2)$.

$-4(-7)(-2) = [-4(-7)](-2)$ Propiedad asociativa

$= \square(-2)$ Multiplica $(-4)(-7)$.

$= \square$ Multiplica $28(-2)$.

Por lo tanto, el producto de $-4(-7)(-2)$ es -56.

Verificar

Halla $-3(-11)(-3)$.

Muestra tu trabajo aquí

Ejemplo 6 Multiplicar tres o más enteros

Resuelve ab^2c para $a = -5$, $b = 4$ y $c = -9$.

$ab^2c = -5(4)^2(-9)$ Sustituye -5 por a, 4 por b, y -9 por c.

$= -5(\square)(-9)$ Multiplica $4 \cdot 4$.

$= [-5(16)](-9)$ Propiedad asociativa

$= \square(-9)$ Multiplica $-5(16)$.

$= \square$ Multiplica $-80(-9)$.

Por lo tanto, el valor de la expresión es 720.

Verificar

Resuelve $pqrs$ si $p = -7$, $q = 15$, $r = 1$ y $s = -2$.

Muestra tu trabajo aquí

¡Piénsalo!
¿Qué observas sobre esta expresión?

¡Coméntalo!
¿Cómo puedes saber, sin multiplicar, si el producto será positivo o negativo?

Conéctate Puedes completar un ejemplo adicional en línea.

¡Coméntalo!

¿Cómo pueden ayudar las propiedades de la multiplicación para multiplicar enteros?

Aprender Utilizar propiedades para multiplicar enteros

Las propiedades de las matemáticas nos permiten respaldar los enunciados realizados para verificar o comprobar otros enunciados. Estas son algunas de las propiedades de las matemáticas.

Propiedad de suma	$a + (-a) = 0$
Propiedad distributiva	$a(b + c) = ab + ac$
Propiedad multiplicativa de identidad	$1 \cdot a = a$
Propiedad multiplicativa del cero	$a \cdot 0 = 0$

Conéctate Mira la animación en línea y aprende a aplicar las propiedades de la multiplicación para multiplicar enteros.

La animación muestra que $2(-1) = -2$ usando propiedades de la multiplicación y comienza con la afirmación verdadera de que $2(0) = 0$.

$2(0) = 0$ Propiedad multiplicativa del cero

$2[1 + (-1)] = 0$ Propiedad de los inversos de suma

$2(1) + 2(-1) = 0$ Propiedad distributiva

$2 + 2(-1) = 0$ Propiedad multiplicativa de identidad

Si $2 + 2(-1)$ es igual a 0, entonces $2(-1)$ debe ser igual a -2, en base a la propiedad de los inversos de suma. Esta propiedad demuestra que el producto de dos enteros con signos diferentes es negativo.

También se pueden aplicar las propiedades para demostrar que el producto de dos enteros negativos es positivo.

Demuestra que $(-2)(-1) = 2$ y escribe la propiedad correcta para cada paso.

$0 = -2(0)$ ____________________

$0 = -2[1 + -1]$ ____________________

$0 = -2(1) + (-2)(-1)$ ____________________

$0 = -2 + (-2)(-1)$ ____________________

$2 = (-2)(-1)$ ____________________

Aplicar Agricultura

Dos granjas comienzan el año con $1,500 de ahorro extra cada una en caso de que pierdan dinero al final del año. La tabla muestra la cantidad de dinero que cada granja obtuvo, o sus ingresos y la cantidad de dinero que cada granja gastó, o los gastos, en un mes. Si estos resultados se mantienen, con los mismos ingresos y gastos en los meses siguientes del año, ¿qué granja tendrá ahorros suficientes para seguir en funcionamiento durante todo el año y cuánto dinero le quedará?

	Granja 1		Granja 2	
	Ingresos ($)	Gastos ($)	Ingresos ($)	Gastos ($)
Insumos de la granja		134		211
Agua		44		248
Mantenimiento		152		147
Papas vendidas	308		476	

1 ¿Cuál es la tarea?

Asegúrate de comprender la pregunta que debes responder o el problema que debes resolver. Lee el problema tres veces. Comenta las preguntas con un compañero.

Primera vez Describe el problema con tus palabras.
Segunda vez ¿Qué operaciones matemáticas observas?
Tercera vez ¿Cuál es la pregunta?

2 ¿Cómo puedes resolver la tarea? ¿Qué estrategias puedes usar?

Registra tus observaciones aquí

3 ¿Cuál es la solución?

Usa tu estrategia para resolver el problema.

Muestra tu trabajo aquí

4 ¿Cómo puedes demostrar que tu solución es razonable?

¡Escríbelo! Escribe un argumento que puedas utilizar para defender la solución.

¡Coméntalo!
Al entero más cercano, ¿cuánto dinero debería tener cada granja al comienzo para que las dos puedan tener ahorros al final? Explícalo.

Verificar

James inauguró un negocio para el cuidado del césped en su comunidad. Piensa que podrá trabajar durante 20 semanas antes de que el estado del tiempo se vuelva demasiado frío. La tabla muestra los gastos e ingresos en una semana.

Artículo	Gastos ($)	Ingresos ($)
Combustible	32	
Mantenimiento de la cortadora de césped	12	
Semillas de gramíneas y herbicida	17	
Ingresos ($25 por césped)		125

¿Cuánto dinero ganará en 20 semanas?

Muestra tu trabajo aquí

Conéctate Puedes completar un ejemplo adicional en línea.

Foldables Es hora de actualizar tu Foldable en el Repaso del módulo, en función de lo que aprendiste en esta lección. Si aún no armaste tu Foldable, encontrarás instrucciones en la página FL1.

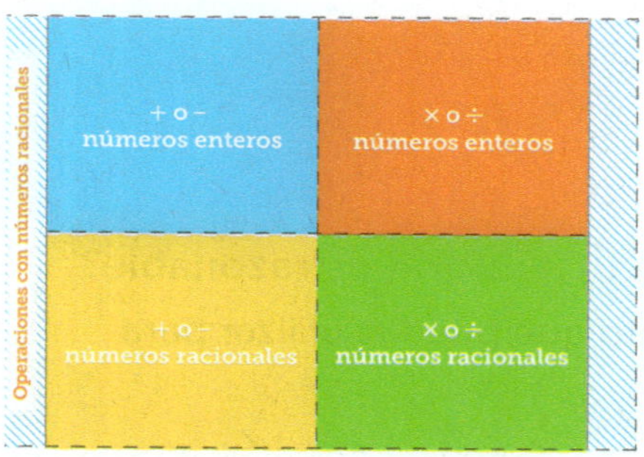

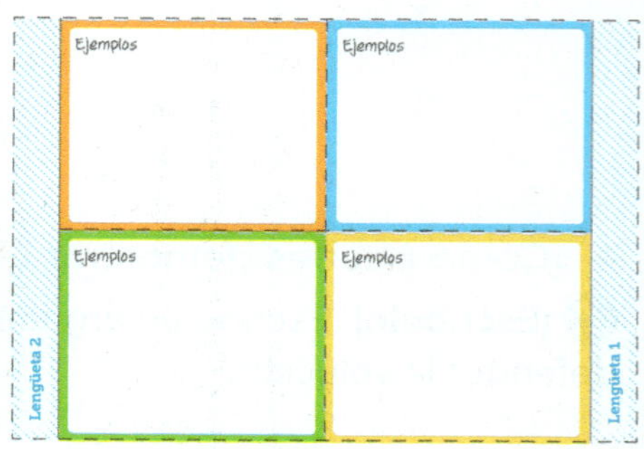

Nombre ______________________ Período ____________ Fecha ____________

Práctica

Conéctate Puedes completar tu tarea en línea.

Multiplica. **(Ejemplos 1, 3 y 5)**

1. $4(-7)$

2. $-14(5)$

3. $9(-12)$

4. $-6(-8)$

5. $-10(-10)$

6. $-11(-13)$

7. $7(-5)(4)$

8. $(-8)(-7)(3)$

9. $-2(-12)(-8)$

10. Resuelve ab si $a = -16$ y $b = -5$. **(Ejemplo 4)**

11. Resuelve xy si $x = -10$ e $y = -7$. **(Ejemplo 4)**

12. Resuelve xyz^2 si $x = -2$, $y = 7$ y $z = -4$. **(Ejemplo 6)**

13. Resuelve a^2bc si $a = 3$, $b = -14$, y $c = -6$. **(Ejemplo 6)**

14. La señora Rockwell perdió dinero en una inversión a razón de $4 por día. ¿Cuál es el cambio en su inversión, a causa del dinero perdido, luego de 4 semanas? **(Ejemplo 2)**

Práctica para la prueba

15. Respuesta abierta La tabla muestra la cantidad de preguntas que cada jugador respondió incorrectamente en un concurso. Si cada respuesta incorrecta equivale a –7 puntos, ¿cuál es el cambio en el puntaje de Olive a causa de sus respuestas incorrectas?

Jugador	Respuestas incorrectas
Laura	8
Olive	9

Aplicar

16. Payton inaugura un puesto de limonada para el verano. Cree que podrá trabajar en el negocio durante 14 semanas. La tabla muestra los gastos e ingresos en 1 semana. En función de ello, ¿cuánto dinero obtendrá Payton durante las 14 semanas?

Artículo	Gastos	Ingresos
Vasos/ pajillas	\$5	
Limonada	\$6	
Hielo	\$7	
Ingresos		\$45

17. El objetivo de Rakim es tener al menos \$500 en su cuenta corriente al final del año. La tabla muestra su actividad durante el mes de enero. ¿Cumplirá Rakim su objetivo si la actividad del mes de enero es representativa de cuánto ahorrará y gastará cada mes? Explícalo.

Transacción	Cantidad
Compras con tarjeta de débito	\$500
Retiros en cajeros automáticos	\$750
Depósitos	\$1,300

Problemas de pensamiento de orden superior

18. MP **Razonamiento inductivo** El producto de dos enteros es -24. La diferencia entre los dos enteros es 14. La suma de los dos enteros es 10. ¿Cuáles son los dos enteros?

19. MP **Identificar estructuras** Nombra la propiedad que se expresa a continuación.

a. $-x \cdot 1 = -x$

b. $x \cdot (-y) = (-y) \cdot x$

20. Si multiplicas tres enteros negativos, ¿será el resultado negativo *siempre, a veces* o *nunca*? Explícalo.

21. MP **Identificar estructuras** Nombra todos los valores de x si $6|x| = 48$.

Dividir números enteros

Puedo... usar una multiplicación relacionada para dividir números enteros.

Explorar Usar fichas de álgebra para dividir enteros

Actividad en línea Usarás fichas de álgebra para representar la división de enteros y verificarás las soluciones con multiplicaciones.

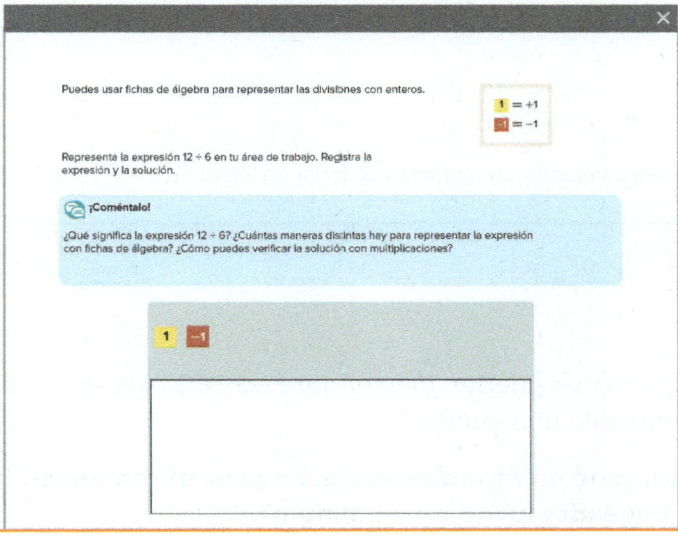

Aprender Dividir enteros con signos diferentes

La división es la operación inversa a la multiplicación, así como la resta es la inversa a la suma. Se puede obtener un cociente al utilizar una multiplicación relacionada.

$$36 \div (-3) = -12 \quad \rightarrow \quad -3 \cdot (-12) = 36$$

¿Qué entero multiplicado por −3 da como resultado 36? ☐

Por lo tanto, 36 ÷ (−3) es −12.

La tabla muestra las reglas para dividir números enteros con signos diferentes.

Palabras	Ejemplos
El cociente de dos enteros con signos diferentes es negativo.	$-36 \div 3 = -12$ $36 \div (-3) = -12$

¡Coméntalo!
¿Cuál crees que es el cociente de −36 ÷ 3? Explica tu razonamiento.

Tus notas

¡Piénsalo!
Predice el signo del cociente.

¡Coméntalo!
Un amigo afirmó que el cociente es positivo. ¿Cómo puedes utilizar la multiplicación para demostrar que el cociente es negativo?

¡Coméntalo!
¿Qué representa la solución –95 en el contexto del problema?

Ejemplo 1 Dividir enteros con signos diferentes

Halla 90 ÷ (−10).

$90 \div (-10) = -9$ — Los signos de los enteros son diferentes. El cociente es negativo.

Por lo tanto, 90 ÷ (−10) = ________.

Verificar

Halla 72 ÷ (−9).

Muestra tu trabajo aquí

Conéctate Puedes completar un ejemplo adicional en línea.

Ejemplo 2 Dividir enteros con signos diferentes

Los mejores buceadores pueden descender casi 380 pies en cuatro minutos, utilizando solo una cuerda.

A esta velocidad, ¿qué entero representa, en pies, el cambio en la posición de un buceador luego de un minuto?

Paso 1 Identifica la distancia descendida.

¿Qué entero representa, en pies, el cambio en la posición de un buceador luego de cuatro minutos? ☐

Paso 2 Escribe la división.

☐ ÷ ☐ — Divide el cambio total de la posición del buceador por el número de minutos, 4.

Paso 3 Divide −380 por 4 para hallar el cambio luego de un minuto.

$-380 \div 4 =$ ☐ — Los signos de los enteros son diferentes. El cociente es negativo.

Por lo tanto, el entero −95 representa, en pies, el cambio en la posición del buceador luego de un minuto.

Verificar

Un vecino busca mejorar el estado físico de su perro con entrenamiento. Antes de comenzar el entrenamiento, el perro pesaba 65 libras. Luego de nueve semanas de entrenamiento, el perro pesaba 47 libras. ¿Qué entero expresa el cambio de peso promedio del perro durante las nueve semanas, en libras por semana?

Muestra tu trabajo aquí

Aprender Dividir enteros con el mismo signo

La división es la operación inversa a la multiplicación. Se puede obtener un cociente al hallar una multiplicación relacionada.

cociente positivo

$-20 \div (-4) = 5 \quad \rightarrow \quad -4(\square) = -20$

mismos signos

La tabla muestra las reglas para dividir números enteros con el mismo signo.

Palabras	Ejemplos
El cociente de dos enteros con el mismo signo es positivo.	$20 \div 4 = 5$ $-20 \div (-4) = 5$

Ejemplo 3 Dividir enteros con el mismo signo

Halla $-30 \div (-6)$.

$-30 \div (-6) = \square$

Los signos de los enteros son los mismos. El cociente es positivo.

Por lo tanto, $-30 \div (-6) = 5$.

Verificar

Halla $-84 \div (-12)$.

Muestra tu trabajo aquí

¡Coméntalo!
¿En qué se parecen la división y la multiplicación de enteros? ¿En qué se diferencian?

Conéctate Puedes completar un ejemplo adicional en línea.

Ejemplo 4 Dividir enteros con el mismo signo

Resuelve $\frac{y}{x}$ si $y = -155$ y $x = -5$.

$\frac{y}{x} = \frac{-155}{-5}$ Reemplaza y por -155 y x por -5.

$= \square \div \square$ Escríbelo como una división.

$= \square$ Los signos de los enteros son los mismos. El cociente es positivo.

Por lo tanto, el valor de la expresión es 31.

Verificar

Resuelve $\frac{y}{x}$ si $y = -162$ y $x = -6$.

Muestra tu trabajo aquí

Conéctate Puedes completar un ejemplo adicional en línea.

Pausa para reflexionar

Compara y contrasta cómo predecir el signo de un entero al sumar o restar, y al multiplicar o dividir.

Registra tus observaciones aquí

Aplicar Finanzas personales

Natalie tenía $165 en su cuenta bancaria al comienzo del verano. Durante las 10 semanas siguientes, trabajó en un campamento de verano. Ganó $160 por semana y gastó solo $40 por semana. Una vez que regrese a la escuela, planea gastar $105 por semana. ¿Durante cuántas semanas puede realizar gastos hasta que su saldo sea $0?

1 ¿Cuál es la tarea?

Asegúrate de comprender la pregunta que debes responder o el problema que debes resolver. Lee el problema tres veces. Comenta las preguntas con un compañero.

Primera vez Describe el problema con tus palabras.
Segunda vez ¿Qué operaciones matemáticas observas?
Tercera vez ¿Cuál es la pregunta?

2 ¿Cómo puedes resolver la tarea? ¿Qué estrategias puedes usar?

Registra tus observaciones aquí

3 ¿Cuál es la solución?

Usa tu estrategia para resolver el problema.

Muestra tu trabajo aquí

4 ¿Cómo puedes demostrar que tu solución es razonable?

¡Escríbelo! Escribe un argumento que puedas utilizar para defender la solución.

¡Coméntalo!
Si Natalie quiere gastar $105 durante 15 semanas, ¿cuánto puede gastar por semana durante el verano?

Verificar

Comienzas un negocio de limpieza de piscinas en el vecindario. Tienes $1,000 de ahorros. La tabla muestra los gastos e ingresos en una semana. A esa tasa, ¿cuántas semanas durarán tus ahorros?

Artículo	Gastos	Ingresos
Productos de limpieza	$31	
Cepillos y toallas	$17	
Transporte	$10	
Ingresos ($15 por piscina)		$30
Folletos para publicidad	$12	

Muestra tu trabajo aquí

Conéctate Puedes completar un ejemplo adicional en línea.

Foldables Es hora de actualizar tu Foldable en el Repaso del módulo, en función de lo que aprendiste en esta lección. Si aún no armaste tu Foldable, encontrarás instrucciones en la página FL1.

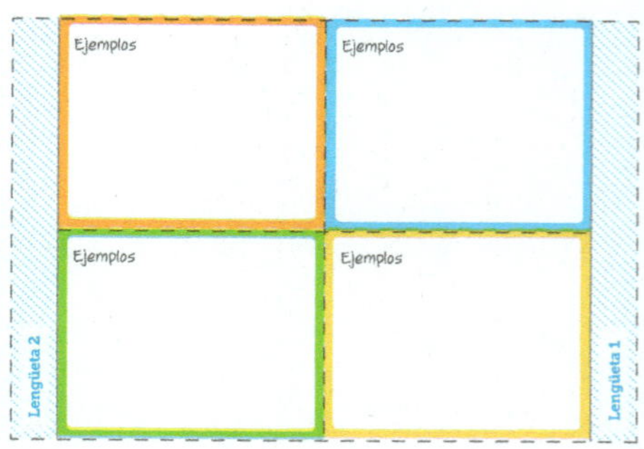

Nombre ______________________ Período ____________ Fecha ____________

Práctica

Conéctate Puedes completar tu tarea en línea.

Divide. (Ejemplos 1 y 3)

1. $22 \div (-2)$

2. $-110 \div 11$

3. $75 \div (-3)$

4. $-64 \div (-8)$

5. $-39 \div (-13)$

6. $-50 \div (-10)$

Resuelve cada expresión si $m = -32$, $n = 2$ y $p = -8$. (Ejemplo 4)

7. $\frac{m}{n}$

8. $\frac{m}{p}$

9. $\frac{p}{n}$

Resuelve cada expresión si $f = -15$, $g = 5$ y $h = -45$. (Ejemplo 4)

10. $\frac{f}{g}$

11. $\frac{h}{f}$

12. $\frac{h}{g}$

13. Un submarino desciende hasta una profundidad de 660 pies debajo del nivel del mar en 11 minutos. A esta velocidad, ¿qué entero representa, en pies, el cambio en la posición del submarino luego de un minuto? (Ejemplo 2)

Práctica para la prueba

14. Editor de ecuaciones Aaron realizó 3 retiros el último mes. En cada ocasión retiró la misma cantidad. Si Aaron retiró un total de $375, ¿qué entero expresa el cambio en su cuenta luego del primer retiro?

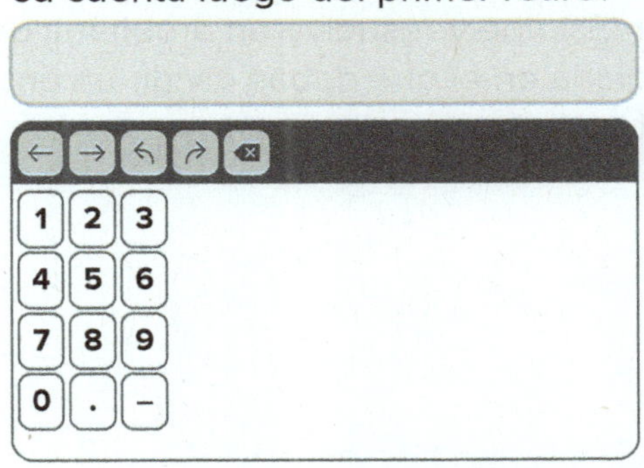

Aplicar

15. Durante el verano, Paulo inaugura un negocio bañando perros y comienza con $32. La tabla muestra cuánto gana y gasta por semana. Va a trabajar bañando perros durante 8 semanas. Cuando regrese a la escuela, prevé gastar $60 por semana. ¿Cuántas semanas pasarán hasta que deba bañar más perros?

Ingresos y gastos semanales		
	Ingresos	Gastos
Ventas	$124	
Insumos		$8

16. Nick tenía $100 en su caja de ahorro. Durante los 6 meses siguientes, trabajó en una tienda, donde cada mes ganó $400 y gastó $250. La cantidad restante la depositó cada mes en su caja de ahorro. Ahora que su trabajo terminó, prevé gastar $200 por mes. ¿Durante cuántos meses podrá retirar dinero de su caja de ahorro hasta que su saldo sea $0?

Problemas de pensamiento de orden superior

17. MP **Construir un argumento** La propiedad asociativa se aplica a la multiplicación ya que $(-3 \times 4) \times (-2) = -3 \times [4 \times (-2)]$. ¿Se aplica la propiedad asociativa a la división de enteros? Explícalo.

18. MP **Justificar las conclusiones** ¿La siguiente afirmación es *verdadera* o *falsa*? Justifica tu respuesta.

Si n es un entero negativo, $\frac{n}{n} = -1$.

19. Crear Escribe y resuelve un problema de la vida diaria en el que debas dividir un entero positivo y uno negativo.

20. Escribe una operación con división de un entero negativo y un entero positivo. Luego, escribe una operación de multiplicación que pruebe que el resultado de la división es correcto.

Realizar operaciones con números enteros

Puedo... usar el orden de las operaciones con números enteros para resolver expresiones.

Ejemplo 1 Orden de operaciones con enteros

Halla $-4(3) + (-7)$.

$-4(3) + (-7) = -12 + (-7)$ Multiplica $-4(3)$.

$= -19$ Suma.

Por lo tanto, $-4(3) + (-7)$ es _____ .

Verificar

Halla $-5(-12) + (-15)$.

Muestra tu trabajo aquí

Ejemplo 2 Orden de operaciones con enteros

Halla $-4(-5)(-2) - (-8)$.

$-4(-5)(-2) - (-8) = 20(-2) - (-8)$ Multiplica $-4(-5)$.

$= -40 + 8$ Multiplica $20(-2)$. Suma el inverso de suma de -8.

$= -32$ Suma $-40 + 8$.

Por lo tanto, $-4(-5)(-2) - (-8)$ es _____.

Verificar

Halla $9(-1)(-8) - (-13)$.

Muestra tu trabajo aquí

¡Coméntalo!
¿Por qué se realizó una multiplicación en primer lugar al resolver la expresión?

¡Coméntalo!
¿Podrías haber multiplicado $(-5)(-2)$ primero? Explica tu razonamiento.

Conéctate Puedes completar un ejemplo adicional en línea.

Tus notas

¡Piénsalo!

¿Cómo resolverías la expresión?

¡Coméntalo!

¿A qué temperatura crees que las mediciones en °F y °C son iguales? Explica tu razonamiento.

Ejemplo 3 Orden de operaciones con enteros

Resuelve $\frac{w}{xy} + y - z^3$ si $w = 36$, $x = -6$, $y = -1$ y $z = -2$.

$\frac{w}{xy} + y - z^3 = \frac{36}{(-6)(-1)} + (-1) - (-2)^3$	Sustituye los valores.
$= \frac{36}{(-6)(-1)} + (-1) - (-8)$	$(-2)^3 = (-2)(-2)(-2)$
$= \frac{36}{6} + (-1) - (-8)$	Multiplica $(-6)(-1)$.
$= 6 + (-1) - (-8)$	Divide $\frac{36}{6}$.
$= 5 - (-8)$	Suma $6 + (-1)$.
$= 5 + 8$	Suma el inverso de suma.
$= 13$	Suma $5 + 8$.

Por lo tanto, el valor correcto de la expresión es _____.

Verificar

Resuelve $\frac{q}{rs} - (r \cdot p)$ si $q = 56$, $r = -4$, $s = 2$ y $p = 1$.

Muestra tu trabajo aquí

Ejemplo 4 Orden de operaciones con enteros

La temperatura promedio en enero en Helsinki, Finlandia, es de aproximadamente −5 °C.

Utiliza la expresión $\frac{(9C + 160)}{5}$, en donde C es la temperatura en grados Celsius, para hallar la temperatura en grados Farenheit. Redondea al grado más cercano.

$\frac{(9C + 160)}{5} = \frac{9(-5) + 160}{5}$	Reemplaza C con -5.
$= \frac{-45 + 160}{5}$	Multiplica $9(-5)$.
$= \frac{115}{5}$	Suma $-45 + 160$.
$= 23$	Simplifica.

La temperatura promedio en enero en Helsinki, Finlandia, es de aproximadamente 23 grados Farenheit.

Verificar

En los últimos años, la temperatura promedio durante el mes de junio en Hall Beach, Canadá fue 32 °F. Utiliza la expresión $\frac{5(F - 32)}{9}$, donde F es la temperatura en grados Farenheit, para hallar la temperatura en grados Celsius. Redondea al grado más cercano.

Conéctate Puedes completar un ejemplo adicional en línea.

Nombre ______ Período ______ Fecha ______

Práctica

Conéctate Puedes completar tu tarea en línea.

Resuelve cada expresión. (Ejemplos 1 y 2)

1. $-5(6) + (-9)$

2. $\frac{-36}{9} + (-7)$

3. $-4(-8) + (-10)$

4. $2(-5)(-6) - (-12)$

5. $10(-3)(4) - (-15)$

6. $2\left(\frac{-80}{4}\right) - 14$

Resuelve cada expresión si $a = -2$, $b = 3$, $c = -12$ y $d = -4$. (Ejemplo 3)

7. $\frac{bd}{a} + c$

8. $\frac{ac}{b} - (a + d)$

9. $\frac{d^3}{a^2} - (c + b)$

Resuelve cada expresión si $m = -32$, $n = 2$, $p = -8$ y $r = 4$. (Ejemplo 3)

10. $\frac{pr}{n} + m$

11. $\frac{p^2}{m} - (np + r)$

12. $\frac{p^3}{r^2} - (m + np)$

13. La tabla muestra los ingresos y los gastos anuales de una pequeña empresa. Utiliza la expresión $\frac{I - G}{12}$ donde I representa el ingreso total y G representa los gastos totales para hallar la diferencia promedio entre el ingreso de la compañía y los gastos de cada mes. (Ejemplo 4)

	Monto ($)
Ingresos	34,000
Gastos	36,400

Práctica para la prueba

14. Respuesta abierta Hace cinco años el alumnado de la Escuela Secundaria Liberty era 1,600 estudiantes. Este año el alumnado es 1,250 estudiantes. Utiliza la expresión $\frac{A - P}{5}$ donde A representa el alumnado del año actual y P representa el del año previo para hallar el cambio promedio por año.

Aplicar

15. La tabla muestra las temperaturas máximas y mínimas de distintas ciudades de Estados Unidos en grados Farenheit. Utiliza la expresión $\frac{5(F-32)}{9}$ donde F representa la temperatura en grados Farenheit que quieres convertir a grados Celsius. ¿Qué ciudad tuvo la mayor diferencia entre temperatura máxima y mínima en grados Celsius? ¿Qué ciudad tuvo la menor diferencia? Redondea al grado más cercano. Explícalo.

Ciudad	Mínima (°F)	Máxima (°F)
Chicago	−27	104
Nashville	−17	107
Oklahoma	−8	110

16. La tabla muestra el balance inicial y final anual de cada hermano de una familia.

Utiliza la expresión $\frac{I-F}{12}$ donde I representa el balance inicial y F representa el balance final, para hallar la diferencia promedio entre el balance inicial y el balance final de cada mes. ¿Qué hermano tuvo el mayor cambio mensual?

Hermano	Balance inicial	Balance final
Alma	$226	−$50
Laurel	$200	−$64
Wes	$290	$2

Problemas de pensamiento de orden superior

17. MP **Hallar el error** Un estudiante resolvió el problema que se muestra a continuación. Halla el error y corrígelo.

Halla $-3(-6)(-4) - (-9)$.

$$(18)(-4) - (-9) = (-72) - (-9)$$
$$= -81$$

18. Crear Escribe y resuelve un problema en el cual debas realizar más de una operación con enteros.

19. Al simplificar $5(-2)(9) - 3$, un estudiante primero restó 3 a 9. ¿Es el primer paso correcto? Explícalo.

20. MP **Identificar la estructura** Si simplificas $-7(3)(-10) + (-4)$, ¿obtienes el mismo resultado si multiplicas 3 por −10 primero que si multiplicas −7 por 3 primero? Explícalo.

Números racionales

Puedo... dividir números racionales y convertir fracciones al decimal equivalente usando la división.

Aprender Números racionales

Un **número racional** es cualquier número que puede escribirse como fracción $\frac{a}{b}$ donde a y b son enteros y $b \neq 0$.

La tabla explica por qué cada número es un número racional.

Cantidad	Explicación
-15	Puedes escribir -15 como la razón $\frac{-15}{1}$.
-0.8	Puedes escribir -0.8 como la razón $\frac{-8}{10}$.
$-\frac{1}{8}$	Puedes escribir $-\frac{1}{8}$ como la razón $\frac{-1}{8}$.
28%	Puedes escribir 28% como la razón $\frac{28}{100}$.

¿Qué palabras de vocabulario aprenderás?
decimales finitos
decimales periódicos
notación de barras
número racional

¡Coméntalo!
¿Es $-\frac{5}{6}$ igual a $\frac{-5}{6}$ o $\frac{5}{-6}$? Justifica tu respuesta.

Explorar Números racionales en forma decimal

Actividad en línea Usarás el Web Sketchpad para explorar patrones en la forma decimal de los números racionales y hacer una conjetura sobre los números con ceros repetidos.

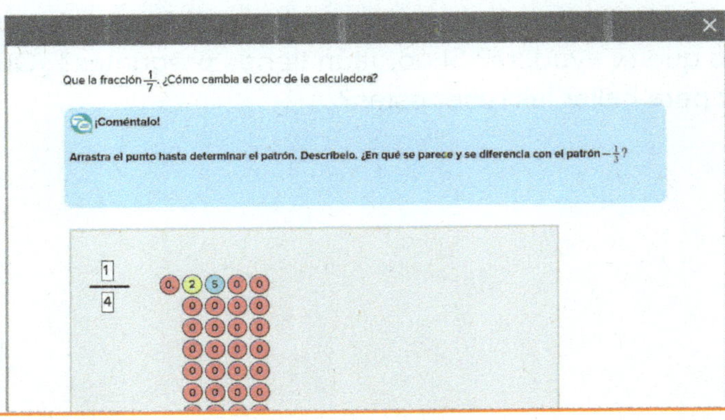

Tus notas

Un minuto de historia

Katherine Johnson (1918-) fue una matemática contratada como "computadora humana" por el Comité Consultivo Nacional para la Aeronáutica, posteriormente conocido como NASA. En 1962 los cálculos de navegación de la cápsula espacial tripulada por el astronauta John Glenn habían sido programados con computadoras, pero Glenn le pidió a Katherine que realizara personalmente los mismos cálculos para confirmar que los cálculos de la computadora eran correctos.

Aprender Números racionales en forma decimal

Toda fracción puede expresarse como un decimal al dividir el numerador por el denominador. La forma decimal de un número racional termina en 0 o se repite periódicamente. Los **decimales periódicos** son los decimales en los que se repiten uno o más dígitos y pueden expresarse con notación de barras. En la **notación de barras**, se dibuja una barra sobre los dígitos que se repiten.

Los siguientes decimales están escritos con notación de barras.

$-0.44444... = -0.\overline{4}$ Se repite el dígito 4.

$2.4343... = 2.\overline{43}$ Se repiten los dígitos 4 y 3.

Completa la tabla y escribe los decimales con notación de barras.

Decimal	Notación de barra
0.11111.....	
0.61111.....	
0.616161.....	
6.160000.....	
6.1611611611.....	

Todo decimal puede considerarse un decimal periódico. Los decimales con ceros repetidos también se denominan **decimales finitos**, porque se suelen eliminar los ceros que se repiten al final. Por ejemplo, el decimal finito $0.25\overline{0}$ se escribe 0.25. El decimal $0.25\overline{0}$ se considera periódico porque se repite el dígito 0.

Pausa para reflexionar

¿Estás listo para continuar con el siguiente ejemplo? Si es así, ¿qué has aprendido que te ayudará? Si no, ¿aún tienes preguntas? ¿Qué puedes hacer para hallar las respuestas?

Registra tus observaciones aquí

Ejemplo 1 Escribir fracciones en forma decimal

Escribe $\frac{1}{40}$ en forma decimal. Determina si el decimal es un decimal finito.

Parte A Escribe la fracción en forma decimal.

Divide 1 por 40 con una división larga.

$$40\overline{)1.0000}$$

Entonces, $\frac{1}{40}$ = 0.0250... o 0.025.

Parte B Determina si el decimal es un decimal finito.

$\frac{1}{40}$ = 0.0250...

El decimal termina con ceros ________________ .

Entonces, es un decimal finito.

Verificar

Escribe $-\frac{1}{25}$ en forma decimal. Determina si el decimal es un decimal finito.

Muestra tu trabajo aquí

¡Piénsalo!

¿Puedes predecir si el decimal será finito o periódico?

Conéctate Puedes completar un ejemplo adicional en línea.

¡Piénsalo!
¿Cómo te ayuda el denominador de la fracción a determinar si el decimal será finito?

¡Coméntalo!
Si la fracción es negativa, ¿cómo afectará esto la manera en la que se la escriba en forma decimal?

Ejemplo 2 Escribir fracciones en forma decimal

Escribe $-\frac{5}{6}$ en forma decimal. Determina si el decimal es un decimal finito.

Parte A Escribe la fracción en forma decimal.

Divide 5 por 6 usando una división larga.

$$6\overline{)5.000}$$

El residuo de 2 se repetirá, entonces el 3 del cociente también lo hará.

Por lo tanto, $-\frac{5}{6} = -0.8333....$

Parte B Determina si el decimal es un decimal finito.

El residuo nunca es cero, entonces el cociente tendrá un 3 periódico. Como el decimal es periódico, escríbelo con una notación de barra.

$-\frac{5}{6} =$ ______ o ______

Por lo tanto, este no es un decimal finito.

Verificar

Escribe $\frac{5}{9}$ como un decimal. Determina si el decimal es un decimal finito.

Muestra tu trabajo aquí

Conéctate Puedes completar un ejemplo adicional en línea.

Aprender Escribir decimales periódicos en forma de fracciones

Conéctate Mira la animación para aprender a usar un método algebraico para escribir un decimal periódico no finito, por ejemplo $0.\overline{4}$, en forma de fracción.

$N = 0.444...$	Asigna una variable al valor del decimal.
$10(N) = 10(0.444...)$	Multiplica cada lado por una potencia de 10.
$10N = 4.444...$	Cuando multiplicas por 10, mueves el punto decimal un lugar hacia la derecha.
$\underline{-(N = 0.444...)}$	Resta la ecuación original para eliminar la parte que se repite.
$9N = 4$	Simplifica.
$\frac{9N}{9} = \frac{4}{9}$	Divide cada lado por 9.
$N = \frac{4}{9}$	Simplifica.

El decimal 0.444... es equivalente a $\frac{4}{9}$.

Example 3 Escribir decimales periódicos en forma de fracciones

Escribe $0.\overline{5}$ como una fracción en su forma más simple.

Asigna una variable al valor $0.\overline{5}$. Entonces, $N = 0.555...$. Luego, resuelve las operaciones para N y determina su valor fraccionario.

$N = 0.555...$	
$10(N) = 10(0.555...)$	Multiplica cada lado por 10 porque se repite un dígito.
$10N = 5.555...$	Cuando multiplicaste por 10, el punto decimal se movió un lugar hacia la derecha.
$\underline{-(N = 0.555...)}$	Resta $N = 0.555...$ para eliminar la parte que se repite.
$9N = 5$	Simplifica.
$N = \frac{\square}{\square}$	Divide cada lado por 9.

Por lo tanto, el decimal $0.\overline{5}$ se puede escribir como la fracción $\frac{5}{9}$.

Verificar

Escribe $-0.\overline{7}$ como una fracción en su forma más simple.

Muestra tu trabajo aquí

¡Coméntalo!

¿Cómo sabes que $0.\overline{4}$ no se puede escribir como la fracción $\frac{44}{100}$ ni como $\frac{444}{1,000}$?

¡Coméntalo!

¿Cómo puedes verificar que el valor fraccionario es correcto?

Conéctate

Puedes completar un ejemplo adicional en línea.

¡Coméntalo!
¿Cuántos dígitos se repiten?

¡Coméntalo!
En la segunda línea de la solución, ¿por qué multiplicas por 100 en vez de por 10?

Ejemplo 4 Escribe decimales periódicos en forma de números mixtos

Escribe $2.\overline{18}$ como un número mixto en su forma más simple.

Asigna una variable al valor $2.\overline{18}$. Entonces, $N = 2.181818...$. Luego, resuelve las operaciones para N y determina su valor fraccionario.

$N = 2.181818...$	
$100(N) = 100(2.181818...)$	Multiplica cada lado por 100 porque se repiten 2 dígitos.
$100N = 218.181818...$	Simplifica.
$-(N = 2.181818...)$	Resta $N = 2.181818...$ para eliminar la parte que se repite.
$99N = \square$	Simplifica.
$N = \frac{\square}{\square}$	Divide cada lado por 99.
$N = \square$	Escríbelo como un número mixto en su forma más simple.

Por lo tanto, el decimal $2.\overline{18}$ se puede escribir como $2\frac{2}{11}$.

Verificar

Escribe $1.\overline{42}$ como un número mixto en su forma más simple.

Muestra tu trabajo aquí

Conéctate Puedes completar un ejemplo adicional en línea.

Aplicar Manualidades

Dos proveedores de una tienda de artesanías venden carteles. Las longitudes de los carteles que ofrecen Carteles y Más y En madera se muestran en la tabla. Cada cartel tiene el mismo precio. Henry quiere comprar el más largo de cada uno de los diferentes tipos de carteles. ¿De qué proveedor debería comprar cada cartel?

	Carteles y Más	En madera
Cartel de puntas redondeadas	$16\frac{1}{3}$ pulg.	16.25 pulg.
Cartel de puntas rectas	$16\frac{1}{3}$ pulg.	16.3 pulg.

1 ¿Cuál es la tarea?

Asegúrate de comprender la pregunta que debes responder o el problema que debes resolver. Lee el problema tres veces. Comenta las preguntas con un compañero.

Primera vez Describe el problema con tus palabras.
Segunda vez ¿Qué operaciones matemáticas observas?
Tercera vez ¿Cuál es la pregunta?

2 ¿Cómo puedes resolver la tarea? ¿Qué estrategias puedes usar?

Registra tus observaciones aquí

3 ¿Cuál es la solución?

Usa tu estrategia para resolver el problema.

Muestra tu trabajo aquí

4 ¿Cómo puedes demostrar que tu solución es razonable?

¡Escríbelo! Escribe un argumento que puedas usar para defender la solución.

¡Coméntalo!
¿Convertiste alguno de los números a una forma diferente para resolver el problema? Explícalo.

Verificar

Una escuela realizó un concurso de salto en largo. La tabla muestra los resultados más destacados de la competencia. La profesora desea premiar el salto más largo de los estudiantes de 6.° grado y el más largo de 7.° con una cinta y otorgarle un trofeo al estudiante que hace el salto más largo de todos. ¿Quién recibirá la cinta? ¿Quién recibirá el trofeo?

	Grado	Largo del salto (pies)
Bentley	7.°	$9\frac{5}{8}$
Grant	6.°	$9.\overline{68}$
Luna	7.°	$9\frac{2}{3}$
Miguel	6.°	$9\frac{3}{5}$
Reece	7.°	9.5
Trevor	6.°	9.73

Muestra tu trabajo aquí

Conéctate Puedes completar un ejemplo adicional en línea.

Pausa para reflexionar

Haz un organizador gráfico y anota los pasos necesarios para escribir una fracción en forma decimal y luego determinar si es un decimal finito.

Registra tus observaciones aquí

Nombre ____________________ Período ____________ Fecha ____________

Práctica

Conéctate Puedes completar tu tarea en línea.

Escribe cada fracción en forma decimal. Determina si es un decimal finito.
(Ejemplos 1 y 2)

1. $\frac{5}{8}$

2. $-\frac{3}{4}$

3. $\frac{2}{9}$

4. $-\frac{5}{6}$

5. $-\frac{4}{5}$

6. $\frac{23}{50}$

Escribe cada decimal en forma de fracción o número mixto en su mínima expresión.
(Ejemplos 3 y 4)

7. $0.\overline{8}$

8. $-0.\overline{18}$

9. $-1.\overline{5}$

10. $4.\overline{45}$

Práctica para la prueba

11. Respuesta abierta La Srta. Bradley realizó una encuesta a los estudiantes sobre sus frutas favoritas. Los resultados se muestran en la tabla.

Fruta	Fracción de la clase
Manzanas	$\frac{8}{30}$
Kiwi	$\frac{1}{30}$
Melocotones	$\frac{12}{30}$
Fresas	$\frac{9}{30}$

A. Escribe la fracción de los estudiantes que prefieren fresas en forma decimal. Determina si el decimal es finito.

B. Escribe la fracción de los estudiantes que prefieren kiwi en forma decimal. Determina si el decimal es un decimal finito.

Aplicar

12. Jessica está haciendo bolsas de libros iguales para sus 4 amigos. Cada bolsa necesita $1\frac{7}{8}$ yardas de tela. ¿Qué telas que se muestran en la tabla puede usar Jessica para hacer las bolsas de libros para sus amigos?

Tela	Cantidad de tela disponible (yd)
Lunas y estrellas	$7\frac{1}{2}$
Sóftbol	7.4
Rayas	$7\frac{3}{5}$
Teñido batik	7.9

13. La tabla muestra los tiempos de los corredores que terminaron una maratón. Para poder clasificar en la siguiente maratón, el tiempo del corredor debe ser menor a $3\frac{1}{4}$ horas. ¿Qué corredores clasificaron?

Corredor	Tiempo (h)
Cho	$3\frac{1}{5}$
Kevin	3.2
Ojas	$3\frac{8}{30}$
Sydney	$3\frac{13}{60}$

Problemas de pensamiento de orden superior

14. MP **Identificar estructuras** Escribe una fracción equivalente a un decimal finito entre 0.25 y 0.50.

15. MP **Justificar las conclusiones** ¿Existe algún número racional entre $0.\overline{5}$ y $\frac{5}{9}$? Justifica tu respuesta.

16. MP **Usar herramientas matemáticas** Eve necesita $\frac{2}{5}$ libras de queso para una pizza. Solo hay paquetes de 0.375 y 0.5 libras. ¿Qué estrategia puede usar Eve para elegir cuál comprar? Resuelve el problema.

cálculo mental, sentido numérico, estimación

17. MP **Hacer una conjetura** Escribe las siguientes fracciones en forma decimal: $\frac{2}{9}$, $\frac{50}{99}$, y $\frac{98}{99}$. Haz una conjetura sobre cómo expresar estas fracciones en forma decimal.

Sumar y restar números racionales

Puedo... hallar el inverso de suma de un número racional y sumar y restar números racionales.

Aprender Números racionales e inversos de suma

Dos números racionales se oponen si se los representa en una recta numérica con puntos que se encuentran a la misma distancia, pero en lados opuestos del cero.

Los puntos, $\frac{3}{4}$ y $-\frac{3}{4}$, están representados gráficamente. Son opuestos porque los dos se hallan a $\frac{3}{4}$ unidades del cero.

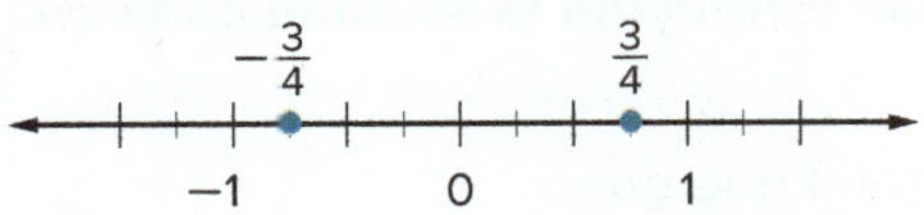

La suma de un número y su opuesto, o el inverso de suma, es cero. La recta numérica muestra que $-\frac{3}{4}+\frac{3}{4}=0$.

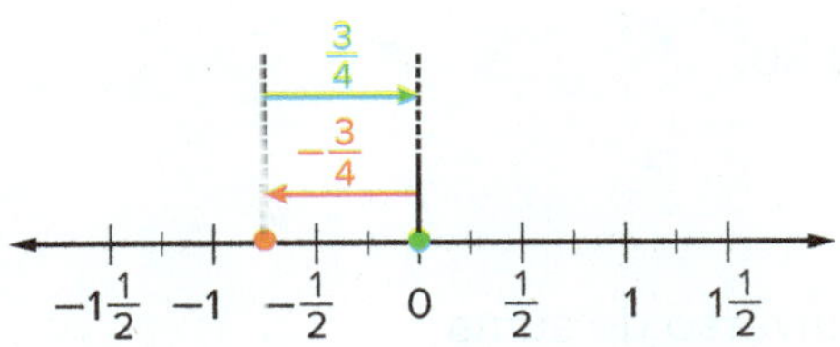

Ejemplo 1 Hallar los inversos de suma

Halla el inverso de la suma de $-\frac{7}{8}$.

Representa gráficamente y rotula un punto que se encuentre a la misma distancia del cero que $-\frac{7}{8}$.

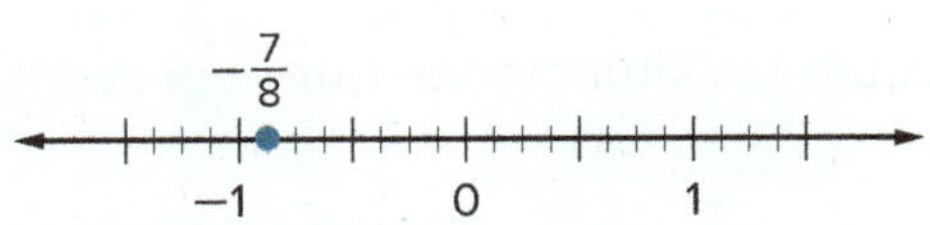

Entonces, el inverso de suma de $-\frac{7}{8}$ es ____.

Tus notas

Verificar

Halla el inverso de suma de $-\frac{1}{8}$.

Muestra tu trabajo aquí

Conéctate Puedes completar un ejemplo adicional en línea.

Ejemplo 2 Hallar los inversos de suma

Annalise ganó \$36.82 en su empleo de tiempo parcial, y ganó \$18.50 como niñera.

Halla el total que ganó, el inverso de suma y describe una situación en la cual Annalise terminaría la semana con cero dólares.

Parte A Halla el total que ganó.

Si p es lo que Annalise ganó en el trabajo de tiempo parcial, n es lo que ganó como niñera y t es el total que ganó, entonces

$t = p + n$

$= \$36.82 + \$18.50$

$= \$ \square$

Parte B Halla el inverso de suma.

Annalise terminó la semana con \$0. ¿Qué número puedes agregarle a \$55.32 para que la suma sea igual a \$0?

$\square$

Parte C Describe una situación en la que Annalise termine la semana con cero dólares.

Encierra en un círculo las situaciones que representan −\$55.32.

perder \$55.32	recibir un regalo por \$55.32
encontrar \$55.32	ganar \$55.32
donar \$55.32	gastar \$55.32

¡Piénsalo!
¿Cómo debe representarse el dinero que Annalise ganó como niñera y en su empleo de tiempo parcial: con números positivos o negativos?

¡Coméntalo!
¿Cómo sabes que perder \$55.32, donar \$55.32 y gastar \$55.32 representan un valor negativo?

Verificar

Zoey gastó $12 en un video y $25.82 en un cartel en una tienda. Halla el monto total que gastó, el inverso de suma y describe una situación en la cual Zoey terminaría la semana con cero dólares.

Parte A ¿Cuál fue la suma total? ________

Parte B ¿Cuál es el inverso de suma del total? ________

Parte C ¿Cómo podría Zoey terminar la semana con cero dólares?

(A) Zoey ganó $37.82 en su puesto de venta de limonadas.

(B) Zoey gastó $37.82 en una cena y en una película con amigos.

(C) Zoey dividió el costo de un juego de $37.82 con un amigo.

(D) Zoey recibió una tarjeta de regalo por $35 para su cumpleaños.

Conéctate Puedes completar un ejemplo adicional en línea.

Aprender Sumar números racionales

Las reglas que se aplican a la suma de fracciones y decimales también se aplican a los números racionales. Las reglas que se aplican a la suma de enteros también se aplican a los números racionales positivos y negativos.

Observa algunas estrategias para sumar números racionales escritos en diferentes formas.

Palabras	Ejemplo
Decimales finitos $\left(-\frac{1}{4}, \frac{3}{8}, \frac{7}{10}\ldots\right)$	
Si hay decimales finitos, usa los decimales o las fracciones para sumar.	$-\frac{1}{5} + 0.8 = -\frac{1}{5} + \frac{4}{5}$ o $-\frac{1}{5} + 0.8 = -0.2 + 0.8$
Decimales no finitos $\left(-\frac{1}{9}, \frac{2}{3}, \frac{11}{15}\ldots\right)$	
Si los decimales tienen dígitos que se repiten y que no son cero, usa las fracciones para sumar.	$\frac{1}{3} + (-0.25) = \frac{1}{3} + \left(-\frac{1}{4}\right)$

Cuando una fracción es negativa, el signo puede aplicarse a la fracción, al numerador o al denominador.

$$-\frac{2}{3} = \frac{-2}{3} = \frac{2}{-3}$$

Cuando sumas dos fracciones con signos negativos, el signo suele aplicarse al numerador.

¡Coméntalo!

¿Por qué sería difícil sumar -2.5 y $3.1\overline{6}$?

¡Piénsalo!

Como los signos son diferentes, ¿qué debes hacer con los números mixtos antes de sumarlos?

¡Coméntalo!

¿Por qué es importante que al sumar números racionales se escriban los números mixtos como fracciones impropias?

Ejemplo 3 Sumar números racionales

Halla $-3\frac{5}{9} + 1\frac{2}{9}$. Escribe las operaciones en su mínima expresión.

$-3\frac{5}{9} + 1\frac{2}{9} = -\frac{32}{9} + \frac{11}{9}$ — Escribe los números mixtos como fracciones impropias.

$= \frac{-32 + 11}{9}$ — Suma los numeradores. Asigna los signos negativos al numerador.

$= \frac{-21}{9}$ — Suma.

$= \frac{-7}{3}$ o $-2\frac{1}{3}$ — Simplifica y escríbelo como un número mixto.

Entonces, la suma de $-3\frac{5}{9} + 1\frac{2}{9}$ es ________ o ________.

Verificar

Halla $-3\frac{1}{6} + \left(-2\frac{5}{6}\right)$.

Muestra tu trabajo aquí

Conéctate Puedes completar un ejemplo adicional en línea.

Ejemplo 4 Sumar números racionales

Halla $-\frac{2}{5} + 2.3$.

Debido a que los sumandos están escritos en diferentes formas, debes escribirlos primero en la misma forma. La forma decimal de $-\frac{2}{5}$ es un decimal finito. Entonces, puedes escribir los sumandos como fracciones o en forma decimal.

Método 1 Escribir los dos sumandos en forma decimal.

$-\frac{2}{5} + 2.3 = \square + 2.3$ — Escribe $-\frac{2}{5}$ en forma decimal.

$= \square$ — Simplifica.

(continúa en la página siguiente)

Método 2 Escribir los dos sumandos en forma de fracción.

Conéctate Mira la animación para ver cómo sumar los dos números al escribirlos como fracciones.

$-\frac{2}{5} + 2.3 = -\frac{2}{5} + 2\frac{3}{10}$ — Escribe el decimal como un número mixto.

$= -\frac{4}{10} + \frac{23}{10}$ — El m.c.d. de 5 y 10 es 10.

$= \frac{-4 + 23}{10}$ — Suma los numeradores. Asigna el signo negativo al numerador.

$=$ ☐ o ☐ — Suma y escríbelo como número mixto.

Entonces, la suma de $-\frac{2}{5} + 2.3$ es $\frac{19}{10}$, o $1\frac{9}{10}$.

Verificar

Halla $\frac{2}{5} + (-0.75)$.

Muestra tu trabajo aquí

Conéctate Puedes completar un ejemplo adicional en línea.

¡Coméntalo!
En el Método 1, escribiste los dos sumandos en forma decimal antes de hacer la suma. Da un ejemplo de cuándo el Método 1 no es el más adecuado. Explica tu razonamiento.

Aprender Sumar números racionales

Al sumar tres o más números racionales, usa la propiedad conmutativa para agrupar los números por signo o forma.

Agrupa los números con la misma forma para simplificar la expresión.

$\frac{1}{2} + 0.75 + \left(-2\frac{1}{3}\right) + (-3.7)$ — Escribe la expresión.

$\frac{1}{2} + 0.75 + \left(-2\frac{1}{3}\right) + (-3.7)$ — Identifica la forma de cada número como fracción o decimal.

$\frac{1}{2} + \left(-2\frac{1}{3}\right) + 0.75 + (-3.7)$ — Escribe la expresión agrupando los números según su forma.

¡Coméntalo!
¿Agrupar los números según sus formas te ayuda a simplificar la expresión de suma?

¡Piénsalo!

¿Cómo representarás en la expresión el punto de partida de la caminata?

¡Coméntalo!

Si el punto de partida fuera un número racional, como $-266\frac{1}{9}$, ¿cambiaría el modo de resolver la suma?

Ejemplo 5 Sumar números racionales

La elevación más baja registrada en Estados Unidos continental es el Valle de la Muerte, que está situado a 282 pies bajo el nivel del mar. Imagina que comienzas a caminar en el estacionamiento, cerca de la cuenca de Badwater, a 266 pies bajo el nivel del mar. La tabla muestra las paradas y las elevaciones del recorrido.

¿Cuál es la elevación de tu parada?

Parada	Elevación (pies)
1	-12.5
2	$26\frac{3}{5}$
3	$-3\frac{1}{2}$
4	397.3

Dado que los denominadores de los números mixtos son 2 y 5, resulta fácil convertirlos a decimales. Escribe todos los números en forma decimal.

$-266 + (-12.5) + 26\frac{3}{5} + \left(-3\frac{1}{2}\right) + 397.3$ — Escribe la expresión.

$= -266 + (-12.5) + 26.6 + (-3.5) + 397.3$ — Escribe las fracciones en forma decimal.

$= -266 + (-12.5) + (-3.5) + 26.6 + 397.3$ — Propiedad conmutativa

$= [-266 + (-12.5) + (-3.5)] + [26.6 + 397.3]$ — Propiedad asociativa

$= -282 + 423.9$ — Simplifica.

$= 141.9$ — Suma.

Entonces, la elevación al final de la caminata es de ________ pies sobre el nivel del mar.

Verificar

Durante la carrera anual de globos aerostáticos, los pilotos de los globos deben registrar su altura al viajar. Durante un vuelo que comenzó a 98.1 metros sobre el nivel del mar, un piloto controló y registró su altura cada media hora.

Tiempo (h)	Cambio de altura (m)
$\frac{1}{2}$	226.86
1	$-66\frac{4}{8}$
$1\frac{1}{2}$	−15.32
2	$172\frac{3}{4}$

¿Cuál es su altura en metros después de dos horas?

Muestra tu trabajo aquí

Conéctate Puedes completar un ejemplo adicional en línea.

Aprender Restar números racionales

Para restar números racionales que están en diferente forma, escríbelos en la misma forma.

Conéctate Mira la animación para aprender cómo restar un número mixto y un decimal.

La animación muestra cómo volver a escribir un problema usando decimales. Este método funciona si el número mixto puede escribirse como decimal finito.

Escribe números usando decimales	
Pasos	**Ejemplo**
1. Escribe el número mixto o la fracción en forma decimal.	$2\frac{2}{5} - 6.55 = 2\frac{4}{10} - 6.55$ $= 2.4 - 6.55$
2. Resta los decimales	$= 2.4 + (-6.55)$ $= -4.15$

(continúa en la página siguiente)

La animación también muestra cómo escribir un problema usando fracciones o números mixtos. Este método funciona cuando la fracción o el número mixto no puede escribirse como un decimal finito.

Escribe números usando fracciones o números mixtos	
Pasos	**Ejemplo**
1. Escribe el decimal como fracción o número mixto.	$4.6 - 2\frac{2}{3} = 4\frac{6}{10} - 2\frac{2}{3}$ $= 4\frac{3}{5} - 2\frac{2}{3}$
2. Escribe las fracciones con un común denominador.	$= 4\frac{9}{15} - 2\frac{10}{15}$
3. Resta las fracciones o los números mixtos.	$= 3\frac{24}{15} + \left(-2\frac{10}{15}\right)$
4. Simplifica si es necesario.	$= 1\frac{14}{15}$

Usa la tabla como guía para restar números racionales escritos en diferentes formas.

Palabras	Ejemplo
Decimales finitos $\left(-\frac{1}{4}, \frac{3}{8}, \frac{7}{8} \ldots\right)$	
Si hay decimales finitos, usa los decimales o las fracciones para restar.	$-0.90 - \frac{1}{10} = -\frac{9}{10} - \frac{1}{10}$ o $= -0.9 - 0.1$
Decimales no finitos $\left(-\frac{1}{9}, \frac{2}{3}, \frac{11}{15} \ldots\right)$	
Si los decimales tienen dígitos que se repiten y que no son cero, usa las fracciones para restar.	$-\frac{1}{6} - 0.125 = -\frac{1}{6} - \frac{1}{8}$

¡Coméntalo!
¿De qué manera saber cómo sumar números racionales te ayudará a restarlos?

Pausa para reflexionar

Al sumar o restar números racionales, ¿cómo puedes usar las operaciones inversas para verificar tu trabajo?

Registra tus observaciones aquí

Ejemplo 6 Restar números racionales

Halla −3.27 − (−6.7).

Usa las mismas reglas para restar decimales positivos y negativos que las que usas para restar enteros.

Enteros		Números racionales
$-3 - (-6)$	Escribe la expresión.	$-3.27 - (-6.7)$
$-3 + 6$	Suma los inversos de la suma.	$-3.27 + 6.7$
3	Suma.	3.43

Por lo tanto, dado que $|6.7| > |-3.27|$, la suma tendrá el mismo signo que 6.7, positivo.

Por lo tanto, $-3.27 - (-6.7)$ es ________.

Verificar

Halla $-4.2 - 3.57$.

Muestra tu trabajo aquí

Conéctate Puedes completar un ejemplo adicional en línea.

Ejemplo 7 Restar números racionales

Halla $5\frac{1}{3} - \left(-4\frac{5}{9}\right)$. Escribe las operaciones en su mínima expresión.

$5\frac{1}{3} - \left(-4\frac{5}{9}\right) = \frac{16}{3} - \left(-\frac{41}{9}\right)$ Escribe los números mixtos como fracciones impropias.

$= \square - (\square)$ El m.c.d. de 3 y 9 es 9.

$= \frac{48}{9} + \frac{41}{9}$ Suma usando el inverso de suma.

$= \square$ o $\square$ Simplifica.

Por lo tanto, la diferencia de $5\frac{1}{3} - \left(-4\frac{5}{9}\right)$ es $\frac{89}{9}$ o $9\frac{8}{9}$.

Verificar

Halla $3\frac{1}{2} - \left(-1\frac{3}{10}\right)$. Escríbelo en su mínima expresión.

Muestra tu trabajo aquí

Conéctate Puedes completar un ejemplo adicional en línea.

Ejemplo 8 Resolver expresiones

Resuelve $x - y$ si $x = -2\frac{4}{5}$ e $y = 1.4$.

Determina si el número mixto es un decimal finito. Dado que $-2\frac{4}{5}$ es finito, puedes usar tanto decimales como fracciones para restar.

Método 1 Resolver expresiones usando decimales.

$x - y = -2\frac{4}{5} - 1.4$	Reemplaza x con $-2\frac{4}{5}$ e y con 1.4.
$= -2.8 - 1.4$	Escribe $-2\frac{4}{5}$ como un decimal.
$= -2.8 + (-1.4)$	Suma el inverso de suma de 1.4.
$= -4.2$	Simplifica.

Método 2 Resolver expresiones usando fracciones.

$x - y = -2\frac{4}{5} - 1.4$	Reemplaza x con $-2\frac{4}{5}$ e y con 1.4.
$= -2\frac{4}{5} - 1\frac{2}{5}$	Escribe 1.4 como número mixto.
$= -\frac{14}{5} - \frac{7}{5}$	Escribe los números mixtos como fracciones impropias.
$= -\frac{14}{5} + \left(-\frac{7}{5}\right)$	Suma el inverso de suma de $\frac{7}{5}$.
$= -\frac{21}{5}$ o $-4\frac{1}{5}$	Suma.

Por lo tanto, cuando $x = -2\frac{4}{5}$ e $y = 1.4$, $x - y =$ ______ o ______.

¡Piénsalo!

¿Cómo resolverías la expresión?

¡Coméntalo!

Escribe dos expresiones diferentes con resta de números racionales. La primera expresión debería ser simplificada convirtiendo los decimales en fracciones. La segunda expresión debería ser simplificada convirtiendo las fracciones en decimales.

Verificar

Resuelve $x - y$ si $x = 3\frac{3}{4}$ e $y = -4.2$. Escríbelo en su mínima expresión.

Muestra tu trabajo aquí

Conéctate Puedes completar un ejemplo adicional en línea.

Foldables Es hora de actualizar tu Foldable en el Repaso del módulo, en función de lo que aprendiste en esta lección. Si aún no armaste tu Foldable, encontrarás instrucciones en la página FL1.

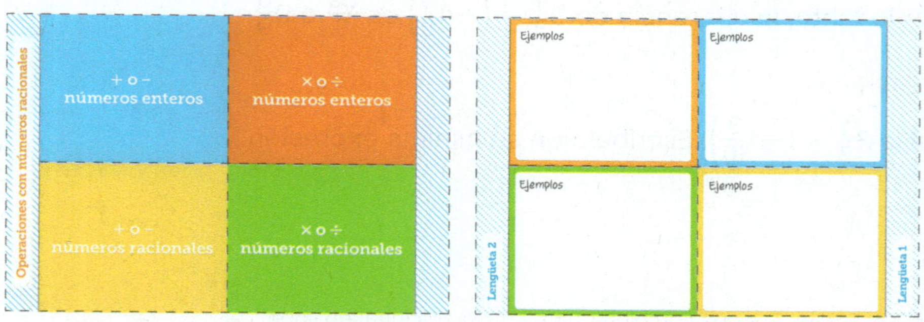

Aplicar Cuidado de animales

Un veterinario mide los cambios en el peso de un gato durante cuatro meses. Si el gato pesaba 17.25 libras en la primera visita, ¿cuál es su peso después de la última visita?

Mes	Cambio con el mes anterior (libras)
1	-0.5
2	$-2\frac{1}{5}$
3	$-\frac{3}{10}$
4	0.35

1 ¿Cuál es la tarea?

Asegúrate de comprender la pregunta que debes responder o el problema que debes resolver. Lee el problema tres veces. Comenta las preguntas con un compañero.

Primera vez Describe el problema con tus palabras.
Segunda vez ¿Qué operaciones matemáticas observas?
Tercera vez ¿Cuál es la pregunta?

2 ¿Cómo puedes resolver la tarea? ¿Qué estrategias puedes utilizar?

Registra tus observaciones aquí

3 ¿Cuál es la solución?

Usa tu estrategia para resolver el problema.

Muestra tu trabajo aquí

4 ¿Cómo puedes demostrar que tu solución es razonable?

¡Escríbelo! Escribe un argumento que puedas usar para defender la solución.

¡Coméntalo!
¿Por qué es más eficiente, en este problema, escribir cada uno de los valores en forma decimal antes de hacer la suma?

Verificar

Un bosque local que cubre $472\frac{7}{10}$ acres ha pasado por períodos de crecimiento y disminución de la vegetación durante los últimos cuatro años. Durante algunos años, los bomberos iniciaban un incendio controlado para quemar parte del bosque con el fin de estimular el crecimiento de árboles nuevos. Llevaron un registro de los cambios en el área del bosque por año. Halla el área del bosque después de cuatro años.

Año	Cambio en el área (acres)
1	$3\frac{4}{5}$
2	$-1\frac{1}{2}$
3	-7.9
4	$2\frac{2}{5}$

Muestra tu trabajo aquí

Conéctate Puedes completar un ejemplo adicional en línea.

Pausa para reflexionar

Piensa en situaciones con sumas o restas de números racionales donde sea beneficioso cambiar todos los números a decimales o todos a fracciones. Da ejemplos.

Registra tus observaciones aquí

Nombre ______________ Período ______________ Fecha ______________

Práctica

Conéctate Puedes completar tu tarea en línea.

Halla el inverso de suma de cada número racional. (Ejemplo 1)

1. $-\frac{1}{2}$

2. 0.25

3. $\frac{9}{10}$

4. -0.4

5. Quinn ganó \$24.50 por cuidar perros y \$12.70 por reciclar latas. Halla el monto total que ganó y describe cómo puede terminar la semana con cero dólares. (Ejemplo 2)

Suma o resta. Escribe las operaciones en su mínima expresión. (Ejemplos 3, 4, 6, 7)

6. $3\frac{5}{6} + \left(-1\frac{1}{6}\right)$

7. $-\frac{2}{3} + 2\frac{3}{8}$

8. $-3.7 + \frac{1}{4}$

9. $\frac{1}{3} + 4.1$

10. $-1\frac{1}{4} + 0.75 + 0.45$

11. $-2.45 - (-3.9)$

12. $5.47 - (-2.8)$

13. $7\frac{5}{12} - \left(-3\frac{3}{4}\right)$

14. $-\frac{7}{8} - 2\frac{1}{6}$

15. Marlee hace joyas para una exposición de manualidades. Comenzó con 115 pulgadas de alambre. Usó 25.75 pulgadas para los anillos. Luego su profesora le dio $30\frac{1}{4}$ pulgadas de alambre para hacer más joyas. Después usó $38\frac{1}{2}$ pulgadas para hacer brazaletes y 60.2 pulgadas para hacer collares. ¿Cuánto alambre le sobra? (Ejemplo 5)

Práctica para la prueba

16. Editor de ecuaciones Resuelve $a - b$ si $a = -2.5$ y $b = \frac{2}{5}$. Escribe la respuesta en su mínima expresión.

Aplicar

17. Jada mide los cambios de peso de su perro durante todo el año. Lo pesa cada 3 meses y anota los resultados. Si el perro de Jada pesó 55.75 libras a principio de año, ¿cuál es su peso a fin de año?

Meses	Diferencia del peso anterior (libras)
Enero-marzo	$+2.125$
Abril-junio	$-3\frac{1}{4}$
Julio-septiembre	$-\frac{1}{2}$
Octubre-diciembre	$+0.875$

18. Un zoológico interactivo local permite que los visitantes alimenten a las cabras con alimento granulado. El zoológico comienza el mes con 525.25 libras de alimento granulado. Cada semana, los trabajadores llevan un registro de la cantidad de alimento que se les dio a las cabras y las nuevas compras de alimento. Usa la tabla para determinar la cantidad de libras de alimento granulado que el zoológico tendrá a fin de mes.

Semana	Cambio en el alimento granulado (libras)
1	$-164\frac{1}{2}$
2	-189.75
3	$355\frac{7}{8}$
4	$-200\frac{3}{16}$

Problemas de pensamiento de orden superior

19. Anota un problema de suma con números mixtos distintos y un mínimo común denominador de 16. Halla la suma en su mínima expresión.

20. Si usaras el 8 en lugar del 4 como común denominador al hallar $7\frac{1}{2} - \left(-3\frac{1}{4}\right)$, ¿cómo cambiará eso el proceso de hallar la diferencia?

21. MP **Hallar el error** Un estudiante suma $1\frac{2}{9}$, $3\frac{1}{3}$, y $-4\frac{5}{6}$. El primer paso que realiza es hallar el común denominador de 9, 3 y 6. Halla el error y corrígelo.

El mínimo común denominador de 9, 3 y 6 es 36 porque puedes dividir 36 por todos los números sin tener un residuo.

22. MP **Usar un contraejemplo** Determina si el siguiente enunciado es *verdadero* o *falso*. Si es falso, da un contraejemplo.

La diferencia entre un número mixto positivo y uno negativo nunca es positiva.

Multiplicar y dividir números racionales

Puedo... usar las reglas para multiplicar y dividir enteros para multiplicar y dividir números racionales.

¿Qué palabras de vocabulario aprenderás?
inversos multiplicativos

Aprender Multiplicar números racionales

Las reglas que se aplican para los enteros también se aplican para los números racionales positivos y negativos.

Determina si el producto de cada expresión será *positivo* o *negativo* usando lo que sabes sobre la multiplicación de enteros.

Multiplica números racionales	
Expresión	**Signo del producto**
$\frac{1}{7}\left(-\frac{2}{3}\right)$	
$2\frac{3}{5} \cdot \frac{5}{7}$	
$-\frac{1}{3} \cdot \frac{7}{9}$	
$-1\frac{1}{2}\left(-5\frac{1}{4}\right)$	

Ejemplo 1 Multiplicar números racionales

Halla $-\frac{3}{4}\left(-\frac{7}{9}\right)$. Escribe las operaciones en su mínima expresión.

$-\frac{3}{4}\left(-\frac{7}{9}\right) = -\frac{3}{4}\left(-\frac{7}{9}\right)$ Divide por factores comunes.

$= \frac{-1(-7)}{4 \cdot 3}$ Multiplica los numeradores y los denominadores.

$= \square$ Simplifica.

Por lo tanto, $-\frac{3}{4}\left(-\frac{7}{9}\right)$ es $\frac{7}{12}$.

Tus notas

Verificar

Halla $-\frac{7}{8}\left(\frac{4}{14}\right)$.

Muestra tu trabajo aquí

Conéctate Puedes completar un ejemplo adicional en línea.

¡Piénsalo!
¿Qué debes hacer antes de multiplicar los números racionales?

Ejemplo 2 Multiplicar números racionales

Halla $-3\frac{1}{5}\left(1\frac{1}{14}\right)$. Escríbelo en su mínima expresión.

$-3\frac{1}{5}\left(1\frac{1}{14}\right) = -\frac{16}{5}\left(\frac{15}{14}\right)$ Escribe los números mixtos como fracciones impropias.

$= -\frac{16}{5}\left(\frac{15}{14}\right)$ Divide por factores comunes.

$= \frac{-8 \cdot 3}{1 \cdot 7}$ Multiplica los numeradores y los denominadores.

$=$ ☐ o ☐ Simplifica.

¡Coméntalo!
¿Qué diferencia tendrían los pasos si no simplificaras los números racionales antes de multiplicar?

Por lo tanto, el producto de $-3\frac{1}{5}\left(1\frac{1}{14}\right)$ es $-\frac{24}{7}$ o $-3\frac{3}{7}$.

Verificar

Halla $-1\frac{7}{8}\left(-2\frac{2}{5}\right)$. Escríbelo en su mínima expresión.

Muestra tu trabajo aquí

Conéctate Puedes completar un ejemplo adicional en línea.

Aprender Multiplicar números racionales

Para multiplicar números racionales escritos en diferentes formas, escribe los factores en la misma forma.

Palabras	Ejemplo
Decimales finitos $\left(-\frac{1}{4}, \frac{3}{8}, \frac{7}{8}...\right)$	
Si hay decimales finitos, multiplica usando decimales o fracciones.	$-3.7\left(1\frac{1}{5}\right) = -3.7 \cdot (1.2)$ o $= -3\frac{7}{10}\left(1\frac{1}{5}\right)$
Decimales no finitos $\left(-\frac{1}{9}, \frac{2}{3}, \frac{11}{15}...\right)$	
Si los decimales tienen dígitos que se repiten y que no son cero, multiplica usando fracciones.	$0.75\left(-\frac{2}{3}\right) = \frac{3}{4}\left(-\frac{2}{3}\right)$

Pausa para reflexionar

Haz un organizador gráfico que te ayude a determinar si una fracción o un número mixto es un decimal finito o no finito.

Registra tus observaciones aquí

¡Piénsalo!

¿Escribirás los números como fracciones o en forma decimal?

¡Coméntalo!

¿Es posible hallar el producto sin escribir los números en la misma forma? Explícalo.

Ejemplo 3 Multiplicar números racionales

Halla $\frac{1}{3}(-2.75)$. Escríbelo en su mínima expresión.

Como los factores están escritos en diferentes formas, primero debes escribirlos en la misma forma.

Como $\frac{1}{3}$ tiene digitos que se repiten y que no son cero, escribe el segundo factor como número mixto.

$\frac{1}{3}(-2.75) = \frac{1}{3}\left(-2\frac{3}{4}\right)$ Escribe -2.75 como número mixto.

$= \frac{1}{3}\left(-\frac{11}{4}\right)$ Escribe $-2\frac{3}{4}$ como una fracción impropia.

$= \frac{1(-11)}{(3 \cdot 4)}$ Multiplica los numeradores y los denominadores.

$=$ ☐ Simplifica.

Por lo tanto, el producto de $\frac{1}{3}(-2.75)$ es $-\frac{11}{12}$.

Verificar

Halla $-0.64\left(-\frac{1}{4}\right)$.

Muestra tu trabajo aquí

Conéctate Puedes completar un ejemplo adicional en línea.

Pausa para reflexionar

¿Cómo sabes, sin hacer el cálculo, que $\frac{1}{3}$ repite dígitos que no son cero?

Registra tus observaciones aquí

Ejemplo 4 Multiplicar números racionales

Resuelve $\frac{1}{2}ab$ si $a = 1\frac{3}{7}$ y $b = -\frac{4}{9}$.

$\frac{1}{2}ab = \frac{1}{2}\left(1\frac{3}{7}\right)\left(-\frac{4}{9}\right)$ — Reemplaza *a* con $1\frac{3}{7}$ y *b* con $-\frac{4}{9}$.

$= \frac{1}{2}\left(\frac{10}{7}\right)\left(-\frac{4}{9}\right)$ — Escribe $1\frac{3}{7}$ como una fracción impropia.

$= \frac{1}{2}\left(\frac{10}{7}\right)\left(-\frac{4}{9}\right)$ — Divide por los factores comunes.

$= \frac{1(5)(-4)}{1(7)(9)}$ — Multiplica los numeradores y los denominadores.

$= \boxed{}$ — Simplifica.

Por lo tanto, el valor de $\frac{1}{2}ab$ cuando $a = 1\frac{3}{7}$ y $b = -\frac{4}{9}$ es $-\frac{20}{63}$.

Verificar

Resuelve $\frac{2}{3}xy$ si $x = -3\frac{1}{6}$ e $y = -5\frac{1}{4}$.

Muestra tu trabajo aquí

Conéctate Puedes completar un ejemplo adicional en línea.

Pausa para reflexionar

Al multiplicar números racionales, ¿por qué es conveniente dividir por los factores comunes?

Registra tus observaciones aquí

Ejemplo 5 Multiplicar números racionales

Resuelve $\frac{1}{4}xyz$ si $x = 9.5$, $y = -0.8$, y $z = 2\frac{1}{5}$.

Determina si la fracción y el número mixto son decimales finitos. Dado que $\frac{1}{4}$ y $2\frac{1}{5}$ son finitos, puedes usar tanto decimales como fracciones para multiplicar.

$\frac{1}{4}xyz = \frac{1}{4}(\square)(\square)(\square)$ — Reemplaza x con 9.5, y con −0.8, y z con $2\frac{1}{5}$.

$= 0.25(9.5)(-0.8)(2.2)$ — Reemplaza $\frac{1}{4}$ con 0.25 y $2\frac{1}{5}$ con 2.2.

$= \square$ — Simplifica.

Entonces, el valor de $\frac{1}{4}xyz$ cuando $x = 9.5$, $y = -0.8$, y $z = 2\frac{1}{5}$ es −4.18.

¡Piénsalo!

¿Cuál es el signo del producto de los cuatro números?

¡Coméntalo!

Si en lugar de multiplicar decimales, hubieras multiplicado fracciones, ¿cómo se compararía tu respuesta?

Verificar

Resuelve abc si $a = -2.8$, $b = -2\frac{1}{7}$, y $c = -\frac{3}{13}$.

Muestra tu trabajo aquí

Conéctate Puedes completar un ejemplo adicional en línea.

Pausa para reflexionar

¿Cómo puedes usar la estimación para verificar tu trabajo?

Registra tus observaciones aquí

Aprender Dividir números racionales

Las reglas que se aplican para los enteros también se aplican para los números racionales positivos y negativos.

Dos números cuyo producto es 1 se llaman **inversos multiplicativos,** o recíprocos. Por ejemplo, $-\frac{1}{4}$ y -4 son inversos multiplicativos porque $-\frac{1}{4}(-4) = 1$.

Conéctate Mira la animación para aprender cómo dividir con números racionales.

División con números racionales	
Pasos	**Ejemplo**
1. Vuelve a escribir la división como una multiplicación por el recíproco.	$3 \div \left(-\frac{1}{4}\right) = -12$ recíproco ↕ ↕ mismo resultado
2. Multiplica.	$3 \cdot (-4) = -12$
3. Identifica el cociente.	

¡Coméntalo!
¿Por qué el recíproco de una fracción con 1 en el numerador es un entero?

Ejemplo 6 Dividir números racionales

Halla $-\frac{2}{3} \div \frac{1}{9}$.

$-\frac{2}{3} \div \frac{1}{9} = -\frac{2}{3} \cdot \frac{9}{1}$ Multiplica por el inverso multiplicativo.

$= -\frac{2}{3}\left(\frac{9}{1}\right)$ Divide por factores comunes.

$= -\frac{6}{1}$ o -6 Simplifica.

Por lo tanto, la solución de $-\frac{2}{3} \div \frac{1}{9}$ es ________.

Verificar

Halla $-\frac{6}{7} \div 12$.

Muestra tu trabajo aquí

Conéctate Puedes completar un ejemplo adicional en línea.

Ejemplo 7 Dividir números racionales

Halla $-4\frac{2}{5} \div \left(-2\frac{14}{15}\right)$.

$$-4\frac{2}{5} \div \left(-2\frac{14}{15}\right) = -\frac{22}{5} \div \left(-\frac{44}{15}\right)$$ Escribe los números mixtos como fracciones impropias.

$$= -\frac{22}{5}\left(-\frac{15}{44}\right)$$ Multiplica por el inverso multiplicativo.

$$= -\frac{22}{5}\left(-\frac{15}{44}\right)$$ Divide por factores comunes.

$$= \frac{3}{2} \text{ o } 1\frac{1}{2}$$ Simplifica.

Entonces, $-4\frac{2}{5} \div \left(-2\frac{14}{15}\right)$ es ☐ o ☐.

¡Piénsalo!

Antes de dividir los dos números racionales, ¿qué debes hacer?

Verificar

Halla $-1\frac{1}{3} \div 2\frac{2}{15}$.

Muestra tu trabajo aquí

¡Coméntalo!

¿Cómo sabes que el cociente será un número positivo antes de hacer la división?

Conéctate Puedes completar un ejemplo adicional en línea.

Pausa para reflexionar

¿En qué se parece dividir números racionales a multiplicar números racionales? ¿En qué se diferencia?

Registra tus observaciones aquí

Aprender Dividir números racionales

Para dividir números racionales escritos en diferentes formas, escribe los factores en la misma forma.

Palabras	Ejemplo
Decimales finitos $\left(-\frac{1}{4}, \frac{3}{8}, \frac{7}{8}...\right)$	
Si hay decimales finitos, divide usando decimales o fracciones.	$6.3 \div \left(-\frac{7}{8}\right) = 6.3 \div -0.875$ o $6.3 \div \left(-\frac{7}{8}\right) = 6\frac{3}{10} \div \left(-\frac{7}{8}\right)$
Decimales no finitos $\left(-\frac{1}{9}, \frac{2}{3}, \frac{11}{15}...\right)$	
Si hay decimales con dígitos que se repiten y que no son cero, divide usando fracciones.	$0.75 \div \left(-\frac{2}{3}\right) = \frac{3}{4} \div \left(-\frac{2}{3}\right)$

Pausa para reflexionar

¿Estás listo para continuar con el siguiente ejemplo? Si es así, ¿qué has aprendido que te ayudará? Si no, ¿aún tienes preguntas? ¿Qué puedes hacer para hallar las respuestas?

Registra tus observaciones aquí

¡Piénsalo!

¿Cómo decidirás si resuelves la expresión con decimales o con fracciones?

Ejemplo 8 Dividir números racionales

Resuelve $\frac{a}{b}$ si $a = \frac{3}{4}$ y $b = -0.05$.

Método 1 Resolver con los números en forma decimal.

$\frac{a}{b} = \frac{\frac{3}{4}}{-0.05}$ — Reemplaza a con $\frac{3}{4}$ y b con -0.05.

$= \frac{\square}{-0.05}$ — Escribe $\frac{3}{4}$ en forma decimal.

$= -15$ — Divide.

Método 2 Resolver con los números como fracciones.

$\frac{a}{b} = \frac{\frac{3}{4}}{-0.05}$ — Reemplaza a con $\frac{3}{4}$ y b con -0.05.

$= \frac{\frac{3}{4}}{\left(-\frac{1}{20}\right)}$ — Escribe -0.05 como una fracción.

$= \frac{3}{4} \div \left(\square\right)$ — Escribe la fracción compleja como un problema de división.

$= \frac{3}{4}\left(\square\right)$ — Multiplica por el inverso multiplicativo.

$= \frac{3}{4}\left(-\frac{20}{1}\right)$ — Divide por los factores comunes.

$= \frac{3(-5)}{1 \cdot 1}$ — Multiplica los numeradores y los denominadores.

$= \square$ — Simplifica.

Por lo tanto, la solución es -15.

¡Coméntalo!

¿Es mejor usar un método que el otro? Explícalo.

Verificar

Resuelve $\frac{x}{y}$ si $x = -6.85$ e $y = -2\frac{2}{5}$. Si tu respuesta está en forma decimal, redondéala a la centésima más cercana.

Muestra tu trabajo aquí

Conéctate Puedes completar un ejemplo adicional en línea.

Aplicar Temperatura

Un cartel muestra que la temperatura en Badger, Minnesota, es −11.5 °F a las 10 P. M. A las 4 A. M., la temperatura cambió $\frac{2}{3}$ del valor actual. ¿Cuál es la temperatura final?

1 ¿Cuál es la tarea?

Asegúrate de comprender la pregunta que debes responder o el problema que debes resolver. Lee el problema tres veces. Comenta las preguntas con un compañero.

Primera vez Describe el problema con tus palabras.
Segunda vez ¿Qué operaciones matemáticas observas?
Tercera vez ¿Cuál es la pregunta?

2 ¿Cómo puedes resolver la tarea? ¿Qué estrategias puedes utilizar?

Registra tus observaciones aquí

3 ¿Cuál es la solución?

Usa tu estrategia para resolver el problema.

Muestra tu trabajo aquí

4 ¿Cómo puedes demostrar que tu solución es razonable?

¡Escríbelo! Escribe un argumento que puedas usar para defender tu solución.

¡Coméntalo!
¿Es la temperatura final más cálida o más fría que la original? Explica.

Verificar

Lena estaba practicando buceo libre. En su primer intento, se sumergió a una profundidad de −63.4 pies. En el segundo intento, aumentó la profundidad en $\frac{2}{5}$ con respecto al primer intento. ¿A cuánta profundidad se sumergió Lena en su segundo intento?

Muestra tu trabajo aquí

Conéctate Puedes completar un ejemplo adicional en línea.

Foldables Es hora de actualizar tu Foldable en el Repaso del módulo, en función de lo que aprendiste en esta lección. Si aún no armaste tu Foldable, encontrarás instrucciones en la página FL1.

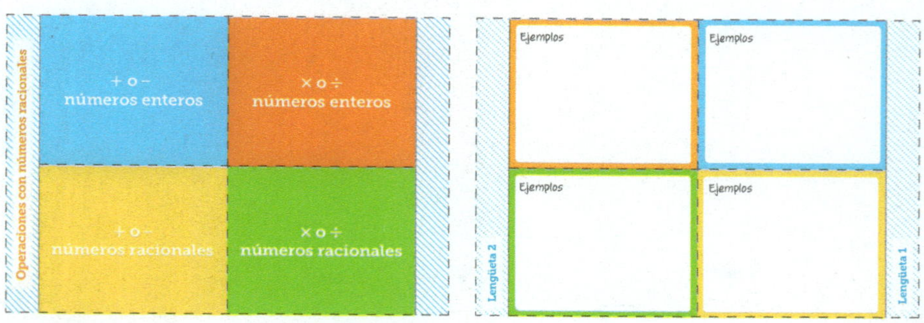

Nombre ______________________ Período ____________ Fecha ____________

Práctica

Conéctate Puedes completar tu tarea en línea.

Multiplica o divide. Escribe el producto o cociente en su mínima expresión. (Ejemplos 1-3, 6-7)

1. $-\frac{1}{2}\left(-\frac{4}{5}\right)$

2. $1\frac{4}{9}\left(-2\frac{4}{7}\right)$

3. $1\frac{1}{10}\left(-6\frac{7}{8}\right)$

4. $-\frac{1}{6}(2.4)$

5. $-\frac{6}{7} \div \frac{3}{14}$

6. $\frac{2}{3} \div \left(-\frac{4}{9}\right)$

7. $7\frac{1}{2} \div \left(-2\frac{5}{6}\right)$

8. $-3\frac{4}{9} \div \left(-2\frac{1}{3}\right)$

9. $-5\frac{1}{4} \div \frac{7}{8}$

Resuelve cada expresión si $x = -\frac{2}{3}$, $y = \frac{3}{5}$, y $z = -1\frac{7}{8}$. Escribe el producto en su mínima expresión. (Ejemplos 4 y 5)

10. $\frac{1}{4}xy$

11. $-\frac{4}{5}xz$

12. $-xyz$

13. Resuelve $\frac{x}{y}$ si $x = \frac{4}{5}$ e $y = -0.1$. Escribe la respuesta en su mínima expresión.

(Ejemplo 3)

14. Resuelve $\frac{c}{d}$ si $c = -4.75$ y $d = -1\frac{1}{4}$. Escribe la respuesta en su mínima expresión.

(Ejemplo 3)

Práctica para la prueba

15. Editor de ecuaciones Resuelve $\frac{1}{2}xyz$ si $x = -8.4$, $y = 0.25$, y $z = 3\frac{4}{5}$. Escribe la respuesta en su mínima expresión.

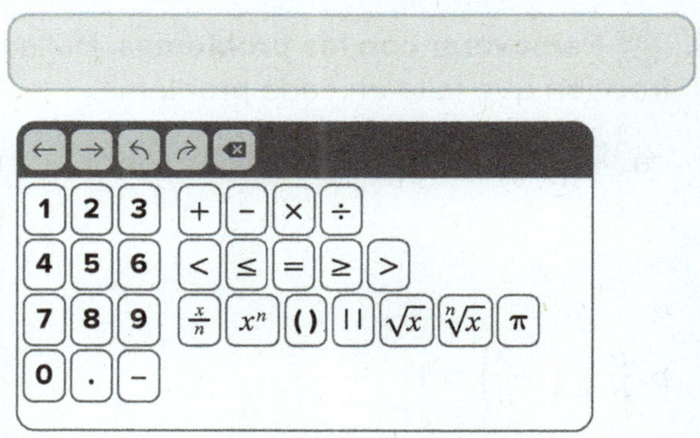

Aplicar

16. La tabla muestra el cambio en el valor de las acciones en la bolsa de valores durante un día. Al día siguiente, el valor de las acciones de All-Plus cayó $\frac{1}{4}$ de la cantidad que cambió el día anterior. ¿Cuál fue el cambio total de las acciones de All-Plus? Redondea al centavo más cercano.

Acciones	Cambio
All-Plus	−$2.50
True-Fit	−$3.75

17. El club de fotografía vende chocolate caliente en los partidos de fútbol para recaudar dinero y poder comprar cámaras nuevas. La tabla muestra sus ganancias por partido durante los primeros cinco partidos. En base a la ganancia promedio por partido, ¿cuánto dinero en total puede recaudar el club al terminar la temporada de 10 partidos?

Partido	Ganancia ($)
1	−12.50
2	−10.15
3	18.65
4	25.90
5	45.75

Problemas de pensamiento de orden superior

18. MP **Hallar el error** Un estudiante resuelve $-\frac{6}{7} \div \left(-\frac{5}{6}\right)$. Halla el error del estudiante y corrígelo.

$$-\frac{6}{7} \div \left(-\frac{5}{6}\right) = -\frac{7}{6} \cdot \left(-\frac{5}{6}\right)$$
$$= \frac{35}{36}$$

18. MP **Usar un contraejemplo** Determina si el siguiente enunciado es *verdadero* o *falso*. Si es falso, da un contraejemplo.

El producto de una fracción entre 0 y 1 y un número entero no negativo o número mixto nunca será menor que el número entero o el número mixto.

19. MP **Perseverar con los problemas** Halla la fracción que falta en cada problema.

a. $-\frac{6}{11} \cdot \left(\frac{x}{y}\right) = -\frac{1}{11}$

b. $\frac{a}{b} \div \left(-\frac{2}{3}\right) = 1$

19. MP **Construir un argumento** ¿Cuál es mayor, $20 \cdot \frac{3}{4}$ o $20 \div \frac{3}{4}$? Explícalo.

Realizar operaciones con números racionales

Puedo... sumar, restar, multiplicar y dividir números racionales y usar esas operaciones para resolver problemas de la vida diaria.

Aprender Realizar operaciones con números racionales

El orden de las operaciones realizadas para simplificar las expresiones numéricas con números enteros también se aplica para simplificar expresiones numéricas con números racionales.

Si la expresión contiene fracciones y decimales, usa las propiedades conmutativas o asociativas para agrupar los números según la forma en la que están escritos. Simplifica todo lo que sea posible y luego, escribe los números en la misma forma.

Ejemplo 1 Realizar operaciones con números racionales

Resuelve $ab + c - d$ si $a = \frac{5}{6}$, $b = -\frac{4}{5}$, $c = 0.75$, y $d = \frac{1}{3}$.

Sustituye las letras por sus valores en la ecuación.

$\frac{5}{6} \cdot \left(-\frac{4}{5}\right) + 0.75 - \frac{1}{3} = -\frac{2}{3} + 0.75 - \frac{1}{3}$ Multiplica las fracciones.

$= -\frac{2}{3} + 0.75 + \left(-\frac{1}{3}\right)$ Suma el inverso de suma.

$= -\frac{2}{3} + \left(-\frac{1}{3}\right) + 0.75$ Propiedad conmutativa

$= -1 + 0.75$ Suma las fracciones.

$= -0.25$ Suma.

Por lo tanto, el valor de la expresión es ________.

¡Piénsalo!

¿Cómo usarás el orden de las operaciones para resolver esta expresión?

¡Coméntalo!

¿Te resultó útil usar la propiedad conmutativa para cambiar el orden? Explícalo.

Tus notas

Verificar

Resuelve $a + bc + d$ si $a = -3.6$, $b = 2\frac{4}{5}$, $c = -\frac{1}{2}$, y $d = 6\frac{3}{4}$.

Muestra tu trabajo aquí

Ejemplo 2 Realizar operaciones con números racionales

Resuelve $\frac{2}{5}(x + y) + z$ si $x = \frac{7}{8}$, $y = -\frac{1}{4}$, y $z = -\frac{2}{3}$.

Sustituye las letras por sus valores en la ecuación.

$$\square\,[\square + (\square)] + (\square)$$

Simplifica la expresión.

$\frac{2}{5} \times \left[\frac{7}{8} + \left(-\frac{1}{4}\right)\right] + \left(-\frac{2}{3}\right)$

$= \frac{2}{5} \times \left[\frac{7}{8} + \left(-\frac{2}{8}\right)\right] + \left(-\frac{2}{3}\right)$ Escribe $-\frac{1}{4}$ como $-\frac{2}{8}$.

$= \frac{2}{5}\left(\square\right) + \left(-\frac{2}{3}\right)$ Suma.

$= \left(\square\right) + \left(-\frac{2}{3}\right)$ Multiplica.

$= \frac{3}{12} + \left(-\frac{8}{12}\right)$ Halla un común denominador.

$= \left(\square\right)$ Suma.

Por lo tanto, el valor de la expresión es $-\frac{5}{12}$.

¡Piénsalo!

¿Cómo comenzarías a resolver la expresión?

¡Coméntalo!

¿Por qué sería más fácil hacer la operación dentro del paréntesis en lugar de usar la propiedad distributiva para resolver el ejemplo?

Verificar

Resuelve $x + y(0.4 + z)$ si $x = -2.6$, $y = -\frac{1}{2}$, y $z = -\frac{5}{8}$.

Muestra tu trabajo aquí

Conéctate Puedes completar un ejemplo adicional en línea.

Aplicar Comida

Aarya tiene una receta para hacer *brownies*. No le gustan tanto las nueces, pero le encanta el chocolate, entonces usa solo $\frac{1}{2}$ de la cantidad de nueces y aumenta la cantidad de chispas de chocolate en $\frac{1}{3}$. Luego, quiere duplicar la nueva receta. ¿Cuántas tazas de nueces necesita Aarya? ¿Cuántas tazas de chispas de chocolate?

Cantidad	Ingrediente
$\frac{1}{2}$ taza	nueces molidas
$\frac{3}{4}$ taza	chispas de chocolate

Conéctate Mira la animación.

1 ¿Cuál es la tarea?

Asegúrate de comprender la pregunta que debes responder o el problema que debes resolver. Lee el problema tres veces. Comenta las preguntas con un compañero.

Primera vez Describe el problema con tus palabras.
Segunda vez ¿Qué operaciones matemáticas observas?
Tercera vez ¿Cuál es la pregunta?

2 ¿Cómo puedes resolver la tarea? ¿Qué estrategias puedes usar?

Registra tus observaciones aquí

¡Coméntalo! ¿En qué se diferencia hallar la cantidad de nueces para la receta y hallar la cantidad de chispas de chocolate?

3 ¿Cuál es la solución?

Usa tu estrategia para resolver el problema.

Muestra tu trabajo aquí

4 ¿Cómo puedes demostrar que tu solución es razonable?

¡Escríbelo! Escribe un argumento que puedas usar para defender la solución.

Verificar

La ciudad de Adel construirá una cerca alrededor de un parque de patinaje. El parque mide $31\frac{1}{3}$ yardas de ancho y $24\frac{2}{3}$ yardas de largo. La cerca se vende en secciones de 8 pies y cuesta $67.99 por sección. ¿Cuánto costará construir la cerca alrededor del parque de patinaje?

Muestra tu trabajo aquí

Conéctate Puedes completar un ejemplo adicional en línea.

Pausa para reflexionar

¿Por qué es útil usar paréntesis al sustituir las letras por sus valores?

Registra tus observaciones aquí

Nombre ______________________ Período ____________ Fecha ____________

Práctica

Conéctate Puedes completar tu tarea en línea.

Resuelve cada expresión si $a = \frac{7}{8}$, $b = -\frac{7}{16}$, $c = 0.8$, $d = \frac{1}{4}$. (Ejemplo 1)

1. $\frac{a}{b} - c + d$

2. $a + b + cd$

3. $c - a + \frac{b}{d}$

4. $\frac{b}{a} + \frac{c}{d}$

5. $d^2 - b$

6. $a + \frac{b}{c} - d$

Resuelve cada expresión si $a = \frac{7}{10}$, $b = \frac{3}{5}$, $c = -1.9$, y $d = -\frac{1}{5}$. Escribe la respuesta en su mínima expresión. (Ejemplo 2)

7. $\frac{1}{2}(a - b) + c$

8. $0.25(a + b) - d$

9. $b + 0.2(c - d)$

10. $(b + d) - a$

11. $b^2 + \frac{1}{10}(d - b)$

12. $b + \frac{c}{d}$

Práctica para la prueba

13. Editor de ecuaciones Resuelve $4.5(xy) - \frac{x}{5}$ si $x = 12$ e $y = \frac{2}{3}$.

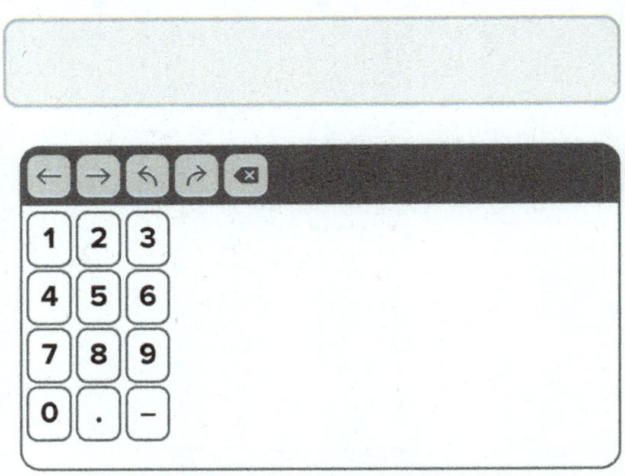

Realizar

14. Jake quiere cerrar su huerta con una cerca. La tabla muestra las dimensiones de la huerta rectangular. La cerca se vende en secciones de 2.5 pies y cuesta \$25.99 por sección. ¿Cuánto costará cerrar toda la huerta con una cerca?

Dimensión de la huerta	Medida (yardas)
Longitud	$14\frac{2}{3}$
Ancho	$10\frac{1}{3}$

15. Maya tiene una receta para preparar panecillos de arándanos y chispas de chocolate. No le gusta mucho la avena, pero le encantan los arándanos. Está usando $\frac{3}{4}$ de la cantidad de avena y aumentando la cantidad de arándanos en $\frac{1}{4}$ de la cantidad original. Luego quiere duplicar su nueva receta. ¿Cuántas tazas de avena necesita? ¿Cuántas tazas de arándanos?

Ingrediente	Cantidad (tazas)
Arándanos	$\frac{3}{4}$
Chispas de chocolate	1
Avena	$\frac{1}{2}$
Azúcar blanca	1

Problemas de pensamiento de orden superior

16. MP **Justificar las conclusiones** Un estudiante dice que las propiedades conmutativa y asociativa no pueden usarse para simplificar expresiones con números racionales. ¿Tiene razón el estudiante? Justifica tu respuesta.

17. MP **Perseverar con los problemas** Hay 120 pelotas pequeñas en un exhibidor. La mitad de ellas cuestan \$0.25 cada una, un quinto cuesta \$0.75 y el resto, \$1.50. ¿Cuál es el valor total de las pelotas pequeñas en el exhibidor? Escribe una expresión numérica que pueda usarse para resolver el problema. Luego, resuélvelo.

18. Una maestra tiene 17.5 pies de hilo para que sus alumnos hagan collares con el fin de recaudar fondos para un refugio local. Cada collar lleva 14 pulgadas de hilo. Si los collares se venden por \$2.50, ¿cuánto dinero recaudarán si venden todos los collares? Explica cómo lo resolviste.

19. **Crear** Escribe y resuelve un problema de la vida diaria de varios pasos que incluya operaciones con números racionales.

Repaso

Foldables Usa tu Foldable para revisar el módulo.

Lengüeta 1 — Operaciones con números racionales			Lengüeta 2
	Regla	Regla	
	Regla	Regla	

¡Califícate!

Cuando hayas terminado el módulo, completa el cuadro que está al principio. Coloca una marca en cada fila que corresponda a lo que sabes sobre cada tema.

Escribe sobre algo que aprendiste.	Escribe una pregunta que tengas aún.

Reflexión sobre el módulo

Usa lo que aprendiste sobre operaciones con números racionales para completar el organizador gráfico.

Pregunta esencial

¿Cuál es la relación entre las operaciones con números racionales y las operaciones con en

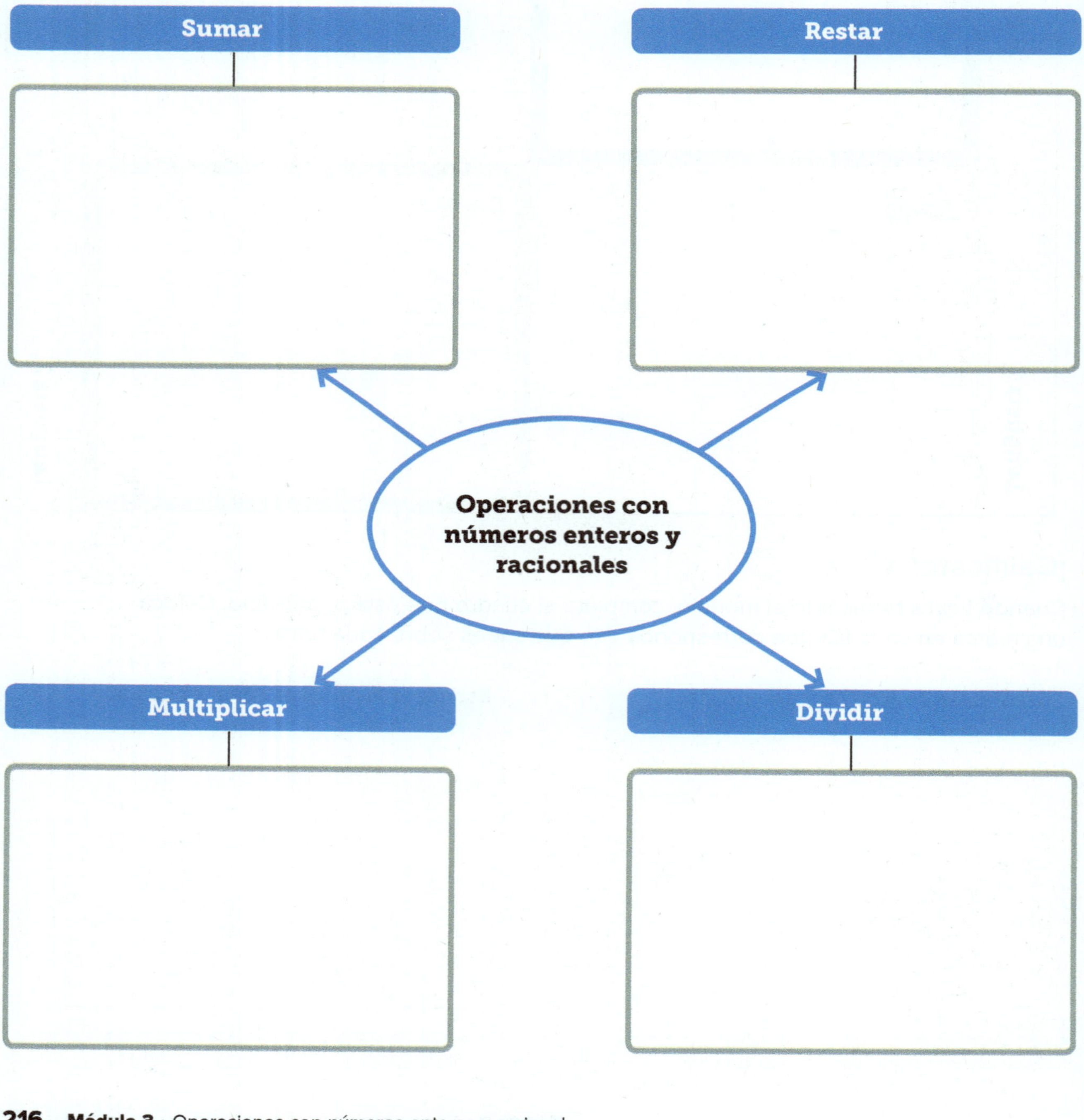

Nombre ______________________ Período ____________ Fecha ____________

Práctica para la prueba

1. Respuesta abierta Cristina quiere sumar $28 + (-15) + 22$. **(Lección 1)**

A. ¿Qué propiedad de suma podría usar Cristina para escribir los enteros en un orden distinto? Explica por qué sería conveniente hacerlo.

B. Halla la suma de $28 + (-15) + 22$.

2. Editor de ecuaciones La tabla muestra la temperatura máxima en la Luna durante el día y la mínima durante la noche. **(Lección 2)**

Momento del día	Temperatura
Día	253 °F
Noche	−387 °F

¿Cuál es el rango entre las temperaturas máxima y mínima de la Luna en grados Farenheit?

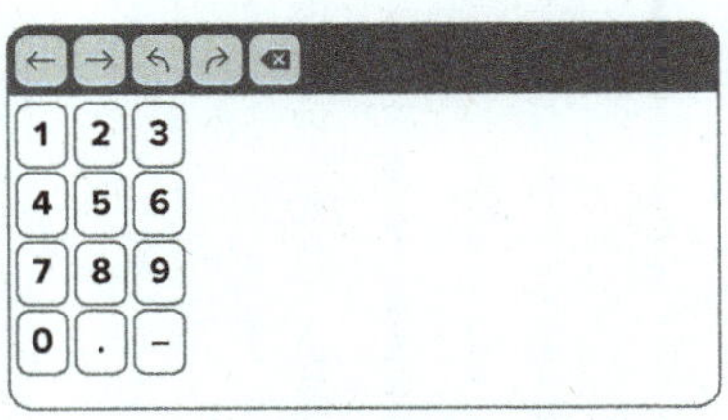

3. Editor de ecuaciones Halla ab^2c si $a = -3$, $b = -2$, y $c = 6$. **(Lección 3)**

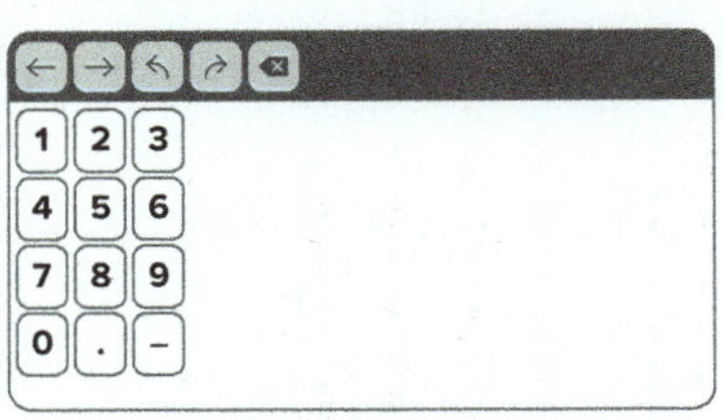

4. Ítem de la tabla Determina si el cociente de cada expresión será positivo o negativo. **(Lección 4)**

	positivo	negativo
$-14 \div (-2)$		
$\frac{64}{-4}$		
$1{,}256 \div 8$		

5. Respuesta abierta La ecuación $C = \frac{5(F - 32)}{9}$ puede emplearse para convertir temperaturas en grados Farenheit a grados Celsius. **(Lección 5)**

Estado	Temperatura (°F)
Punto de congelación	32
Punto de ebullición	212

Halla el punto de congelación y el punto de ebullición del agua en grados Celsius.

6. Opción múltiple ¿Qué opción representa el número $-\frac{5}{12}$ en forma decimal? **(Lección 6)**

Ⓐ $-0.41\overline{6}$

Ⓑ $0.41\overline{6}$

Ⓒ $-0.\overline{416}$

Ⓓ $0.\overline{416}$

7. Respuesta abierta El gerente de la residencia canina Máscotas felices comienza el mes con 85.4 libras de alimento para perros y lleva un registro del uso semanal, junto con el suministro de alimento recibido a mitad del mes. (Lección 7)

Semana	Alimento por semana (libras)
1	-28.4
2	$-21\frac{5}{8}$
3	$97\frac{3}{4}$
4	-30.25

¿Cuánto alimento para perros tiene la residencia a fin de mes?

8. Editor de ecuaciones Al inicio del día, Meredith tiene 85.4 libras de manzanas para vender en un mercado de productores. La tabla muestra el cambio de la cantidad de manzanas con el paso de las horas. (Lección 7)

Hora	Cambio de manzanas (libras)
1	-8.5
2	$-12\frac{2}{3}$
3	$-16\frac{1}{5}$
4	-10.2

Después de 4 horas, ¿cuántas libras de manzana le quedaron aproximadamente a Meredith?

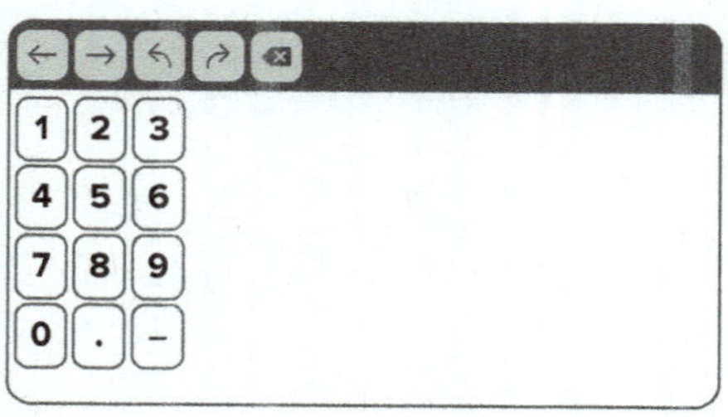

9. Selección múltiple ¿Cuál es el resultado cuando $-\frac{7}{8}$ se multiplica por -3.5? (Lección 8)

Ⓐ $3\frac{1}{16}$

Ⓑ $2\frac{11}{16}$

Ⓒ $-2\frac{11}{16}$

Ⓓ $-3\frac{1}{16}$

10. Editor de ecuaciones Halla $-\frac{11}{12} \div \left(-\frac{2}{3}\right)$. Expresa tu respuesta como fracción o número mixto en su mínima expresión. (Lección 8)

11. Respuesta abierta Nathaniel tiene 132 DVDs. Cada caja de DVD tiene las dimensiones que se muestran. Planea comprar estantes para la colección que miden 31.5 pulgadas de ancho y valen \$15.75 cada uno. ¿Cuánto le costará a Nathaniel la estantería para su colección de DVD? Explica cómo hallaste tu respuesta. (Lección 9)

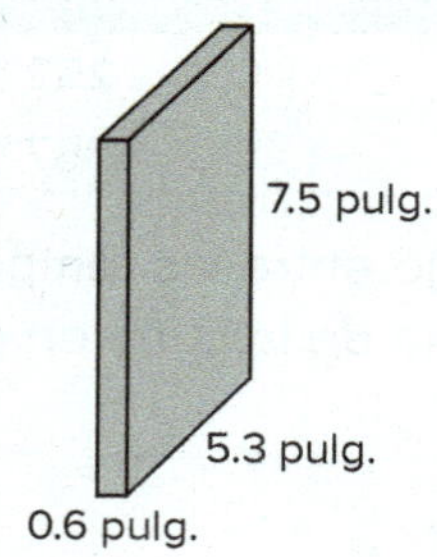

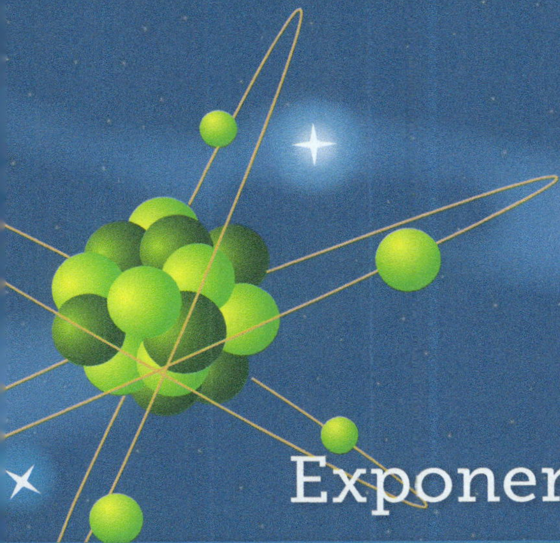

Módulo 4

Exponentes y notación científica

Pregunta esencial

¿Por qué son útiles los exponentes al trabajar con números muy grandes o muy pequeños?

¿Qué aprenderás?

Haz una marca (✓) en cada fila para indicar lo que sabes sobre cada tema **antes** de comenzar este módulo.

CLAVE

— No lo sé. — Lo escuché. — Lo sé.

	Antes			Después		
escribir productos numéricos como potencias						
evaluar potencias						
multiplicar potencias numéricas y algebraicas						
dividir potencias numéricas y algebraicas						
hallar potencias de potencias numéricas y algebraicas						
hallar potencias de productos numéricos y algebraicos						
simplificar expresiones con exponentes negativos y exponente cero						
escribir números en notación científica						
calcular con números en notación científica						

Foldables Recorta el Foldable y pégalo al Repaso al final del módulo. Puedes usar el Foldable a lo largo del módulo mientres aprendes sobre exponentes y notación científica.

¿Qué palabras de vocabulario aprenderás?

Haz una marca junto a cada palabra de vocabulario que conozcas.

- ☐ base
- ☐ exponente
- ☐ exponente negativo
- ☐ forma estándar
- ☐ monomio
- ☐ notación científica
- ☐ potencia
- ☐ propiedad del cociente de potencias
- ☐ propiedad de la potencia de un producto
- ☐ propiedad de la potencia de una potencia
- ☐ propiedad del producto de potencias
- ☐ regla de exponente cero
- ☐ resolver
- ☐ término

¿Estás listo?

Estudia el Repaso rápido para ver si estás listo para comenzar este módulo. Luego, completa el cuadro Comprobación rápida.

Repaso rápido

Ejemplo 1

Multiplicar enteros.

Halla 3 • 2 • 3 • 2 • 2.

$$\begin{aligned} 3 \cdot 2 \cdot 3 \cdot 2 \cdot 2 &= 3 \cdot 3 \cdot 2 \cdot 2 \cdot 2 \\ &= (3 \cdot 3) \cdot (2 \cdot 2 \cdot 2) \\ &= 9 \cdot 8 \\ &= 72 \end{aligned}$$

Ejemplo 2

Multiplica números racionales.

Halla 2.8 • 2.8.

$$\begin{array}{rl} 2.8 & \leftarrow \text{un lugar decimal} \\ \times\ 2.8 & \leftarrow \text{un lugar decimal} \\ \hline 7.84 & \leftarrow \text{dos lugares decimales} \end{array}$$

Comprobación rápida

1. Un entrenador miró la grabación de un juego durante 4 • 2 • 4 • 4 • 2 horas la temporada pasada. ¿Cuántas horas de la grabación miró el entrenador?

2. Halla (–1.3)(–1.3)(–1.3).

¿Cómo te fue?

¿Qué ejercicios respondiste correctamente en el cuadro Comprobación rápida? Sombrea los números de los ejercicios a la derecha. ① ②

Potencias y exponentes

Puedo... usar exponentes enteros para mostrar multiplicaciones repetidas de números racionales.

¿Qué palabras de vocabulario aprenderás?
base
exponente
potencia
resolver

Explorar Exponentes

Actividad en línea Explorarás cómo escribir una multiplicación repetida usando exponentes.

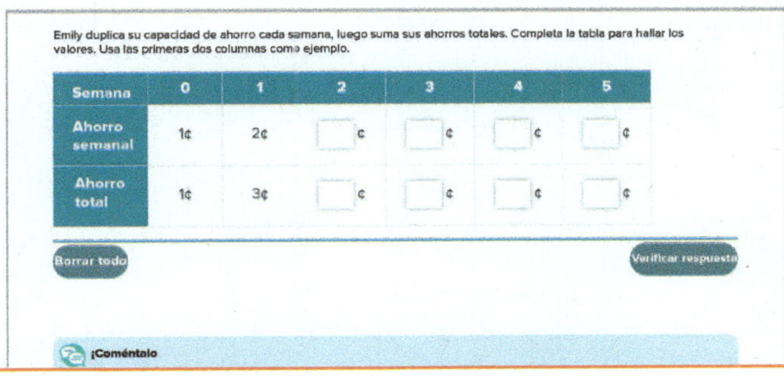

Semana	0	1	2	3	4	5
Ahorro semanal	1¢	2¢	☐ ¢	☐ ¢	☐ ¢	☐ ¢
Ahorro total	1¢	3¢	☐ ¢	☐ ¢	☐ ¢	☐ ¢

Aprender Escribir productos como potencias

Un producto de factores repetidos puede expresarse como una **potencia**, es decir, usando un **exponente** y una **base**.

Conéctate Mira la animación para aprender cómo escribir una expresión como una potencia.

En la animación, se muestra que, para escribir 3 • 3 • 3 • 3 como potencia, se debe expresar como exponente la cantidad de veces que 3 se usa como factor.

$$\underbrace{3 \cdot 3 \cdot 3 \cdot 3}_{\square \text{ factores}} = 3^4$$

La base, 3, es el factor común que se multiplica.

El exponente, 4, nos indica cuántas veces la base se usa como factor.

(continúa en la página siguiente)

Tus notas

Un minuto de historia

En 1949, **Dorothy Johnson Vaughan (1910–2008)** fue nombrada para liderar la unidad llamada West Area Computers del Comité Asesor Nacional para la Aeronaútica, luego conocido como NASA. La unidad estaba formada en su mayoría por matemáticas afroamericanas. Realizaban cálculos complejos y analizaban datos para los ingenieros aeroespaciales. Su trabajo era esencial para el éxito del programa espacial en Estados Unidos.

La expresión $2 \cdot 2 \cdot 2 \cdot 2 \cdot (-4) \cdot (-4) \cdot (-4)$ tiene dos bases diferentes. Para escribir esta expresión con exponentes, expresa la cantidad de veces que la base, 2, se usa como factor. Luego, expresa la cantidad de veces que -4 se usa como factor.

$$\overbrace{2 \cdot 2 \cdot 2 \cdot 2}^{\square\ \text{factores}} \cdot \overbrace{(-4) \cdot (-4) \cdot (-4)}^{\square\ \text{factores}} = 2^4 \cdot (-4)^3$$

Rotula cada parte de la expresión con el término correcto.

exponente **potencia** **base**

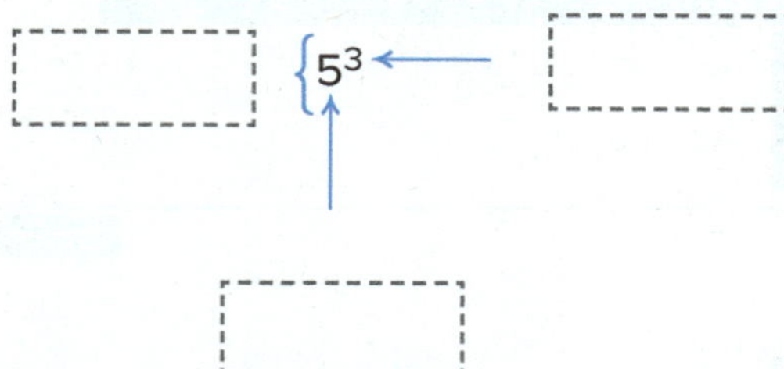

Completa los siguientes enunciados sobre cómo se leen las potencias.

$3^1 = 3$	3 a la _______ potencia
$3^2 = 3 \cdot 3$	3 a la _______ potencia o 3 _______
$3^3 = 3 \cdot 3 \cdot 3$	3 a la _______ potencia o 3 _______
$3^4 = 3 \cdot 3 \cdot 3 \cdot 3$	3 a la _______ potencia o 3 _______
$3^n = \overbrace{3 \cdot 3 \cdot 3 \cdot \ldots \cdot 3}^{n\ \text{factores}}$	3 a la _______ potencia o 3 a la _______

Ejemplo 1 Escribir productos numéricos como potencias

Escribe la expresión $(-2) \cdot (-2) \cdot (-2) \cdot \frac{3}{4} \cdot \frac{3}{4} \cdot \frac{3}{4} \cdot \frac{3}{4}$ con exponentes.

La base -2 se usa como factor ________ veces, y la base $\frac{3}{4}$ se usa como factor ________ veces. Por lo tanto, los exponentes son ________ y ________.

Por lo tanto, $(-2) \cdot (-2) \cdot (-2) \cdot \frac{3}{4} \cdot \frac{3}{4} \cdot \frac{3}{4} \cdot \frac{3}{4} = (-2)^3 \cdot \left(\frac{3}{4}\right)^4$.

Verificar

Escribe la expresión $\frac{2}{3} \cdot \frac{2}{3} \cdot \frac{2}{3} \cdot \frac{2}{3} \cdot (-5) \cdot (-5) \cdot (-5) \cdot (-5) \cdot (-5)$ con exponentes.

Muestra tu trabajo aquí

Conéctate Puedes completar un ejemplo adicional en línea.

Pausa para reflexionar

Compara y contrasta un producto de factores repetidos con su potencia equivalente.

Registra tus observaciones aquí

¡Piénsalo!

¿Cuáles son los factores repetidos?

¡Coméntalo!

Describe una ventaja de escribir un producto de factores repetidos como una potencia.

Ejemplo 2 Escribir productos algebraicos como potencias

Escribe la expresión $a \cdot b \cdot b \cdot a \cdot b$ con exponentes.

$a \cdot b \cdot b \cdot a \cdot b$	$= a \cdot a \cdot b \cdot b \cdot b$	Propiedad conmutativa
	$= a^2 \cdot b^3$	La base a es un factor 2 veces, y la base b es un factor 3 veces.

Por lo tanto, $a \cdot b \cdot b \cdot a \cdot b =$ ________.

Verificar

Escribe la expresión $a \cdot a \cdot b \cdot a \cdot b \cdot a \cdot a \cdot b \cdot b$ con exponentes.

Muestra tu trabajo aquí

Conéctate Puedes completar un ejemplo adicional en línea.

¡Coméntalo!
En el primer paso, ¿por qué se usó la propiedad conmutativa?

Aprender Bases negativas y paréntesis

Para las expresiones que contienen signos negativos o paréntesis, la inclusión y la ubicación de los paréntesis puede dar lugar a distintas expresiones que tienen valores diferentes. Por ejemplo, ¿crees que $(-a)^b$ y $-a^b$ tienen el mismo valor?

Completa la tabla que compara y contrasta las expresiones $(-a)^b$ y $-a^b$.

	$(-a)^b$	$-a^b$
Palabras	La expresión $(-a)^b$ indica que $-a$ se usa como factor b veces.	La expresión $-a^b$ es lo opuesto de a^b.
Variables	$(-a)^b = \underbrace{(-a) \cdot (-a) \cdot \ldots \cdot (-a)}_{b \text{ veces}}$	$-a^b = -(\underbrace{a \cdot a \cdot \ldots \cdot a}_{b \text{ veces}})$
Números	$(-3)^4 = (-3) \cdot (-3) \cdot (-3) \cdot (-3)$ $=$ ☐	$-3^4 = -(3 \cdot 3 \cdot 3 \cdot 3)$ $=$ ☐

¡Coméntalo!
Cuando resuelves $(-3)^4$ y -3^4, sus resultados son opuestos. Cuando resuelves $(-5)^3$ y -5^3, ¿son los resultados opuestos? Explica por qué.

Aprender Calcular potencias

Para **resolver** una expresión con una potencia, escribe la potencia como un producto y multiplica.

Para resolver expresiones con potencias o más de una operación, es importante usar el orden de las operaciones.

Orden de las operaciones

1. Simplifica la expresión dentro de los símbolos de agrupación.
2. Resuelve todas las potencias.
3. Haz la multiplicación y la división de izquierda a derecha.
4. Haz la suma y la resta de izquierda a derecha.

Ejemplo 3 Calcular expresiones numéricas

Resuelve $(-2)^3 + (3.5)^2$.

$(-2)^3 + (3.5)^2 = (-2) \cdot (-2) \cdot (-2) + (3.5) \cdot (3.5)$ Escribe las potencias como productos.

$= \square + \square$ Multiplica.

$= \square$ Suma.

Por lo tanto, $(-2)^3 + (3.5)^2 = 4.25$.

Verificar

Resuelve $8^3 + (-3)^3$. ________

Muestra tu trabajo aquí

¡Piénsalo!
De acuerdo con el orden de las operaciones, ¿cuáles son las primeras operaciones que necesitas resolver?

¡Coméntalo!
¿Son equivalentes las expresiones $(-2)^3 + 5^2$ y $-2^3 + 5^2$? Justifica tu respuesta.

Conéctate Puedes completar un ejemplo adicional en línea.

¡Piénsalo!

Antes de resolver las expresiones, ¿qué tienes que hacer?

¡Coméntalo!

Un estudiante resolvió la expresión $\left(\frac{1}{2}\right)^4$ escribiendo $\frac{1}{2}^4$ y simplificado a $\frac{1}{2}$. Halla y corrige el error.

¡Coméntalo!

Cuando reemplazas c con -4, ¿por qué deberías calcular $(-4)^2$, y no -4^2?

Ejemplo 4 Calcular expresiones algebraicas

Calcula $a^2 + b^4$ si $a = 3$ y $b = \frac{1}{2}$.

$a^2 + b^4 = 3^2 + \left(\frac{1}{2}\right)^4$ — Reemplaza a con 3 y b con $\frac{1}{2}$.

$= (3 \cdot 3) + \left(\frac{1}{2} \cdot \frac{1}{2} \cdot \frac{1}{2} \cdot \frac{1}{2}\right)$ — Escribe las potencias como productos.

$= \square + \frac{\square}{\square}$ — Multiplica.

$= \square$ — Suma.

Por lo tanto, $a^2 + b^4$ cuando $a = 3$ y $b = \frac{1}{2}$ es $9\frac{1}{16}$.

Verificar

Resuelve $a^4 + b^2$ si $a = -3$ y $b = 6$. ________

Muestra tu trabajo aquí

Ejemplo 5 Resolver expresiones algebraicas

Resuelve $d^3 + (c^2 - 2)$ si $c = -4$ y $d = \frac{2}{5}$.

$d^3 + (c^2 - 2) = \left(\frac{2}{5}\right)^3 + [(-4)^2 - 2]$ — Reemplaza c con -4 y d con $\frac{2}{5}$.

$= \left(\frac{2}{5}\right)^3 + \square$ — Haz las operaciones en los símbolos de agrupación.

$= \square$ — Simplifica.

Por lo tanto, $d^3 + (c^2 - 2)$ cuando $c = -4$ y $d = \frac{2}{5}$ es $14\frac{8}{125}$.

Verificar

Resuelve $x^2 + (y^3 - 85)$ si $x = -\frac{1}{3}$ e $y = 5$.

Muestra tu trabajo aquí

Conéctate Puedes completar un ejemplo adicional en línea.

Aplicar Mamíferos

En la tabla, se muestran los pesos promedio de dos mamíferos en peligro de extinción. ¿Cuánto más pesa el oso pardo que la pantera?

Animal	Peso (libras)
Pantera	$2^3 \cdot 3 \cdot 5$
Oso pardo	$2 \cdot 5^2 \cdot 7$

1 ¿Cuál es la tarea?

Asegúrate de comprender la pregunta que debes responder o el problema que debes resolver. Lee el problema tres veces. Comenta las preguntas con un compañero.

Primera vez Describe el problema con tus palabras.
Segunda vez ¿Qué operaciones matemáticas observas?
Tercera vez ¿Cuál es la pregunta?

2 ¿Cómo puedes resolver la tarea? ¿Qué estrategias puedes usar?

Registra tus observaciones aquí

3 ¿Cuál es la solución?

Usa tu estrategia para resolver el problema.

Muestra tu trabajo aquí

4 ¿Cómo puedes demostrar que tu solución es razonable?

¡Escríbelo! Escribe un argumento que pueda usarse para defender tu solución.

¡Coméntalo!
Una gorila hembra pesa $2^3 \cdot 5^2$ libras. ¿Cómo se compara su peso con el peso promedio de la pantera y del oso pardo?

Verificar

La autopista interestatal 90 se extiende casi $2^4 \cdot 7^2 \cdot 4$ millas a través de Estados Unidos. La autopista interestatal 70 se extiende casi $2^3 \cdot 5^2 \cdot 11$ millas a través de Estados Unidos. ¿Cuánto más larga es la interestatal 90 que la 70?

Muestra tu trabajo aquí

Conéctate Puedes completar un ejemplo adicional en línea.

Pausa para reflexionar

¿Comprendes bien los conceptos de la lección de hoy? ¿Qué preguntas tienes aún? ¿Cómo puedes obtener las respuestas a estas preguntas?

Registra tus observaciones aquí

Nombre ______ Período ______ Fecha ______

Práctica

Conéctate Puedes completar tu tarea en línea.

Escribe cada expresión usando exponentes. (Ejemplos 1 y 2)

1. $(-7) \cdot (-7) \cdot 5 \cdot 5 \cdot 5 \cdot 5 =$ ______

2. $n \cdot n \cdot p \cdot p \cdot r \cdot r \cdot r =$ ______

Resuelve cada expresión numérica. (Ejemplo 3)

3. $3^4 - (-4)^2 =$ ______

4. $6 + 2^6 =$ ______

5. Resuelve $x^3 - y^2$ si $x = 2$ e $y = \frac{3}{4}$. (Ejemplo 4)

6. Resuelve $(g + h)^3$ si $g = 2$ y $h = -3$. (Ejemplo 5)

7. Reemplaza □ con <, > o = para realizar un enunciado verdadero: $(-3)^4$ □ $(-4)^3$.

8. Un científico calcula que, después de cierto tiempo, habría $2^5 \cdot 3^3 \cdot 10^5$ bacterias en una placa de Petri. ¿Cuántas bacterias hay?

Práctica para la prueba

9. Selección múltiple Selecciona todas las expresiones que dan como resultado números racionales negativos.

- □ $(-9)^4$
- □ $\left(-\frac{4}{5}\right)^3$
- □ $3^5 - 10^4$
- □ $(9.8)^2 - 10^2$
- □ $\left(-\frac{3}{8}\right)^2$

Aplicar

10. En la tabla, se muestra la cantidad de especies de cada tipo de árbol. ¿Cuántas especies más hay de palmera que de arce?

Tipo de árbol	Cantidad de especies
Palmera	$2^3 \cdot 3 \cdot 5^3$
Arce	2^7

11. En la tabla, se muestra la cantidad aproximada de lagos en dos estados diferentes. ¿Cuántos lagos más tiene Florida que Minnesota?

Estado	Cantidad de lagos
Florida	$3 \cdot 10^4$
Minnesota	$2^3 \cdot 5^2 \cdot 109$

Problemas de pensamiento de orden superior

12. MP **Identificar estructuras** Sin calcular, explica por qué $(-8.4)^5$ es menor que 2^2.

13. MP **Hallar el error** Un estudiante calculó la expresión $(x^2 - y)^3$ si $x = -4$ e $y = 7$. Halla su error y corrígelo.

$$\begin{aligned}(x^2 - y)^3 &= (-4^2 - 7)^3 \\ &= (-16 - 7)^3 \\ &= (-23)^3 \\ &= -12{,}167\end{aligned}$$

14. Determina si el enunciado es *verdadero* o *falso*. Justifica tu respuesta.

Las expresiones $(-x)^y$ y $-x^y$ tienen el mismo valor.

15. Un estudiante halla que $\left(\frac{1}{4}\right)^2 = \left(\frac{1}{2}\right)^4$ y concluye, entonces, que $\left(\frac{1}{3}\right)^2 = \left(\frac{1}{2}\right)^3$. ¿Es correcto este razonamiento? Explica.

Multiplicar y dividir monomios

Puedo... usar las leyes de exponentes para multiplicar y dividir monomios con bases comunes

Explorar Producto de potencias

Actividad en línea Usarás el Web Sketchpad para explorar cómo simplificar un producto de potencias con bases iguales.

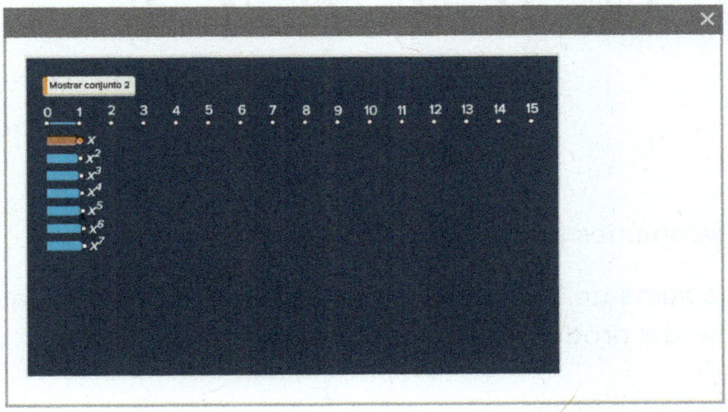

Aprender Monomios

Un **monomio** es un número, una variable o un producto de un número y de una o más variables. Por ejemplo, $6y^2$ es un monomio dado que es un producto de 6 e y^2. La expresión $x + 3$ no es un monomio dado que es una suma de dos monomios.

Cuando los signos de suma o resta separan una expresión algebraica en partes, cada parte se llama **término**. Un monomio solo tiene un término. La expresión $x + 3$ es una suma de dos monomios y, por lo tanto, no es un monomio en sí mismo, porque tiene dos términos.

Escribe cada expresión en el cuadro correspondiente. Se da un ejemplo de cada tipo.

x 80 $x^2 - y^2$ $8x$ $x + 5$

Monomios	No monomios
$6y^2$	$x + 3$

¿Qué palabras de vocabulario aprenderás?

monomio

propiedad del producto de potencias

propiedad del cociente de potencias

término

Tus notas

Aprender Producto de potencias

Conéctate Mira la animación para aprender cómo simplificar el producto de potencias con la misma base.

Por ejemplo, para simplificar $4^2 \cdot 4^3$, en la animación se muestra:

Paso 1 Escribe 4^2 como un producto de 2 factores.

Paso 2 Escribe 4^3 como un producto de 3 factores.

$$4^2 \cdot 4^3 = \underbrace{\overbrace{(4 \cdot 4)}^{\text{2 factores}} \cdot \overbrace{(4 \cdot 4 \cdot 4)}^{\text{3 factores}}}_{\text{5 factores}}$$

Hay 5 factores comunes juntos, por lo que el producto es 4^5.

Observa que la suma de los exponentes de las potencias originales es el exponente del producto final.

$$4^2 \cdot 4^3 = 4^{2+3}$$
$$= 4^5$$

Puedes multiplicar potencias con la misma base sumando los exponentes.

Puedes simplificar un producto de potencias con bases iguales usando la **propiedad del producto de potencias**. El grupo de propiedades de los exponentes enteros, incluida la propiedad del producto de potencias, se conoce como las leyes de los exponentes.

Palabras	Álgebra
Para multiplicar potencias con la misma base, suma sus exponentes.	$a^m \cdot a^n = a^{m+n}$
	Números
	$2^4 \cdot 2^3 = 2^{4+3}$ o ☐

¡Coméntalo!
Al simplificar un producto de potencias usando la propiedad del producto de potencias, ¿por qué las bases tienen que ser iguales? Por ejemplo, ¿por qué no puedes usar la propiedad del producto de potencias para simplificar $x^3 \cdot y^2$?

Ejemplo 1 Multiplicar potencias numéricas

Simplifica $5^4 \cdot 5$.

$5^4 \cdot 5 = 5^4 \cdot 5^1$ — $5 = 5^1$

$= 5^{4+1}$ — Propiedad del producto de potencias

$= \square$ o $\square$ — Suma los exponentes. Simplifica.

Por lo tanto, $5^4 \cdot 5 = 5^5$ o 3,125.

Verificar

Simplifica la expresión $4^5 \cdot 4^3$.

Muestra tu trabajo aquí

Ejemplo 2 Multiplicar potencias algebraicas

Simplifica $c^3 \cdot c^5$.

$c^3 \cdot c^5 = c^{3+5}$ — Propiedad del producto de potencias

$= \square$ — Simplifica.

Por lo tanto, $c^3 \cdot c^5 = c^8$.

Verificar

Simplifica la expresión $x^4 \cdot x^6 =$

Muestra tu trabajo aquí

Conéctate Puedes completar un ejemplo adicional en línea.

¡Piénsalo!
¿Cómo te ayudará la propiedad del producto de potencias a simplificar la expresión?

¡Coméntalo!
Describe otro método que puedes usar para simplificar la expresión.

¡Coméntalo!
Explica por qué pudiste sumar los exponentes para simplificar la expresión $c^3 \cdot c^5$.

¡Piénsalo!

Cuando multiplicas dos monomios, ¿qué haces con los coeficientes?

¡Coméntalo!

Al simplificar la expresión, ¿por qué se multiplicaron los coeficientes, pero se sumaron los exponentes?

Ejemplo 3 Multiplicar monomios

Simplifica $-3x^2 \cdot 4x^5$.

$-3x^2 \cdot 4x^5 = -3 \cdot x^2 \cdot 4 \cdot x^5$	Definición de coeficiente
$= (-3 \cdot 4)(x^2 \cdot x^5)$	Propiedad conmutativa y asociativa
$= \square\,(x^2 \cdot x^5)$	Multiplica los coeficientes.
$= -12(x^{2+5})$	Propiedad del producto de potencias
$= \square$	Simplifica.

Por lo tanto, $-3x^2 \cdot 4x^5 = -12x^7$.

Verificar

Simplifica la expresión $-2a\,(3a^4)$.

Muestra tu trabajo aquí

Conéctate Puedes completar un ejemplo adicional en línea.

Explorar Cociente de potencias

Actividad en línea Usarás el Web Sketchpad para explorar cómo simplificar un cociente de potencias con bases iguales.

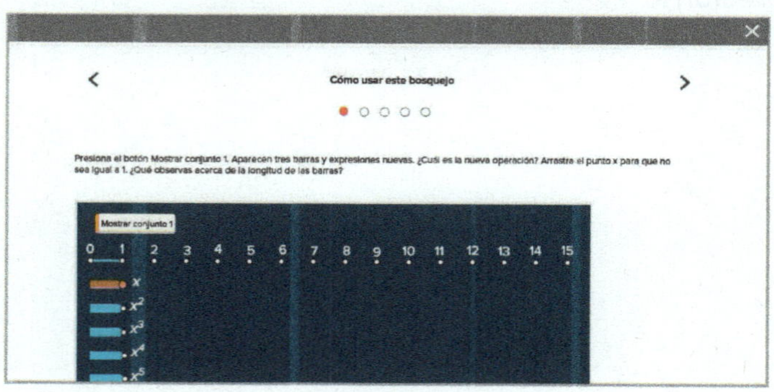

Aprender Cociente de potencias

Conéctate Mira la animación para aprender cómo simplificar el cociente de potencias con la misma base.

Por ejemplo, para simplificar $\frac{3^6}{3^2}$, en la animación, se muestra:

Paso 1 Escribe 3^6 como un producto de 6 factores.

Paso 2 Escribe 3^2 como un producto de 2 factores.

Paso 3 Divide los factores comunes y simplifica.

$$\frac{3^6}{3^2} = \frac{\overbrace{3 \cdot 3 \cdot 3 \cdot 3 \cdot \cancel{3} \cdot \cancel{3}}^{\text{6 factores}}}{\underbrace{\cancel{3} \cdot \cancel{3}}_{\text{2 factores}}} = \frac{3 \cdot 3 \cdot 3 \cdot 3}{1} \text{ o } 3^4$$

Cuatro factores de 3 permanecen en el numerador y 1 en el denominador, por lo que el cociente es 3^4.

Observa que la diferencia de los exponentes de las potencias originales es el exponente en el cociente final.

$$\frac{3^6}{3^2} = 3^{6-2}$$
$$= 3^4$$

Puedes dividir potencias con la misma base restando los exponentes.

Puedes simplificar un cociente de potencias con bases iguales usando la **propiedad del cociente de potencias**.

Palabras	Álgebra
Para dividir potencias con la misma base, resta sus exponentes.	$\frac{a^m}{a^n} = a^{m-n}$, donde $a \neq 0$.
	Números
	$\frac{3^7}{3^3} = 3^{7-3}$ o ☐

¡Coméntalo!

Al simplificar un cociente de potencias usando la propiedad del cociente de potencias, ¿por qué las bases tienen que ser iguales? Por ejemplo, ¿por qué no puedes usar la propiedad del cociente de potencias para simplificar $\frac{x^8}{y^3}$?

Ejemplo 4 Dividir potencias algebraicas

Simplifica $\frac{x^8}{x^2}$.

$\frac{x^8}{x^2} = x^{8-2}$ Propiedad del cociente de potencias

$= \square$ Resta los exponentes.

Por lo tanto, $\frac{x^8}{x^2} = x^6$.

Verificar

Simplifica $\frac{z^{12}}{z^4}$.

Muestra tu trabajo aquí

Conéctate Puedes completar un ejemplo adicional en línea.

Ejemplo 5 Dividir potencias

La costa de Hawái tiene unas 2^{10} millas de largo. La costa de Nuevo Hampshire tiene unas 2^7 millas de largo.

¿Aproximadamente cuántas veces más larga es la costa de Hawái que la de Nuevo Hampshire?

Para determinar cuántas veces más larga es la costa de Hawái que la de Nuevo Hampshire, divide sus longitudes.

$\frac{2^{10}}{2^7} = 2^{10-7}$ Propiedad del cociente de potencias

$= \square$ Resta los exponentes.

$= \square$ Simplifica.

Por lo tanto, la costa de Hawái es aproximadamente 8 veces más larga que la de Nuevo Hampshire.

¡Coméntalo!
Describe otro método que podrías usar para simplificar la expresión.

¡Piénsalo!
¿Qué operación harás para hallar cuántas veces más larga es una costa que la otra?

¡Coméntalo!
La costa de Alaska tiene aproximadamente 3^8 millas de largo. Explica por qué no podrías usar la propiedad del cociente de potencias para simplificar la expresión $\frac{3^8}{2^7}$ para hallar cuántas veces más larga es la costa de Alaska que la de Nuevo Hampshire.

Verificar

En la tabla, se muestra la capacidad de asientos de dos lugares. ¿Cuántas veces mayor es la capacidad del Madison Square Garden, en Nueva York, que la de una sala de cine tradicional?

Lugar	Capacidad de asientos
Cine tradicional	3^5
Madison Square Garden	3^9

Muestra tu trabajo aquí

Conéctate Puedes completar un ejemplo adicional en línea.

Ejemplo 6 Dividir potencias numéricas

Simplifica $\dfrac{2^5 \cdot 3^5 \cdot 5^2}{2^2 \cdot 3^4 \cdot 5}$.

$\dfrac{2^5 \cdot 3^5 \cdot 5^2}{2^2 \cdot 3^4 \cdot 5} = \left(\dfrac{2^5}{2^2}\right)\left(\dfrac{3^5}{3^4}\right)\left(\dfrac{5^2}{5}\right)$ Agrupa por base común.

$= 2^{5-2} \cdot 3^{5-4} \cdot 5^{2-1}$ Propiedad del cociente de potencias

$= \square \cdot \square \cdot \square$ Resta los exponentes.

$= \square \cdot \square \cdot \square$ Resuelve las potencias.

$= \square$ Simplifica.

Por lo tanto, $\dfrac{2^5 \cdot 3^5 \cdot 5^2}{2^2 \cdot 3^4 \cdot 5} = 120$.

¡Coméntalo!
¿Por qué es importante agrupar los términos por sus bases comunes?

Verificar

Simplifica la expresión $\frac{2^2 \cdot 3^3 \cdot 4^5}{2 \cdot 3 \cdot 4^4}$.

Muestra tu trabajo aquí

Ejemplo 7 Dividir monomios

Simplifica $\frac{12w^5}{2w}$.

$\frac{12w^5}{2w} = \left(\frac{12}{2}\right)\left(\frac{w^5}{w}\right)$	Propiedad asociativa
$= \square \left(\frac{w^5}{w}\right)$	Divide los coeficientes.
$= 6(w^{5-1})$	Propiedad del cociente de potencias
$= \square$	Resta los exponentes.

Por lo tanto, $\frac{12w^5}{2w} = 6w^4$.

Verificar

Simplifica la expresión $\frac{24k^9}{6k^5}$.

Muestra tu trabajo aquí

¡Piénsalo!
¿Cómo puedes comenzar a resolver el problema?

¡Coméntalo!
¿Por qué se dividieron los coeficientes, pero se restaron los exponentes?

Conéctate Puedes completar un ejemplo adicional en línea.

Aplicar Informática

La velocidad de procesamiento de una computadora es de 10^{12} instrucciones por segundo. Una segunda computadora tiene una velocidad de procesamiento que es 10^5 veces más rápida que la primera. Una tercera computadora tiene una velocidad de procesamiento de 10^{15} instrucciones por segundo. ¿Qué computadora tiene la velocidad de procesamiento más rápida?

1 ¿Cuál es la tarea?

Asegúrate de comprender la pregunta que debes responder o el problema que debes resolver.
Lee el problema tres veces. Comenta las preguntas con un compañero

Primera vez Describe el problema con tus palabras.
Segunda vez ¿Qué operaciones matemáticas observas?
Tercera vez ¿Cuál es la pregunta?

2 ¿Cómo puedes resolver la tarea? ¿Qué estrategias puedes usar?

Registra tus observaciones aquí

3 ¿Cuál es la solución?

Usa tu estrategia para resolver el problema.

Muestra tu trabajo aquí

4 ¿Cómo puedes demostrar que tu solución es razonable?

¡Escríbelo! Escribe un argumento que puedas usar para defender tu solución.

¡Coméntalo!
¿Cómo te ayudó entender las leyes de los exponentes a resolver el problema?

Verificar

Bolivia tiene una población de 10^7 personas, mientras que la población de Aruba es de 10^5 personas. Filipinas tiene una población 10^3 veces más grande que la población de Aruba. ¿Qué enunciado es verdadero sobre la población de los tres países?

Ⓐ Aruba tiene la población más pequeña.

Ⓑ Bolivia tiene la población más grande.

Ⓒ Filipinas tiene la población más pequeña.

Ⓓ Bolivia y Filipinas tienen la misma población.

Muestra tu trabajo aquí

Conéctate Puedes completar un ejemplo adicional en línea.

Foldables Es hora de actualizar tu Foldable en el Repaso del módulo, en función de lo que aprendiste en esta lección. Si aún no armaste tu Foldable, encontrarás instrucciones en la página FL1.

Leyes de los exponentes

Producto de potencias	Ejemplos
Cociente de potencias	Ejemplos
Potencia de potencias	Ejemplos
Potencia de productos	Ejemplos

página 63

Nombre ______________________ Período ____________ Fecha ____________

Práctica

Conéctate Puedes completar tu tarea en línea.

Simplifica cada expresión. (Ejemplos 1 a 3)

1. $3^8 \cdot 3 =$ ____________

2. $m^5 \cdot m^2 =$ ____________

3. $3m^3n^2 \cdot 8mn^3 =$ ____________

4. $9p^4 \cdot (-8p^2) =$ ____________

5. Simplifica $\frac{b^{12}}{b^5}$. (Ejemplo 4)

6. Simplifica $\frac{5^5 \cdot 6^3 \cdot 8^{10}}{5^3 \cdot 6 \cdot 8^9}$. (Ejemplo 6)

7. Una editorial vende 10^6 copias de un nuevo libro de ciencia ficción y 10^3 copias de un nuevo libro de misterio. ¿Cuántas veces más libros de ciencia ficción que de misterio se vendieron? (Ejemplo 5)

8. Simplifica $\frac{45x^{15}}{9x^{10}}$. (Ejemplo 7)

9. **Editor de ecuaciones** Simplifica $\frac{a^4c^6}{a^2c}$.

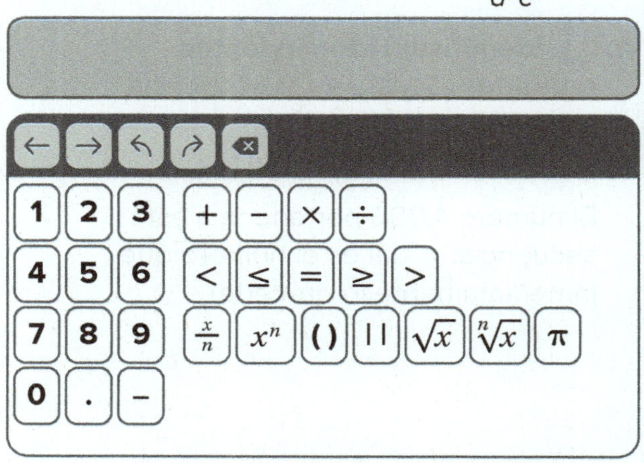

Aplicar

10. La granja de Fouster tiene 5^3 frutales. La granja de Myrna tiene cinco veces más frutales que la de Fouster. Una granja comercial tiene 500 frutales. ¿Qué granja tiene más frutales?

11. En la tabla, se muestra la cantidad de bacterias en cada placa de Petri. La placa C tiene 8^2 veces más bacterias que la placa A. ¿Qué placa de Petri tiene la mayor cantidad de bacterias?

Placa de Petri	Cantidad de bacterias
A	8^6
B	8^9

Problemas de pensamiento de orden superior

12. MP **Identificar estructuras** Escribe una expresión con un producto de 8^{13}.

13. MP **Perseverar con los problemas** ¿Cuánto es cuatro veces 4^{15}? Escribe usando exponentes y explica tu razonamiento.

14. MP **Identificar razonamientos repetidos** Considera la secuencia a continuación:

2, 4, 8, 16, 32, 64, ...

El número 4,096 pertenece a esta secuencia. ¿Cuál es el número que inmediatamente lo precede?

15. ¿Qué valor de n hace que el enunciado sea verdadero?

$$4^n \cdot 4^2 = 16{,}384$$

Potencias de monomios

Puedo... usar la propiedad de la potencia de una potencia y la propiedad de la potencia de un producto para simplificar expresiones con exponentes enteros.

¿Qué palabras de vocabulario aprenderás?
Propiedad de la potencia de una potencia
Propiedad de la potencia de un producto

Explorar Potencia de una potencia

Actividad en línea Explorarás cómo simplificar una potencia elevada a otra potencia.

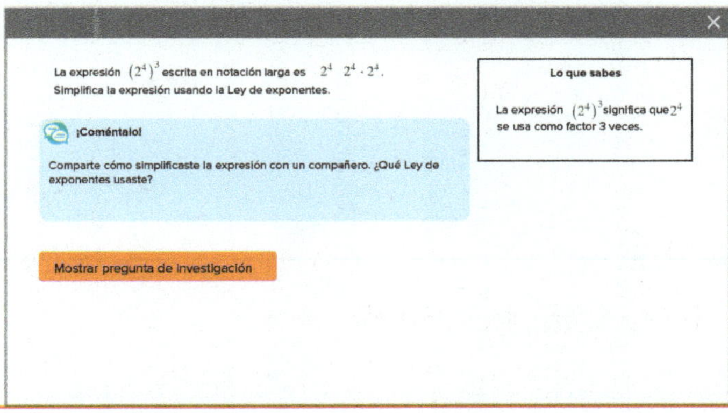

Aprender Potencia de una potencia

Puedes usar la regla para hallar el producto de potencias e ilustrar cómo hallar la potencia de una potencia.

$(6^4)^3 = (6^4)\,(6^4)\,(6^4)$	Expande los 3 factores.
$= 6^{4+4+4}$	Propiedad del producto de potencias
$= \square$	Suma los exponentes.

Observa que el producto de los exponentes originales, 4 y 3, es la potencia final, 12. Puedes simplificar una potencia elevada a otra potencia con la **propiedad de la potencia de una potencia.**

Palabras	Álgebra
Para hallar la potencia de una potencia, multiplica los exponentes.	$(a^m)^n = a^{m \cdot n}$
	Números
	$(5^2)^3 = 5^{2 \cdot 3}$ o $\square$

Tus notas

¡Piénsalo!

¿Cómo te ayudará la propiedad de la potencia de una potencia a simplificar la expresión?

¡Coméntalo!

Describe otro método que puedes usar para verificar tu solución.

Ejemplo 1 Potencia de una potencia

Simplifica $(8^6)^3$.

$(8^6)^3 = 8^{6 \cdot 3}$ Propiedad de la potencia de una potencia

$= \square$ Simplifica.

Por lo tanto, $(8^6)^3 = 8^{18}$.

Verificar

Simplifica la expresión $(6^3)^5$.

Muestra tu trabajo aquí

Ejemplo 2 Potencia de una potencia

Simplifica $(k^7)^5$.

$(k^7)^5 = k^{7 \cdot 5}$ Propiedad de la potencia de una potencia

$= \square$ Simplifica.

Por lo tanto, $(k^7)^5 = k^{35}$.

Verificar

Simplifica la expresión $(x^4)^7$.

Muestra tu trabajo aquí

Conéctate Puedes completar un ejemplo adicional en línea.

Aprender Potencia de un producto

El siguiente ejemplo demuestra cómo la propiedad de la potencia de un producto puede extenderse para hallar la potencia de un producto.

$(4a^2)^3 = (4a^2)(4a^2)(4a^2)$	Desarrolla los 3 factores.
$= 4 \cdot 4 \cdot 4 \cdot a^2 \cdot a^2 \cdot a^2$	Propiedad conmutativa
$= 4^3 \cdot (a^2)^3$	Definición de potencia
$= 64 \cdot a^6$ or $64a^6$	Propiedad de la potencia de una potencia

Observa que cada factor dentro de los paréntesis se eleva a la

_________ potencia.

Puedes simplificar un producto elevado a una potencia usando la **propiedad de la potencia de un producto.**

Palabras	Álgebra
Para hallar la potencia de un producto, halla la potencia de cada factor y multiplica.	$(ab)^m = a^m b^m$
	Números
	$(2x^3)^4 = (2)^4 \cdot (x^3)^4$ o ☐

Ejemplo 3 Potencia de un producto

Simplifica $(2p^3)^4$.

$(2p^3)^4 = 2^4 \cdot (p^3)^4$	Propiedad de la potencia de un producto
$= 2^4 \cdot p^{3 \cdot 4}$	Propiedad de la potencia de una potencia
$=$ ☐	Simplifica.

Por lo tanto, $(2p^3)^4 = 16p^{12}$.

Verificar

Simplifica la expresión $(7w^7)^3$.

Muestra tu trabajo aquí

¡Piénsalo!
¿Qué partes del monomio, $2p^3$, se elevan a la cuarta potencia?

¡Coméntalo!
¿Por qué se aplicó el exponente 4 a los dos factores en el primer paso?

Conéctate Puedes completar un ejemplo adicional en línea.

¡Piénsalo!

¿Qué partes del monomio, $(-2m^7n^6)$, se elevan a la quinta potencia?

¡Coméntalo!

¿Por qué se multiplicaron los exponentes al simplificar la expresión?

Ejemplo 4 Potencia de un producto

Simplifica $(-2m^7n^6)^5$.

$(-2m^7n^6)^5 = (-2)^5 \cdot (m^7)^5 \cdot (n^6)^5$ Propiedad de potencia de un producto

$=$ ☐ Simplifica.

Por lo tanto, $(-2m^7n^6)^5 = -32m^{35}n^{30}$.

Verificar

Simplifica la expresión $(-5w^2z^8)^3$.

Muestra tu trabajo aquí

Conéctate Puedes completar un ejemplo adicional en línea.

Pausa para reflexionar

¿Tienes preguntas sobre la lección de hoy? ¿Por qué?

Registra tus observaciones aquí

Aplicar Geometría

Un piso cuadrado tiene una longitud de lado de $8x^3y^2$ unidades. Una baldosa cuadrada tiene una longitud de lado de xy unidades. ¿Cuántas baldosas se necesitarán para cubrir el piso?

Conéctate
Mira la animación.

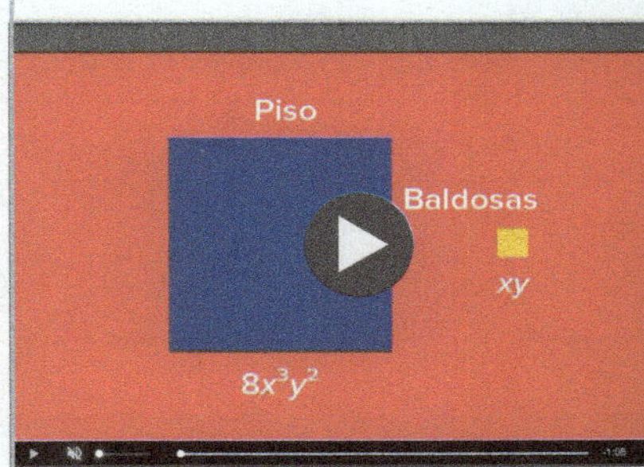

1 ¿Cuál es la tarea?

Asegúrate de comprender la pregunta que debes responder o el problema que debes resolver. Lee el problema tres veces. Comenta las preguntas con un compañero.

Primera vez Describe el problema con tus palabras.
Segunda vez ¿Qué operaciones matemáticas observas?
Tercera vez ¿Cuál es la pregunta?

2 ¿Cómo puedes resolver la tarea? ¿Qué estrategias puedes usar?

Registra tus observaciones aquí

¡Coméntalo!
Para hallar la cantidad de baldosas que se necesitan para cubrir el piso, ¿por qué tienes que dividir las áreas?

3 ¿Cuál es la solución?

Usa tu estrategia para resolver el problema.

Muestra tu trabajo aquí

4 ¿Cómo puedes demostrar que tu solución es razonable?

¡Escríbelo! Escribe un argumento que pueda usarse para defender tu solución.

Verificar

El piso de la sala de estudiantes de la escuela secundaria King tiene forma de cuadrado con longitudes de lados de $3x^2y^3$ pies. Se colocarán baldosas nuevas en el piso de la sala. La baldosa cuadrada tiene una longitud de lado de xy pies. ¿Cuántas baldosas se necesitarán para cubrir el piso?

Muestra tu trabajo aquí

Conéctate Puedes completar un ejemplo adicional en línea.

Foldables Es hora de actualizar tu Foldable en el Repaso del módulo, en función de lo que aprendiste en esta lección. Si aún no armaste tu Foldable, encontrarás instrucciones en la página FL1.

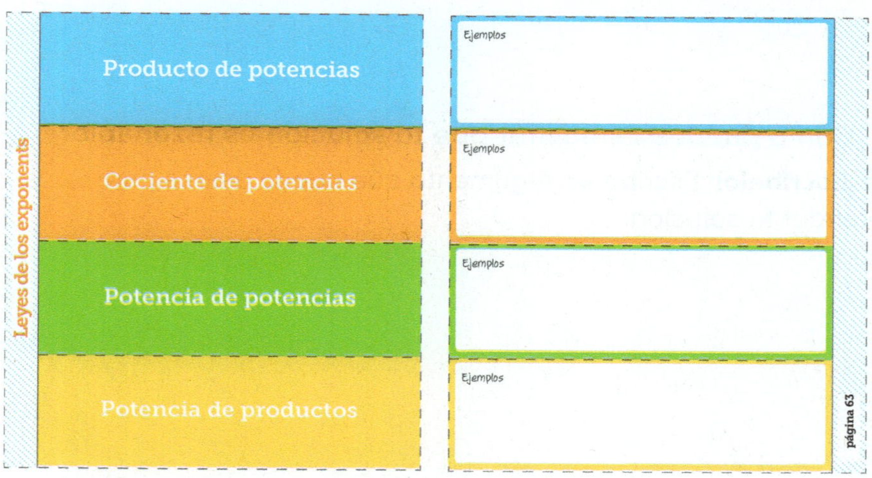

Nombre ______________________ Período ____________ Fecha ____________

Práctica

Conéctate Puedes completar tu tarea en línea.

Simplifica cada expresión. (Ejemplos 1 a 4)

1. $(7^2)^3 =$ ______________

2. $(8^3)^3 =$ ______________

3. $(d^7)^6 =$ ______________

4. $(z^7)^3 =$ ______________

5. $(2m^5)^6 =$ ______________

6. $(7a^5b^6)^4 =$ ______________

7. $(-3w^3z^8)^5 =$ ______________

8. $(-5r^4s^{10})^4 =$ ______________

9. ¿Cuál es mayor: 1,000 o $(6^2)^3$? Explica.

Práctica para la evaluación

10. Selección múltiple Selecciona todas las expresiones que se simplifican a la misma expresión.

- ☐ $(x^3y^4)^2$
- ☐ $(x^2y)^2$
- ☐ $(x^3)^2y^6$
- ☐ $x^6(y^4)^2$
- ☐ $(x^3)^2(y^2)^4$

Aplicar

11. Un piso cuadrado tiene una longitud de lado de $7x^5y^6$ unidades. Una baldosa cuadrada tiene una longitud de lado de x^2y unidades. ¿Cuántas baldosas se necesitarán para cubrir el piso?

12. Un cubo tiene una longitud de lado de $3x^6$ unidades. Un cubo más pequeño tiene una longitud de lado de x^2 unidades. ¿Cuántos cubos más pequeños entrarán en el cubo más grande?

Problemas de pensamiento de orden superior

13. Explica por qué $(4^2)^4 = (4^4)^2$.

14. MP **Perseverar con los problemas** Describe todos los enteros positivos que harían que $\left[\left(\frac{1}{2}\right)^4\right]^n$ sea menor que $\left(\frac{1}{2}\right)^7$. Explica tu razonamiento.

15. Sin calcular, determina qué número es mayor: $[(-4)^4]^5$ o $-[(4^{12})^3]$. Explica tu razonamiento.

16. MP **Identificar estructuras** Charlotte afirma que $(4^3)^3$ puede escribirse como 2^{18}. Explica por qué tiene razón.

Exponentes cero y negativos

Puedo... usar la regla de exponente cero y la propiedad del cociente de potencias para simplificar expresiones con exponentes cero o enteros negativos.

¿Qué palabras de vocabulario aprenderás?

exponente negativo

regla de exponente cero

Explorar Exponentes cero

Actividad en línea Explorarás cómo simplificar expresiones con exponente cero y harás conjeturas acerca del valor de expresiones con exponente cero.

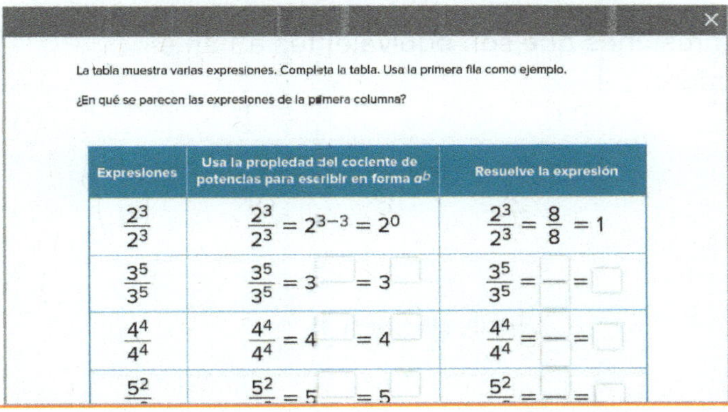

La tabla muestra varias expresiones. Completa la tabla. Usa la primera fila como ejemplo.

¿En qué se parecen las expresiones de la primera columna?

Expresiones	Usa la propiedad del cociente de potencias para escribir en forma a^b	Resuelve la expresión
$\frac{2^3}{2^3}$	$\frac{2^3}{2^3} = 2^{3-3} = 2^0$	$\frac{2^3}{2^3} = \frac{8}{8} = 1$
$\frac{3^5}{3^5}$	$\frac{3^5}{3^5} = 3^{\square} = 3^{\square}$	$\frac{3^5}{3^5} = \frac{\square}{\square} = \square$
$\frac{4^4}{4^4}$	$\frac{4^4}{4^4} = 4^{\square} = 4^{\square}$	$\frac{4^4}{4^4} = \frac{\square}{\square} = \square$
5^2	$5^2 = 5^{\square} = 5^{\square}$	$5^2 = \frac{\square}{\square} = \square$

Aprender Exponentes cero

Usa la **regla de exponente cero** para simplificar expresiones que contienen exponentes cero.

Palabras
Todo número distinto de cero elevado a cero es equivalente a 1.
Álgebra
$x^0 = 1, x \neq 0$
Números
$5^0 = \square$

(continúa en la página siguiente)

Tus notas

Completa el patrón en la tabla para demostrar que cualquier número distinto de cero, n, elevado a la potencia cero es equivalente a 1.

Potencia	Forma equivalente
n^5	$n \cdot n \cdot n \cdot n \cdot n$
n^4	
n^3	
n^2	
n^1	
n^0	

(Flechas a la izquierda: n^{5-1}, n^{4-1}, n^{3-1}, n^{2-1}, n^{1-1}; flechas a la derecha: $\div n$, $\div n$, $\div n$, $\div n$, $\div n$)

El patrón en la tabla muestra que, a medida que disminuyes en 1 el exponente, el valor de la potencia se divide por n cada vez. Al extender el patrón, $n \div n = 1$. Entonces, $n^0 = 1$.

Escribe las expresiones que son equivalentes a 1 en el siguiente recuadro.

2^1 1^2 2^0 1^0 0^1 $\left(\frac{1}{2}\right)^0$

Equivalente a 1

Pausa para reflexionar

¿Son todas las potencias con números racionales como base y un exponente cero iguales a 1? Explica.

Registra tus observaciones aquí

Ejemplo 1 Exponentes cero

Simplifica 12^0.

Todo número distinto de cero elevado a cero es __________.

Por lo tanto, $12^0 = 1$.

Verificar

Simplifica m^0, donde $m \neq 0$. __________.

Conéctate Puedes completar un ejemplo adicional en línea.

Explorar Exponentes negativos

Actividad en línea Usarás el Web Sketchpad para explorar cómo simplificar un exponente negativo.

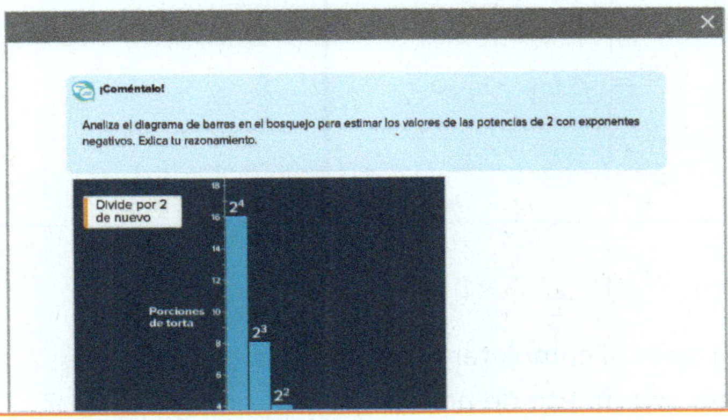

Aprender Exponentes negativos

Un **exponente negativo** es el resultado de la división repetida. Puedes usar exponentes negativos para representar números muy pequeños.

Completa la tabla. Cada vez que dividas por 10, el exponente disminuye uno. El patrón en la tabla muestra que 10^{-2} puede definirse como $\frac{1}{100}$ o $\frac{1}{10^2}$.

Forma exponencial	Forma estándar
$10^3 = 10 \cdot 10 \cdot 10$	
$10^2 = 10 \cdot 10$	
10^1	
10^0	
10^{-1}	
10^{-2}	
10^{-3}	

÷ 10
÷ 10
÷ 10
÷ 10
÷ 10
÷ 10

Palabras

Todo número distinto de cero elevado a una potencia *n* negativa es el inverso multiplicativo de su *n* potencia.

Álgebra

$$x^{-n} = \frac{1}{x^n}, x \neq 0$$

Números

$$7^{-3} = \frac{1}{7} \cdot \frac{1}{7} \cdot \frac{1}{7} \text{ o } \frac{1}{7^3}$$

Pausa para reflexionar

¿Cometiste algún error al completar la sección Aprender? ¿Qué puedes hacer para asegurarte de no repetir el error en el futuro?

Registra tus observaciones aquí

Ejemplo 2 Exponentes negativos

Expresa 6^{-3} con un exponente positivo.

$6^{-3} = \frac{1}{\square}$ Definición de exponente negativo

Por lo tanto, 6^{-3} expresadc con un exponente positivo es $\frac{1}{6^3}$.

Verificar

Expresa a^{-5} con un exponente positivo.

Muestra tu trabajo aquí

Ejemplo 3 Exponentes negativos

Expresa la fracción $\frac{1}{c^5}$ con un exponente negativo.

$\frac{1}{c^5} = c^{-5}$ Definición de exponente negativo

Por lo tanto, $\frac{1}{c^5}$ expresado con un exponente negativo es ______.

Verificar

Expresa la fracción $\frac{1}{9^7}$ con un exponente negativo.

Muestra tu trabajo aquí

Conéctate Puedes completar un ejemplo adicional en línea.

¡Piénsalo!

¿Cuál es el inverso multiplicativo de 6?

¡Coméntalo!

Explica cómo escribir x^{-5} usando un exponente positivo.

¡Piénsalo!

¿Simplificarás usando la propiedad del producto de potencias primero, o simplificarás el exponente negativo primero?

¡Coméntalo!

¿Por qué la respuesta no queda como 5^{-2}?

¡Coméntalo!

Los dos exponentes originales son negativos. ¿Por qué es positivo el exponente en la expresión simplificada?

Ejemplo 4 Exponentes negativos

Simplifica $5^3 \cdot 5^{-5}$.

Una expresión está en su mínima expresión si no tiene bases iguales ni exponentes negativos.

$5^3 \cdot 5^{-5} = 5^{3+(-5)}$ Propiedad del producto de potencias

$= \square$ Simplifica.

$= \frac{1}{\square}$ Escribe usando exponentes positivos.

$= \frac{1}{\square}$ Simplifica.

Por lo tanto, $5^3 \cdot 5^{-5} = \frac{1}{25}$.

Verificar

Simplifica $3^9 \cdot 3^{-4}$.

Muestra tu trabajo aquí

Ejemplo 5 Exponentes negativos

Simplifica $\frac{w^{-1}}{w^{-4}}$.

$\frac{w^{-1}}{w^{-4}} = w^{-1-(-4)}$ Propiedad del cociente de potencias

$= \square$ Simplifica.

Por lo tanto, $\frac{w^{-1}}{w^{-4}} = w^3$.

Verificar

Simplifica $\frac{b^{-7}}{b^{-4}}$.

Muestra tu trabajo aquí

Conéctate Puedes completar un ejemplo adicional en línea.

Aplicar Medidas

Un cabello humano tiene aproximadamente 0.001 pulgadas de diámetro. El diámetro de cierta cuerda para joyas es 10^{-2} pulgadas. ¿Cuántas veces mayor es el diámetro de la cuerda que el de un cabello? Escribe el decimal como una potencia de 10.

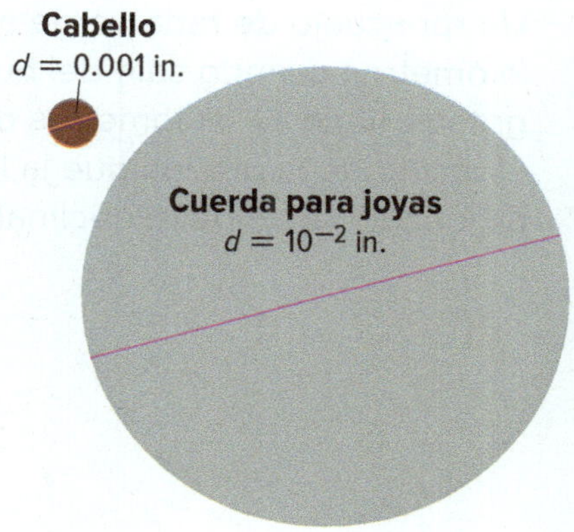

1 ¿Cuál es la tarea?

Asegúrate de comprender la pregunta que debes responder o el problema que debes resolver. Lee el problema tres veces. Comenta las preguntas con un compañero.

Primera vez Describe el problema con tus palabras.
Segunda vez ¿Qué operaciones matemáticas observas?
Tercera vez ¿Cuál es la pregunta?

2 ¿Cómo puedes resolver la tarea? ¿Qué estrategias puedes usar?

Registra tus observaciones aquí

3 ¿Cuál es la solución?

Usa tu estrategia para resolver el problema.

Muestra tu trabajo aquí

4 ¿Cómo puedes demostrar que tu solución es razonable?

¡Escríbelo! Escribe un argumento que puedas usar para defender la solución.

¡Coméntalo!
¿Por qué es útil escribir 0.001 como una fracción?

Verificar

Un renacuajo de rana verde arborícola tiene una longitud de 0.00001 kilómetros cuando sale del huevo. La piscina en interiores más grande tiene 10^{-1} kilómetros de ancho. ¿Cuántas veces más largo es el ancho de la piscina que la longitud de un renacuajo de rana verde arborícola? Escribe el decimal como una potencia de 10.

Muestra tu trabajo aquí

Conéctate Puedes completar un ejemplo adicional en línea.

Pausa para reflexionar

¿En qué parte de la lección tuviste alguna dificultad y cómo la resolviste? Escribe las preguntas que aún tengas.

Registra tus observaciones aquí

Nombre ______ Período ______ Fecha ______

Práctica

Conéctate Puedes completar tu tarea en línea.

Simplifica cada expresión. (Ejemplo 1)

1. $46^0 =$ ______

2. w^0, donde $w \neq 0$ ______

Expresa cada caso usando un exponente positivo. (Ejemplo 2)

3. $8^{-4} =$ ______

4. $y^{-9} =$ ______

Expresa cada fracción con un exponente negativo. (Ejemplo 3)

5. $\frac{1}{d^6} =$ ______

6. $\frac{1}{10^5} =$ ______

Simplifica cada expresión. (Ejemplos 4 y 5)

7. $9^4 \cdot 9^{-6} =$ ______

8. $y^{-9} \cdot y^3 =$ ______

9. $\frac{x^{-8}}{x^{-12}} =$ ______

10. $\frac{d^{-13}}{d^{-2}} =$ ______

11. Simplifica $8^{-7} \cdot 8^7 \cdot 10^4 \cdot 10^{-4}$.

Práctica para la prueba

12. Selección múltiple Selecciona todas las expresiones que estén simplificadas.

- ☐ n^4
- ☐ $\frac{1}{n^{-5}}$
- ☐ $n^6 \cdot n^{-8}$
- ☐ $n^7 \cdot p^8$
- ☐ $\frac{1}{n^3}$

Aplicar

13. Una placa que contiene bacterias tiene un diámetro de 0.0001 kilómetros. El diámetro de una bacteria es 10^{-16} kilómetros. ¿Cuántas veces mayor es el diámetro de la placa que el de la bacteria?

14. En la tabla, se muestran los diámetros de dos objetos. ¿Cuántas veces mayor es el diámetro de una cabeza de alfiler que el diámetro de una gota de agua de una nube?

Objeto	Diámetro (m)
Gota de agua de nube	10^{-5}
Cabeza de alfiler	0.001

Problemas de pensamiento de orden superior

15. Sin calcular, ordena 5^{-7}, 5^4 y 5^0 de menor a mayor. Explica tu razonamiento.

16. MP **Perseverar con los problemas** Explica cómo hallar el valor de $\left(\frac{1}{3^{-2}}\right)^{-3}$.

17. Determina si las siguientes expresiones numéricas son equivalentes. Explica tu razonamiento.

$\left[\left(\frac{1}{10^{-2}}\right)^0\right]^3$ y $[(10^{-4})^3]^0$

18. Determina si el siguiente enunciado es *verdadero* o *falso*. Explica tu razonamiento.

Si un número entre 0 y 1 se eleva a una potencia negativa, el resultado es un número mayor a 1.

Notación científica

Puedo... escribir números muy grandes y pequeños usando notación científica.

¿Qué palabras de vocabulario aprenderás?
notación científica
forma estándar

Explorar Notación científica

Actividad en línea Explorarás cómo escribir números grandes y pequeños usando notación científica.

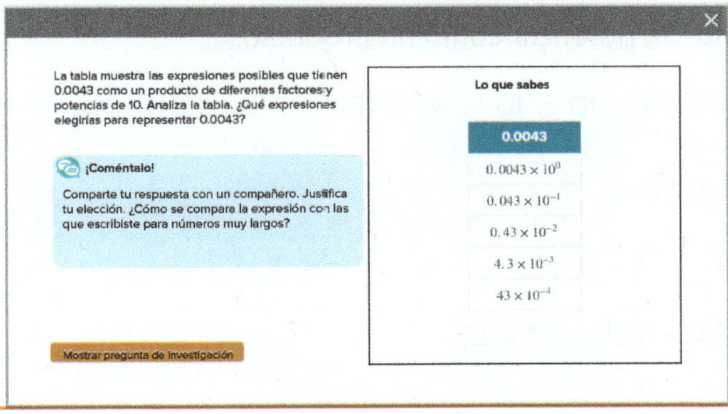

Aprender Notación científica

Los números que no tienen exponentes se escriben en **forma estándar**. Sin embargo, cuando trabajas con números muy grandes o muy pequeños, puede resultar difícil tener un control del valor posicional. La **notación científica** es una manera compacta de escribir números muy grandes o muy pequeños.

Palabras
La notación científica es una manera de expresar un número como el producto de un factor y una potencia entera de 10. Cuando el número es positivo, el factor debe ser mayor o igual a 1 y menor que 10.
Símbolos
En el caso de los números positivos escritos en notación científica, $a \times 10^n$, donde $1 \leq a < 10$ y n es un entero
Ejemplos
$425{,}000{,}000 = 4.25 \times 10^8$ $0.00003 = 3 \times 10^{-5}$

(continúa en la página siguiente)

Tus notas

Encierra en un círculo Sí o No para determinar si cada número está escrito en notación científica.

10.6×10^{14}	Sí	No
2.019×10^{12}	Sí	No
9.5×10^{-7}	Sí	No
0.526×10^{-2}	Sí	No

¡Piénsalo!
¿Qué es la forma estándar?

Ejemplo 1 Escribir números en forma estándar

Escribe 5.34×10^4 en forma estándar.

Método 1 Escribe la potencia como un producto.

$5.34 \times 10^4 = 5.34 \times 10 \times 10 \times 10 \times 10$ Escribe la potencia como un producto.

$= 5.34 \times$ ☐ Multiplica.

$=$ ☐ Multiplica.

Por lo tanto, $5.34 \times 10^4 = 53{,}400$.

¡Coméntalo!
Compara los dos métodos usados para escribir un número en forma estandar.

Método 2 Mueve el punto decimal.

Mover el punto decimal un lugar a la derecha es el resultado de multiplicar un número por 10. Por lo tanto, cuando multiplicas un número por 10^4, el punto decimal se mueve cuatro lugares a la derecha.

El exponente en la potencia de 10 indica la cantidad de lugares, en este caso, ________. Un exponente positivo indica la dirección, a la ________.

$5.34 \times 10^4 = 53{,}400$

Verificar

Escribe 9.931×10^5 en forma estándar.

Muestra tu trabajo aquí

Conéctate Puedes completar un ejemplo adicional en línea.

Ejemplo 2 Escribir números en forma estándar

Escribe 3.27×10^{-3} en forma estándar.

Método 1 Escribe la potencia como un producto.

$$3.27 \times 10^{-3} = 3.27 \times 10^{-1} \times 10^{-1} \times 10^{-1}$$ Propiedad del producto de potencias

$$= 3.27 \times \frac{1}{10} \times \frac{1}{10} \times \frac{1}{10}$$ Definición de exponentes negativos

$$= 3.27 \times \frac{1}{1{,}000}$$ Multiplica las fracciones.

$$= 3.27 \div 1{,}000$$ Definición de recíproco

$$= \square$$ Divide.

Por lo tanto, $3.27 \times 10^{-3} = 0.00327$.

Método 2 Mueve el punto decimal.

Cuando divides un número por 10, el punto decimal se mueve un lugar a la izquierda. Dividir por 10 es lo mismo que multiplicar por 10^{-1}. Por lo tanto, cuando multiplicas un número por 10^{-3}, el punto decimal se mueve tres lugares a la izquierda.

El exponente en la potencia de 10 indica la cantidad de lugares, en este caso, ________. Un signo negativo en el exponente indica la dirección, a la ________.

$$3.27 \times 10^{-3} = 0.00327$$

Verificar

Escribe 6.02×10^{-4} en forma estándar.

Muestra tu trabajo aquí

Conéctate Puedes completar un ejemplo adicional en línea.

¡Piénsalo!
¿Cómo comenzarías a resolver el problema?

¡Coméntalo!
¿Qué método prefieres para escribir un número en forma estándar? Explica tu razonamiento.

Aprender Notación científica y tecnología

Conéctate Mira el video para aprender cómo interpretar la notación científica que ha sido realizada por una calculadora.

En la animación, se muestra que una calculadora convertirá los números en notación científica solo si son muy grandes o muy pequeños. El valor después de la E representa el exponente en la potencia de 10.

8E11 significa 8 × ☐ 2.5E–12 significa 2.5 × ☐

También puedes usar una calculadora para introducir un número en notación científica.

Paso 1 Escribe el número que se multiplica por la potencia de 10.

Paso 2 Presiona el botón 2ND.

Paso 3 Presiona el botón EE, ubicado encima del botón de la coma. (Observa que este solo muestra una E en la pantalla).

Paso 4 Escribe el exponente en la potencia de 10.

¡Piénsalo!
¿Qué crees que representa el símbolo E en la pantalla de la calculadora?

Ejemplo 3 Notación científica y tecnología

A menudo, las calculadoras usan el símbolo E para indicar la notación científica.

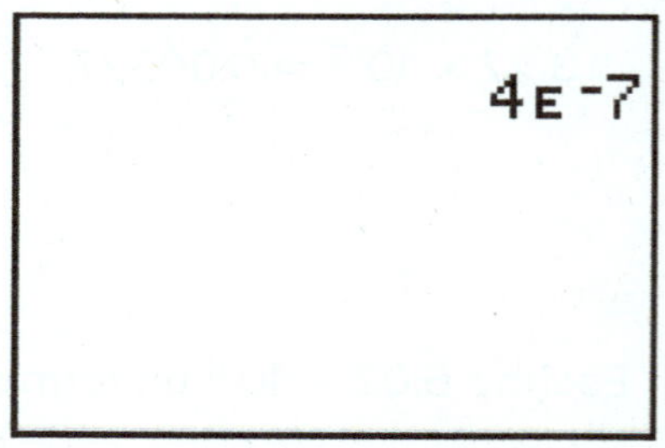

En la pantalla de la calculadora, se muestra la longitud de onda aproximada, en metros, de la luz violeta.

Escribe el número en forma estándar.

Paso 1 Representa el número en la pantalla de la computadora en notación científica.

4E–7 → ☐ × ☐ 4 es el factor y −7 es el exponente.

Paso 2 Escribe el número en forma estándar.

Para escribir 4×10^{-7} en forma estándar, mueve el punto decimal ______ lugares a la ______.

Por lo tanto, 4×10^{-7} es 0.0000004.

Verificar

En la pantalla de la calculadora, se muestra el diámetro de un grano de arena en pulgadas. ¿Qué números representan el número que se muestra en la pantalla de la calculadora? Elige todas las opciones correctas.

```
2.4E-3
```

- ☐ 2,400
- ☐ 0.0024
- ☐ 2.4×10^3
- ☐ 2.4×10^{-3}
- ☐ 2.4^{-3}

Muestra tu trabajo aquí

Conéctate Puedes completar un ejemplo adicional en línea.

Aprender Escribir números en notación científica

Cuando se escribe un número positivo en notación científica, el signo del exponente puede determinarse al examinar el número en forma estándar.

Si el número en forma estándar es . . .

	mayor o igual a 10,	entre 0 y 1,
Palabras	entonces, el exponente en la potencia de 10 es *positivo*.	entonces, el exponente en la potencia de 10 es *negativo*.
Ejemplo	$5{,}860{,}000 = 5.86 \times 10^6$	$0.000586 = 5.86 \times 10^{-4}$

¡Coméntalo!

Si el número en la forma estándar es mayor o igual a 1 y menor que 10, ¿cuál es el exponente en la potencia de 10 cuando el número se escribe en notación científica? Explica tu razonamiento.

¡Piénsalo!
¿Qué factor usarás en este problema?

¡Coméntalo!
¿Por qué el punto decimal se movió 6 lugares? ¿Cómo puedes determinar el valor del exponente?

Ejemplo 4 Escribir números en notación científica

Escribe 3,725,000 en notación científica.

$3{,}725{,}000 = 3.725 \times 1{,}000{,}000$ Escribe el número como un producto.

$= 3.725 \times \square$ Dado que 3,725,000 es >1, el exponente es positivo.

Por lo tanto, 3,725,000 escrito en notación científica es 3.725×10^6.

Verificar

¿Qué expresión representa 8,785,000,000 en notación científica?

Muestra tu trabajo aquí

¡Piénsalo!
¿Qué factor usarás en este problema?

¡Coméntalo!
¿Por qué el punto decimal se movió 4 lugares? ¿Por qué el exponente es negativo?

Ejemplo 5 Escribir números en notación científica

Escribe 0.000316 en notación científica.

$0.000316 = 3.16 \times 0.0001$ Escribe el número como un producto.

$= 3.16 \times \frac{1}{\square}$ Escribe el decimal como una fracción con potencia de 10.

$= 3.16 \times \square$ Dado que $0 < 0.000316 < 1$, el exponente es negativo.

Por lo tanto, 0.000316 escrito en notación científica es 3.16×10^{-4}.

Verificar

¿Qué expresión representa 0.524 en notación científica?

Muestra tu trabajo aquí

Conéctate Puedes completar un ejemplo adicional en línea.

Aprender Usar notación científica

Con cantidades muy grandes o muy pequeñas, es importante elegir el tipo adecuado de medida.

Por ejemplo, es más adecuado representar la distancia desde California a Nueva York como 2,441 millas y no como 1.55×10^8 pulgadas.

Encierra en un círculo las unidades que son más apropiadas para medir lo siguiente.

el tiempo que lleva viajar desde Florida hasta Michigan

minutos   horas

el espesor de una moneda

milímetros   metros

la longitud de un campo de fútbol americano

pulgadas   yardas

el peso de un clip

onzas   libras

Puedes estimar números muy grandes o muy pequeños expresándolos en forma de un solo dígito por una potencia entera de 10. Así es más fácil trabajar con números muy grandes y muy pequeños.

Completa los ejemplos para estimar los números.

La población de Estados Unidos en un año reciente fue de 324,430,860 personas.

$324{,}430{,}860 \approx 300{,}000{,}000$

$300{,}000{,}000 = \square \times \square$

El diámetro de una célula animal se midió y fue de 0.000635 centímetros.

$0.000635 \approx 0.0006$

$0.0006 = \square \times \square$

¡Piénsalo!

¿Qué expresión tiene más sentido para ti?

¡Coméntalo!

Describe algunas situaciones en las que podría tener sentido usar una unidad de medida que *no* sea tan significativa.

Ejemplo 6 Elegir unidades del tamaño adecuado

Si puedes caminar a una velocidad de 2 metros por segundo, te llevaría 1.92×10^8 segundos caminar a la Luna.

¿Es más apropiado representar este tiempo como 1.92×10^8 segundos o 6.09 años? Explica tu razonamiento.

El número 1.92×10^8 segundos es muy largo (192,000,000 segundos). Sería más significativo representar el tiempo como 6.09 años; por lo tanto, elegir la unidad de medida más grande es más apropiado en esta situación.

Por lo tanto, la medida ______________ es la más apropiada.

Verificar

Una célula vegetal tiene un diámetro de 1.3×10^{-8} kilómetros. ¿Es más apropiado representar el diámetro de una célula vegetal como 1.3×10^{-8} kilómetros o como 1.3×10^{-2} milímetros?

Muestra tu trabajo aquí

Ejemplo 7 Estimar con notación científica

La población de Misuri es de 6,063,589 personas.

Escribe una estimación en notación científica para la población.

$6{,}063{,}589 \approx$ ☐ Estima.

$6{,}000{,}000 =$ ☐ $\times$ ☐ Escribe en notación científica.

Por lo tanto, la población de Misuri es de aproximadamente 6,000,000 o 6×10^6 personas.

Verificar

La distancia desde la Tierra hasta la Luna es de 238,900 millas. Escribe una estimación para la distancia en notación científica.

Muestra tu trabajo aquí

Conéctate Puedes completar un ejemplo adicional en línea.

Aplicar Viajar

En la tabla, se muestra la cantidad de visitantes internacionales que tuvo Estados Unidos en julio y agosto en un año reciente. ¿Qué país tuvo el mayor porcentaje de cambio en la cantidad de visitantes de julio a agosto?

País	Visitantes (julio)	Visitantes (agosto)
Canadá	2.09×10^6	2.43×10^6
México	1.55×10^6	1.63×10^6
Reino Unido	4.2×10^5	4.9×10^5
Japón	3.05×10^5	3.9×10^5

1 ¿Cuál es la tarea?

Asegúrate de comprender la pregunta que debes responder o el problema que debes resolver. Lee el problema tres veces. Comenta las preguntas con un compañero.

Primera vez Describe el problema con tus palabras.
Segunda vez ¿Qué operaciones matemáticas observas?
Tercera vez ¿Cuál es la pregunta?

2 ¿Cómo puedes resolver la tarea? ¿Qué estrategias puedes usar?

Registra tus observaciones aquí

3 ¿Cuál es la solución?

Usa tu estrategia para resolver el problema.

Muestra tu trabajo aquí

4 ¿Cómo puedes demostrar que tu solución es razonable?

¡Escríbelo! Escribe un argumento que puedas usar para defender la solución.

¡Coméntalo!
¿Qué método usaste para resolver el problema? Explica por qué.

Verificar

En la tabla, se muestra la asistencia de cuatro equipos de béisbol de la Liga Mayor para un año reciente.

Equipos	Asistencia	Precio del boleto ($)
Los Angeles Angels	3,020,000	32.70
Miami Marlins	1.71×10^6	28.31
Pittsburgh Pirates	2,450,000	29.96
St. Louis Cardinals	3.44×10^6	34.20

¿Qué equipo tuvo la mayor asistencia?

Muestra tu trabajo aquí

Conéctate Puedes completar un ejemplo adicional en línea.

Pausa para reflexionar

¿Qué aprendiste sobre notación científica en esta lección? Incluye un ejemplo de la vida diaria de notación científica en tu resumen.

Registra tus observaciones aquí

Nombre ______________________ Período ____________ Fecha ____________

Práctica

Conéctate Puedes completar tu tarea en línea.

Escribe cada número en forma estándar. (Ejemplos 1 y 2)

1. $1.6 \times 10^3 =$ ______________

2. $1.49 \times 10^{-7} =$ ______________

3. En la pantalla de la calculadora, se muestra un número en notación científica como 8.3E−6. Escribe el número en forma estándar. (Ejemplo 3)

4. En la pantalla de la calculadora, se muestra un número en notación científica como 7E11. Escribe el número en forma estándar. (Ejemplo 3)

Escribe cada número en notación científica. (Ejemplos 4 y 5)

5. 2,204,000,000 = ______________

6. 0.0000000642 = ______________

7. Una carrera común es una carrera 5K, donde los corredores corren 5 kilómetros. ¿Es más apropiado reportar la distancia como 5 kilómetros o 5×10^6 milímetros? Explica tu razonamiento. (Ejemplo 6)

8. Recientemente, se registró que la población de Florida era de 20,612,439 habitantes. Escribe una estimación en notación científica para la población. (Ejemplo 7)

9. El diámetro de un grano de arena es 0.0024 pulgadas. Escribe una estimación en notación científica para el diámetro. (Ejemplo 7)

Práctica para la prueba

10. Editor de ecuaciones La masa del planeta Tierra tiene aproximadamente 5.98×10^{24} kilogramos. Cuando este número se escribe en notación estándar, ¿cuántos ceros hay en el número?

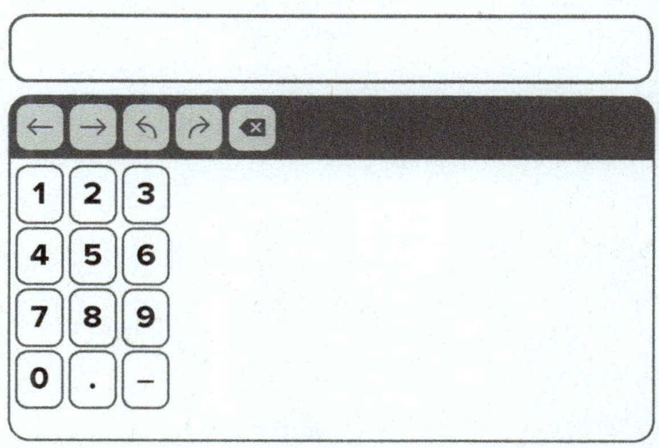

Aplicar

11. En la tabla, se muestra la cantidad de insectos en cada grupo. Ordena los insectos de acuerdo con su población, de mayor a menor.

Insecto	Población
Abejas	73,498
Hormigas	6,822
Termitas	9.8×10^5
Áfidos	2.9502×10^4

12. En la tabla, se muestran la población y el área total aproximadas de varios estados. ¿Qué estado tiene la menor densidad de población?

Estado	Habitantes	Longitud (millas^2)
Arizona	6.83×10^6	113,594
Colorado	5.46×10^6	103,642
Kentucky	4.43×10^6	39,486
Minnesota	5.45×10^6	79,627

Problemas de pensamiento de orden superior

13. Simplifica la siguiente expresión y escribe en notación científica.

$$\frac{(0.00045)(500{,}000)}{0.0015}$$

14. MP **Ser preciso** La cantidad de tiempo dedicado a hacer la tarea es 2.7×10^3 segundos. Elige una medida más apropiada para representar la cantidad de tiempo dedicada a hacer la tarea. Justifica tu respuesta.

15. MP **Hallar el error** Katrina afirma que 3.5×10^4 es mayor a 2.1×10^6, porque $3.5 > 2.1$. Explica su error y corrígelo.

16. Da un número en notación científica que esté entre los dos números en una recta numérica.

7.1×10^3 y 71,000,000

Calcular con notación científica

Puedo... Hacer cálculos con números escritos en notación científica.

Aprender Multiplicar y dividir con notación científica

Para resolver problemas de la vida diaria con números escritos en notación científica, es probable que necesites multiplicar o dividir estos números. Dado que los números escritos en notación científica tienen exponentes, a veces las leyes de exponentes pueden usarse al operar con ellos.

Con todas las operaciones, suele ser útil escribir los números igual, notación científica o forma estándar, antes de resolverlas.

Al hacer estas operaciones con números escritos en notación científica...	Recuerda...
Multiplicación	Usar la propiedad del producto de potencias.
División	Usar la propiedad del cociente de potencias.

Ejemplo 1 Multiplicar con notación científica

Los científicos estiman que hay más de 3.5×10^6 hormigas por acre en la selva amazónica.

Si la selva amazónica cubre aproximadamente mil millones de acres, halla la cantidad total de hormigas. Escribe en notación científica.

Paso 1 Escribe la cantidad de acres en notación científica.

Mil millones = ☐ × ☐

Paso 2 Multiplica para hallar la cantidad total de hormigas.

$(3.5 \times 10^6) \times (1 \times 10^9)$ — Escribe la expresión.

$= (3.5 \times 1) \times (10^6 \times 10^9)$ — Propiedades conmutativa y asociativa

$= (3.5) \times (10^6 \times 10^9)$ — Multiplica 3.5 por 1.

$= 3.5 \times 10^{6+9}$ — Propiedad del producto de potencias

$= 3.5 \times$ ☐ — Suma los exponentes.

Por lo tanto, la cantidad total de hormigas es 3.5×10^{15}.

¡Piénsalo!
¿Cómo determinarías la multiplicación para resolver este problema?

¡Coméntalo!
En el segundo paso, ¿por qué se usaron las propiedades conmutativa y asociativa?

Tus notas

Verificar

Una moneda de diez centavos tiene 1.35×10^{-3} metros de espesor. ¿Cuál sería la altura, en metros, de una pila de un millón de monedas de diez centavos?

Muestra tu trabajo aquí

¡Piénsalo!
¿Cómo comenzarías a resolver el problema?

Conéctate Puedes completar un ejemplo adicional en línea.

Ejemplo 2 Dividir con notación científica

Las neuronas son células del sistema nervioso que procesan y transmiten información. En promedio, una neurona tiene 5×10^{-6} metros de diámetro. Una pelota de tenis de mesa estándar tiene un diámetro de 0.04 metros.

¿Cuántas veces mayor es el diámetro de una pelota que de una neurona? Escribe tu respuesta en notación científica.

¡Coméntalo!
¿Por qué 0.8×10^4 no está en notación científica? Al escribir 0.8×10^4 en notación científica, ¿por qué necesitas restar 1 al exponente?

Paso 1 Escribe los números en la misma forma.

Escribe el diámetro de la pelota de tenis en notación científica.

$0.04 = \square \times \square$

Paso 2 Divide el diámetro de la pelota por el diámetro de la neurona.

$\frac{4 \times 10^{-2}}{5 \times 10^{-6}} = \left(\frac{4}{5}\right) \times \left(\frac{10^{-2}}{10^{-6}}\right)$ Propiedad asociativa

$= \square \times \left(\frac{10^{-2}}{10^{-6}}\right)$ Divide 4 por 5.

$= 0.8 \times 10^{-2-(-6)}$ Propiedad del cociente de potencias

$= 0.8 \times \square$ Resta los exponentes.

Paso 3 Escribe en notación científica.

Como 0.8×10^4 no está escrito en notación científica, mueve el decimal un lugar a la derecha y resta 1 al exponente.

$0.8 \times 10^4 = \square \times \square$

Por lo tanto, el diámetro de la pelota de tenis de mesa es 8×10^3, o ________ veces mayor que el de la neurona.

Verificar

En un año reciente, la población de China era de 1.3×10^9. De acuerdo con los datos del censo, la población de Estados Unidos era de 308,745,538 habitantes. ¿Cuántas veces mayor era la población de China que la de Estados Unidos?

Muestra tu trabajo aquí

Conéctate Puedes completar un ejemplo adicional en línea.

Aprender Sumar y restar con notación científica

Para sumar y restar números escritos en notación científica, es útil volver a escribir los números, de modo que los exponentes de cada potencia de 10 tengan el mismo valor.

Para sumar 3.6×10^4 a los números que se muestran, dicho número tiene que ser reescrito de modo que los exponentes de cada potencia sean iguales. Vuelve a escribir cada número de modo que tenga un exponente de 4.

$1.43 \times 10^3 = \square \times 10^4$

$1.43 \times 10^5 = \square \times 10^4$

$1.43 \times 10^2 = \square \times 10^4$

Una vez que los números escritos en notación científica tengan el mismo exponente en la potencia de 10, puedes usar la propiedad distributiva para sumar o restar.

$(4.36 \times 10^5) + (2.09 \times 10^6)$

$= (4.36 \times 10^5) + (20.9 \times 10^5)$ Escribe con la misma potencia de 10.

$= (4.36 + 20.9) \times 10^5$ Propiedad distributiva

$= (25.26) \times 10^5$ Suma 4.36 y 20.9.

$= 2.526 \times 10^6$ Escribe en notación científica.

Puedes escribir también cada número en forma estándar antes de resolver o verificar tu trabajo.

¡Coméntalo!

Explica por qué no puedes sumar los exponentes en las potencias de 10 al sumar las expresiones.

¡Piénsalo!

¿Tienen las potencias de 10 el mismo exponente?

¡Coméntalo!

Describe otro método que puedes usar para resolver la expresión.

Ejemplo 3 Sumar y restar con notación científica

Resuelve $(1.45 \times 10^9) - (2.84 \times 10^8)$. Expresa el resultado en notación científica.

$(1.45 \times 10^9) - (2.84 \times 10^8)$	Escribe la expresión.
$= (14.5 \times 10^8) - (2.84 \times 10^8)$	Escribe 1.45×10^9 como 14.5×10^8.
$= (\square - \square) \times 10^8$	Propiedad distributiva
$= \square \times 10^8$	Resta 2.84 a 14.5.
$= \square \times 10^9$	Escribe en notación científica.

Por lo tanto, $(1.45 \times 10^9) - (2.84 \times 10^8) = 1.166 \times 10^9$.

Verificar

Resuelve $(8.41 \times 10^3) + (9.71 \times 10^4)$. Expresa el resultado en notación científica.

Muestra tu trabajo aquí

Conéctate Puedes completar un ejemplo adicional en línea.

Pausa para reflexionar

¿En qué se parecen las formas de escribir las sumas y las restas escritas en notación científica? ¿En qué se diferencian?

Registra tus observaciones aquí

Aplicar Población

En un año reciente, la población mundial era de 7,289,332,000 personas. La población de Estados Unidos era de 3×10^8. ¿Cuántas veces mayor era la población mundial que la de Estados Unidos?

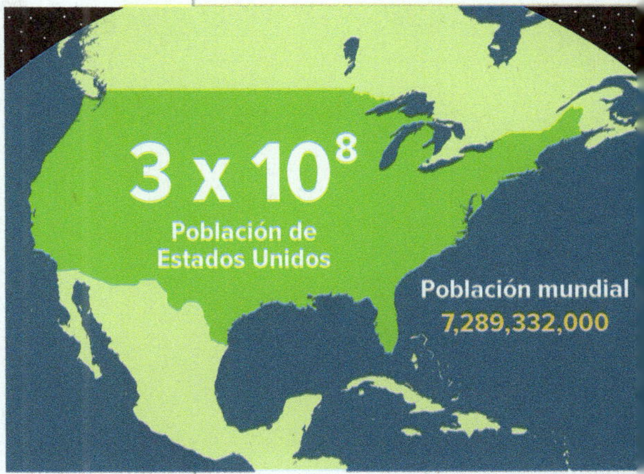

1 ¿Cuál es la tarea?

Asegúrate de comprender la pregunta que debes responder o el problema que debes resolver. Lee el problema tres veces. Comenta las preguntas con un compañero.

Primera vez Describe el problema con tus palabras.
Segunda vez ¿Qué operaciones matemáticas observas?
Tercera vez ¿Cuál es la pregunta?

2 ¿Cómo puedes resolver la tarea? ¿Qué estrategias puedes usar?

Registra tus observaciones aquí

3 ¿Cuál es la solución?

Usa tu estrategia para resolver el problema.

Muestra tu trabajo aquí

¡Coméntalo!
¿Por qué es útil redondear la población mundial?

4 ¿Cómo puedes demostrar que tu solución es razonable?

¡Escríbelo! Escribe un argumento que puedas usar para defender la solución.

Verificar

En 2005, se enviaron 8.1×10^{10} mensajes de texto en Estados Unidos. En 2010, la cantidad anual de mensajes de texto había aumentado a 1,810,000,000,000. ¿Cuántas veces mayor fue la cantidad de mensajes de texto en 2010 que en 2005?

Muestra tu trabajo aquí

Conéctate Puedes completar un ejemplo adicional en línea.

Pausa para reflexionar

¿Te has preguntado cuándo podrías usar los conceptos que aprendiste en la clase de matemáticas? ¿Cuáles son algunas situaciones de la vida diaria en las que podrías usar lo que aprendiste hoy?

Registra tus observaciones aquí

Nombre ______ Período ______ Fecha ______

Práctica

Conéctate Puedes completar tu tarea en línea.

1. Hay aproximadamente 3×10^{11} estrellas en nuestra galaxia y alrededor de 100 mil millones de galaxias en el universo. Imagina que todas las galaxias tienen tantas estrellas como la nuestra. ¿Cuántas estrellas hay en el universo? Escribe en notación científica. (Ejemplo 1)

2. Se sabe que las ballenas jorobadas pueden llegar a pesar 80,000 libras. El diminuto kril que comen pesa solo 2.1875×10^{-3} libras. ¿Cuántas veces mayor es el peso de una ballena jorobada? (Ejemplo 2)

Resuelve. Expresa cada resultado en notación científica. (Ejemplo 3)

3. $(1.28 \times 10^5) + (1.13 \times 10^3) =$ ______

4. $(7.26 \times 10^6) - (1.3 \times 10^4) =$ ______

5. La velocidad de la luz es de aproximadamente 1.86×10^5 millas por segundo. La estrella Sirius está a unas 5.062×10^{13} millas de la Tierra. ¿Cuántos segundos le lleva a la luz viajar de Sirius a la Tierra? Escribe en notación científica, redondeado a la centésima más cercana.

Práctica para la evaluación

6. **Elemento de la tabla** En la tabla, se muestra la cantidad de dinero recaudado por cada región. Las cuatro regiones recaudaron un total de $\$(5.38 \times 10^4)$. ¿Cuánto recaudó la región Oeste?

Región	Cantidad recaudada ($)
Este	1.46×10^4
Norte	2.38×10^4
Sur	6.75×10^3
Oeste	

Aplicar

7. Se descubrió que una bacteria tiene una masa de 2×10^{-12} gramos. Después de 30 horas, una bacteria fue reemplazada por una población de 480,000,000 bacterias. ¿Cuál es la masa de la población de bacterias después de 30 horas? Escribe tu respuesta en notación científica.

8. Al comienzo del día laboral, la caja fuerte de un banco tenía \$575,900. Al final del día, se habían agregado $\$(3.5 \times 10^3)$ a la caja fuerte. ¿Cuánto dinero tenía la caja fuerte del banco al final del día laboral? Escribe tu respuesta en forma estándar.

Problemas de pensamiento de orden superior

9. Explica cómo las propiedades de producto de potencias y cociente de potencias te permiten multiplicar y dividir números en notación científica.

10. MP **Perseverar con los problemas** Una piscina olímpica contiene 6.6043×10^5 galones de agua. Una manguera de jardín estándar puede suministrar 9 galones de agua por minuto. Si la manguera de jardín llena la piscina 24 horas por día, ¿cuántos días llevaría llenar la piscina olímpica? Explica tu razonamiento.

11. MP **Hallar el error** Miguel halló el cociente $\frac{5.78 \times 10^5}{0.000002}$ como 0.289. Halla su error y corrígelo.

12. MP **Ser preciso** Un *googol* es el número 1 seguido de 100 ceros. La masa de la Tierra es de 5.972×10^{24} kilogramos. ¿Cuántas Tierras se necesitan para tener una masa total de 1 *googol* kilogramos?

Repaso

Foldables Usa tu Foldable para revisar el módulo.

Leyes de los exponentes

Descripción

Descripción

Descripción

Descripción

¡Califícate!

Cuando hayas terminado el módulo, completa el cuadro que está al principio. Coloca una marca en cada fila que corresponda a lo que sabes sobre cada tema.

Reflexión sobre el módulo

Usa lo que aprendiste sobre razones y tasas para completar el organizador gráfico.

Pregunta esencial

¿Por qué son útiles los exponentes al trabajar con números muy grandes o muy pequeños?

	Palabras	Álgebra	Números
Propiedad del producto de potencias			
Propiedad del cociente de potencias			
Propiedad de la potencia de una potencia			
Propiedad de la potencia de un producto			
Notación científica			

Nombre ______ Período ______ Fecha ______

Práctica para la prueba

1. Opción múltiple ¿Cuál de las siguientes opciones representa la expresión $a \cdot b \cdot a \cdot a \cdot b \cdot a \cdot b \cdot b \cdot a \cdot b \cdot b \cdot b$ usando exponentes? (Lección 1)

Ⓐ $a^7 \cdot b^5$

Ⓑ $a^5 \cdot b^7$

Ⓒ $a^5 \cdot b^5$

Ⓓ $a^7 \cdot b^7$

2. Editor de ecuaciones En la tabla, se muestra la cantidad de entradas a un parque de diversiones vendidas en los últimos 3 días. ¿Cuántas entradas más se vendieron el domingo que el viernes? (Lección 1)

Día	Entradas vendidas
Viernes	$2^4 \cdot 3^2 \cdot 5^3$
Sábado	$2^2 \cdot 3^4 \cdot 7 \cdot 13$
Domingo	$3^6 \cdot 5 \cdot 7$

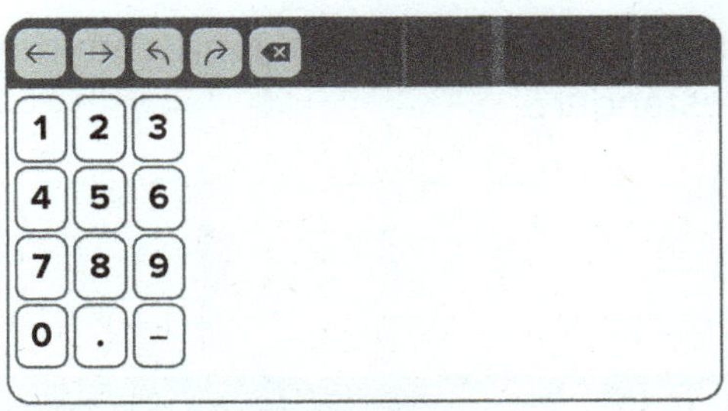

3. Respuesta abierta Louis compara las poblaciones de varias ciudades cercanas. La población de Liberty Crossing puede escribirse como 4^9 personas, y la población de Harrisburg puede escribirse como 4^7 personas. La población de Glenview es 4^3 veces la población de Harrisburg. Escribe los nombres de las ciudades desde la ciudad con la menor población hasta la ciudad con la mayor población. (Lección 2)

4. Respuesta abierta Simplifica la expresión $(-3m^2)(-5m^7)$. Explica tu proceso y justifica cada paso nombrando la propiedad correcta. (Lección 2)

5. Elemento de la tabla Indica si cada enunciado es *correcto* o *incorrecto*. (Lección 3)

	correcto	incorrecto
$(d^4)^3 = d^{12}$		
$(n^5)^{10} = n^{15}$		
$(k^7)^3 = k^{21}$		

6. Selección múltiple Una sala cuadrada tiene longitudes de lados que se pueden representar mediante la expresión $6x^3$ pies. Kyra quiere cubrir el piso con baldosas cuadradas con longitudes de lados que puedan representarse con la expresión $3x$ pies. (Lección 3)

A. ¿Cuáles de los siguientes enunciados son correctos? Escoge todas las opciones correctas.

☐ El área de una baldosa es $3x^2$ pies^2.

☐ El área de una baldosa es $9x^2$ pies^2.

☐ El área del piso es $36x^3$ pies^2.

☐ El área del piso es $18x^4$ pies^2.

☐ El área del piso es $36x^6$ pies^2.

B. Si $x = 3$, entonces, ¿qué cantidad de baldosas será necesaria para cubrir el piso?

7. Respuesta abierta Expresa la fracción $\frac{1}{6^4}$ con un exponente negativo. (Lección 4)

8. Elemento de la tabla Coloca una X en la columna correcta para indicar si cada enunciado es verdadero *a veces, siempre* o *nunca*. (Lección 4)

	a veces	siempre	nunca
$4^0 = 1$			
$n^0 = 1$			
$z^0 = 1, z \neq 0$			

9. Opción múltiple ¿Qué expresión representa $w^{-7} \cdot w^3$ escrita en su mínima expresión? (Lección 4)

Ⓐ $\frac{1}{w^4}$

Ⓑ w^{-4}

Ⓒ $\frac{1}{w^{-4}}$

Ⓓ w^4

10. Editor de ecuaciones Escribe 33,800,000 en notación científica. (Lección 5)

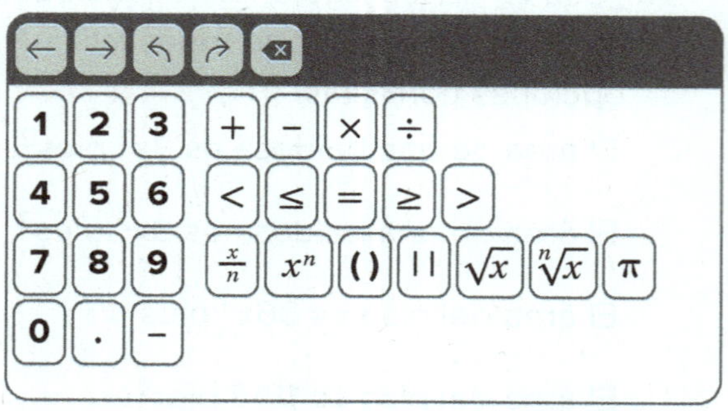

11. Respuesta abierta Escribe 7.2×10^{-3} en forma estándar. (Lección 5)

12. Opción múltiple ¿Cuál de las siguientes opciones es más apropiada para describir la distancia promedio de la Tierra al Sol? (Lección 5)

Ⓐ 1.5×10^{14} mm

Ⓑ 1.5×10^{13} cm

Ⓒ 1.5×10^{11} m

Ⓓ 1.5×10^{8} km

13. Respuesta abierta Resuelve la expresión $(7.2 \times 10^7) + (5.5 \times 10^6)$. Expresa el resultado en notación científica. (Lección 6)

14. Editor de ecuaciones Ryan descargó un videojuego en su computadora. El tamaño del archivo era de 2.4×10^5 kilobytes. Después de que se había instalado el juego, descargó un archivo adicional para el juego de un tamaño de 48,000 kilobytes. (Lección 6)

A. ¿Cuál es el tamaño del juego en forma estándar?

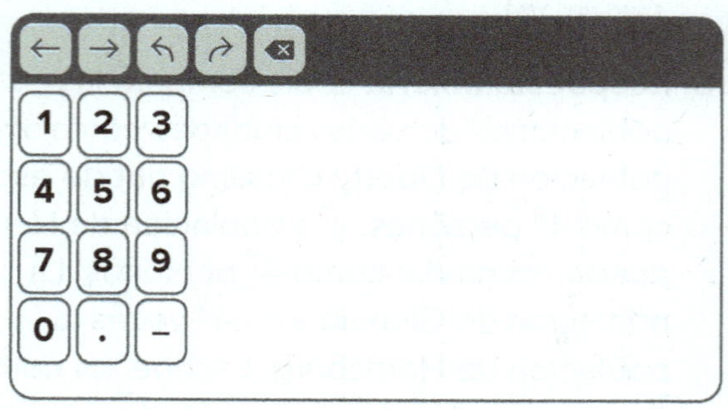

B. ¿Cuántas veces más grande es el archivo del juego que el archivo adicional?

Módulo 5

Números reales

Pregunta esencial

¿Por qué clasificamos los números?

¿Qué aprenderás?

Haz una marca (✓) en cada fila para indicar lo que sabes sobre cada tema **antes** de comenzar este módulo.

CLAVE

□ — No lo sé. ◇ — Lo escuché. ☆ — Lo sé.

	Antes			Después		
	□	◇	☆	□	◇	☆
hallar raíces cuadradas y cúbicas						
identificar números reales						
describir conjuntos de números reales						
estimar números irracionales						
comparar y ordenar números reales						
representar gráficamente números reales en una recta numérica						

Foldables Recorta el Foldable y pégalo al Repaso al final del módulo. Puedes usar el Foldable a lo largo del módulo mientras aprendes números reales.

¿Qué palabras de vocabulario aprenderás?

Haz una marca junto a cada palabra de vocabulario que conozcas.

- ☐ contraejemplo
- ☐ cuadrado perfecto
- ☐ cubo perfecto
- ☐ número irracional
- ☐ números naturales
- ☐ número real
- ☐ operaciones inversas
- ☐ raíz cuadrada
- ☐ raíz cuadrada principal
- ☐ raíz cúbica
- ☐ símbolo de raíz cuadrada
- ☐ truncar

¿Estás listo?

Estudia el Repaso rápido para ver si estás listo para comenzar este módulo. Luego, completa el cuadro Comprobación rápida.

Repaso rápido

Ejemplo 1

Clasificar números

¿Qué números de la siguiente lista son números naturales?

$$5, -7, \frac{1}{2}, -\frac{2}{3}, 0, 2$$

Un número natural es un número cardinal, como 1, 2, 3, … .

Por lo tanto, 5 y 2 son números naturales.

Ejemplo 2

Comparar números racionales

Completa con $<$, $>$ o $=$ para que $\frac{3}{5}$ _____ 0.6666... sea un enunciado verdadero.

Dado que $\frac{3}{5} = 0.6$ y 0.6 es menor que 0.6666..., $\frac{3}{5} < 0.6666...$.

Comprobación rápida

1. La temperatura disminuyó 6 °F, lo cual puede representarse como -6. ¿Es -6 un número natural o entero?

2. Completa con $<$, $>$ o $=$ para que $-2\frac{1}{3}$ _____ -2.5 sea un enunciado verdadero.

¿Cómo te fue?

¿Qué ejercicios respondiste correctamente en el cuadro Comprobación rápida? Sombrea los números de los ejercicios a la derecha.

① ②

Raíces

Puedo... hallar raíces cuadradas y cúbicas y usarlas para resolver ecuaciones que incluyan cuadrados y cubos perfectos.

Explorar Hallar raíces cuadradas con un modelo cuadrado

Actividad en línea Usa el Web Sketchpad para explorar cómo usar modelos cuadrados para hallar raíces cuadradas.

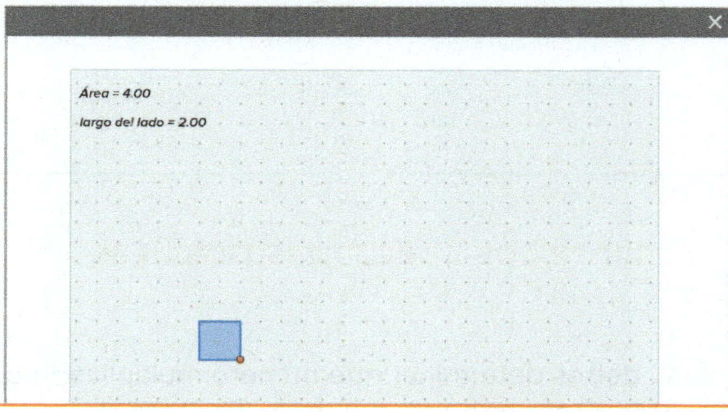

¿Qué palabras de vocabulario aprenderás?

cuadrado perfecto

cubo perfecto

raíz cuadrada

raíz cúbica

operaciones inversas

raíz cuadrada principal

símbolo de raíz cuadrada

Aprender Raíces cuadradas

Palabras
La **raíz cuadrada** de un número es uno de sus dos factores iguales.
Símbolos
Si $x^2 = y$, por lo tanto x es la raíz cuadrada de y.
Ejemplo
$5^2 = 25$, por lo tanto 5 es la raíz cuadrada de 25.

¡Coméntalo!

¿Por qué crees que el término *cuadrado perfecto* tiene el adjetivo *perfecto*? ¿Qué números no son cuadrados perfectos? Explica por qué.

Un **cuadrado perfecto** es un número racional cuya raíz cuadrada es un número entero no negativo. Completa la tabla con los siguientes cuadrados perfectos.

Cuadrado perfecto	1	4	9	16	25	36	49	64
Raíz cuadrada	1	2	3	4				

(continúa en la página siguiente)

Tus notas

¡Coméntalo!
¿De cuántas maneras diferentes puedes representar y describir la raíz cuadrada de 16?

¡Piénsalo!
¿Cómo sabes que esta es una raíz cuadrada positiva?

Todo número positivo tiene tanto una raíz cuadrada positiva como una negativa.

Dado que $3 \cdot 3 = 9$, ________ es la raíz cuadrada de 9.

Dado que $(-3) \cdot (-3) = 9$, ________ es la raíz cuadrada de 9.

Por lo tanto, 9 tiene dos raíces cuadradas, 3 y −3.

En la mayoría de las situaciones de la vida diaria, solo se considera la **raíz cuadrada principal** o positiva. El **símbolo de raíz cuadrada**, $\sqrt{\ }$, se usa para indicar la raíz cuadrada principal. Cuando se necesitan las dos raíces cuadradas, la positiva y la negativa, se usa el símbolo ± antes del símbolo de raíz cuadrada.

$\sqrt{25} = \square$ $\quad -\sqrt{25} = \square$ $\quad \pm\sqrt{25} = \square$

Ejemplo 1 Hallar raíces cuadradas positivas

Simplifica $\sqrt{64}$.

Para simplificar $\sqrt{64}$, debes determinar qué número multiplicado por sí mismo es igual a 64.

Halla los factores de 64. ____________________

Halla la raíz cuadrada.

$\sqrt{64} = \square$ Halla la raíz cuadrada positiva de 64; $8^2 = 64$.

Por lo tanto, $\sqrt{64} = 8$.

Verificar

Simplifica $\sqrt{225}$.

Muestra tu trabajo aquí

Conéctate Puedes completar un ejemplo adicional en línea.

Ejemplo 2 Hallar las dos raíces cuadradas

Simplifica $\pm\sqrt{1.21}$.

Paso 1 Dado que hay un número par de decimales, halla la raíz cuadrada de 121. Determina qué número, multiplicado por sí mismo, es igual a 121.

$\sqrt{121} = \square$

Paso 2 Determina dónde ubicar el punto decimal en 11.
Existen solo dos opciones donde ubicar el punto decimal en el número 11, ya sea antes de cada dígito (0.11) o entre los dígitos (1.1). Dado que 1.21 tiene dos lugares decimales, la suma del número de lugares decimales en cada factor debe ser igual a 2.

Si multiplicas 0.11 • 0.11, el producto tendrá ________ lugares decimales.

Si multiplicas 1.1 • 1.1, el producto tendrá ________ lugares decimales.

Por lo tanto, $\pm\sqrt{121} = \pm 1.1$.

Verificar

Simplifica$\pm\sqrt{1.44}$.

Muestra tu trabajo aquí

Conéctate Puedes completar un ejemplo adicional en línea.

Ejemplo 3 Hallar raíces cuadradas negativas

Simplifica $-\sqrt{\frac{25}{36}}$.

Halla la raíz cuadrada de $\frac{25}{36}$. Luego, agrega el signo negativo.

$-\sqrt{\frac{25}{36}} = -\frac{\square}{\square}$

Halla la raíz cuadrada negativa de $\frac{25}{36}$; $\left(\frac{5}{6}\right)^2 = \frac{25}{36}$.

Por lo tanto, $-\sqrt{\frac{25}{36}} = -\frac{5}{6}$.

¡Piénsalo!
¿Qué indica el símbolo $\pm$ antes del símbolo de raíz cuadrada?

Verificar

Simplifica $-\sqrt{\frac{49}{64}}$.

Muestra tu trabajo aquí

¡Piénsalo!

¿Puedes pensar en un número que, multiplicado por sí mismo, sea igual a −16? ¿Por qué?

Ejemplo 4 Raíces cuadradas de números negativos

Simplifica $\sqrt{-16}$ usando números racionales. Si no se puede simplificar la expresión, explica el motivo.

Para simplificar $\sqrt{-16}$, debes determinar qué número, multiplicado por sí mismo, es igual a −16.

No existe una raíz cuadrada de número racional de −16 porque

______________ multiplicado por sí mismo es igual a −16.

Por lo tanto, $\sqrt{-16}$ no puede simplificarse y no tiene una solución de número racional.

¡Coméntalo!

¿Cuál es la diferencia entre $\sqrt{-16}$ y $-\sqrt{16}$?

Verificar

Simplifica $\sqrt{-81}$ usando números racionales. Si no se puede simplificar la expresión, explica el por qué.

Muestra tu trabajo aquí

Conéctate Puedes completar un ejemplo adicional en línea.

Aprender Usar las raíces cuadradas para resolver ecuaciones

Puedes resolver ecuaciones usando operaciones inversas. Las **operaciones inversas** se cancelan una a la otra. Elevar un número al cuadrado y hallar la raíz cuadrada son operaciones inversas.

Elevar un número al cuadrado	**Hallar la raíz cuadrada**
$9^2 = \square$	$\sqrt{81} = \square$

Para resolver una ecuación de la forma $x^2 = p$ para x, debes cancelar las operaciones de elevación al cuadrado de x hallando la raíz cuadrada de cada lado.

$x^2 = p$	Escribe la ecuación.
$\pm\sqrt{x^2} = \pm\sqrt{p}$	Halla la raíz cuadrada de cada lado.
$x = \pm p$	Simplifica.

Existirán dos soluciones, una raíz cuadrada positiva y una negativa.

Ejemplo 5 Usar las raíces cuadradas para resolver ecuaciones

Resuelve $t^2 = 169$. Verifica tu solución.

$t^2 = 169$	Escribe la ecuación.
$\pm\sqrt{t^2} = \pm\sqrt{169}$	Halla la raíz cuadrada de cada lado.
$t = \pm\square$	Definición de raíz cuadrada
$t = 13$ o -13	Simplifica.

Por lo tanto, las soluciones a la ecuación son ______ o ______.

Verificar

Resuelve $y^2 = 256$.

Muestra tu trabajo aquí

Conéctate Puedes completar un ejemplo adicional en línea.

¡Coméntalo!

Observa la ecuación $x^2 = 121$.

- Si x es un número positivo, ¿qué es x^2?
- Si x es un número negativo, ¿qué es x^2?
- ¿Cuántas soluciones tiene la ecuación? ¿Cuáles son?

¡Coméntalo!

¿Por qué hallamos la raíz cuadrada de cada lado de la ecuación? ¿Por qué esta ecuación tiene dos soluciones?

Aprender Raíces cúbicas

¡Coméntalo!

¿Por qué crees que el término *raíz cúbica* contiene el término *cúbica*?

Palabras
La **raíz cúbica** de un número es uno de sus tres factores iguales.
Símbolos
Si $x^3 = y$, por lo tanto $x = \sqrt[3]{y}$.
Números
Dado que $2^3 = 8$, 2 es la raíz cúbica de 8. Dado que $(-6)^3 = -216$, -6 es la raíz cúbica de -216.

Cada entero tiene exactamente una raíz cúbica. Completa la tabla que demuestra este concepto.

	Regla	Ejemplo
Raíz cúbica de un número positivo	La raíz cúbica de un número positivo es positiva.	$\sqrt[3]{27} =$ ☐ $\sqrt[3]{125} =$ ☐
Raíz cúbica de cero	La raíz cúbica de cero es cero.	$\sqrt[3]{0} =$ ☐
Raíz cúbica de un número negativo	La raíz cúbica de un número negativo es negativa.	$\sqrt[3]{-27} =$ ☐ $\sqrt[3]{-125} =$ ☐

Un **cubo perfecto** es un número que es el cubo de un entero.

Completa la tabla con los siguientes cubos perfectos.

Cubo perfecto	1	−1	8	−8	27	−27	64	−64
Raíz cúbica	1	−1	2	−2				

Pausa para reflexionar

Compara y contrasta las raíces cuadradas y cúbicas.

Registra tus observaciones aquí

Ejemplo 6 Raíces cúbicas de números positivos

Simplifica $\sqrt[3]{125}$.

Para poder simplificar $\sqrt[3]{125}$, debes determinar qué número, multiplicado 3 veces, es igual a 125.

$\sqrt[3]{125} = \square$ $5^3 = 5 \cdot 5 \cdot 5$ o 125

Por lo tanto, $\sqrt[3]{125} = 5$.

Verificar

Simplifica $\sqrt[3]{216}$.

Muestra tu trabajo aquí

Ejemplo 7 Raíces cúbicas de números negativos

Simplifica $\sqrt[3]{-27}$.

Para poder simplificar $\sqrt[3]{-27}$ debes determinar qué número, multiplicado 3 veces, es igual a −27.

$\sqrt[3]{-27} = \square$ $(-3)^3 = (-3) \cdot (-3) \cdot (-3)$, o -27

Por lo tanto, $\sqrt[3]{-27} = -3$.

Verificar

Simplifica $\sqrt[3]{-1{,}000}$.

Muestra tu trabajo aquí

¡Piénsalo!
¿La respuesta será un número negativo o positivo?

¡Coméntalo!
¿Cuál es la diferencia entre la raíz cúbica de un número negativo y la raíz cuadrada de un número negativo?

Conéctate Puedes completar un ejemplo adicional en línea.

Ejemplo 8 Usar raíces cúbicas para resolver ecuaciones

Dylan tiene una maceta con forma de cubo que contiene 15.625, o $\frac{125}{8}$, pies cúbicos de tierra abonada.

Resuelve la ecuación $s^3 = \frac{125}{8}$ para determinar el largo del lado s del recipiente. Verifica tu solución.

Para resolver una ecuación de la forma $x^3 = p$, halla la raíz cúbica de cada lado de la ecuación.

$s^3 = \frac{125}{8}$ Escribe la ecuación.

$\sqrt[3]{s^3} = \sqrt[3]{\frac{125}{8}}$ Halla la raíz cúbica de cada lado.

$s = \frac{5}{2}$ o $\square$ Definición de raíz cúbica

Por lo tanto, cada lado del recipiente mide $2\frac{1}{2}$ pies.

Verifica la solución.

$s^3 = \frac{125}{8}$ Escribe la ecuación.

$\left(\frac{5}{2}\right)^3 \stackrel{?}{=} \frac{125}{8}$ Reemplaza la s con $\frac{5}{2}$.

$\frac{125}{8} = \frac{125}{8}$ Simplifica. La solución, $\frac{5}{2}$, o $2\frac{1}{2}$, es correcta.

Verificar

Una caja con forma de cubo tiene un volumen de $\frac{512}{27}$ pulgadas cúbicas. Resuelve $s^3 = \frac{512}{27}$ para hallar el largo s de un lado de la caja.

Muestra tu trabajo aquí

Conéctate Puedes completar un ejemplo adicional en línea.

Aplicar Tablero de anuncios

Un tablero de anuncios está formado por cuatro cuadrados de corcho, de igual tamaño, dispuestos en fila para formar un rectángulo. Si el área total de los cuatro cuadrados de corcho es de 36 pies cuadrados, ¿cuál es el largo, en pies, del tablero de anuncios?

1 ¿Cuál es la tarea?

Asegúrate de comprender la pregunta que debes responder o el problema que debes resolver. Lee el problema tres veces. Comenta las preguntas con un compañero.

Primera vez Describe el problema con tus palabras.
Segunda vez ¿Qué operaciones matemáticas observas?
Tercera vez ¿Cuál es la pregunta?

2 ¿Cómo puedes resolver la tarea? ¿Qué estrategias puedes usar?

Registra tus observaciones aquí

3 ¿Cuál es la solución?

Usa tu estrategia para resolver el problema.

Muestra tu trabajo aquí

4 ¿Cómo puedes demostrar que tu solución es razonable?

¡Escríbelo! Escribe un argumento que puedas usar para defender tu solución.

¡Coméntalo!
¿Cómo cambiarían el largo y el ancho del tablero si los cuatro cuadrados de corcho estuvieran dispuestos como un cuadrado? ¿Cómo afectaría esto al área?

Verificar

Un conjunto de ventanas está formado por tres cuadrados de igual tamaño, dispuestos en fila para formar un rectángulo. Si el área total de las tres ventanas es de 108 pies cuadrados, ¿cuál es la longitud, en pies, de las ventanas?

Muestra tu trabajo aquí

Conéctate Puedes completar un ejemplo adicional en línea.

Pausa para reflexionar

Haz un organizador gráfico que te ayude a estudiar el vocabulario y los conceptos aprendidos en esta lección.

Registra tus observaciones aquí

Nombre ______________________ Período ______________ Fecha ______________

Práctica

Conéctate Puedes completar tu tarea en línea.

Simplifica usando números racionales. Si no se puede simplificar la expresión, explica por qué. (Ejemplos 1 a 4)

1. $\sqrt{361}$ = ________

2. $\pm\sqrt{1.96}$ = ________

3. $-\sqrt{\frac{9}{16}}$ = ________

4. $\sqrt{-441}$ = ________

5. Resuelve $m^2 = 0.04$. (Ejemplo 5) ________

Simplifica usando números racionales. (Ejemplos 6 y 7)

6. $\sqrt[3]{343}$ = ________

7. $\sqrt[3]{-512}$ = ________

8. El pilón de una fuente de agua tiene forma de cubo y un volumen de 91.125 pies cuadrados. Resuelve $s^3 = 91.125$ para hallar la longitud s de uno de los lados del pilón. (Ejemplo 8)

9. Moesha tiene 196 plantas de pimientos que desea plantar en forma de cuadrado. ¿Cuántas plantas de pimientos debería plantar en cada fila?

Práctica para la prueba

10. Editor de ecuaciones ¿Cuál es el valor de p en la ecuación que se muestra?

$p^3 = -0.027$

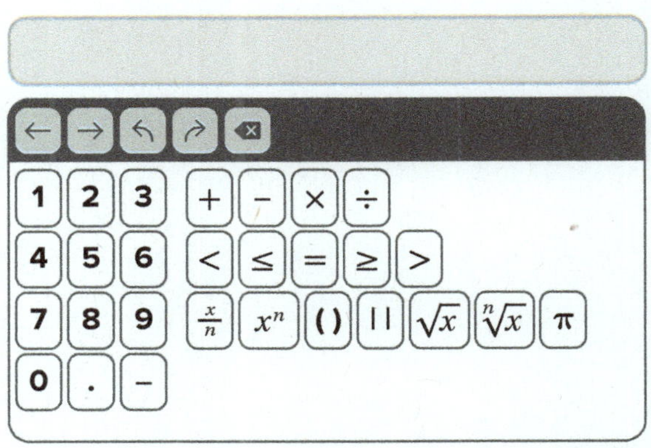

Aplicar

11. Un camino de cemento está formado por seis cuadrados de cemento de igual tamaño, dispuestos en fila para formar un rectángulo. Si el área total del camino es de 96 pies cuadrados, ¿cuál es la longitud, en pies, del camino?

12. Un *collage* fotográfico está formado por siete fotos cuadradas de igual tamaño, dispuestas en fila para formar un rectángulo. Si el área total del *collage* es de 567 pulgadas cuadradas, ¿cuál es la longitud del *collage*?

Problemas de pensamiento de orden superior

13. MP **Razonamiento inductivo** Explica por qué $\sqrt[3]{8}$ es un número racional, pero $\sqrt{8}$ no es un número racional.

14. Da un ejemplo de cuándo el decimal equivalente a una raíz cuadrada se redondearía a un valor aproximado. Explica por qué es correcto redondear.

15. Escribe un número que complete la analogía:

x^2 es a 441 como x^3 es a ________.

16. MP **Identificar un razonamiento repetido** Simplifica cada expresión. Luego, escribe una regla para el patrón.

a. $(\sqrt{81})^2 =$ ________

b. $\left(\sqrt{\frac{9}{16}}\right)^2 =$ ________

c. $(\sqrt{0.04})^2 =$ ________

d. $(\sqrt{t})^2 =$ ________

Números reales

Puedo... identificar números irracionales y nombrar el o los conjuntos de números reales a los cuales pertenece un número real.

¿Qué palabras de vocabulario aprenderás?

contraejemplo

número irracional

números naturales

números reales

Explorar Números reales

Actividad en línea Usarás rectas numéricas para explorar un conjunto de números reales.

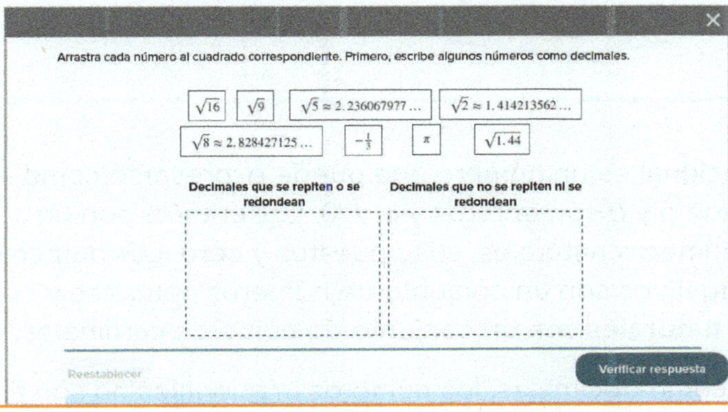

Aprender Números reales

Los **números reales** pueden encontrarse en una recta numérica.

Conéctate Mira la animación para marcar los números −4.5, −1, $\frac{3}{4}$, π, y $\sqrt{21}$ en la recta numérica.

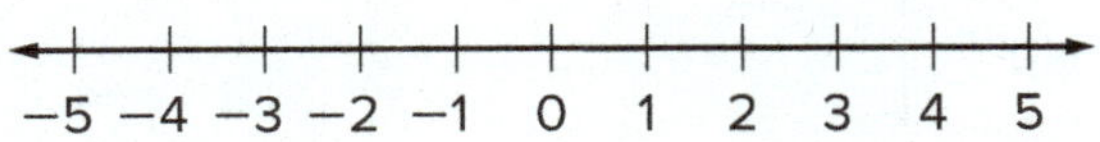

Los números reales pueden ser racionales, con una expansión decimal finita o periódica, o irracionales. Un **número irracional** es un número que no puede expresarse como la razón $\frac{a}{b}$, donde a y b son enteros y $b \neq 0$. Los números irracionales tienen expansiones decimales no finitas y no periódicas.

La raíz cuadrada de cualquier número que no sea un cuadrado perfecto es irracional.

$\sqrt{3} \approx 1.732050808...$ $\sqrt{5} \approx 2.2360679775...$

(continúa en la página siguiente)

Tus notas

¡Coméntalo!

¿Qué conjuntos de números incluyen los números racionales? ¿Por qué es $\sqrt{2}$ un número irracional? ¿π?

Escribe los siguientes números en el diagrama de Venn.

$$-8, -3, -\frac{3}{4}, 0, 18\%, 0.\overline{4}, 0.45, \frac{1}{2}, \pi, 1.21231234..., \sqrt{3}, 4, 9, 10$$

Números reales

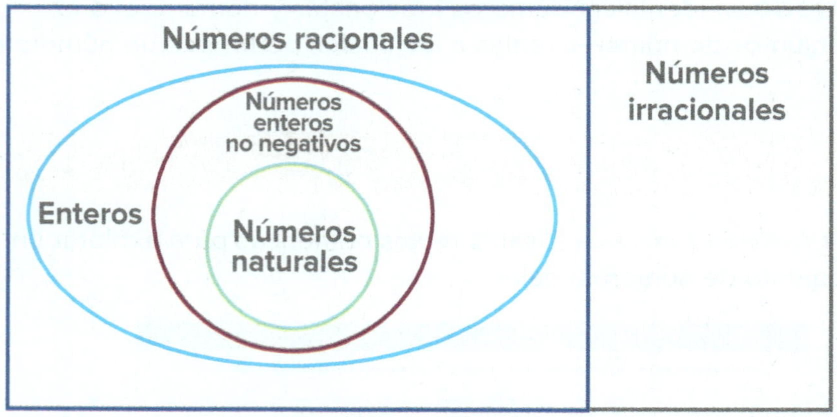

Un número racional es un número que puede expresarse como la razón $\frac{a}{b}$, donde a y b son enteros y $b \neq 0$. Los enteros son un conjunto de números naturales, sus opuestos y cero. Los números enteros no negativos son un conjunto de números naturales y cero. Los **números naturales** son un conjunto de números cardinales.

Al escribirlos como decimales, los números irracionales no son finitos ni se repiten indefinidamente.

Ejemplo 1 Identificar los números reales

Determina si −25 es *racional* o *irracional*.

¿Puede −25 expresarse como razón en la forma $\frac{a}{b}$?

Sí No

Cuando se lo escribe con la forma $\frac{a}{b}$, ¿son a y b enteros y $b \neq 0$?

Sí No

¡Coméntalo!

El número −25, ¿a qué otros conjuntos de números pertenece?

Un número racional es un número que puede expresarse como la razón de dos enteros.

Dado que $-25 = \frac{\square}{\square}$, −25 es un número racional.

Verificar

Encierra en un círculo si $-\frac{2}{9}$ es *racional* or *irracional*.

Ejemplo 2 Clasificar los números reales

Nombra todos los conjuntos de números a los cuales pertenece el número real 0.2525...

El conjunto de números reales incluye a los números naturales, los números enteros no negativos, los enteros, los números racionales y los números irracionales.

¿Puede 0.2525... expresarse como una razón en la forma $\frac{a}{b}$, donde a y b son enteros y $b \neq 0$?

Sí No

¿Es 0.2525... del conjunto de enteros {..., –3, –2, –1, 0, 1, 2, 3, ...}?

Sí No

Por lo tanto, 0.2525... es un número racional porque es igual a $\frac{\square}{\square}$.

Verificar

¿A qué conjunto de números pertenece el número real $\frac{21}{\sqrt{4}}$? Escoge todas las opciones correctas.

Muestra tu trabajo aquí

¡Coméntalo!
¿De qué otra manera se puede escribir 0.2525...?

Conéctate Puedes completar un ejemplo adicional en línea.

¡Piénsalo!

¿Puede simplificarse la raíz cuadrada?

Ejemplo 3 Clasificar los números reales

Nombra todos los conjuntos a los cuales pertenece el número real $\sqrt{36}$.

¿Puede $\sqrt{36}$ expresarse como una razón en la forma $\frac{a}{b}$, donde a y b son enteros y $b \neq 0$?

Sí No

¿Es $\sqrt{36}$ del conjunto de enteros {..., −3, −2, −1, 0, 1, 2, 3, ...}?

Sí No

¿Es $\sqrt{36}$ parte del conjunto de números enteros no negativos {0, 1, 2, 3, ...}?

Sí No

¿Es $\sqrt{36}$ del conjunto de números naturales {1, 2, 3, ...}?

Sí No

Dado que $\sqrt{36}$ = ________, es un número natural, un número entero no negativo, un entero y un número racional.

Verificar

Nombra todos los conjuntos a los cuales pertenece el número real $-\sqrt{64}$.

Muestra tu trabajo aquí

Conéctate Puedes completar un ejemplo adicional en línea.

Ejemplo 4 Clasificar los números reales

Nombra todos los conjuntos de números a los que pertenece el número real $-\sqrt{7}$.

$-\sqrt{7} \approx -2.645751311...$

¿El decimal es finito? ¿Se repite indefinidamente?

Sí No

¿Puede $-\sqrt{7} \approx -2.645751311...$ expresarse como la razón en la forma $\frac{a}{b}$, donde a y b son enteros y $b \neq 0$?

Sí No

El valor decimal de $-\sqrt{7}$ no es finito ni se repite indefinidamente, por lo tanto, es un número irracional.

Verificar

¿A qué conjunto de números pertenece el número real π? Escoge todas las opciones correctas.

Muestra tu trabajo aquí

Pausa para reflexionar

Describe con tus palabras como nombrar todos los conjuntos a los que pertenecen los números reales.

Registra tus observaciones aquí

Conéctate Puedes completar un ejemplo adicional en línea.

¡Piénsalo!

¿Se puede simplificar la raíz cuadrada?

¡Coméntalo!

¿Cómo puedes saber, simplemente al analizar la expresión, que $-\sqrt{7}$ es irracional?

Aprender Describir conjuntos de números reales

Algunos conjuntos de números son subconjuntos de otros conjuntos de números. Por ejemplo, los números irracionales y racionales son subconjuntos de números reales.

Este diagrama de Venn muestra los conjuntos de números reales.

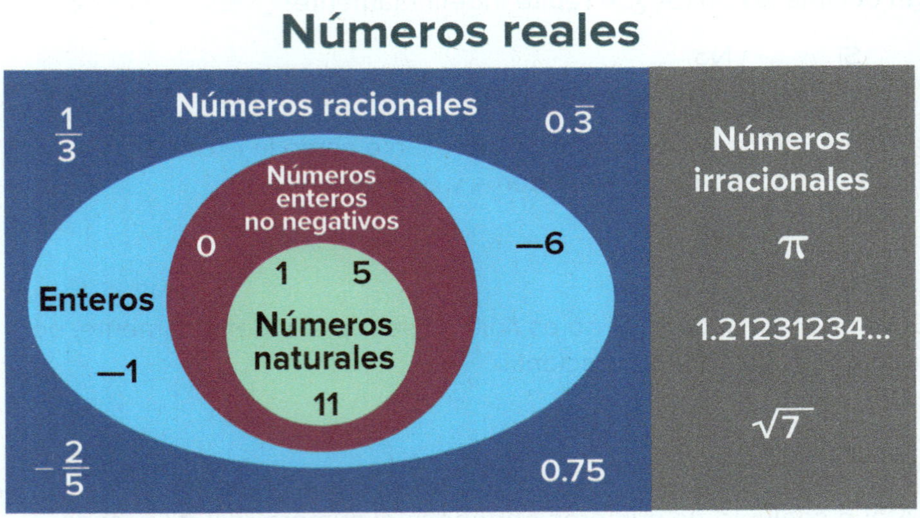

Conéctate Mira la animación o usa el diagrama de Venn para completar las siguientes oraciones.

Los números __________ son un subconjunto de los números enteros no negativos.

Los números______________________ son subconjuntos de los enteros.

Los enteros son un subconjunto de los números __________.

Los números racionales e irracionales son subconjuntos de los números ______.

Si un enunciado es falso, puedes dar un **contraejemplo**, que es una afirmación o un ejemplo que muestra que la conjetura es falsa.

Pausa para reflexionar

Describe la forma decimal de los números irracionales. ¿Cómo se representan en el diagrama de Venn?

Registra tus observaciones aquí

¡Coméntalo!
Los números naturales son un subconjunto de los números enteros no negativos. ¿Qué otros subconjuntos de números se muestran en el diagrama de Venn?

Ejemplo 5 Describir conjuntos de números reales

Usa el diagrama de Venn para determinar si el enunciado es *verdadero* o *falso*. Si el enunciado es *verdadero*, explica tu razonamiento. Si el enunciado es *falso*, da un contraejemplo.

Todos los números racionales son enteros.

Parte A Determina si el enunciado es *verdadero* o *falso*.
Los enteros son un subconjunto de los números ______________.
Por lo tanto, el enunciado es falso.

Parte B Da un contraejemplo.
Un contraejemplo posible es 0.6. El decimal 0.6 es un número racional, pero no es un número entero.

Verificar

Usa el diagrama de Venn antes provisto para determinar si el enunciado es *verdadero* or *falso*. Si el enunciado es *verdadero*, explica tu razonamiento. Si el enunciado es *falso*, da un contraejemplo.

Todos los números enteros no negativos son números naturales.

Parte A

Determina si el enunciado es *verdadero* o *falso*.

Parte B

Si el enunciado es *verdadero*, explica tu razonamiento. Si el enunciado es *falso*, da un contraejemplo.

Muestra tu trabajo aquí

Conéctate Puedes completar un ejemplo adicional en línea.

¡Piénsalo!
¿Puedes pensar en un número racional que no sea entero?

¡Coméntalo!
¿Cuáles son algunos contraejemplos posibles para el enunciado *todos los números racionales son enteros*?

Ejemplo 6 Describir conjuntos de números reales

Usa el diagrama de Venn para determinar si el enunciado es *verdadero* o *falso*. Si el enunciado es *verdadero*, explica tu razonamiento. Si el enunciado es *falso*, da un contraejemplo.

Todos los números irracionales son números reales.

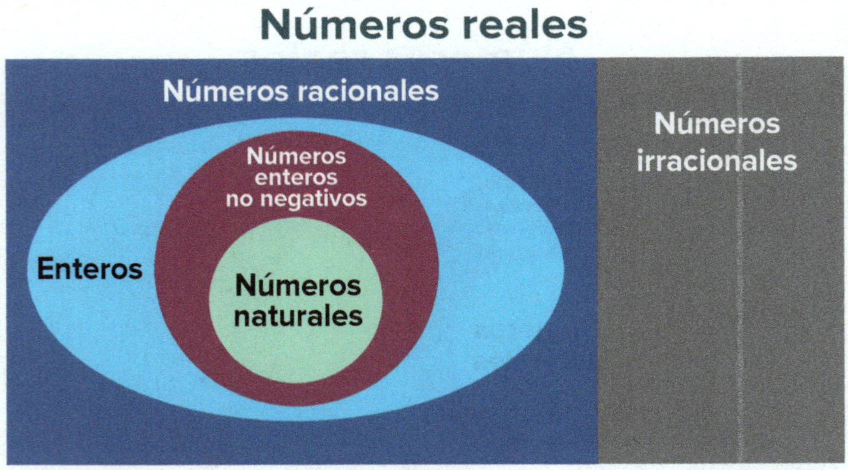

Por definición, los números irracionales son un subconjunto de los números ________. Por lo tanto, los números irracionales son números reales. Entonces, el enunciado es verdadero.

Verificar

Usa el diagrama de Venn antes provisto para determinar si el enunciado es *verdadero* or *falso*.

Todos los números naturales son números enteros no negativos.

Parte A
Determina si el enunciado es *verdadero* o *falso*.

Parte B
Si el enunciado es *verdadero*, explica tu razonamiento. Si el enunciado es *falso*, da un contraejemplo.

Muestra tu trabajo aquí

Conéctate
Puedes completar un ejemplo adicional en línea.

Foldables Es hora de actualizar tu Foldable en el Repaso del módulo, en función de lo que aprendiste en esta lección. Si aún no armaste tu Foldable, encontrarás instrucciones en la página FL1.

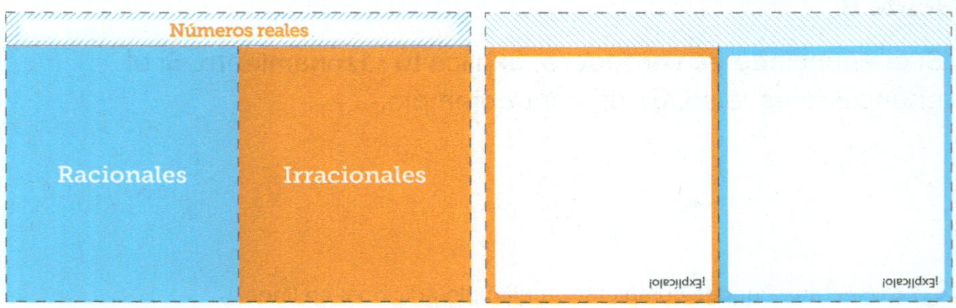

Nombre ______________________ Período ____________ Fecha ____________

Práctica

Conéctate Puedes completar tu tarea en línea.

Identifica si cada número es *racional* o *irracional*. (Ejemplo 1)

1. $-\sqrt{10}$

2. $-\frac{3}{11}$

3. $0.\overline{3}$

4. $\sqrt{81}$

5. 0

6. $-\frac{\sqrt{2}}{2}$

7. $\sqrt{7}$

8. $\frac{\sqrt{2}}{\sqrt{2}}$

Elige todos los conjuntos de números a los cuales pertenece cada número real. (Ejemplos 2–4)

9. $\sqrt[3]{343}$

Ⓐ Racional

Ⓑ Irracional

Ⓒ Entero

Ⓓ Entero no negativo

Ⓔ Natural

10. $\frac{7}{\sqrt{2}}$

Ⓐ Racional

Ⓑ Irracional

Ⓒ Entero

Ⓓ Entero no negativo

Ⓔ Natural

11. $-\frac{7}{1}$

Ⓐ Racional

Ⓑ Irracional

Ⓒ Entero

Ⓓ Entero no negativo

Ⓔ Natural

Determina si cada enunciado es *verdadero* o *falso*. Si el enunciado es *verdadero*, explica tu razonamiento. Si el enunciado es *falso*, da un contraejemplo. (Ejemplos 5 y 6)

12. Un número no puede ser irracional y entero.

13. Todos los enteros son racionales.

Práctica para la prueba

14. Selección múltiple Elige los números que sean parte de un conjunto de números racionales.

- ☐ $-\frac{11}{\sqrt{9}}$
- ☐ $\frac{1}{\sqrt{2}}$
- ☐ $\sqrt{-16}$
- ☐ $\frac{\sqrt[3]{-4096}}{\sqrt{16}}$
- ☐ $\sqrt[3]{4}$
- ☐ 0.333...

Problemas de pensamiento de orden superior

15. MP **Usar herramientas matemáticas** Explica cómo puedes usar una calculadora para determinar si $\sqrt{8}$ expresado como decimal es finito.

MP **Justificar conclusiones** Determina si cada enunciado es *verdadero* o *falso*. Si el enunciado es falso, da un contraejemplo o explica tu razonamiento.

16. El producto de un número racional que no es cero y un número irracional es racional.

17. Expresar $\sqrt{2}$ como la razón $\frac{\sqrt{2}}{1}$ significa que $\sqrt{2}$ es un número racional.

18. El producto de dos números irracionales es irracional.

Estimar números irracionales

Puedo... estimar números irracionales al aproximar sus ubicaciones en una recta numérica o al truncar sus expansiones decimales.

¿Qué palabras de vocabulario aprenderás?
truncar

Explorar Raíces de cuadrados no perfectos

Actividad en línea Usa el Web Sketchpad para explorar cómo hallar la raíz cuadrada de un cuadrado no perfecto.

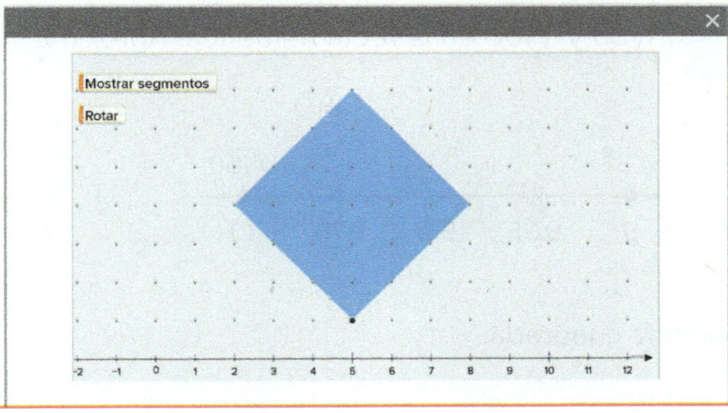

Aprender Estimar números irracionales con una recta numérica

La expansión decimal de un número irracional nunca es periódica o finita. Para escribir la expansión decimal de un número irracional, puedes indicar una aproximación con el símbolo $\approx$. Usa más valores de posiciones para dar aproximaciones más precisas.

Conéctate Mira la animación para ver cómo estimar $\sqrt{8}$ usando la recta numérica con los siguientes pasos:

Paso 1 Dado que 8 se encuentra entre dos cuadrados perfectos, 4 y 9, $\sqrt{4} < \sqrt{8} < \sqrt{9}$.

Paso 2 Representa gráficamente $\sqrt{4} = 2$ y $\sqrt{9} = 3$ en la recta numérica.

Paso 3 Dado que 8 está más cerca del 9 que del 4, representa $\sqrt{8}$ más cerca del $\sqrt{9}$ que del $\sqrt{4}$.

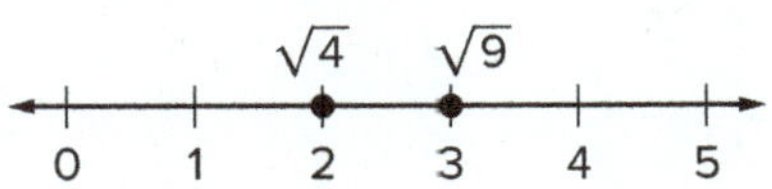

¡Coméntalo!

¿Cómo sabes que $\sqrt{8}$ se encuentra entre 2 y 3? ¿Cómo sabes que $\sqrt{8}$ está más cerca del 3 que del 2?

¡Piénsalo!

¿Cómo empezarías a calcular la raíz cuadrada? ¿Qué cuadrados perfectos están cerca del 83?

Ejemplo 1 Estimar raíces cuadradas al entero más cercano

Estima $\sqrt{83}$ al entero más cercano.

Paso 1 Halla dos cuadrados perfectos entre los que se encuentre el 83. Halla sus raíces cuadradas.

El mayor cuadrado perfecto menor que 83 es ________, y $\sqrt{81}$ = ________.

El menor cuadrado perfecto mayor que 83 es ________, y $\sqrt{100}$ = ________.

Paso 2 Marca $\sqrt{81}$, $\sqrt{83}$ y $\sqrt{100}$ en la recta numérica. Aproxima la ubicación de $\sqrt{83}$.

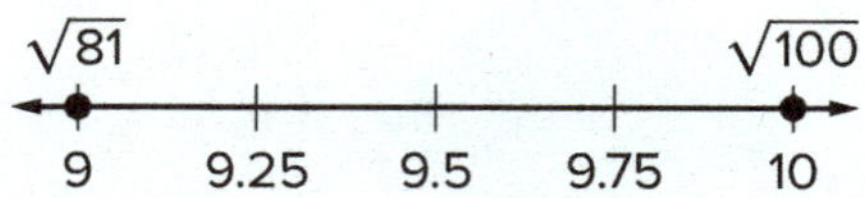

Paso 3 Estima la raíz cuadrada.

$81 < 83 < 100$	Escribe una desigualdad.
$9^2 < 83 < 10^2$	$81 = 9^2$ y $100 = 10^2$
$\sqrt{9^2} < \sqrt{83} < \sqrt{10^2}$	Halla la raíz cuadrada de cada número.
$\square < \sqrt{83} < \square$	Simplifica.

Por lo tanto, $\sqrt{83}$ se encuentra entre 9 y 10. Dado que $\sqrt{83}$ está más cerca de ________ en una recta numérica, el mejor entero estimado para $\sqrt{83}$ es 9.

Verificar

Estima $\sqrt{135}$ al entero más cercano.

Muestra tu trabajo aquí

Conéctate Puedes completar un ejemplo adicional en línea.

Ejemplo 2 Estimar raíces cuadradas a la décima más cercana

Estima $\sqrt{83}$ a la décima más cercana.

Paso 1 Determina el entero más cercano a $\sqrt{83}$.

$\sqrt{83}$ está más cerca de $\sqrt{81}$, o ________, que de $\sqrt{100}$, o ________.

Paso 2 Prueba intervalos cerca de 9. Comienza con el intervalo entre 9 y 9.1.

$9 < \sqrt{83} < 9.1$ — Escribe una desigualdad.

$9^2 < (\sqrt{83})^2 < 9.1^2$ — Eleva los valores al cuadrado.

$\square \overset{?}{<} 83 \overset{?}{<} \square$ — Simplifica. ¿La desigualdad es verdadera?

La desigualdad no es verdadera porque 83 no se encuentra entre 81 y 82.81.

Paso 3 Prueba el siguiente intervalo, 9.1 a 9.2.

$9.1 < \sqrt{83} < 9.2$ — Escribe una desigualdad.

$9.1^2 < (\sqrt{83})^2 < 9.2^2$ — Eleva los valores al cuadrado.

$\square \overset{?}{<} 83 \overset{?}{<} \square$ — Simplifica. ¿La desigualdad es verdadera?

La desigualdad es verdadera porque 83 se encuentra entre 82.81 y 84.64.

Por lo tanto, $\sqrt{83}$ se encuentra entre 9.1 y 9.2. Dado que el 83 está más cerca de ________ que de 84.64, $\sqrt{83} \approx 9.1$.

Verificar

Estima $\sqrt{106}$ a la décima más cercana.

Muestra tu trabajo aquí

¡Piénsalo!

¿Entre qué dos enteros se encuentra $\sqrt{83}$ en la recta numérica?

¡Coméntalo!

¿Cómo puedes usar la gráfica para verificar que $\sqrt{83}$ está más cerca de 9.1 que de 9.2? ¿Cómo podrías seguir obteniendo una mejor aproximación de $\sqrt{83}$?

Conéctate Puedes completar un ejemplo adicional en línea.

¡Piénsalo!

¿Qué cubos perfectos están cerca del 320?

Ejemplo 3 Estimar raíces cúbicas al entero más cercano

Estima $\sqrt[3]{320}$ al entero más cercano.

Paso 1 Halla dos cubos perfectos entre los que se encuentre 320. Halla sus raíces cúbicas.

El mayor cubo perfecto menor que 320 es ________, y $\sqrt[3]{216} =$ ________.

El menor cubo perfecto mayor que 320 es ________, y $\sqrt[3]{343} =$ ________.

Paso 2 Marca $\sqrt[3]{216}$, $\sqrt[3]{320}$ y $\sqrt[3]{343}$ en la recta numérica. Aproxima la ubicación de $\sqrt[3]{320}$.

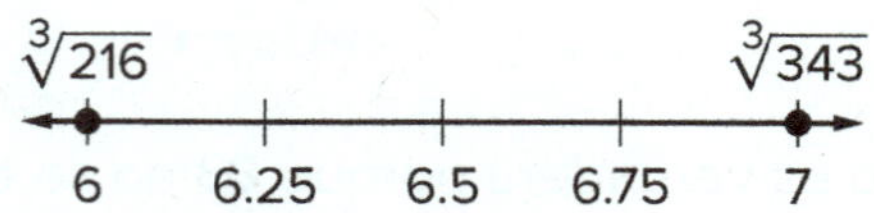

Paso 3 Estima la raíz cúbica.

$216 < 320 < 343$	Escribe una desigualdad.
$6^3 < 320 < 7^3$	$216 = 6^3$ y $343 = 7^3$
$\sqrt[3]{6^3} < \sqrt[3]{320} < \sqrt[3]{7^3}$	Halla la raíz cúbica de cada número.
$\square < \sqrt[3]{320} < \square$	Simplifica.

Por lo tanto, $\sqrt[3]{320}$ se encuentra entre el 6 y el 7. Dado que 320 está más cerca de ________, el mejor entero estimado para $\sqrt[3]{320}$ es 7.

Verificar

Estima $\sqrt[3]{51}$ al entero más cercano.

Muestra tu trabajo aquí

Conéctate Puedes completar un ejemplo adicional en línea.

Aprender Estimar números irracionales por truncamiento

Puedes estimar números irracionales usando una calculadora al truncar la expansión decimal. **Truncar** es un proceso de aproximación a un número decimal eliminando todos los lugares decimales después de un cierto punto sin redondear.

Trunca $\sqrt{12} \approx 3.464101615...$ a los lugares decimales especificados.

Décimas

$\sqrt{12} \approx 3.\sout{464101615...}$

Trunca, o coloca, los dígitos después del décimo lugar.

Centésimas

$\sqrt{12} \approx$ ______

Trunca, o coloca, los dígitos después del centésimo lugar.

Milésimas

$\sqrt{12} \approx$ ______

Trunca, o coloca, los dígitos después del milésimo lugar.

¡Coméntalo!

¿Cómo puedes seguir truncando $\sqrt{12}$ para lograr mejores aproximaciones?

Pausa para reflexionar

Explica cómo se puede estimar el valor de π mediante truncamiento.

Registra tus observaciones aquí

¡Coméntalo!

Si *redondearas* $\sqrt{12}$ a la décima más cercana, ¿cuál sería la aproximación?

Si *truncaras* $\sqrt{12}$ a la décima más cercana, ¿cuál sería la aproximación?

¿Cuál es la diferencia entre truncar y redondear?

Ejemplo 4 Estimar por truncamiento

Wyatt desea colocar una cerca en una porción cuadrada del patio para crear un área de juegos para su cachorro. El área sería de 2 metros cuadrados.

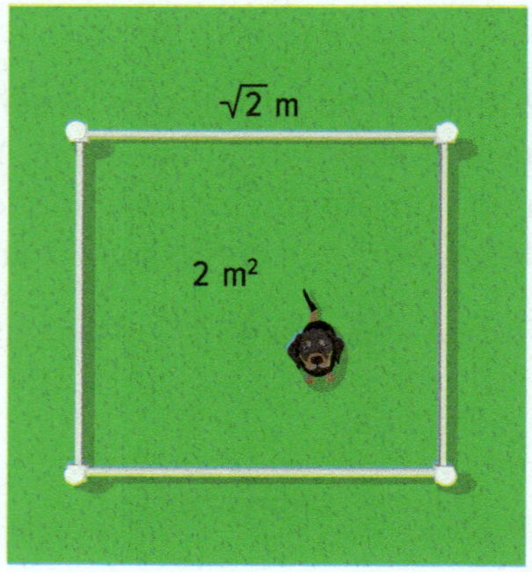

¿Cuánta cerca debería comprar?

La cantidad de cerca que necesitará es el ___________ del cuadrado, $4 \cdot \sqrt{2}$ metros.

Paso 1 Aproxima $4\sqrt{2}$ al truncar la expansión decimal de $\sqrt{2}$ al décimo lugar.

$\sqrt{2} \approx$ ________________ Usa una calculadora.

$\sqrt{2} \approx$ ________________ Trunca los dígitos después del décimo lugar.

Por lo tanto, $\sqrt{2}$ se encuentra entre 1.4 y 1.5.

Paso 2 Halla la cantidad de cerca.

Dado que $\sqrt{2}$ se encuentra entre 1.4 y 1.5, el perímetro, $4(\sqrt{2})$, se encuentra entre 4(1.4) y 4(1.5).

$4(1.4) < 4(\sqrt{2}) < 4(1.5)$ Escribe la desigualdad.

$\square < 4(\sqrt{2}) < \square$ Multiplica.

Por lo tanto, Wyatt necesitará entre 5.6 y 6.0 metros de cerca. Entonces debería comprar 6 metros de cerca.

¡Piénsalo!

¿Entre cuáles dos números enteros no negativos se encuentra $\sqrt{2}$?

¡Coméntalo!

¿Por qué Wyatt necesitará más de 5.6 metros, pero menos que 6.0 metros de cerca?

¡Coméntalo!

¿Podrías truncar la expansión decimal de manera diferente? Explica cómo afectaría la respuesta.

Verificar

Tobías dejó caer una pelota de tenis desde una altura de 60 pies. El tiempo, en segundos, que demora una pelota en caer 60 pies se puede hallar con la expresión $0.25 \cdot \sqrt{60}$. Determina la cantidad de segundos que demora la pelota en caer 60 pies. Trunca el valor de $\sqrt{60}$ al décimo lugar.

Muestra tu trabajo aquí

Conéctate Puedes completar un ejemplo adicional en línea.

Aplicar Rectángulo áureo

El *rectángulo áureo* puede verse en la estructura de una concha de nautilo. La razón de la longitud del lado más largo y el lado más corto es igual a $\frac{1 + \sqrt{5}}{2}$. Estima este valor.

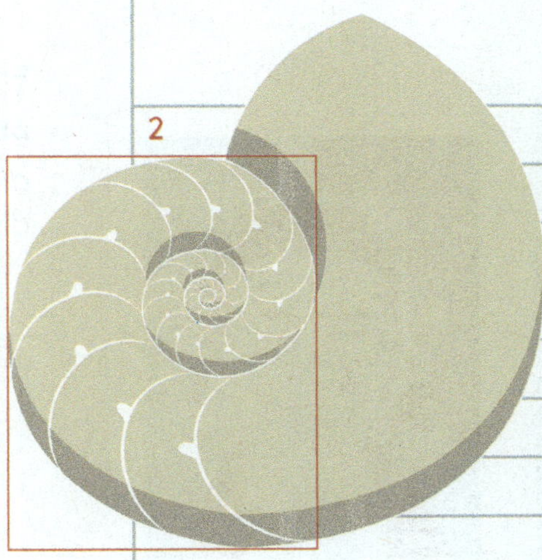

1 ¿Cuál es la tarea?

Asegúrate de comprender la pregunta que debes responder o el problema que debes resolver. Lee el problema tres veces. Comenta las preguntas con un compañero.

Primera lectura Describe el problema con tus palabras.
Segunda lectura ¿Qué operaciones matemáticas observas?
Tercera lectura ¿Cuál es la pregunta?

2 ¿Cómo puedes resolver la tarea? ¿Qué estrategias puedes usar?

Registra tus observaciones aquí

3 ¿Cuál es la solución?

Usa tu estrategia para resolver el problema.

Muestra tu trabajo aquí

4 ¿Cómo puedes demostrar que tu solución es razonable?

¡Escríbelo! Escribe un argumento que puedas usar para defender tu solución.

¡Coméntalo!
¿Cuál sería otra estimación para la razón?

Verificar

En las ligas menores, las bases son cuadradas con lados de 14 pulgadas. La expresión $\sqrt{s^2 + s^2}$ representa la distancia de manera *diagonal* a través de un cuadrado del largo de un lado *s*. Estima la distancia diagonal de la base a la pulgada más cercana.

Muestra tu trabajo aquí

Conéctate Puedes completar un ejemplo adicional en línea.

Pausa para reflexionar

Compara y contrasta la estimación de números racionales y de números irracionales en una recta numérica.

Registra tus observaciones aquí

Un minuto de historia

El matemático hindú **Bhāskara II (1114–1185)** fue considerado por muchos como el matemático más importante del siglo XII. Uno de sus muchos logros fue producir varias aproximaciones del número π, incluido $\frac{22}{7}$, que sigue usándose en la actualidad.

Nombre ______________________ Período ____________ Fecha ____________

Práctica

Conéctate Puedes completar tu tarea en línea.

Estima cada raíz cuadrada o cúbica al entero más cercano. (Ejemplos 1 y 3)

1. $\sqrt{125} \approx$ ________

2. $\sqrt{55} \approx$ ________

3. $\sqrt[3]{70} \approx$ ________

4. $\sqrt[3]{923} \approx$ ________

Estima cada raíz cuadrada a la décima más cercana. (Ejemplo 2)

5. $\sqrt{296} \approx$ ________

6. $\sqrt{5} \approx$ ________

7. $\sqrt{11} \approx$ ________

8. $\sqrt{62} \approx$ ________

9. La fórmula $s = \sqrt{18d}$ puede usarse para hallar la velocidad s de un automóvil en millas por hora cuando el automóvil necesita d pies para detenerse por completo luego de poner el pie en los frenos. Si le llevó 25 pies al automóvil lograr detenerse por completo después de haber puesto el pie sobre el freno, estima su velocidad. Trunca el valor de $\sqrt{18d}$, cuando $d = 25$, al décimo lugar. (Ejemplo 4)

10. Si el área del cuadrado es 32 pies cuadrados, estima la longitud de cada lado del cuadrado al número entero no negativo más cercano.

Práctica para la prueba

11. Editor de ecuaciones Estima la raíz cuadrada a la décima más cercana.

$\sqrt{489}$

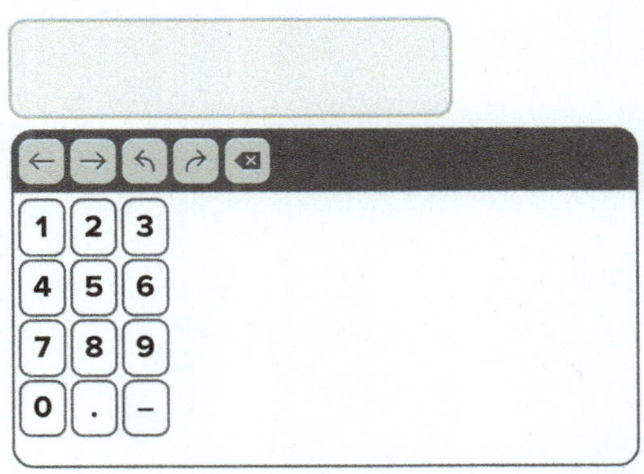

Aplicar

12. La fórmula $t = \frac{\sqrt{h}}{4}$ representa el tiempo t en segundos que tarda un objeto en caer de una altura de h pies. Si una roca cae de 125 pies de altura, estima cuánto le llevará tocar el piso. Estima cada raíz cuadrada al entero más cercano.

13. El radio de un círculo con un área A puede aproximarse con la fórmula $r = \sqrt{\frac{A}{3}}$. Estima el radio de una colchoneta de lucha circular con un área de 452 pies cuadrados. Redondea al entero más cercano.

Problemas de pensamiento de orden superior

14. MP **Hallar el error** Un compañero estimó que $\sqrt{397}$ era alrededor de 200. Explica el error y corrígelo.

15. MP **Ser preciso** Explica cómo escribir el valor exacto de la raíz cuadrada de un cuadrado no perfecto. Da un ejemplo.

16. Carrie está empacando su ropa en cajas de mudanza que tienen forma de cubo. Cada caja tiene un volumen de 3 pies cúbicos. El camión de mudanza tiene estantes de 12 pulgadas de altura. ¿Cabrán las cajas de mudanza? Explica.

17. MP **Construir un argumento** Explica cómo puedes estimar $\sqrt[4]{20}$ al entero más cercano.

Comparar y ordenar números reales

Puedo... usar aproximaciones racionales para comparar y ordenar números reales, incluidos los números irracionales.

Aprender Comparar y ordenar números reales

Puedes comparar y ordenar números reales escribiéndolos de la misma forma. Una manera de hacerlo es usar o aproximar la expansión decimal de cada número para ordenar o comparar un conjunto de números.

Completa para comparar y ordenar el conjunto de números que se muestra a continuación.

$\frac{18}{5}$, π, $\sqrt{11}$

Escribe cada número en notación decimal.

$\frac{18}{5} = \square$ $\quad \pi \approx \square$ $\quad \sqrt{11} \approx \square$

Compara cada conjunto de números usando $<$, $>$ o $=$.

$3.14 \ \square \ 3.32 \ \square \ 3.6$

$\pi \ \square \ \sqrt{11} \ \square \ \frac{18}{5}$

Representa gráficamente cada número en la recta numérica..

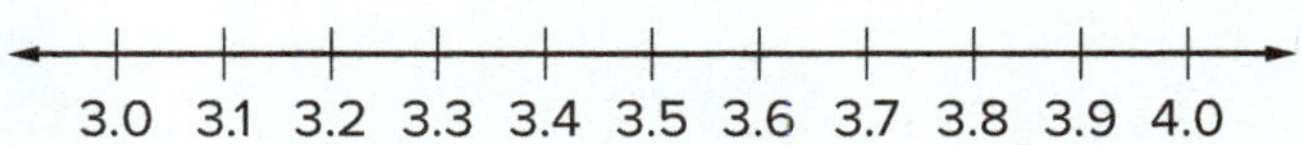

Ordena cada conjunto de números de menor a mayor.

_____, _____, _____

¡Piénsalo!

¿Entre cuáles dos enteros se encuentra $\sqrt{8}$? ¿A qué entero se acerca más?

¡Coméntalo!

¿$\sqrt{8}$ se encuentra más cerca de 2.8 o de 2.9? Explica.

Ejemplo 1 Comparar números reales

¿Qué símbolo, <, > o =, completaría el enunciado $\sqrt{8}$ ________ $2\frac{2}{3}$ para que sea verdadero? Luego, representa gráficamente los números en una recta numérica.

Parte A Compara los números.

Aproxima la expansión decimal de cada número.

$\sqrt{8} \approx$ ☐ Estímalo a la décima más cercana.

$2\frac{2}{3} =$ ☐ Escribe usando una notación de barra.

Dado que 2.8 es mayor que $2.\overline{6}$, $\sqrt{8} > 2\frac{2}{3}$.

Parte B Representa gráficamente los números en una recta numérica.

Aproxima la ubicación de cada número.

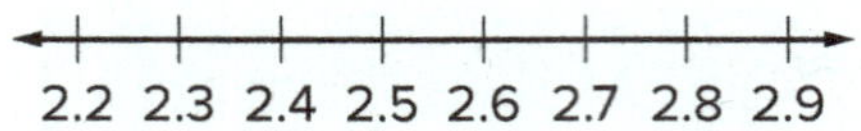

Pausa para reflexionar

Cuando viste este ejemplo por primera vez, ¿cuál fue tu reacción? ¿Creías que podrías resolver el problema? ¿Te ayudó lo que ya sabías a resolver el problema?

Registra tus observaciones aquí

Verificar

¿Qué símbolo, <, > o =, completaría el enunciado $\frac{\sqrt{25}}{2}$ ________ $\sqrt{6.25}$ para que sea verdadero? Luego, representa gráficamente los números en una recta numérica.

Parte A

Escribe el símbolo <, > o = que hace que $\frac{\sqrt{25}}{2}$ ______ $\sqrt{6.25}$ sea un enunciado verdadero.

Muestra tu trabajo aquí

Parte B

¿Cuál de las siguientes es la representación gráfica correcta de $\frac{\sqrt{25}}{2}$ y $\sqrt{6.25}$ en una recta numérica?

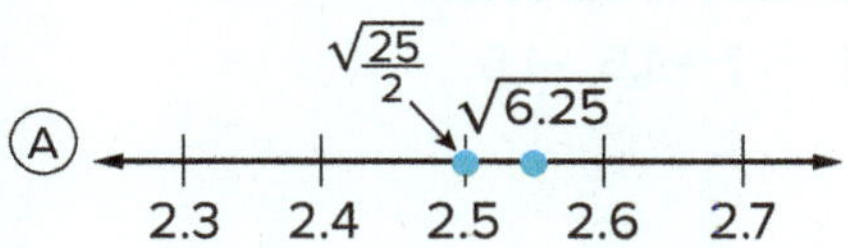

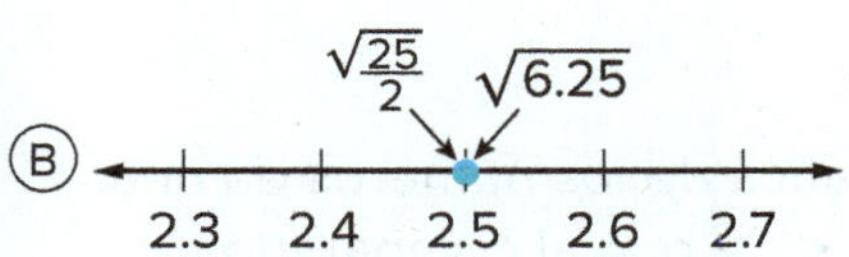

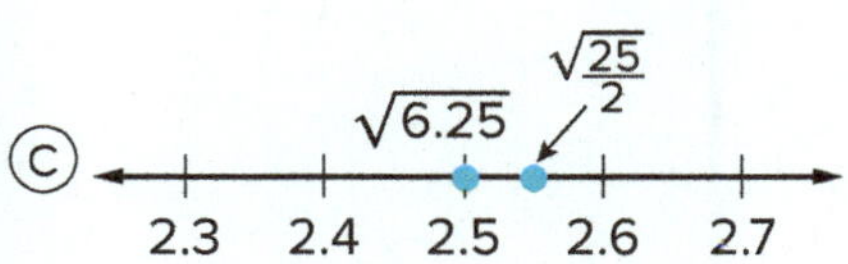

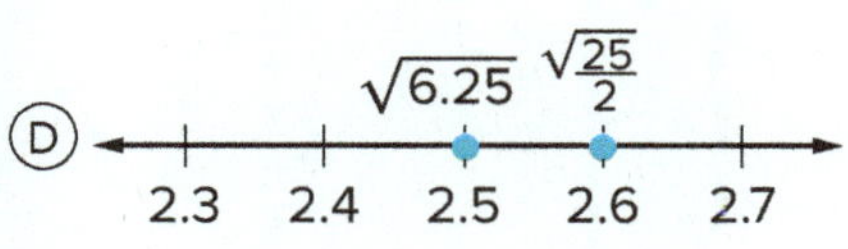

Conéctate Puedes completar un ejemplo adicional en línea.

¡Piénsalo!

¿Cómo comenzarías a comparar los números?

Ejemplo 2 Comparar números reales

¿Qué símbolo, <, > o =, completaría el enunciado $-\sqrt{6}$ ______ $-\frac{\pi}{2}$ para que sea verdadero? Luego, representa gráficamente los números en una recta numérica.

Parte A Compara los números.

Aproxima la expansión decimal de cada número.

$-\sqrt{6} \approx$ ☐ — Estímalo a la décima más cercana.

$-\frac{\pi}{2} \approx -\frac{3.14}{2}$, o ☐ — Estímalo a la centésima más cercana.

Dado que –2.4 es menor que –1.57, $-\sqrt{6} < -\frac{\pi}{2}$.

Parte B Representa gráficamente los números en una recta numérica.

Aproxima la ubicación de cada número. Al representar los números gráficamente en la recta numérica, los números mayores se representan hacia la derecha.

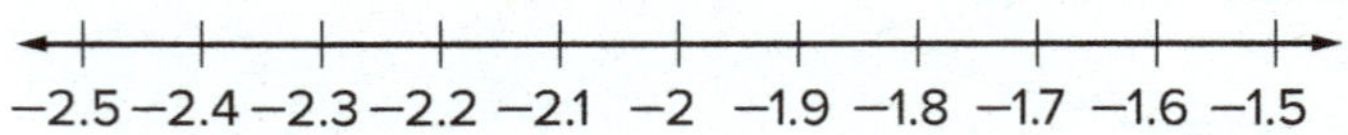

Pausa para reflexionar

¿Cómo te ayuda la representación gráfica de los números en una recta numérica a saber si debes usar <, > o = al compararlos?

Registra tus observaciones aquí

Verificar

¿Qué símbolo, <, > o =, completaría el enunciado $-\sqrt{5}$ ________ -210% para que sea verdadero? Luego, representa gráficamente los números en una recta numérica.

Parte A

Escribe el símbolo <, > o = que hace que $-\sqrt{5}$ ________ -210% sea un enunciado verdadero.

Muestra tu trabajo aquí

Parte B

¿Cuál de las siguientes es la representación gráfica correcta de $-\sqrt{5}$ y -210% en una recta numérica?

Ⓐ
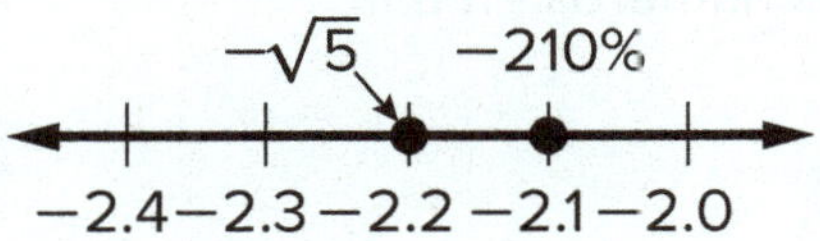

Ⓑ
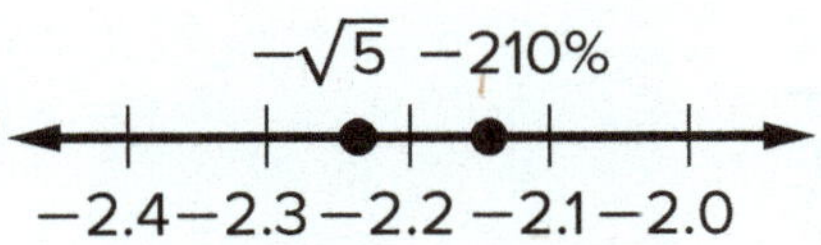

Ⓒ
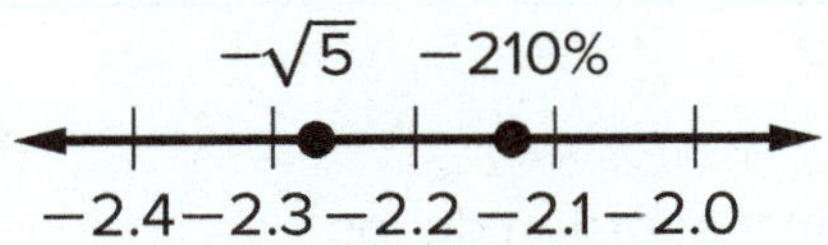

Ⓓ
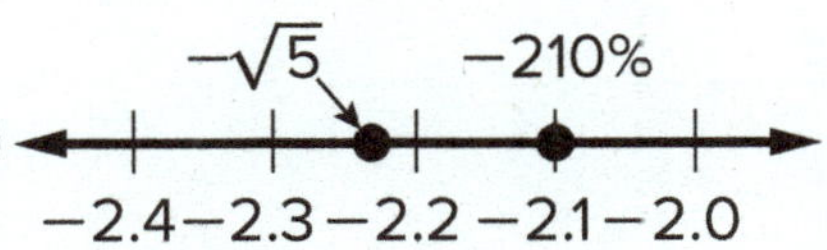

Conéctate Puedes completar un ejemplo adicional en línea.

¡Piénsalo!

¿Cómo comenzarías a ordenar los números?

Ejemplo 3 Ordenar números reales

Ordena el conjunto $\left\{\sqrt{30}, 6, 5\frac{4}{5}, 5.3\overline{6}\right\}$ de menor a mayor. Luego, representa gráficamente el conjunto en una recta numérica.

Parte A Ordena el conjunto de números.

Aproxima la expansión decimal de cada número.

$\sqrt{30} \approx$ ☐	Estima a la décima más cercana.
$6 = 6.00$	Escribe como decimal.
$5\frac{4}{5} =$ ☐	Escribe como decimal.
$5.3\overline{6} \approx$ ☐	Escribe como decimal a la centésima más cercana.

Escribe los decimales de menor a mayor.

________, ________, ________, ________

Por lo tanto, de menor a mayor, el orden es $5.3\overline{6}$, $\sqrt{30}$, $5\frac{4}{5}$ y 6.

Parte B Representa gráficamente los números en una recta numérica.

Aproxima la ubicación de $\sqrt{30}$ y $5.3\overline{6}$.

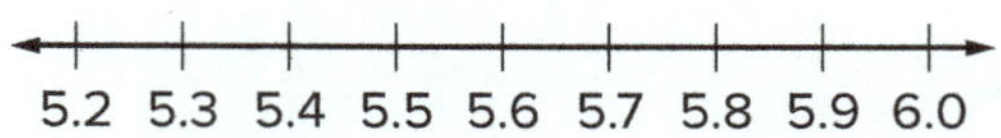

Pausa para reflexionar

¿En qué se relacionan la comparación y el orden de los números reales?

Registra tus observaciones aquí

Verificar

Ordena el conjunto $\left\{\sqrt{3}, \frac{\pi}{2}, 160\%, 1.3\overline{5}\right\}$ de menor a mayor. Luego, representa el conjunto en la recta numérica.

Parte A

¿Cuál de los siguientes muestra el orden correcto del conjunto de menor a mayor?

Muestra tu trabajo aquí

Parte B

¿Cuál de las siguientes muestra la representación gráfica correcta del conjunto de números?

Ⓐ
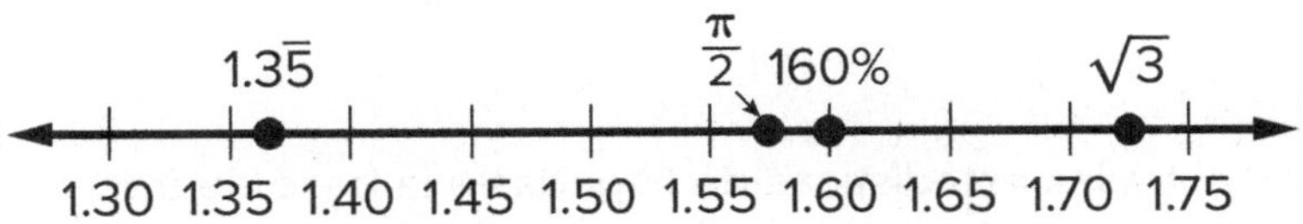

Ⓑ
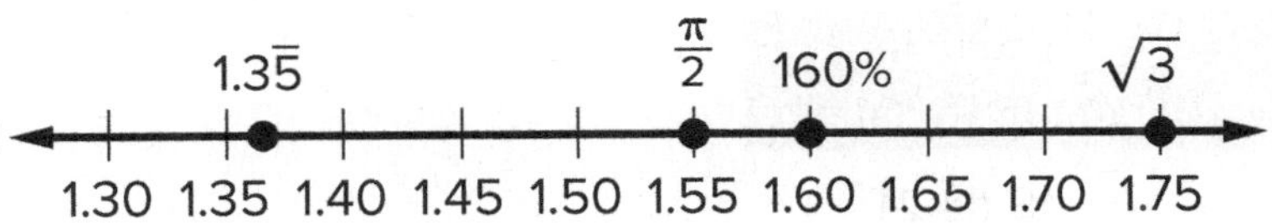

Ⓒ
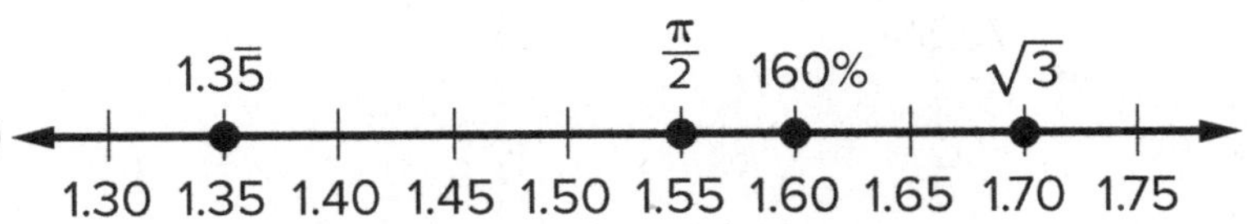

Ⓓ
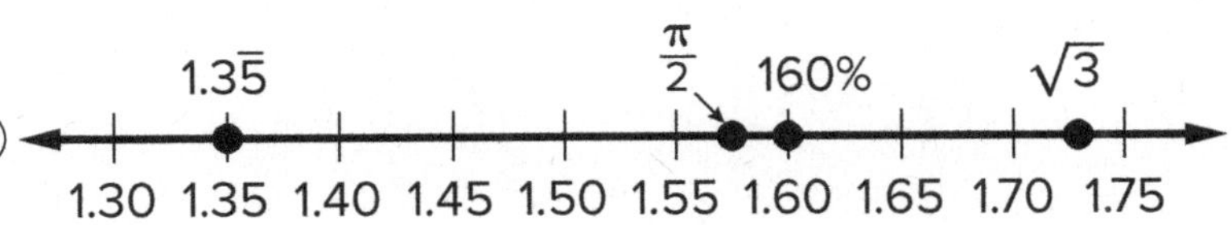

Conéctate Puedes completar un ejemplo adicional en línea.

Ejemplo 4 Usar los números reales

¡Piénsalo!

¿Cómo comenzarías a resolver el problema?

El miércoles, hay un $83\frac{1}{3}\%$ de probabilidad de lluvia. El jueves, hay un $\frac{9}{10}$ de probabilidad de lluvia. El viernes, hay una probabilidad de 6 en 7 de que llueva.

¿Qué día hay mayor probabilidad de lluvia?

Paso 1 Escribe cada número en notación decimal. Redondea a la centésima más cercana.

$83\frac{1}{3}\% \approx$ ☐ $\quad \frac{9}{10} =$ ☐ $\quad$ 6 de 7 $\approx$ ☐

Paso 2 Ordena los decimales.

Dado que $0.9 > 0.86 > 0.83$, entonces $\frac{9}{10}$ ☐ $\frac{6}{7}$ ☐ $83\frac{1}{3}\%$.

Por lo tanto, hay mayor probabilidad de lluvia el jueves.

Verificar

La tabla muestra las estadísticas de llegadas a la base de tres jugadores en un torneo reciente de béisbol. ¿Qué jugador obtuvo la mayor estadística de llegadas a la base?

Jugador	Estadística de llegadas a la base
1	15 de 21
2	$\frac{14}{19}$
3	72.5%

Muestra tu trabajo aquí

Conéctate Puedes completar un ejemplo adicional en línea.

Aplicar Línea de vista

En un día despejado, la cantidad de millas que una persona alcanza a ver hacia el horizonte es de alrededor de $1.23\sqrt{h}$, donde h es la altura de la persona desde el suelo en pies. Imagina que Frida se encuentra en el observatorio del edificio Empire State a 1,050 pies y Logan se encuentra en el observatorio de la Torre Freedom a 1,254 pies. ¿Cuánto más lejos puede ver Logan que Frida desde su observatorio?

Conéctate para mirar la animación.

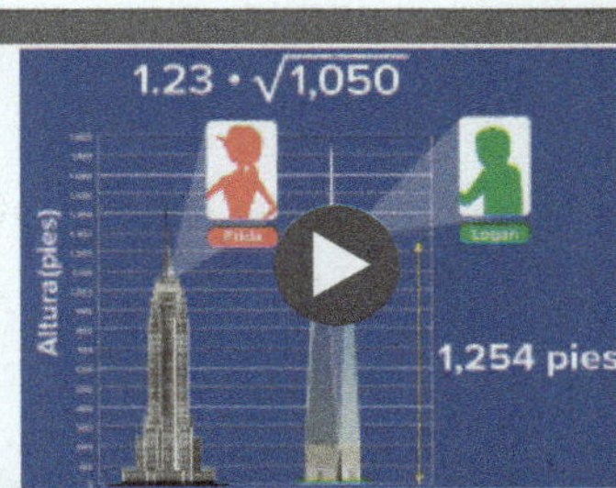

1 ¿Cuál es la tarea?

Asegúrate de comprender la pregunta que debes responder o el problema que debes resolver. Lee el problema tres veces. Comenta las preguntas con un compañero.

Primera vez Describe el problema con tus palabras.
Segunda vez ¿Qué operaciones matemáticas observas?
Tercera vez ¿Cuál es la pregunta?

2 ¿Cómo puedes resolver la tarea? ¿Qué estrategias puedes usar?

Registra tus observaciones aquí

3 ¿Cuál es la solución?

Usa tu estrategia para resolver el problema.

Muestra tu trabajo aquí

¡Coméntalo! ¿Cómo podrías usar los cuadrados perfectos más cercanos para verificar que la respuesta sea razonable?

4 ¿Cómo puedes demostrar que tu solución es razonable?

¡Escríbelo! Escribe un argumento que puedas usar para defender tu solución.

Verificar

El tiempo en segundos que le lleva a un objeto caer *d* pies puede encontrarse usando esta expresión $\frac{\sqrt{d}}{4}$. Imagina que Aiden deja caer una pelota de tenis desde una altura de 50 pies al mismo tiempo que Mason deja caer una pelota de tenis similar desde una altura de 20 pies. ¿Cuánto más tardará la pelota de tenis de Aiden en llegar el suelo que la de Mason? Redondea a la centésima más cercana.

Muestra tu trabajo aquí

Conéctate Puedes completar un ejemplo adicional en línea.

Pausa para reflexionar

Repasa los ejemplos de este módulo. ¿Cuál te pareció más complejo? ¿Cuáles son los pasos que tomarías para resolver un problema de este tipo?

Registra tus observaciones aquí

Nombre ______________________ Período ____________ Fecha ____________

Práctica

Conéctate Puedes completar tu tarea en línea.

Completa cada enunciado usando <, > o =. Luego, representa gráficamente los números en una recta numérica. (Ejemplos 1 y 2)

1. $\sqrt{11}$ ________ $3\frac{2}{3}$

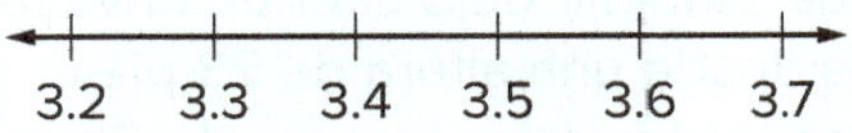

2. $\sqrt{3}$ ________ $\frac{\sqrt{10}}{2}$

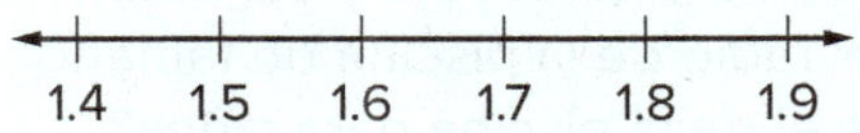

3. $-\pi^2$ ________ $-\sqrt{93}$

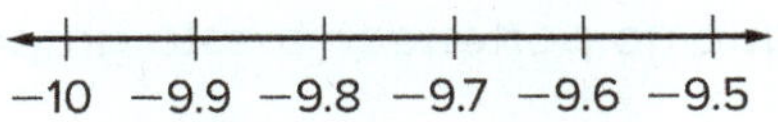

4. $-\sqrt{12}$ ________ -320%

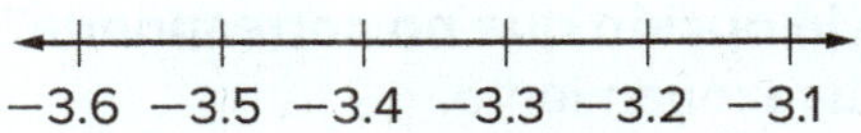

5. Ordena el conjunto $\left\{3\frac{1}{2}, \frac{10}{3}, \pi, \sqrt{13}\right\}$ de menor a mayor. Luego representa el conjunto en una recta numérica. (Ejemplo 3)

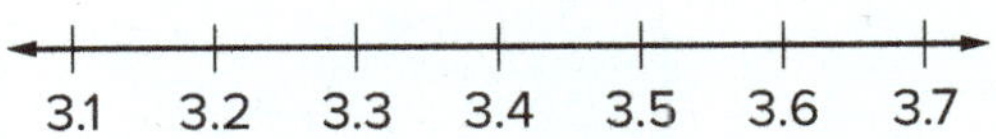

6. La tabla muestra las estadísticas de tiros de falta de tres jugadores en un torneo reciente de baloncesto. ¿Qué jugador obtuvo la mayor estadística de tiros de falta? (Ejemplo 4)

Jugador	Estadística de tiros de falta
1	$\frac{7}{9}$
2	72%
3	8 de 10

Práctica para la prueba

7. Opción múltiple Es $\sqrt{27}$ *menor que, mayor que o igual a* $\frac{\sqrt{95}}{2}$?

Aplicar

8. Se puede aproximar el radio de un círculo usando la expresión $\sqrt{\frac{A}{3}}$, donde A representa el área. Una piscina para niños circular cubre un área de alrededor de 28 pies cuadrados. Una piscina circular inflable de tamaño normal cubre un área de alrededor de 113 pies cuadrados. ¿Cuánto mayor es el radio de la piscina de tamaño normal que el de la piscina para niños? Redondea al número entero más cercano.

9. El tiempo en segundos que le lleva a un objeto caer desde d pies de altura puede hallarse usando esta expresión $\frac{\sqrt{d}}{4}$. En un concurso de caída de huevos, Clara dejó caer un envase con huevos de manera exitosa desde una altura de 35 pies, mientras que Vladimir dejó caer un envase con huevos desde una altura de 23 pies. ¿Cuánto más tardaron los huevos de Clara en tocar el suelo que los de Vladimir? Redondea a la décima más cercana.

Problemas de pensamiento de orden superior

10. ¿Cuál es la opción que no corresponde? Identifica el número que no pertenece a este grupo. Explica tu razonamiento.

$-23.\overline{2}$	$-23\frac{1}{5}$	$-\sqrt{23}$	-23.2

11. MP **Justificar conclusiones** ¿Qué número es mayor, 3.14 o π? Justifica tu respuesta.

12. MP **Hallar el error** Kendra afirma que $\sqrt{3} > 2$ porque 3 es mayor que 2. Explica el error de Kendra y corrígelo.

13. Identifica dos números, uno racional y otro irracional, que se encuentren entre 1.6 y 1.8. Escribe una desigualdad para comparar los dos números.

Repaso

Foldables Usa tu Foldable para revisar el módulo.

Números reales

Ejemplos	Ejemplos

¡Califícate!

Cuando hayas terminado el módulo, completa el cuadro que está al principio. Coloca una marca en cada fila que corresponda a lo que sabes sobre cada tema.

Escribe sobre algo que aprendiste.	Escribe una pregunta que tengas aún.

Reflexión sobre el módulo

Usa lo que aprendiste sobre números reales para completar el organizador gráfico.

Pregunta esencial

¿Por qué clasificamos los números?

Número real

¿Qué es?

Número racional

¿Qué es?

Ejemplos

Situaciones de la vida diaria

Número irracional

¿Qué es?

Ejemplos

Situaciones de la vida diaria

Nombre ______________________ Período ______________ Fecha ______________

Práctica para la prueba

1. Selección múltiple Simplifica $\pm\sqrt{1.69}$. Escoge todas las opciones correctas. (Lección 1)

- ☐ −0.13
- ☐ 0.13
- ☐ −1.3
- ☐ 1.3
- ☐ 13
- ☐ −13

2. Respuesta abierta Una biblioteca está formada por cinco estantes cuadrados, de igual tamaño, dispuestos en una columna para formar un rectángulo. El área total de los cinco estantes es de 500 pulgadas cuadradas. (Lección 1)

A. ¿Cuál es la altura, en pulgadas, de la biblioteca?

B. Explica cómo hallar la altura de la biblioteca.

3. Selección múltiple Simplifica $-\sqrt{\frac{81}{121}}$. Elige todas las opciones correctas. (Lección 1)

- ☐ −0.66942...
- ☐ $\frac{9}{11}$
- ☐ $-\frac{9}{11}$
- ☐ −0.8181...
- ☐ 0.8181...

4. Elemento de la tabla Indica si cada número real es racional o irracional. (Lección 2)

	Racional	Irracional
-6		
$\sqrt{7}$		
$3\frac{1}{2}$		

5. Respuesta abierta Usa el diagrama de Venn. (Lección 2)

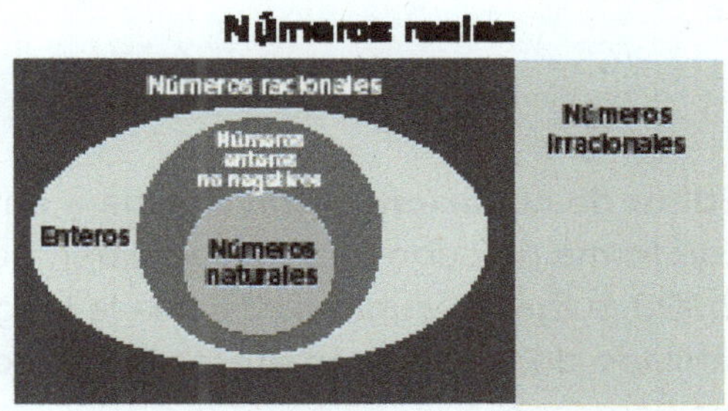

A. ¿Es *verdadero* o *falso* el enunciado?
Todos los números enteros son naturales.

B. Si el enunciado es *verdadero*, explica tu razonamiento. Si es *falso*, da un contraejemplo.

5. Selección múltiple ¿A qué conjunto pertenece el número real −25? Elige todas las respuestas correctas. (Lección 2)

- ☐ racionales
- ☐ irracionales
- ☐ enteros
- ☐ enteros no negativos
- ☐ naturales

7. Elemento de la tabla Indica el entero al cual se acerca más cada raíz cuadrada en una recta numérica. (Lección 3)

	7	8	9
$\sqrt{70}$			
$\sqrt{79}$			
$\sqrt{88}$			
$\sqrt{52}$			
$\sqrt{60}$			
$\sqrt{47}$			
$\sqrt{65}$			

8. Editor de ecuaciones Una caja para envíos con forma de cubo tiene un volumen de 2,300 pulgadas cúbicas. Calcula la longitud del lado de la caja para envíos al entero más cercano. (Lección 3)

9. Respuesta abierta Winston quiere poner molduras en las ventanas cuadradas. Cada ventana tiene un área de 3 pies cuadrados. Estima el perímetro de cada ventana. Trunca la cantidad de decimales al lugar de las centésimas para aproximar tu respuesta.

10. Objeto de la tabla Indica cuál símbolo hace que cada enunciado sea correcto.

	$<$	$>$	$=$
$\sqrt[3]{24}$ ___ $\frac{\sqrt{400}}{6}$			
$-7\frac{5}{8}$ ___ $-\sqrt{55}$			
$-\sqrt{0.25}$ ___ $-\frac{1}{2}$			

11. Respuesta abierta Observa los números reales $-2\frac{1}{5}$ y $-\sqrt{7}$. (Lección 4)

A. Compara los números. Usa $<$, $>$ o $=$.

$-2\frac{1}{5}$ ___ $-\sqrt{7}$

B. Representa gráficamente $-\sqrt{7}$ y $-2\frac{1}{5}$ en una recta numérica.

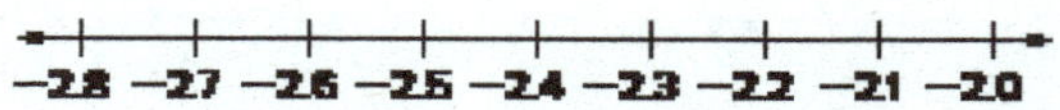

12. Respuesta abierta La tabla muestra la cantidad de puntos directos por saque de tres jugadores en un torneo de vóleibol. Ordena los jugadores de menor a mayor según la cantidad de puntos directos por cada saque. (Lección 4)

Jugador	Cantidad de aces
Ángela	9 de 22
Jaylin	$22\frac{2}{9}\%$
Mya	$\frac{3}{10}$

Módulo 6

Expresiones algebraicas

Pregunta esencial

¿Cuál es la ventaja de escribir expresiones de diferentes maneras?

¿Qué aprenderás?

Haz una marca (✓) en cada fila para indicar lo que sabes sobre cada tema **antes** de comenzar este módulo.

CLAVE

■ — No lo sé. ◆ — Lo escuché. ★ — Lo sé.

	Antes			Después		
	■	◆	★	■	◆	★
simplificar expresiones algebraicas combinando términos semejantes						
usar la propiedad distributiva para expandir expresiones lineales						
sumar expresiones lineales						
restar expresiones lineales						
hallar el máximo común divisor de monomios						
descomponer en factores las expresiones lineales						
simplificar expresiones lineales						

Foldables Recorta el Foldable y pégalo al Repaso al final del módulo. Puedes usar el Foldable a lo largo del módulo mientras aprendes a simplificar expresiones algebraicas.

¿Qué palabras de vocabulario aprenderás?

Haz una marca junto a cada palabra de vocabulario que conozcas.

- ☐ coeficiente
- ☐ constante
- ☐ expresión lineal
- ☐ factor
- ☐ forma factorizada
- ☐ máximo común divisor
- ☐ mínima expresión
- ☐ términos semejantes

¿Estás listo?

Estudia el Repaso rápido para ver si estás listo para comenzar este módulo. Luego, completa el cuadro Comprobación rápida.

Repaso rápido

Ejemplo 1

Restar los enteros.

Simplifica $-15 - (-3)$.

$-15 - (-3)$

$= -15 + 3$ Suma el inverso de suma.

$= -12$ Halla la diferencia de los valores absolutos. El signo de la suma es negativo porque –15 tiene un valor absoluto mayor que 3.

Ejemplo 2

Multiplicar los enteros.

Simplifica $6(-7)$.

$6(-7) = -42$ El producto es negativo porque los signos de los factores son diferentes.

Comprobación rápida

1. Simplifica $24 - 81$.

2. Simplifica $37 - (-16)$.

3. Simplifica $-5(-8)$.

4. Simplifica $-4(11)$.

¿Cómo te fue?

¿Qué ejercicios respondiste correctamente en el cuadro Comprobación rápida? Sombrea los números de los ejercicios a la derecha.

① ② ③ ④

Simplificar expresiones algebraicas

Puedo... simplificar expresiones algebraicas identificando y combinando términos semejantes.

¿Qué palabras de vocabulario aprenderás?
coeficiente
constante
mínima expresión
términos semejantes

Explorar Simplificar expresiones algebraicas

Actividad en línea Usarás fichas de álgebra para explorar cómo simplificar expresiones algebraicas.

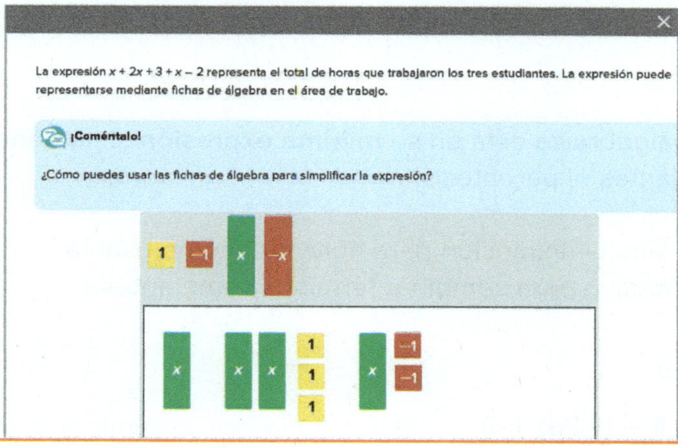

Aprender Términos semejantes

Cuando los signos de suma o resta separan una expresión algebraica en partes, cada parte se denomina *término*. Los **términos semejantes** tienen las mismas variables elevadas a las mismas potencias. Por ejemplo, $3x^2$ y $-7x^2$ son términos semejantes porque las variables y sus exponentes son iguales. Sin embargo, $5y^3$ y $9y^4$ no son términos semejantes porque los exponentes son diferentes.

El factor numérico de un término que contiene una variable se denomina **coeficiente** de la variable. Por ejemplo, en el término $3x^2$, el coeficiente es 3. Un término sin una variable se denomina **constante**. Los términos constantes también son términos semejantes.

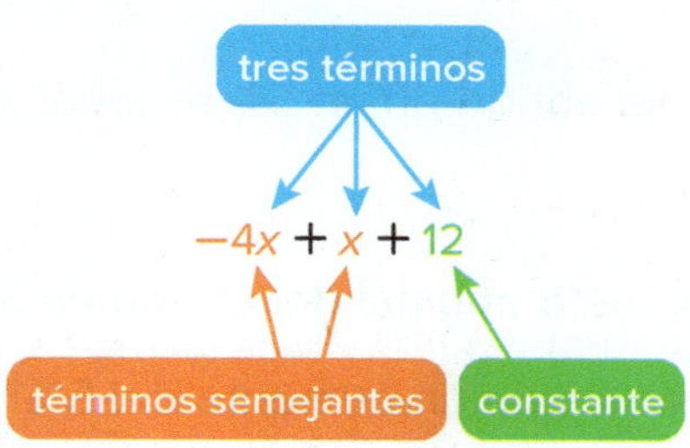

(continúa en la página siguiente)

Tus notas

¡Coméntalo!
¿Por qué motivo las expresiones $3x$ y $3x^2$ *no* son términos semejantes?

¡Coméntalo!
Sin usar la propiedad distributiva, ¿de qué otra manera puedes sumar $6n$ y $-8n$?

¡Coméntalo!
¿En qué situación convendría simplificar la expresión y resolverla después, en vez de resolverla y luego simplificarla?

Para clasificar los términos, escribe términos semejantes en las casillas adecuadas.

5 $8x$ $-9x^2$ $6x$ -12 $30x^2$ $-1.5x$ $\frac{1}{2}$

$4x^2$	$-2x$	3

Aprender Combinar términos semejantes

Una expresión algebraica está en su **mínima expresión** si no tiene términos semejantes ni paréntesis.

Conéctate Mira la animación para aprender cómo usar la propiedad distributiva para combinar términos semejantes.

$6n - 1 - 8n + 9$

$= 6n + (-1) + (-8n) + 9$ Escribe cada resta en forma de suma.

$= 6n + (-8n) + (-1) + 9$ Aplica la propiedad conmutativa.

$= [6 + (-8)]n + (-1) + 9$ Aplica la propiedad distributiva.

$= -2n + 8$ Simplifica.

Ejemplo 1 Combinar términos semejantes

El costo del abrigo a después de un aumento de precio del 5% puede representarse con la expresión $a + 0.05a$.

Simplifica la expresión.

$a + 0.05a = 1a + 0.05a$ Propiedad de identidad: $a = 1a$

$= 1.05a$ Combina los términos semejantes.

Aumentar el precio del abrigo en un 5% es igual a multiplicar su precio por ________ .

Supongamos que el costo original del abrigo es $35. ¿Cuál es el costo del abrigo después de un aumento del 5%? $ ☐

Verificar

El costo de un nuevo par de zapatos después de un aumento de precio del 3% puede representarse con la expresión $c + 0.03c$. Simplifica la expresión.

Muestra tu trabajo aquí

Ejemplo 2 Combinar términos semejantes

Simplifica $-5x + y + 6 - 5y - 3$.

$-5x + y + 6 - 5y - 3$ — Escribe la expresión.

$= -5x + y + 6 + (-5y) \square (\square)$ — Escribe la resta en forma de suma.

$= -5x + y + (\square) + \square + (-3)$ — Propiedad conmutativa

$= -5x + (\square) + \square$ — Combina los términos semejantes.

$= -5x - 4y + 3$ — Como hay paréntesis, la expresión no está simplificada. Escríbela en forma de resta.

Entonces, $-5x + y + 6 - 5y - 3 = -5x - 4y + 3$.

¡Coméntalo!

En los pasos 2 y 3, ¿por qué se debe escribir la resta en forma de suma para poder usar la propiedad conmutativa? ¿Por qué se usa la propiedad conmutativa?

Verificar

Simplifica $-5 - 3w + 9 - 6z + 8w - 4z$.

Muestra tu trabajo aquí

Conéctate Puedes completar un ejemplo adicional en línea.

¡Piénsalo!

¿Cómo simplificarías la expresión?

¡Coméntalo!

En el paso 4, ¿por qué se hallaron dos denominadores comunes diferentes?

Ejemplo 3 Combinar términos semejantes

Simplifica $\frac{3}{4}a - \frac{2}{3} - \frac{1}{2}a + \frac{5}{6}$.

$\frac{3}{4}a - \frac{2}{3} - \frac{1}{2}a + \frac{5}{6}$ — Escribe la expresión.

$= \frac{3}{4}a + \left(-\frac{2}{3}\right) + \left(-\frac{1}{2}a\right) + \frac{5}{6}$ — Escribe la resta en forma de suma.

$= \frac{3}{4}a + \left(-\frac{1}{2}a\right) + \left(-\frac{2}{3}\right) + \frac{5}{6}$ — Propiedad conmutativa

$= \frac{3}{4}a + \left(-\frac{2}{4}a\right) + \left(-\frac{4}{6}\right) + \frac{5}{6}$ — Escribe las fracciones con denominadores comunes.

$= \frac{1}{4}a + \frac{1}{6}$ — Combina los términos semejantes.

Entonces, $\frac{3}{4}a - \frac{2}{3} - \frac{1}{2}a + \frac{5}{6} =$ ________.

Verificar

Simplifica $-\frac{1}{4}m + \frac{5}{6} + \frac{3}{8}m - \frac{2}{3}$.

Muestra tu trabajo aquí

Conéctate Puedes completar un ejemplo adicional en línea.

Pausa para reflexionar

Reflexiona sobre el proceso de simplificación de expresiones algebraicas que contienen fracciones. ¿Qué conceptos aplicaste? ¿Cómo puedes usarlos para simplificar una expresión?

Registra tus observaciones aquí

Aprender Expandir expresiones lineales

La propiedad distributiva puede usarse para expandir expresiones lineales.

Aprendiste sobre esta propiedad en un curso previo.

Palabras	
La propiedad distributiva establece que, para multiplicar una suma o una resta por un número, se debe multiplicar cada término dentro del paréntesis por el número fuera del paréntesis.	
Símbolos	**Ejemplos**
$a(b + c) = ab + ac$	$4(x + 2) = 4 \cdot x + 4 \cdot 2$ $= 4x + 8$
$a(b - c) = ab - ac$	$3(x - 5) = 3 \cdot x - 3 \cdot 5$ $= 3x - 15$

Completa las casillas para representar la propiedad distributiva.

$2(x + 2) = \square(x) + \square(2)$ Propiedad distributiva

$= \square + \square$ Simplifica.

Ejemplo 4 Propiedad distributiva: suma

Usa la propiedad distributiva para expandir $4(-3x + 6)$.

$4(-3x + 6) = \square(-3x) + \square(6)$ Propiedad distributiva

$= -12x + 24$ Simplifica.

Entonces, $4(-3x + 6) =$ ______.

Verificar

Usa la propiedad distributiva para expandir $9(-5a + 3b)$.

Muestra tu trabajo aquí

Conéctate Puedes completar un ejemplo adicional en línea.

¡Piénsalo!
¿Qué términos multiplicarás por 4 cuando expandas la expresión?

¡Coméntalo!
¿Por qué resulta útil usar paréntesis en el segundo paso cuando se expande la expresión?

Ejemplo 5 Propiedad distributiva: resta

Usa la propiedad distributiva para expandir $(2x - 5y)3$.

$(2x - 5y)3 = [(2x + (-5y)]3$	Escribe la resta en forma de suma.
$= 3(2x) + 3(-5y)$	Propiedad distributiva
$= 6x + (-15y)$	Multiplica.
$= 6x - 15y$	Como hay paréntesis, la expresión no está simplificada. Escribe usando una resta.

Entonces, $(2x - 5y)3 =$ ________________.

¡Coméntalo!
¿De qué otra manera puedes expandir la expresión $(2x - 5y)3$ sin antes escribir la resta en forma de suma?

Verificar

Usa la propiedad distributiva para expandir $(-4w - 7)5$.

Muestra tu trabajo aquí

Ejemplo 6 Propiedad distributiva: enteros negativos

Usa la propiedad distributiva para expandir $-5(2x - 9)$.

$-5(2x - 9) = -5[2x + (-9)]$	Vuelve a escribir la resta en forma de suma.
$= -5(2x) + -5(-9)$	Propiedad distributiva
$= -10x + 45$	Simplifica.

Entonces, $-5(2x - 9) =$ ________________.

¡Coméntalo!
¿Qué error se puede cometer si no se escribe la resta como una suma?

Verificar

Usa la propiedad distributiva para expandir $-6(-8y + 10)$.

Muestra tu trabajo aquí

Conéctate Puedes completar un ejemplo adicional en línea.

Aplicar Geometría

Se muestra la longitud de cada lado de dos triángulos. Representa el perímetro de cada triángulo con un enunciado en su mínima expresión. ¿Qué triángulo tiene un perímetro mayor si $x = 3$? ¿Será así para todo valor positivo de x? Justifica tu respuesta.

Triángulo 1

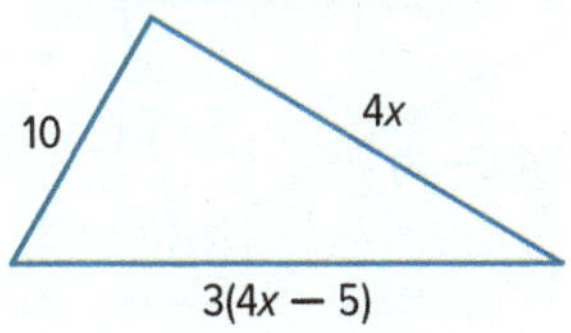

Triángulo 2

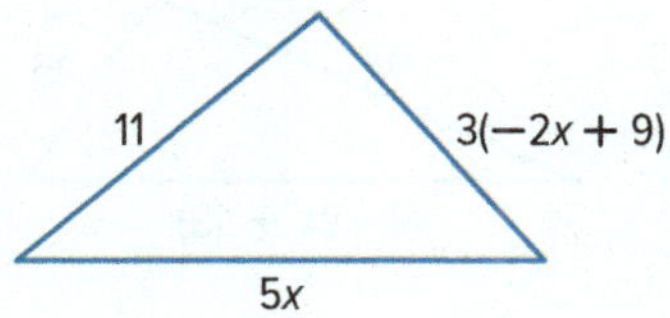

1 ¿Cuál es la tarea?

Asegúrate de comprender la pregunta que debes responder o el problema que debes resolver. Lee el problema tres veces. Comenta las preguntas con un compañero.

Primera vez Describe el problema con tus palabras.
Segunda vez ¿Qué operaciones matemáticas observas?
Tercera vez ¿Cuál es la pregunta?

2 ¿Cómo puedes resolver la tarea? ¿Qué estrategias puedes usar?

Registra tus observaciones aquí

3 ¿Cuál es la solución?

Usa tu estrategia para resolver el problema.

Muestra tu trabajo aquí

4 ¿Cómo puedes demostrar que tu solución es razonable?

¡Escríbelo! Escribe un argumento que puedas usar para defender tu solución.

¡Coméntalo!
¿Qué propiedades usaste al resolver este problema?

Verificar

Se muestra la longitud de cada lado de dos triángulos. Representa la expresión mínima del perímetro de cada triángulo. ¿Cuál tiene el perímetro más grande si $x = 5$?

Triángulo 1

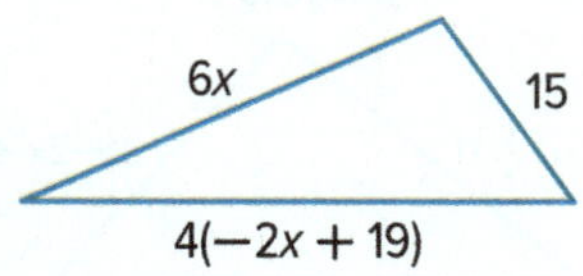

Triángulo 2

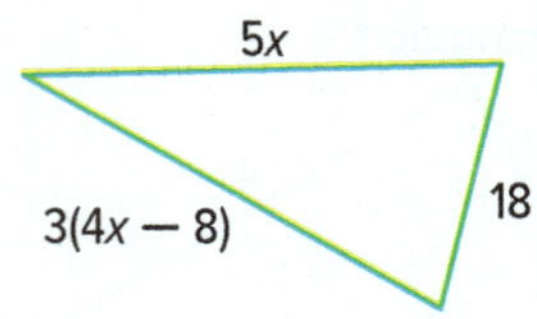

Muestra tu trabajo aquí

Conéctate Puedes completar un ejemplo adicional en línea.

Pausa para reflexionar

¿En qué parte de la lección te sentiste con mayor confianza? ¿Por qué?

Registra tus observaciones aquí

Nombre ______________________ Período ______________ Fecha ______________

Práctica

Conéctate Puedes completar tu tarea en línea.

1. El costo de una caja de DVD después de un aumento de precio del 25% puede representarse con la expresión $c + 0.25c$. Simplifica la expresión. (Ejemplo 1)

2. El costo de un nuevo robot de juguete después de un aumento del 8% puede representarse con la expresión $r + 0.08r$. Simplifica la expresión. (Ejemplo 1)

Simplifica cada expresión. (Ejemplos 2 y 3)

3. $-y + 9z - 16y - 25z + 4$

4. $8z + x - 5 - 9z + 2$

5. $5c - 3d - 12c + d - 6$

6. $-\frac{3}{4}x - \frac{1}{3} + \frac{7}{8}x - \frac{1}{2}$

7. $\frac{1}{4} + \frac{9}{10}y - \frac{3}{5}y + \frac{7}{8}$

8. $-\frac{1}{2}a + \frac{2}{5} + \frac{5}{6}a - \frac{1}{10}$

Usa la propiedad distributiva para expandir cada expresión. (Ejemplos 4 a 6)

9. $2(-3x + 5)$

10. $6(-4x + 3y)$

11. $(3y - 2z)5$

12. $(-2x - 7)4$

13. $-7(x - 2)$

14. $-3(8x - 4)$

Práctica para la prueba

15. **Elemento de la tabla** La tabla muestra la longitud de cada lado de un triángulo. El perímetro del triángulo es $6a + 3$. Escribe la expresión que representa la longitud del lado 3 en su mínima expresión.

Lado del triángulo	Longitud (unidades)
1	$2(a + 3)$
2	$3a - 1$
3	

Aplicar

16. Se muestra la longitud de cada lado de dos triángulos. Escribe la expresión que representa el perímetro de cada triángulo en su mínima expresión. ¿Qué triángulo tiene un perímetro mayor si $x = 4$? ¿Será así para todo valor positivo de x? Justifica tu respuesta.

Triángulo 1

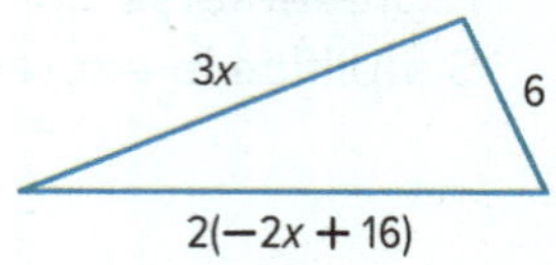

Triángulo 2

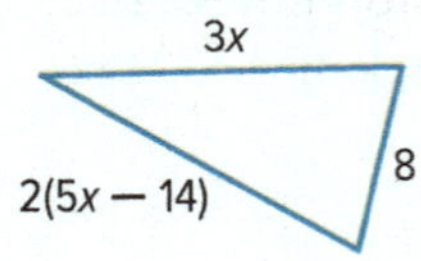

17. Se muestra la longitud de cada lado de dos cuadriláteros. Escribe una expresión que represente el perímetro de cada cuadrilátero en su mínima expresión. ¿Qué cuadrilátero tiene un perímetro mayor si $x = 3$? ¿Será cierto si $x = 4$? Justifica tu respuesta.

Cuadrilátero 1

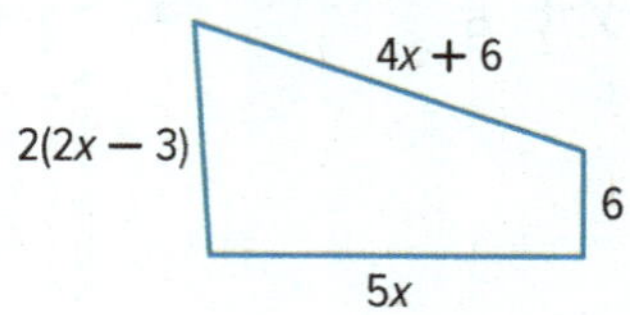

Cuadrilátero 2

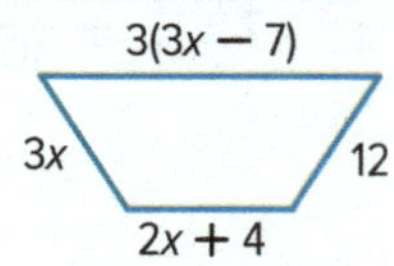

Problemas de pensamiento de orden superior

18. Crear Escribe una expresión con al menos tres términos semejantes. Simplifícala.

19. MP **Hallar el error** Para simplificar la expresión $5x - 3(x + 4)$, un estudiante escribió $2x + 12$. Halla el error y corrígelo.

20. MP **Justificar las conclusiones** ¿El siguiente enunciado es *verdadero* o *falso*? Explícalo.

Según la propiedad distributiva, si el término fuera del paréntesis es negativo, el signo de cada término dentro del paréntesis no cambiará.

Sumar expresiones lineales

Puedo... usar diferentes métodos para sumar expresiones lineales.

¿Qué palabras de vocabulario aprenderás?
expresión lineal

Explorar Sumar expresiones

Actividad en línea Usarás el Web Sketchpad para explorar cómo sumar expresiones lineales.

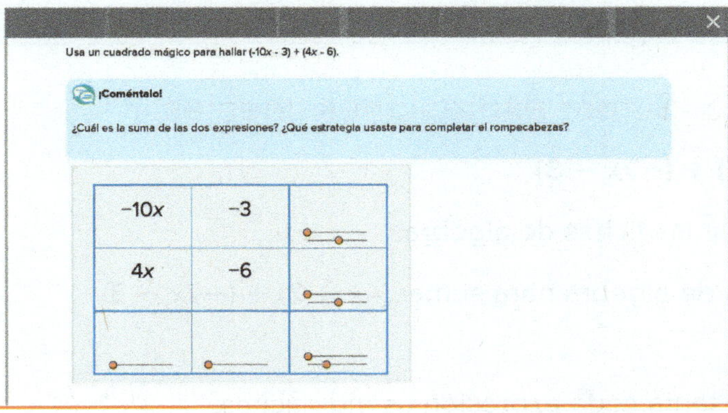

Aprender Sumar expresiones lineales

Una **expresión lineal** es una expresión algebraica en la que cada término es una constante o el producto de una constante por la variable elevada a la primera potencia. Cuando se la simplifica, una expresión lineal no debe tener una variable en el denominador de una fracción.

Clasifica las expresiones en las casillas adecuadas. Se dan ejemplos de cada tipo.

$-5x^2$ $\quad -4x + 3 \quad \frac{1}{2}x - 5 \quad \frac{6}{x} \quad x^3 + 2$

Expresiones lineales	Expresiones no lineales
$5x$	$5mn$
$3x + 2$	$x^4 - 7$

¡Coméntalo!
¿Por qué $-5x^2$ y $\frac{6}{x}$ *no* son expresiones lineales?

(continúa en la página siguiente)

Tus notas

¡Coméntalo!

Al sumar $4x + 2$ y $5x - 7$, la respuesta es $9x + (-5)$ o $9x - 5$. ¿Por qué podemos volver a escribir $9x + (-5)$ como $9x - 5$?

¡Piénsalo!

¿Cómo puedes hallar la suma?

Conéctate Mira la animación para aprender cómo sumar expresiones lineales.

La animación muestra cómo sumar $(4x + 2) + (5x - 7)$.

$(4x + 2) + (5x - 7)$

$= (4x + 2) + [5x + (-7)]$ — Escribe cada resta en forma de suma.

$$\begin{array}{rl} = & 4x + 2 \\ (+) & 5x + (-7) \\ \hline & 9x + (-5) \text{ o } 9x - 5 \end{array}$$

Ordena los términos semejantes en columnas.
Suma los términos semejantes en cada columna.

Ejemplo 1 Sumar expresiones lineales

Halla $(4x - 2) + (-7x - 3)$.

Método 1 Usar las fichas de álgebra.

Usa las fichas de álgebra para sumar $(4x - 2) + (-7x - 3)$.

Paso 1 Representa cada expresión usando fichas.

(4x − 2)

(−7x − 3)

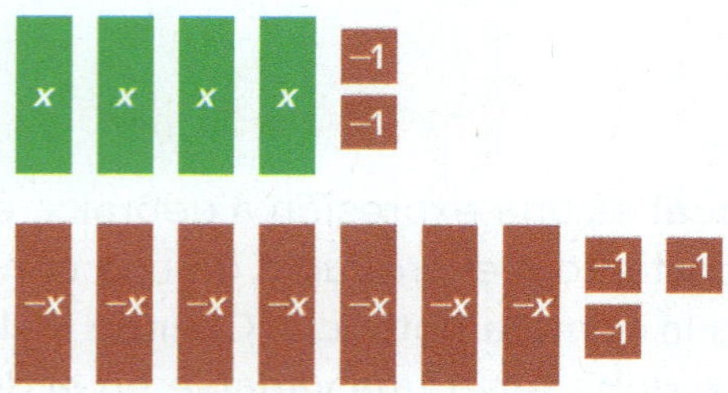

Paso 2 Elimina los pares cero.

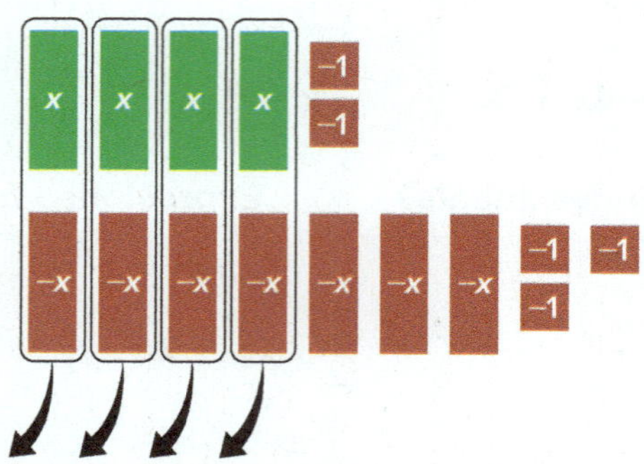

Quedan tres fichas de $-x$ y cinco fichas de -1.

Entonces, $(4x - 2) + (-7x - 3) =$ ________.

(continúa en la página siguiente)

Método 2 Ordenar los términos en columnas.

$(4x - 2) + (-7x - 3)$ — Escribe la expresión original.

$= [4x + (-2)] + [-7x + (-3)]$ — Escribe la resta en forma de suma.

$$\begin{array}{rl} & = 4x + (-2) \\ (+) & \underline{-7x + (-3)} \\ & -3x + (-5) \end{array}$$

Ordena los términos semejantes en columnas.

Suma.

Entonces, $(4x - 2) + (-7x - 3) =$ ____________________.

Verificar

Halla $(5x - 4) + (-2x + 2)$.

Muestra tu trabajo aquí

Conéctate Puedes completar un ejemplo adicional en línea.

Pausa para reflexionar

¿Estás listo para continuar con el siguiente ejemplo? Si es así, ¿qué has aprendido que te ayudará? Si no, ¿aún tienes preguntas? ¿Qué puedes hacer para hallar las respuestas?

Registra tus observaciones aquí

¡Coméntalo!

¿En qué se asemejan los procesos de los métodos 1 y 2?

¿Podrías simplificar esta expresión de otra manera? Explícalo.

Ejemplo 2 Sumar expresiones lineales

Halla $\left(\frac{1}{3}x + 9\right) + \left(\frac{5}{12}x - 4\right)$.

Paso 1 Escribe la resta en forma de suma.

$\left(\frac{1}{3}x + 9\right) + \left(\frac{5}{12}x - 4\right)$ — Escribe la expresión original.

$= \left(\frac{1}{3}x + 9\right) + \left[\frac{5}{12}x + (-4)\right]$ — Escribe la resta en forma de suma.

Paso 2 Ordena los términos semejantes en columnas.

$\frac{1}{3}x + 9 \quad \rightarrow \quad \square\, x + 9$ — Escribe la expresión usando un común denominador.

$+\frac{5}{12}x + (-4) \quad \rightarrow \quad + \square\, x + (-4)$

$\frac{9}{12}x + 5$ — Suma.

$\square\, x + 5$ — Simplifica.

Entonces, $\left(\frac{1}{3}x + 9\right) + \left(\frac{5}{12}x - 4\right) = \frac{3}{4}x + 5$.

¡Piénsalo!

¿Cuáles son los términos semejantes en esta expresión?

¡Coméntalo!

También puedes sumar expresiones lineales ordenando los términos semejantes en columnas sin volver a escribir las restas en forma de suma. Compara y contrasta los dos métodos.

Verificar

Halla $\left(\frac{1}{4}x + 4\right) + \left(\frac{2}{3}x - 8\right)$.

Muestra tu trabajo aquí

Conéctate Puedes completar un ejemplo adicional en línea.

Pausa para reflexionar

Compara lo que aprendiste hoy con algo similar que hayas aprendido en un módulo o curso previo. ¿En qué se parecen? ¿En qué se diferencian?

Registra tus observaciones aquí

Aplicar Teatro

El club de teatro vende entradas para su última producción. También aceptan donaciones de dinero para recaudar fondos. Planean destinar el 20% del total de las venta de entradas y donaciones para un viaje de estudios. En la tabla figuran la venta de entradas y las donaciones de dos de sus presentaciones, donde *e* representa el costo de una entrada. Si las entradas cuestan $9, ¿cuánto dinero recaudará el club de teatro para el viaje de estudios?

Presentación	Venta de entradas y donaciones
Viernes por la noche	$92e + 109$
Sábado por la noche	$34e + 13$

1 ¿Cuál es la tarea?

Asegúrate de comprender la pregunta que debes responder o el problema que debes resolver. Lee el problema tres veces. Comenta las preguntas con un compañero.

Primera vez Describe el problema con tus palabras.
Segunda vez ¿Qué operaciones matemáticas observas?
Tercera vez ¿Cuál es la pregunta?

2 ¿Cómo puedes resolver la tarea? ¿Qué estrategias puedes usar?

Registra tus observaciones aquí

3 ¿Cuál es la solución?

Usa tu estrategia para resolver el problema.

Muestra tu trabajo aquí

4 ¿Cómo puedes demostrar que tu solución es razonable?

¡Escríbelo! Escribe un argumento que puedas usar para defender tu solución.

¡Coméntalo!
Compara y contrasta tu método para resolver el problema con el método empleado por un un compañero.

Verificar

El equipo de fútbol americano vende entradas para sus próximos dos partidos de local. Además, hay un puesto de venta de comida durante los partidos. Planean destinar el 30% del total de las ventas de entradas y de las ventas de comida para un campamento de verano. La tabla muestra la venta de entradas y de comida durante dos de sus partidos de local, donde *e* representa el costo de una entrada. Si las entradas cuestan $5, ¿cuánto dinero recaudará el equipo de fútbol americano para el campamento de verano?

Partido de local	Venta de entradas y de comida
Semana 1	$(75e + 130)$
Semana 2	$(82e + 115)$

Muestra tu trabajo aquí

Conéctate Puedes completar un ejemplo adicional en línea.

Foldables Es hora de actualizar tu Foldable en el Repaso del módulo, en función de lo que aprendiste en esta lección. Si aún no armaste tu Foldable, encontrarás instrucciones en la página FL1.

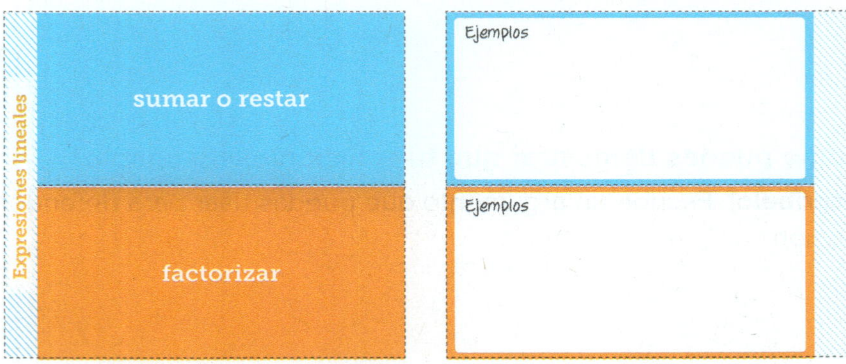

Nombre ______________________ Período ____________ Fecha ____________

Práctica

Conéctate Puedes completar tu tarea en línea.

Suma. (Ejemplos 1 y 2)

1. $(8x + 9) + (-6x - 2)$

2. $(5x + 4) + (-8x - 2)$

3. $(-7x + 1) + (4x - 5)$

4. $(-3x - 9) + (4x + 8)$

5. $(-5x + 4) + (-9x - 3)$

6. $(-2x + 10) + (-8x - 1)$

7. $\left(\frac{1}{4}x - 3\right) + \left(\frac{3}{16}x + 5\right)$

8. $\left(\frac{1}{2}x - 3\right) + \left(\frac{1}{6}x + 1\right)$

9. $\left(4x + \frac{3}{4}\right) + \left(-3x - \frac{5}{12}\right)$

10. $\left(-9x - \frac{4}{5}\right) + \left(2x + \frac{2}{3}\right)$

11. $\left(\frac{1}{3}x - 3\right) + \left(-\frac{3}{4}x - 5\right)$

12. $\left(-5x - \frac{2}{3}\right) + \left(-4x - \frac{1}{9}\right)$

Práctica para la prueba

13. Respuesta abierta La tabla muestra la longitud y el ancho de un rectángulo. Escribe la expresión simplificada del perímetro del rectángulo.

Dimensión	Medidas (unidades)
Longitud	$3x + 6$
Ancho	$2x - 4$

Aplicar

14. Jade y Chet reciben una mensualidad por semana junto con x dólares cada vez que llevan a pasear al perro. Planean destinar el 40% de lo que ganan en conjunto en una semana para comprar una nueva aplicación para su *tablet*. La tabla muestra sus ganancias durante una semana. Si sus padres les pagan $2.50 cada vez que llevan a pasear al perro. ¿Cuánto dinero tendrán para comprar la aplicación?

	Ingresos ($)
Jade	$8 + 2x$
Chet	$4x + 6$

15. Elsa vende pulseras en ferias de artesanías para recaudar fondos en beneficio de un refugio de animales. También acepta donaciones de dinero. Planea destinar el 75% de la venta de pulseras y las donaciones para ayudar al refugio. Con el resto del dinero, comprará más materiales. Se representa la venta de pulseras y las donaciones de la primera feria de artesanías con la expresión $24n + 32$, donde n representa el dinero que Elsa cobra por cada pulsera. Se representa la venta de pulseras y las donaciones de la segunda feria de artesanías con la expresión $40n + 56$. Si Elsa cobra $4 por cada pulsera, ¿cuánto dinero donará?

Problemas de pensamiento de orden superior

16. MP **Identificar estructuras** Escribe dos expresiones lineales que sumen $6x + 9$.

17. MP **Identificar estructuras** ¿Qué expresión lineal deberías sumarle a $(-6x + 3)$ para que el resultado sea $-x$?

18. **¿Qué opción no corresponde?** Identifica la expresión lineal que es diferente de las otras tres. Explica tu razonamiento.

a. $(2x - 1) + (-3x + 7)$

b. $(-5x + 3) + (4x + 3)$

c. $(5x - 6) + (-6x + 12)$

d. $(-5x - 1) + (6x + 7)$

19. MP **Razonamiento inductivo** ¿En qué situaciones dará cero la suma de dos expresiones lineales que solo tienen los términos x?

Restar expresiones lineales

Puedo... usar diferentes métodos para restar expresiones lineales.

Aprender Inversos de suma de expresiones

Cuando la suma de dos expresiones es cero, las expresiones son inversos de suma.

Para hallar el inverso de suma de una expresión, se debe usar la propiedad distributiva para multiplicar la expresión por −1.

Halla el inverso de suma de $4x + 2$.

$-1(4x + 2) = \square(4x) + (\square)(2)$	Multiplica la expresión por −1.
$= \square + (\square)$	Simplifica.
$= -4x - 2$	Definición de resta

Para comprobar si $4x + 2$ y $-4x - 2$ son los inversos de suma, puedes sumarlos y asegurarte de que el resultado sea cero.

$4x + 2$	Ordena los términos semejantes en columnas.
$(+)\ \underline{-4x - 2}$	
$0x + 0$ o 0	Suma.

Dado que $4x + 2$ y $-4x - 2$ suman cero, son inversos de suma.

¡Coméntalo!
¿Cómo podrías calcular mentalmente el inverso de suma de una expresión?

Pausa para reflexionar

Da al menos un ejemplo de una expresión y su inverso de suma. Luego, muestra cómo comprobarías tu trabajo.

Registra tus observaciones aquí

Tus notas

¡Coméntalo!
¿En qué se parece el proceso de restar expresiones lineales al proceso de sumarlas? ¿En qué se diferencia?

Ejemplo 1 Hallar el inverso de suma de expresiones

Halla el inverso de la suma de $5x - 7$.

Para hallar el inverso de suma, multiplica la expresión por -1.

$-1(5x - 7) = -1[5x + (-7)]$ Escribe la resta como una suma.

$= -1(5x) + (-1)(-7)$ Propiedad distributiva

$= -5x + 7$ Simplifica.

Entonces, el inverso de suma de $5x - 7$ es $-5x + 7$.

Verificar

Halla el inverso de suma de $-7x + 3$.

Muestra tu trabajo aquí

Conéctate Puedes completar un ejemplo adicional en línea.

Aprender Restar expresiones lineales

Cuando se restan enteros, se suma el opuesto, es decir, el inverso de suma. Se utiliza el mismo proceso al restar expresiones lineales.

Conéctate Mira la animación para aprender cómo restar expresiones lineales.

La animación muestra cómo restar $(8y - 5) - (3y + 4)$.

$$\begin{array}{r} (8y - 5) \\ -\ \underline{(3y + 4)} \end{array}$$ Ordena los términos semejantes en columnas.

$$\begin{array}{r} 8y - 5 \\ (+)\ \underline{-3y - 4} \end{array}$$ Suma el inverso de suma.

$5y - 9$ Suma.

Ejemplo 2 Restar expresiones lineales

Halla (6x + 5) − (3x − 2).

Método 1 Usar las fichas de álgebra.

Paso 1 Representa $6x + 5$ usando las fichas de álgebra.

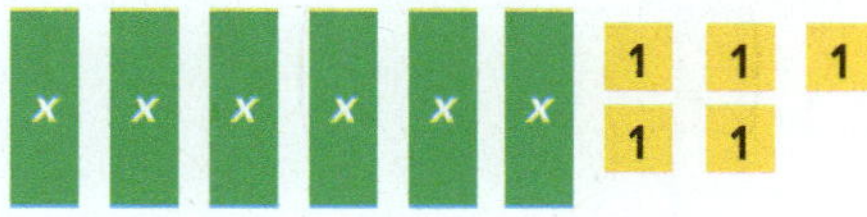

Paso 2 Para restar $3x - 2$, suma el inverso de la suma, o $-3x + 2$. Luego, elimina todos los pares cero.

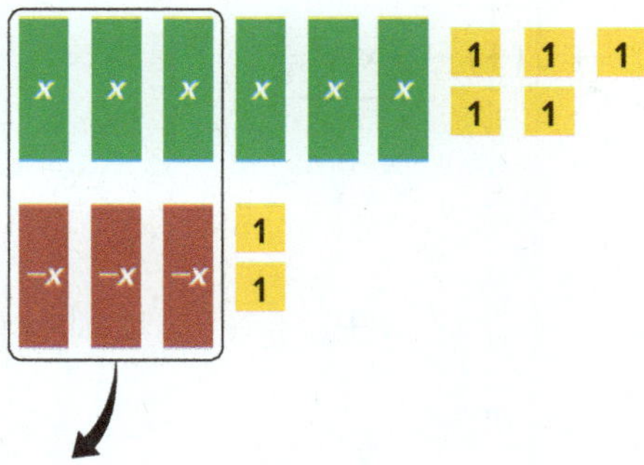

Entonces, $(6x + 5) - (3x - 2) = 3x + 7$.

Método 2 Ordenar los términos en columnas.

$(6x + 5) - (3x - 2)$ — Escribe la expresión.

$= (6x + 5) + (-3x + 2)$ — El inverso de suma de $(3x - 2)$ es $(-3x + 2)$.

$$\begin{array}{rr} & 6x + 5 \\ (+) & -3x + 2 \\ \hline & 3x + 7 \end{array}$$

Ordena los términos semejantes en columnas.
Suma.

Entonces, $(6x + 5) - (3x - 2) =$ ____________.

Verificar

Halla $(-3x + 9) - (8x - 7)$.

Muestra tu trabajo aquí

Conéctate Puedes completar un ejemplo adicional en línea.

¡Piénsalo!

¿Cómo puedes hallar la diferencia?

¡Coméntalo!

Compara los métodos para restar expresiones lineales.

- Método 1: Usar fichas de álgebra para restar expresiones lineales.
- Método 2: Ordenar los términos en columnas.

Ejemplo 3 Restar expresiones lineales

Halla $\left(\frac{2}{3}x + \frac{1}{2}\right) - \left(\frac{1}{6}x - \frac{3}{8}\right)$.

Vuelve a escribir la expresión usando el inverso de suma.

$$\left(\frac{2}{3}x + \frac{1}{2}\right) - \left(\frac{1}{6}x - \frac{3}{8}\right)$$ Escribe la expresión.

$$= \left(\frac{2}{3}x + \frac{1}{2}\right) \square \left(\square\right)$$ El inverso de suma de $\left(\frac{1}{6}x - \frac{3}{8}\right)$ es $\left(-\frac{1}{6}x + \frac{3}{8}\right)$.

Ordena los términos semejantes en columnas.

$$\frac{2}{3}x + \frac{1}{2} \rightarrow \frac{4}{6}x + \frac{4}{8}$$ Escríbelos usando el

$$(+)\ -\frac{1}{6}x + \frac{3}{8} \rightarrow (+)\ -\frac{1}{6}x + \frac{3}{8}$$ común denominador.

$$\square x + \square$$ Suma.

$$\square x + \square$$ Simplifica.

Entonces, $\left(\frac{2}{3}x + \frac{1}{2}\right) - \left(\frac{1}{6}x + \frac{3}{8}\right) = \frac{1}{2}x + \frac{7}{8}$.

Verificar

Halla $\left(-\frac{1}{6}x + \frac{3}{4}\right) - \left(\frac{1}{2}x - \frac{1}{8}\right)$.

Muestra tu trabajo aquí

Conéctate Puedes completar un ejemplo adicional en línea.

Pausa para reflexionar

Muestra por qué es conveniente escribir una expresión usando el inverso de suma para restar expresiones lineales.

Registra tus observaciones aquí

Aplicar Ventas

Bonnie es dueña de una tienda que vende camisetas lisas y estampadas. La tabla muestra el costo por camiseta y la cantidad de de prendas que se vendieron a lo largo de *s* semanas. Transcurridas 25 semanas, ¿cuánto más dinero obtuvo por la venta de camisetas estampadas que por la venta de camisetas lisas?

Estilo	Costo ($)	Cantidad vendida
Lisa	15	$5s - 4$
Estampada	15	$8s + 3$

1 ¿Cuál es la tarea?

Asegúrate de comprender la pregunta que debes responder o el problema que debes resolver. Lee el problema tres veces. Comenta las preguntas con un compañero.

Primera vez Describe el problema con tus palabras.
Segunda vez ¿Qué operaciones matemáticas observas?
Tercera vez ¿Cuál es la pregunta?

¡Coméntalo!
¿Cómo puedes saber con solo observar las expresiones que Bonnie vendió más camisetas estampadas que lisas?

2 ¿Cómo puedes resolver la tarea? ¿Qué estrategias puedes usar?

Registra tus observaciones aquí

3 ¿Cuál es la solución?

Usa tu estrategia para resolver el problema.

Muestra tu trabajo aquí

4 ¿Cómo puedes demostrar que tu solución es razonable?

¡Escríbelo! Escribe un argumento que puedas usar para defender tu solución.

Un minuto de historia

El matemático y astrónomo **Muhammad al-Khwarizmi (aproximadamente entre 780–850)** escribió el primer texto conocido de álgebra elemental. La palabra *álgebra* deriva de *al-jabr*, que forma parte del título de este texto. En árabe significa "reintegración de partes separadas". Sus textos fueron fundamentales para introducir el álgebra en Europa, y fueron los primeros textos matemáticos árabes traducidos al latín.

Verificar

La tabla muestra la venta de galletas de azúcar y de galletas con chispas de chocolate en una panadería a lo largo de h horas.

Venta de galletas		
Sabor	**Costo ($)**	**Cantidad vendida**
Azúcar	1.15	$6h - 5$
Chispas de chocolate	1.15	$10h + 6$

Transcurridas 15 horas, ¿cuánto más dinero se obtuvo por la venta de galletas con chispas de chocolate que por la venta de galletas de azúcar?

Muestra tu trabajo aquí

Conéctate Puedes completar un ejemplo adicional en línea.

Foldables Es hora de actualizar tu Foldable en el Repaso del Módulo, en función de lo que aprendiste en esta lección. Si aún no armaste tu Foldable, encontrarás las instrucciones en la página FL1.

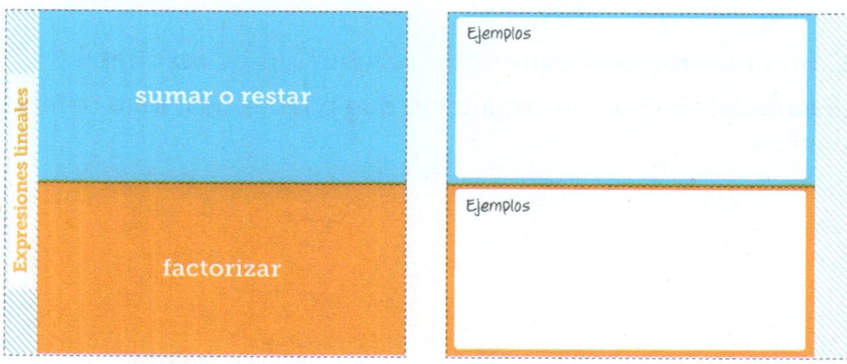

Nombre ______ Período ______ Fecha ______

Práctica

Conéctate Puedes completar tu tarea en línea.

Halla el inverso de suma de cada expresión lineal. (Ejemplo 1)

1. $3x - 6$

2. $-9x + 3$

3. $-4x - 8$

Resta. (Ejemplos 2 y 3)

4. $(8x + 9) - (6x - 2)$

5. $(3x - 4) - (x - 5)$

6. $(-5x - 9) - (-6x - 1)$

7. $(-7x - 14) - (x - 5)$

8. $(-8x + 2) - (-5x + 7)$

9. $\left(\frac{3}{5}x + \frac{3}{4}\right) - \left(\frac{1}{3}x - \frac{1}{8}\right)$

10. $\left(\frac{1}{10}x - \frac{2}{3}\right) - \left(\frac{4}{5}x - \frac{1}{6}\right)$

11. $\left(-\frac{5}{6}x - \frac{7}{12}\right) - \left(-\frac{1}{3}x - \frac{1}{4}\right)$

12. $\left(-\frac{1}{2}x + \frac{7}{10}\right) - \left(-\frac{3}{4}x - \frac{1}{5}\right)$

Práctica para la prueba

13. Respuesta abierta La tabla muestra los puntajes de dos equipos en una competencia de preguntas y respuestas al final del primer tiempo. ¿Cuántos puntos más obtuvieron los Huskies que los Bobcats?

Equipo	Puntaje obtenido
Bobcats	$2x - 7$
Huskies	$5x - 3$

Aplicar

14. La tabla muestra las ventas de rosquillas comunes y de rosquillas con queso asiago en una panadería a lo largo de h horas. Transcurridas 6 horas, ¿cuánto más dinero obtendrá la panadería por la venta de rosquillas con queso asiago que por la venta de las comunes?

Venta de rosquillas		
Rosquilla	**Costo ($)**	**Cantidad vendida tras h horas**
Queso asiago	1.50	$12h + 7$
Común	1.50	$7h - 4$

15. Derek es dueño de una tienda que vende latas de palomitas de maíz con mantequilla y con caramelo. La tabla muestra la cantidad de palomitas de maíz vendidas en s semanas. Transcurridas 12 semanas, ¿cuánto más dinero obtendrá por la venta de palomitas de maíz con mantequilla que por la venta de palomitas con caramelo?

Venta de palomitas de maíz		
Palomitas	**Costo ($)**	**Cantidad vendida en s semanas**
Con mantequilla	11	$8s + 9$
Con caramelo	11	$6s - 1$

Problemas de pensamiento de orden superior

16. MP **Identificar estructuras** Escribe dos expresiones lineales con una diferencia de $x + 1$.

17. MP **Identificar estructuras** ¿Qué expresión lineal deberías restar de $(5x + 3)$ para tener una diferencia de $-x$?

18. **¿Qué opción no corresponde?** Identifica la expresión lineal que es diferente de las otras tres. Explica tu razonamiento.

a. $(-5x + 3) - (-7x - 1)$

b. $(-3x + 3) - (-5x - 2)$

c. $(x - 6) - (-x - 10)$

d. $(-7x + 2) - (-9x - 2)$

19. MP **Hallar el error** Para simplificar la expresión $(6x - 2) - (-x + 5)$, un estudiante escribió $7x + 3$. Halla el error del estudiante y corrígelo.

Lección 6-4

Descomponer en factores las expresiones lineales

Puedo... usar el MCD para descomponer en factores las expresiones lineales.

Aprender Máximo común divisor de monomios

Para **descomponer en factores** un número, se lo debe escribir como un producto de sus factores. Un monomio puede decomponerse en factores usando el mismo método que se usaría para un número.

El **máximo común divisor** (MCD) de dos monomios es el mayor monomio que es un factor de los dos. El máximo común divisor también incluye toda variable que los monomios tengan en común.

Cantidad	Monomio
El MCD de 25 y 30 es 5.	El MCD de $25x$ y $30xy$ es $5x$.

¿Qué palabras de vocabulario aprenderás?

factor

forma factorizada

máximo común divisor

¡Coméntalo!

En base a lo que sabes sobre cómo hallar el MCD de números, ¿piensas que podrías hallar el MCD de monomios?

Ejemplo 1 Hallar el MCD de monomios

Halla el MCD de $12y$ y de $30y$.

Paso 1 Halla el MCD de los coeficientes.

Encierra en un círculo los factores de 12 y subraya los factores de 30.

1	2	3	4	5	6	7	8	9	10
11	12	13	14	15	16	17	18	19	20
21	22	23	24	25	26	27	28	29	30

Los factores comunes de 12 y 30 son los números que están en un círculo y subrayados. Halla el mayor de estos números.

El máximo común divisor de los coeficientes es 6.

Paso 2 Halla el MCD de las variables.

La variable común de $12y$ y $30y$ es y.

Paso 3 Halla el MCD de los monomios.

Para hallar el MCD de los monomios, multiplica el MCD de los coeficientes, ________, por la variable común, ________.

Entonces, el MCD de $12y$ y $30y$ es $6y$.

Tus notas

Verificar

Halla el MCD de $24a$ y $32a$.

Muestra tu trabajo aquí

Ejemplo 2 Hallar el MCD de monomios

Descompón en factores primos para hallar el MCD de $18a$ y $20ab$.

Paso 1 Identifica los factores comunes.

Completa la descomposición en factores primos de cada término.

$18a = 2 \cdot 3 \cdot 3 \cdot a$

$20ab = 2 \cdot 2 \cdot 5 \cdot a \cdot b$

Los factores comunes en cada término son 2 y a.

Paso 2 Multiplica los factores comunes.

El MCD de $18a$ y $20ab$ es $2 \cdot a$ o ________.

¡Piénsalo!
¿Qué variables son comunes en cada término?

¡Coméntalo!
El factor 2 es común en cada término. ¿Por qué se puede seleccionar solo un 2 de $20ab$ como factor común?

Verificar

Usa la descomposición en factores primos para hallar el MCD de $42xy$ y $14y$.

Muestra tu trabajo aquí

Conéctate Puedes completar un ejemplo adicional en línea.

Explorar Descomponer en factores las expresiones lineales

Actividad en línea Usarás las fichas de álgebra para explorar cómo descomponer en factores las expresiones lineales.

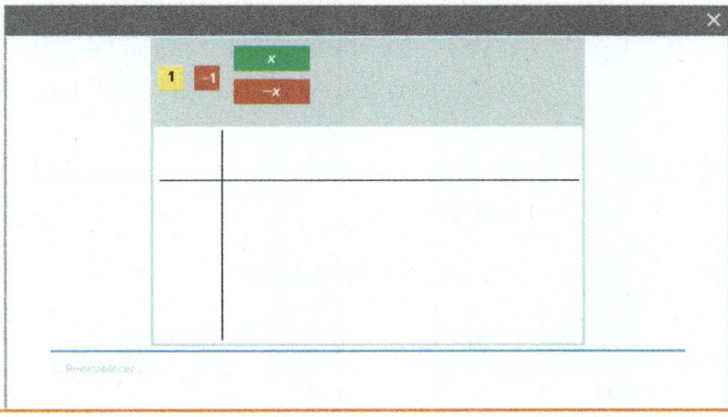

Aprender Descomponer en factores las expresiones lineales

Puedes usar la propiedad distributiva y empezar por el final para escribir una expresión lineal como un producto de sus factores. Una expresión lineal tiene **forma factorizada** cuando se la expresa como el producto de sus factores.

Conéctate Mira la animación para aprender cómo descomponer $12a + 6b$.

Paso 1 Halla el MCD de los términos.

$12a = 2 \cdot 2 \cdot 3 \cdot a$	Escribe la descomposición en factores primos de cada término.
$6b = 2 \cdot 3 \cdot b$	Encierra con un círculo los factores comunes.
$2 \cdot 3$ o 6	Multiplica los factores comunes para hallar el MCD.

Paso 2 Escríbelos como productos con el MCD como factor.

$$12a + 6b = 6(2a) + 6(b)$$

Paso 3 Aplica la propiedad distributiva.

$$6(2a) + 6(b) = 6(2a + b)$$

Entonces, la forma factorizada de $12a + 6b$ es $6(2a + b)$.

¡Piénsalo!

¿Cuál es el MCD de $3x$ y 9?

¡Coméntalo!

¿Cómo verificas que la forma factorizada sea correcta?

¡Piénsalo!

¿Cómo hallas el MCD de dos monomios?

¡Coméntalo!

Escribe otra expresión que no se pueda descomponer. Explica por qué no.

Ejemplo 3 Descomponer en factores

Descompón en factores $3x + 9$.

$3x = 3 \cdot x$	Escribe la descomposición en factores primos de cada término.
$9 = 3 \cdot 3$	Encierra en un círculo los factores comunes.
3	De ser necesario, multiplica los factores comunes para hallar el MCD.
$3x + 9 = 3(\square) + 3(\square)$	Escribe cada término como un producto de sus factores.
$= 3(x + 3)$	Propiedad distributiva

Entonces, $3x + 9$ es ______________.

Verificar

Factoriza $6x + 14$.

Muestra tu trabajo aquí

Ejemplo 4 Expresiones sin factores comunes

Descompón en factores $12x + 7y$.

Escribe la descomposición en factores primos de cada término.

$12x = 2 \cdot 2 \cdot 3 \cdot x$

$7y = 7 \cdot y$

¿Cuáles son los factores comunes, si es que los hay?

____

Como no hay factores comunes, $12x + 7y$ no puede descomponerse en factores.

Verificar

$12(x + 11)$

Muestra tu trabajo aquí

Conéctate Puedes completar un ejemplo adicional en línea.

Ejemplo 5 Descomponer en factores las expresiones lineales

Descompón en factores $\frac{1}{4}x + \frac{1}{4}$.

Para descomponer en factores $\frac{1}{4}x + \frac{1}{4}$, escribe cada término como un producto del MCD y de sus factores restantes. El MCD de los términos es $\frac{1}{4}$.

$$\frac{1}{4}x + \frac{1}{4} = \frac{1}{4}\left(\square\right) + \frac{1}{4}\left(\square\right)$$

Escribe cada término como un producto de sus factores.

$$= \frac{1}{4}\left(\square\right)$$

Propiedad distributiva

Entonces, $\frac{1}{4}x + \frac{1}{4} = \frac{1}{4}(x + 1)$.

Verificar

Descompón en factores $\frac{2}{3}x - \frac{2}{3}$.

Muestra tu trabajo aquí

Conéctate Puedes completar un ejemplo adicional en línea.

¡Piénsalo!
¿Cómo comenzarías a descomponer en factores la expresión?

¡Coméntalo!
Cuando se descompone el factor común de $\frac{1}{4}$, ¿de dónde surge el 1 en la expresión $\frac{1}{4}(x + 1)$?

Foldables Es hora de actualizar tu Foldable en el Repaso del módulo, en función de lo que aprendiste en esta lección. Si aún no armaste tu Foldable, encontrarás instrucciones en la página FL1.

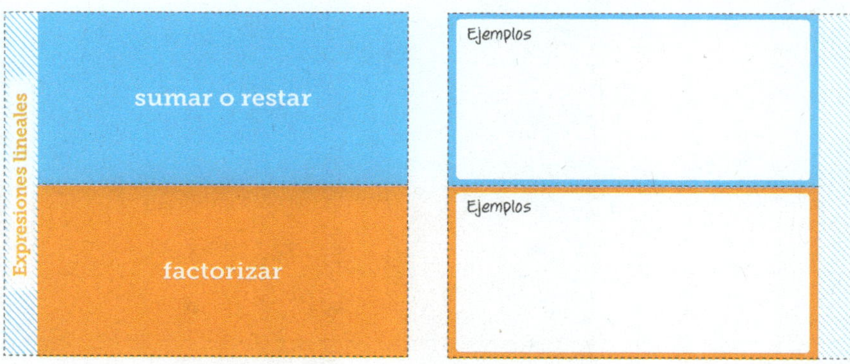

Pausa para reflexionar

Registra los pasos para descomponer en factores las expresiones lineales en un organizador gráfico. Asegúrate de incluir ejemplos de expresiones que se puedan descomponer en factores y otras que no.

Muestra tu trabajo aquí

Nombre ______________________ Período ____________ Fecha ____________

Práctica

Conéctate Puedes completar tu tarea en línea.

Halla el MCD de cada par de monomios. (Ejemplo 1)

1. $4y, 12y$

2. $48x, 32x$

3. $16mn, 24m$

Descompón en factores primos para hallar el MCD de los monomios. (Ejemplo 2)

4. $8xy, 12x$

5. $14ab, 28ab$

6. $27cd, 72cde$

Descompón en factores cada expresión. Si la expresión no puede descomponerse en factores, escribe *no puede descomponerse*. (Ejemplos 3 a 5)

7. $5x + 35$

8. $8x - 14$

9. $3x + 11y$

10. $32x - 15$

11. $72x - 18xy$

12. $45xy - 81y$

13. $25x + 14y$

14. $\frac{1}{3}x - \frac{1}{3}$

15. $\frac{1}{2}x + \frac{1}{2}$

Práctica para la prueba

16. Selección múltiple Selecciona todas las expresiones que no se pueden descomponer.

- ☐ $7x - 14y$
- ☐ $9x + 31$
- ☐ $4x - 5y + 2z$
- ☐ $27x - 18y$
- ☐ $15x - 28y$
- ☐ $24x + 12x$

Aplicar

17. El costo total para que Baydan y sus tres amigos patinen sobre hielo puede representarse con la expresión $4x + 36$. Los cuatro amigos pagan una cantidad x para alquilar los patines y abonar la entrada. ¿Cuál es el precio de la entrada por persona?

18. El saldo en dólares de la caja de ahorro de Marisa puede representarse con la expresión $5x + 40$. Marisa ahorró la misma cantidad x cada mes por un período de 5 meses. Su madre depositó una cantidad adicional cada mes en la caja de ahorro de Marisa para colaborar. ¿Cuánto dinero contribuyó su madre cada mes?

Problemas de pensamiento de orden superior

19. MP **Identificar estructuras** Escribe dos monomios con un máximo común divisor de $3x$.

20. MP **Identificar estructuras** ¿Qué expresión, en forma factorizada, es $3x(3 + 7y)$?

21. ¿Qué opción no corresponde? Identifica la expresión que es diferente de las otras tres. Explica tu razonamiento.

a. $7x + 35$

b. $3x - 27$

c. $7x + 3$

d. $7x + 21$

22. MP **Hallar el error** Un estudiante descompone en factores $18x + 6x$. Halla el error del estudiante y corrígelo.

$$18x + 6x = 6x(3)$$
$$= 18x$$

Lección 6-5

Combinar operaciones con expresiones lineales

Puedo... combinar operaciones para simplificar expresiones lineales.

Ejemplo 1 Combinar operaciones para simplificar expresiones

Simplifica $-2(x + 3) + 8x$. Escríbela en forma factorizada.

$-2(x + 3) + 8x = -2x - 6 + 8x$ Propiedad distributiva

$= 6x - 6$ Combina los términos semejantes.

$= 6(x - 1)$ Escribe la forma factorizada.

Entonces, $-2(x + 3) + 8x =$ ____________.

Verificar

Simplifica $-3(4x - 9) + 30x$. Escríbelo en forma factorizada.

Conéctate Puedes completar un ejemplo adicional en línea.

Ejemplo 2 Combinar operaciones para simplificar expresiones

Simplifica $\frac{3}{8}x + \frac{1}{2}\left(\frac{1}{4}x - 2\right)$.

$\frac{3}{8}x + \frac{1}{2}\left(\frac{1}{4}x - 2\right)$ Escribe la expresión.

$= \frac{3}{8}x + \left(\frac{1}{2}\right)\left(\frac{1}{4}x\right) - \left(\frac{1}{2}\right)(2)$ Propiedad distributiva

$= \frac{3}{8}x + \frac{1}{8}x - 1$ Multiplica.

$= \frac{4}{8}x - 1$ Combina los términos semejantes.

$= \frac{1}{2}x - 1$ Simplifica.

Entonces, $\frac{3}{8}x + \frac{1}{2}\left(\frac{1}{4}x - 2\right) = \frac{1}{2}x - 1$.

¡Piénsalo!
¿Cómo simplificarías la expresión?

¡Coméntalo!
¿Por qué se aplicó primero la propiedad distributiva?

¡Coméntalo!
¿Por qué no está simplificada del todo la ecuación $\frac{4}{8}x - 1$?

Tus notas

Verificar

Simplifica $\frac{5}{12}a - \frac{1}{4}\left(\frac{2}{3}a - 8\right)$.

Muestra tu trabajo aquí

Ejemplo 3 Combinar operaciones para simplificar expresiones

Simplifica $\frac{2}{3}(18x - 12) - (6x + 7)$. Escribe tu respuesta en forma factorizada.

$\frac{2}{3}(18x - 12) - (6x + 7)$

$= (12x - 8) - (6x + 7)$	Propiedad distributiva
$= (12x - 8) + (-6x - 7)$	Suma el inverso de suma.
$= \ 12x - 8$ $(+)\ -6x - 7$	Ordena los términos semejantes en columnas.
$6x - 15$	Suma.
$= 3(2x - 5)$	Escribe la forma factorizada.

Entonces, $\frac{2}{3}(18x - 12) - (6x + 7) =$ ______________ .

¡Piénsalo!

¿Cómo comenzarías a simplificar la expresión?

Verificar

Simplifica $\frac{2}{3}(27x - 45) - (4x - 9)$. Escribe tu respuesta en forma factorizada.

Muestra tu trabajo aquí

Conéctate Puedes completar un ejemplo adicional en línea.

Pausa para reflexionar

¿Qué parte de la lección te hizo querer aprender más? ¿Por qué?

Registra tus observaciones aquí

Aplicar Jardinería

Un jardín consta de una zona rectangular para sentarse rodeada por un borde de flores. La zona para sentarse tiene una longitud de $3x$ pies y un ancho de 5 pies. El borde de flores tienes un ancho de 3 pies. Escribe una expresión, en forma factorizada, que represente el área del borde de flores.

Conéctate Mira la animación.

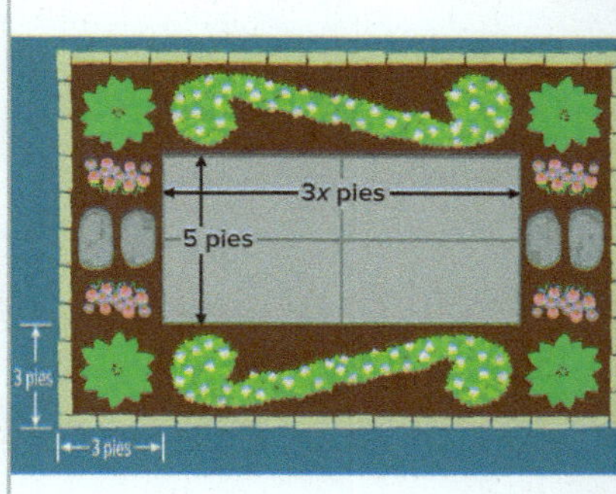

1 ¿Cuál es la tarea?

Asegúrate de comprender la pregunta que debes responder o el problema que debes resolver. Lee el problema tres veces. Comenta las preguntas con un compañero.

Primera vez Describe el problema con tus palabras.
Segunda vez ¿Qué operaciones matemáticas observas?
Tercera vez ¿Cuál es la pregunta?

2 ¿Cómo puedes resolver la tarea? ¿Qué estrategias puedes usar?

Registra tus observaciones aquí

3 ¿Cuál es la solución?

Usa tu estrategia para resolver el problema.

Muestra tu trabajo aquí

¡Coméntalo!
¿Por qué no se puede calcular un valor numérico para el área del borde de flores?

4 ¿Cómo puedes demostrar que tu solución es razonable?

¡Escríbelo! Escribe un argumento que puedas usar para defender tu solución.

Verificar

El diagrama muestra una pasarela de 5 pies de ancho que rodea una piscina rectangular. Escribe una expresión, en forma factorizada, que represente el área de la pasarela.

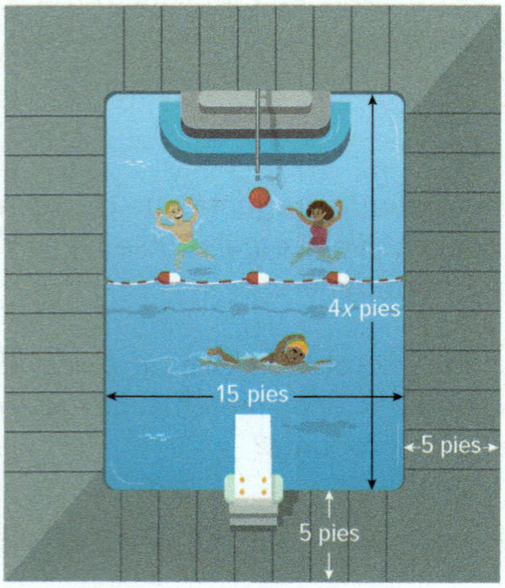

Muestra tu trabajo aquí

Conéctate Puedes completar un ejemplo adicional en línea.

Pausa para reflexionar

Escribe un problema de la vida diaria usando conceptos de la lección de hoy. Explica cómo se te ocurrió ese problema. Intercambia los problemas con un compañero de clase y cada uno resuelva el del otro.

Registra tus observaciones aquí

Nombre ______________________ Período ____________ Fecha ____________

Práctica

Conéctate Puedes completar tu tarea en línea.

Simplifica cada expresión. Para los ejercicios 1–4 y 9–12, escribe tu respuesta en forma factorizada. (Ejemplos 1 a 3)

1. $3(x + 4) + 5x$

2. $-4(x + 1) + 6x$

3. $-5(2x - 6) + 25x$

4. $2(-8x - 3) + 18x$

5. $\frac{1}{6}x + \frac{3}{4}\left(\frac{1}{2}x - 4\right)$

6. $\frac{2}{3}\left(6x - \frac{1}{6}\right) + 3x$

7. $\frac{5}{8}x + \frac{1}{2}\left(\frac{1}{4}x + 10\right)$

8. $\frac{2}{5}\left(10x + \frac{3}{4}\right) - 2x$

9. $\frac{3}{4}(24x + 28) - (4x - 1)$

10. $-\frac{1}{2}(32x - 40) + (20x - 4)$

11. $\frac{2}{3}(9x - 15) - (-6x + 2)$

12. $-\frac{4}{5}(30x - 40) + (42x + 4)$

Práctica para la prueba

13. Editor de ecuaciones La tabla muestra el área de dos alfombras. Una maestra suele juntarlas para formar una gran alfombra. ¿Cuál es el área en unidades cuadradas de la nueva alfombra en forma factorizada?

Alfombra	Área (unidades cuadradas)
Azul	$8\left(x + \frac{1}{2}\right)$
Roja	$10\left(x + \frac{2}{5}\right)$

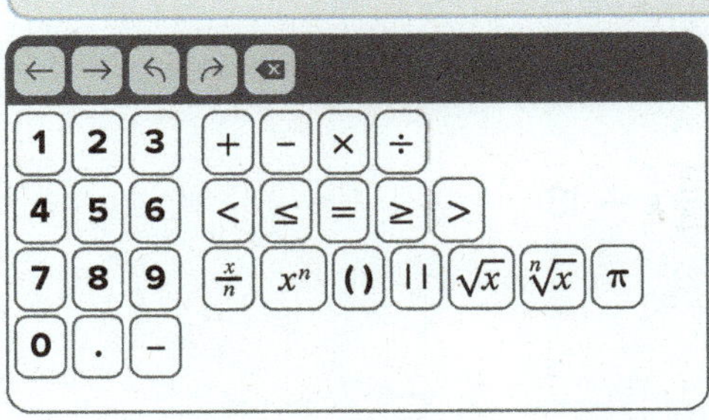

Aplicar

14. El diagrama muestra un borde de 4 pulgadas de ancho que rodea la pintura de Annie. Escribe una expresión, en forma factorizada, que represente el área del borde.

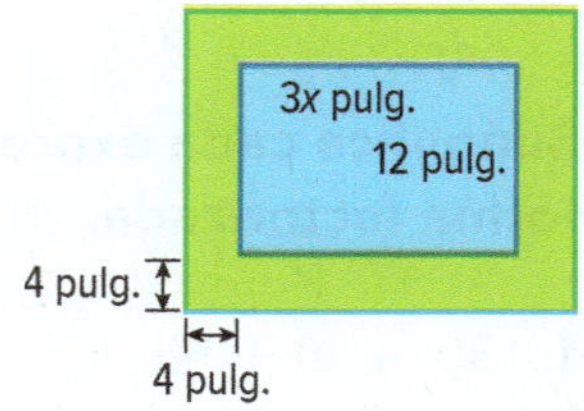

15. La casita del hámster de Raúl se ubica en la esquina de su jaula, como se muestra en el diagrama. El área alrededor de la casita tiene 5 pulgadas de ancho. Escribe una expresión, en forma factorizada, que represente esa área.

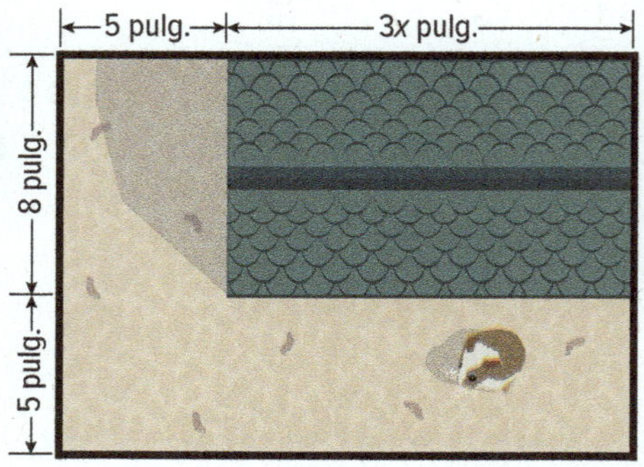

Problemas de pensamiento de orden superior

16. Crear Escribe y simplifica una expresión lineal con más de una operación.

17. MP **Hallar el error** Un estudiante simplifica la expresión que se muestra a continuación. Halla el error del estudiante y corrígelo.

$$-3(x + 2) + 6x = -3x + 2 + 6x$$
$$= 3x + 2$$

18. Un estudiante dice que $\frac{4}{6}x + 1$ es una expresión escrita en su mínima expresión. ¿Tiene razón? Explica por qué.

19. MP **Perseverar con los problemas** Escribe cada expresión en forma factorizada.

a. $\frac{1}{2}x + 6$

b. $\frac{3}{4}x - 18$

Repaso

Foldables Usa tu Foldable para repasar el módulo.

Expresiones lineales

Explicación

Explicación

¡Califícate!

Cuando hayas terminado el módulo, completa el cuadro que está al principio. Coloca una marca en cada fila que corresponda a lo que sabes sobre cada tema.

Escribe sobre algo que aprendiste.

Escribe una pregunta que tengas aún.

Reflexión sobre el módulo

Usa lo que aprendiste sobre expresiones para completar el organizador gráfico.

Pregunta esencial

¿Cuál es la ventaja de escribir expresiones de diferentes maneras?

Expresiones lineales

Combinar términos semejantes

Ejemplo

¿Por qué resulta útil?

Propiedad distributiva

Ejemplo

¿Por qué resulta útil?

Sumar expresiones lineales

Ejemplo

¿Por qué resulta útil?

Restar expresiones lineales

Ejemplo

¿Por qué resulta útil?

Descomponer las expresiones

Ejemplo

¿Por qué resulta útil?

Nombre ______________________ Período ____________ Fecha ____________

Práctica para la prueba

1. Editor de ecuaciones El costo del almuerzo de Noah, c, más una propina del 15% puede representarse con la expresión $c + 0.15c$. ¿Cómo se la escribiría simplificada a su mínima expresión? (Lección 1)

2. Opción múltiple ¿Qué opción representa la expansión correcta de $-6(5a - 3b)$ usando la propiedad distributiva? (Lección 1)

Ⓐ $-30a - 18b$

Ⓑ $-30a + 18b$

Ⓒ $-6a - 30b$

Ⓓ $-a - 9b$

3. Respuesta abierta Se muestran dos triángulos. (Lección 1)

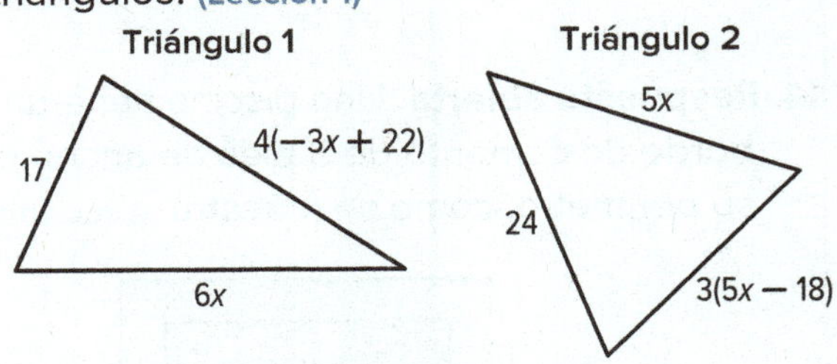

A. Representa el perímetro de cada triángulo con una expresión algebraica escrita en su mínima expresión.

B. Si $x = 5$, ¿qué triángulo tiene un perímetro mayor?

4. Selección múltiple ¿Cuáles de las siguientes expresiones son lineales? Elige todas las opciones correctas. (Lección 2)

☐ $8x - 1$ ☐ $9x^2$

☐ $-3x$ ☐ $4x + 3$

☐ $7xy$ ☐ $\frac{1}{x}$

5. Opción múltiple ¿Cuál es la mínima expresión de $(-7x + 3) + (11x - 4)$? (Lección 2)

Ⓐ $4x - 7$

Ⓑ $4x + 7$

Ⓒ $4x - 1$

Ⓓ $18x + 1$

6. Editor de ecuaciones ¿Cuál es el resultado de $(-3x + 5) - (-7x + 2)$? (Lección 3)

7. Respuesta abierta ¿Cuál es el resultado de $\left(\frac{1}{4}x - 7\right) - \left(\frac{3}{4}x - 5\right)$? Explica cómo hallaste la respuesta. (Lección 3)

8. Respuesta abierta La tabla muestra las ventas de correas retráctiles y comunes en una veterinaria durante *s* semanas. (Lección 3)

Estilo	Precio ($)	Cantidad vendida
Retráctiles	17	$8s + 5$
Comunes	9	$3s + 2$

A. Escribe una expresión que represente la diferencia entre la cantidad de ventas de correas retráctiles y de correas comunes.

B. Después de 15 semanas, ¿cuántas correas retráctiles más vendieron?

9. Opción múltiple ¿Cuál de las siguientes opciones es el MCD de $16m$ y $40mn$? (Lección 4)

Ⓐ 8

Ⓑ $4m$

Ⓒ $8m$

Ⓓ $4mn$

10. Editor de ecuaciones ¿Cuál es el MCD de $20x$ y $25x$? (Lección 4)

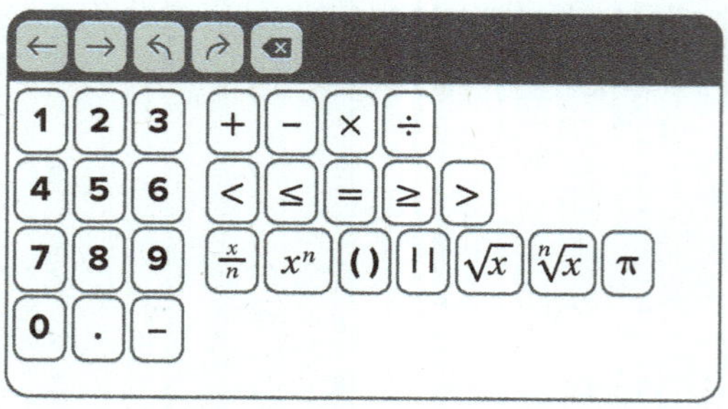

11. Opción múltiple ¿Cuál es la forma factorizada de $10xy - 15y$? (Lección 4)

Ⓐ $5y(2x - 3)$

Ⓑ $5(2x - 3y)$

Ⓒ $10y(x - 3)$

Ⓓ no puede descomponerse en factores

12. Respuesta abierta Descompón $12m + 5n$. Explica tu respuesta. (Lección 4)

13. Editor de ecuaciones Simplifica $3(2x - 1) - 4x$. Escribe tu respuesta en forma factorizada. (Lección 5)

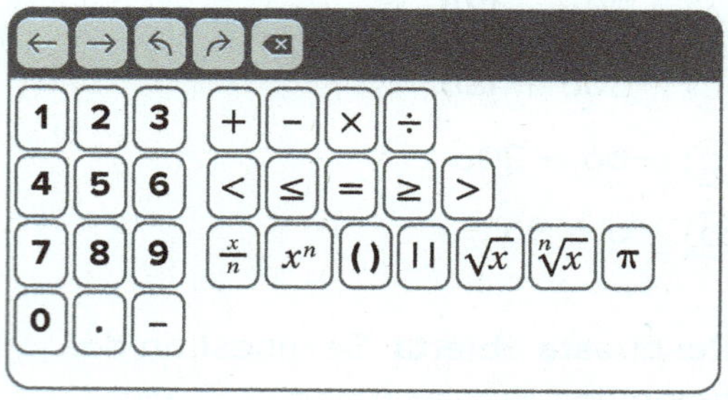

14. Respuesta abierta Una piscina tiene un borde de cemento de 3 pies de ancho en su perímetro, como se muestra. (Lección 5)

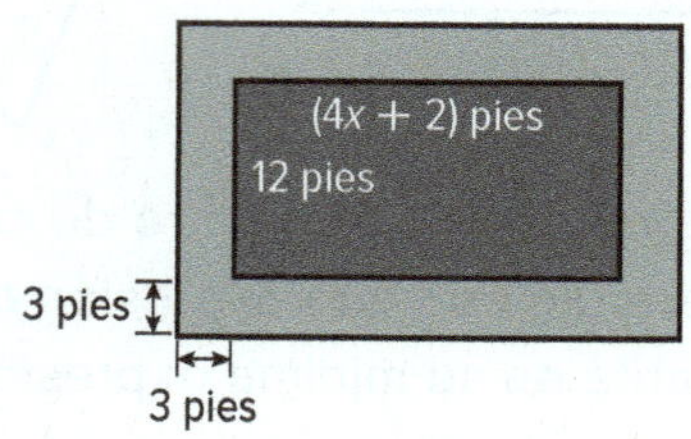

Escribe una expresión, en forma factorizada, que represente el área (en pies cuadrados) del borde de cemento.

Módulo 7

Ecuaciones y desigualdades

Pregunta esencial

¿Cómo se pueden usar las ecuaciones para resolver problemas de la vida diaria?

¿Qué aprenderás?

Haz una marca (✓) en cada fila para indicar lo que sabes sobre cada tema **antes** de comenzar este módulo.

CLAVE

□ — No lo sé. ◇ —No lo escuché. ☆ —Lo sé.

	Antes			Después		
	□	◇	☆	□	◇	☆
escribir y resolver ecuaciones de dos pasos con la forma $px + q = r$						
escribir y resolver ecuaciones de dos pasos con la forma $p(x + q) = r$						
escribir y resolver ecuaciones con variables en cada lado						
escribir y resolver ecuaciones de varios pasos						
crear y resolver ecuaciones con número infinito de soluciones						
crear y resolver ecuaciones sin solución						
representar gráficamente desigualdades						
escribir y resolver desigualdades de sumas y restas de un paso						
escribir y resolver desigualdades de multiplicaciones y divisiones de un paso						
escribir y resolver desigualdades de dos pasos						

Foldables Recorta el Foldable y pégalo al Repaso al final del módulo. Puedes usar el Foldable a lo largo del módulo mientras aprendes a escribir y resolver ecuaciones y desigualdades .

¿Qué palabras de vocabulario aprenderás?

Haz una marca junto a cada palabra de vocabulario que conozcas.

- ☐ desigualdad
- ☐ desigualdad de dos pasos
- ☐ ecuación de dos pasos
- ☐ orden de las operaciones
- ☐ propiedad de división de la desigualdad
- ☐ propiedad de resta de la desigualdad
- ☐ propiedad de suma de la desigualdad
- ☐ propiedad multiplicativa de la desigualdad

¿Estás listo?

Estudia el Repaso rápido para ver si estás listo para comenzar este módulo. Luego, completa el cuadro Comprobación rápida.

Repaso rápido

Ejemplo 1

Resolver ecuaciones de suma y resta de un paso.

Resuelve $34 = x - 12$.

$34 = x - 12$ Escribe la ecuación.

$\underline{+12 = \quad +12}$ Propiedad de suma de la igualdad

$46 = x$ Simplifica.

Ejemplo 2

Resolver ecuaciones de multiplicación y división de un paso.

Resuelve $-5n = 35$.

$-5n = 35$ Escribe la ecuación.

$\frac{-5n}{-5} = \frac{35}{-5}$ Propiedad de división de la igualdad

$n = -7$ Simplifica.

Comprobación rápida

1. Ana tiene 8 estampillas. En conjunto, Ricky y Ana tienen 23 estampillas. La ecuación $23 = r + 8$ representa esta situación, donde r es el número de estampillas que tiene Ricky. Resuelve la ecuación para hallar el número de estampillas que tiene Ricky.

2. Se colocará un cierto número de platos en 8 mesas. Cada mesa tendrá 6 platos. La ecuación $\frac{p}{8} = 6$ representa esta situación, donde p es el número total de platos. Resuelve la ecuación para hallar el número total de platos.

¿Cómo te fue?

¿Qué ejercicios respondiste correctamente en el cuadro Comprobación rápida? Sombrea los números de los ejercicios a la derecha.

① ②

Escribir y resolver ecuaciones de dos pasos: $px + q = r$

Puedo... ecuaciones de dos pasos con la forma $px + q = r$ y usar operaciones inversas para resolver ecuaciones.

¿Qué palabras de vocabulario aprenderás?

ecuación de dos pasos

orden de las operaciones

Explorar Resolver ecuaciones de dos pasos con fichas de álgebra

Actividad en línea Usarás fichas de álgebra para explorar cómo representar y resolver ecuaciones de dos pasos.

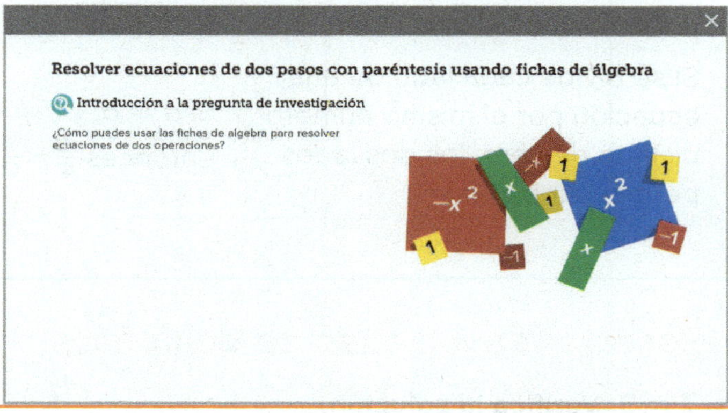

Aprender Ecuaciones de dos pasos

Una **ecuación de dos pasos**, como $5x + 3 = 13$, tiene dos operaciones relacionadas con la variable. En este caso, las operaciones son una multiplicación y una suma. Para resolver una ecuación de dos pasos, tienes que cancelar las operaciones en el orden inverso al **orden de las operaciones**.

Conéctate Mira la animación para saber cómo resolver la ecuación de dos pasos $5x + 3 = 13$.

Ecuación	Pasos
$5x + 3 = 13$ $\underline{\quad -3 = -3}$ $5x = 10$	Cancela la suma.
$\frac{5x}{5} = \frac{10}{5}$	Cancela la multiplicación.
$x = 2$	Simplifica.
$5(2) + 3 \stackrel{?}{=} 13$ $13 = 13$ ✓	Verifica la solución.

¡Coméntalo!
Compara y contrasta las ecuaciones $5x + 3 = 13$ y $5x = 10$.

Tus notas

Aprender Propiedades de la igualdad

Puedes usar las propiedades de la igualdad para resolver ecuaciones de manera algebraica.

inverso aditivo	Palabras	Símbolos
propiedad de suma de la igualdad	Si se suma el mismo número a cada lado de una ecuación, los dos lados permanecen iguales.	Si $a = b$, entonces $a + c = b + c$.
propiedad de resta de la igualdad	Si se resta el mismo número a cada lado de una ecuación, los dos lados permanecen iguales.	Si $a = b$, entonces $a - c = b - c$.
propiedad multiplicativa de la igualdad	Si se multiplica cada lado de una ecuación por el mismo número, los dos lados permanecen iguales.	Si $a = b$, entonces $ac = bc$.
propiedad de división de la igualdad	Si se divide cada lado de una ecuación por el mismo número distinto de cero, los dos lados permanecen iguales.	Si $a = b$, y $c \neq 0$, entonces $\frac{a}{c} = \frac{b}{c}$.

Ejemplo 1 Resolver ecuaciones de dos pasos

Resuelve $-2y - 7 = 3$. Verifica la solución.

$-2y - 7 = 3$ Escribe la ecuación.

$+7 \quad +7$ Propiedad de suma de la igualdad

$-2y = \square$ Simplifica.

$\frac{-2y}{-2} = \frac{10}{-2}$ Propiedad de división de la igualdad

$y = \square$ Simplifica.

Por lo tanto, la solución a la ecuación es $y = -5$.

Verifica la solución reemplazando y por -5 en la ecuación.

$-2(-5) - 7 \stackrel{?}{=} 3$

$10 - 7 = 3$ ✓

Como $10 - 7 = 3$ es un enunciado verdadero, la solución es correcta.

¡Piénsalo!
¿Cuáles son las dos operaciones relacionadas con la variable?

¡Coméntalo!
En la cuarta línea de la solución, ¿por qué cada lado de la ecuación se divide por −2 en vez de por 2?

Conéctate Puedes completar un ejemplo adicional en línea.

Verificar

Resuelve $5w - 8 = -3$.

Muestra tu trabajo aquí

Ejemplo 2 Resolver ecuaciones de dos pasos

Resuelve $4 + \frac{1}{5}r = -1$. Verifica la solución.

$4 + \frac{1}{5}r = -1$	Escribe la ecuación.
$-4 \qquad -4$	Propiedad de resta de la igualdad
$\frac{1}{5}r = -5$	Simplifica.
$5 \cdot \frac{1}{5}r = 5 \cdot (-5)$	Propiedad multiplicativa de la igualdad
$r = -25$	Simplifica.

Por lo tanto, la solución a la ecuación es $r = -25$.

Verifica la solución reemplazando la r por -25 en la ecuación.

$4 + \frac{1}{5}(-25) \stackrel{?}{=} -1$

$4 + (-5) = -1$ ✓

Como $4 + (-5) = -1$ es un enunciado verdadero, la solución es correcta.

Verificar

Resuelve $-2 + \frac{2}{3}w = 10$.

Muestra tu trabajo aquí

Conéctate Puedes completar un ejemplo adicional en línea.

Pausa para reflexionar

Escribe una ecuación de dos pasos con una fracción en el coeficiente. Intercambia la ecuación con un compañero. Cada uno resuelve la ecuación del otro. Comenten cómo solucionaron el coeficiente fraccionario.

Registra tus observaciones aquí

¡Piénsalo!

¿Qué observas sobre la ecuación?

¡Coméntalo!

En la cuarta línea de la solución, ¿por qué cada lado de la ecuación se multiplicó por 5? Describe otra estrategia que puedes usar para resolver la ecuación.

Aprender Ecuaciones de dos pasos: Método aritmético y método algebraico

Resolver un problema usando solo números y operaciones es un método aritmético.

Resolver un problema usando variables es un método algebraico. Analiza el siguiente problema.

Natalie participará en una maratón para recaudar fondos. Su objetivo es recaudar \$125. Ella recaudó \$80 y recibirá \$3 por cada vuelta que trote alrededor de la pista. ¿Cuántas vueltas tiene que dar para alcanzar su objetivo?

Método aritmético

La cantidad que Natalie necesita para alcanzar su objetivo puede representarse con la siguiente ecuación.

$\$125 - \$80 = \$45$

Ganará \$3 por cada vuelta que trote. Entonces, ella tiene que trotar $\$45 \div 3$ o 15 vueltas para alcanzar su objetivo.

Método algebraico

Usa x para representar la cantidad de vueltas que Natalie tiene que trotar para alcanzar su objetivo. Escribe y resuelve una ecuación.

$125 = 80 + 3x$	Escribe la ecuación.
$-80 \quad -80$	Resta 80 de cada lado.
$\frac{45}{3} = \frac{3x}{3}$	Divide cada lado por 3.
$15 = x$	Simplifica.

Por lo tanto, los dos métodos dan como resultado que Natalie tiene que trotar 15 vueltas para alcanzar su objetivo.

Pausa para reflexionar

¿En qué se parecen y se diferencian el método algebraico y el método aritmético?

Registra tus observaciones aquí

(continúa en la página siguiente)

Resuelve el siguiente problema.

Rashan quiere ahorrar dinero para comprar una patineta que cuesta $85. Ya logró ahorrar $40. Planea ahorrar la misma cantidad cada semana, durante tres semanas. ¿Cuánto ahorraría Rashan por semana?

Método aritmético

Usa el método aritmético para resolver el problema. Describe los pasos que seguiste.

Muestra tu trabajo aquí

¡Coméntalo!

Compara y contrasta el método aritmético y el método algebraico que usaste para resolver el problema.

Método algebraico

Usa el método algebraico para resolver el problema.

Usa x para representar la cantidad ahorrada cada semana. La ecuación $40 + 3x = 85$ representa la situación. Resuelve la ecuación para hallar cuánto debe ahorrar Rashan cada semana.

Muestra tu trabajo aquí

$$40 + 3x = 85$$

Por lo tanto, los dos métodos dan como resultado que Rashan tiene que ahorrar $15 cada semana.

Pausa para reflexionar

¿En qué parte de la lección tuviste alguna dificultad y cómo la resolviste? Escribe las preguntas que aún tengas.

Registra tus observaciones aquí

Explorar Escribir ecuaciones de dos pasos

Actividad en línea Usarás diagramas de barras para explorar cómo escribir ecuaciones de dos pasos para representar y resolver situaciones de la vida diaria.

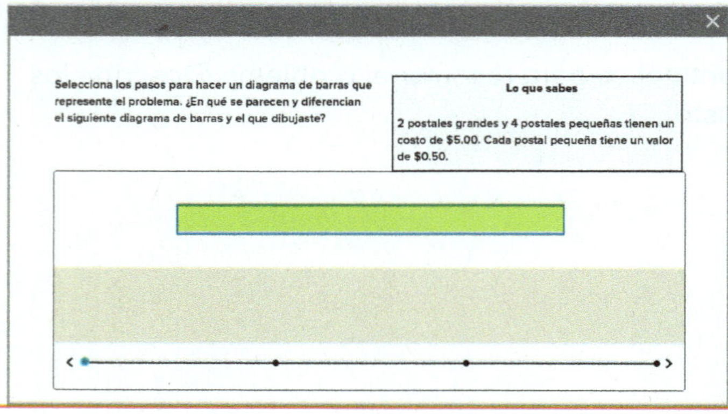

Aprender Escribir ecuaciones de dos pasos

Muchas situaciones de la vida diaria pueden representarse con ecuaciones de dos pasos. Resuelve este problema.

Una empresa de *catering* prepara la cena para una fiesta. La tarifa inicial es de $16 y $8.25 por persona. ¿Cuántas personas pueden asistir a una cena que cuesta $131.50?

La tabla muestra cómo representar el problema con una ecuación de dos pasos.

Palabras
Describe las operaciones matemáticas del problema.
La tarifa inicial de $16 más $8.25 por persona es igual a $131.50.
Variable
Define la variable que represente cada valor desconocido.
Usa p para representar la cantidad de personas.
Ecuación
Expresa las palabras como una ecuación algebraica.
$16 + 8.25p = 131.50$

Ejemplo 3 Escribir y resolver ecuaciones de dos pasos

Toya festejó su cumpleaños yendo al cine. Pagó \$27 por la pizza y \$8.50 por la entrada de cine de cada amigo.

Escribe y resuelve una ecuación para determinar cuántos amigos invitó Toya a la fiesta si gastó \$78.

Parte A Escribe una ecuación.

Palabras

El costo de la pizza más el costo de la entrada por amigo multiplicado por la cantidad de amigos es igual a \$78.

Variable

Usa c para representar la cantidad de amigos.

Diagrama de barras

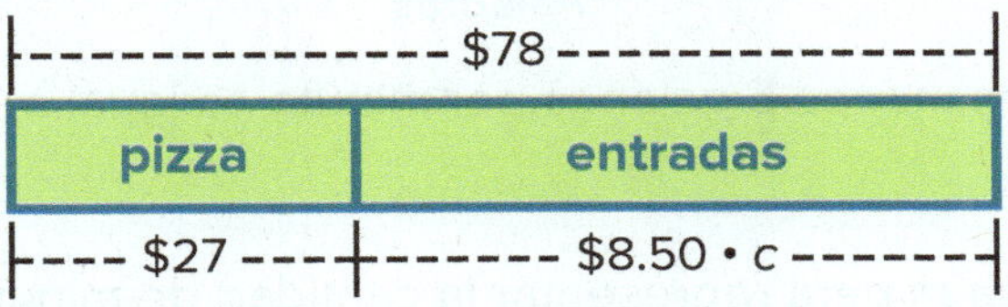

Ecuación

$27 + 8.50c = 78$

Parte B Resuelve la ecuación.

$27 + 8.50c = 78$	Escribe la ecuación.
$-27 \quad\quad -27$	Propiedad de resta de la igualdad
$8.50c = 51$	Simplifica.
$\frac{8.50c}{8.50} = \frac{51}{8.50}$	Propiedad de división de la igualdad
$c = 6$	Simplifica.

Por lo tanto, Toya invitó a ________ amigos a su fiesta.

Verifica la solución.
Si Toya invitó a ________ amigos a su fiesta, entonces el costo de las entradas de cine fue de 6(\$8.50), o \$51. Cuando se suma el costo de la pizza, el costo total es de \$51 + \$27 o \$78, que es lo que gastó Toya. La solución es correcta.

¡Coméntalo!
¿Cómo puedes usar el diagrama de barras para verificar tu respuesta?

¡Coméntalo!
¿Por qué es importante restar \$27 antes de dividir por \$8.50?

Tus notas

Verificar

Cassidy fue a un partido de fútbol americano con algunas amigas. Cada entrada costó $6.50 y gastaron $17.50 en golosinas. El total que gastaron fue $63.00. Escribe y resuelve una ecuación para determinar la cantidad de personas *p* que fueron al partido.

Muestra tu trabajo aquí

Ejemplo 2 Escribir y resolver ecuaciones de dos pasos

La pecera de Diego tiene $30\frac{1}{2}$ galones de agua. Él vacía la pecera para limpiarla a una velocidad de 5 galones por minuto.

Escribe y resuelve una ecuación para determinar en cuántos minutos la cantidad de agua será de $10\frac{1}{2}$ galones.

Parte A Escribe una ecuación.

Palabras
$30\frac{1}{2}$ galones menos 5 galones por minuto es igual a $10\frac{1}{2}$ galones.
Variable
Usa *m* para representar la cantidad de minutos.
Ecuación
$30\frac{1}{2} - 5m = 10\frac{1}{2}$

Parte B Resuelve la ecuación.

$30\frac{1}{2} - 5m = 10\frac{1}{2}$	Escribe la ecuación.
$-30\frac{1}{2} \qquad -30\frac{1}{2}$	Propiedad de resta de la igualdad
$-5m = -20$	Simplifica.
$\frac{-5m}{-5} = \frac{-20}{-5}$	Propiedad de división de la igualdad
$m = 4$	Simplifica.

Por lo tanto, tardará ________ minutos hasta que la pecera tenga un nivel de $10\frac{1}{2}$ galones.

Verificar

Amelia comenzó con $54 y gastó $6 por día en el campamento. Le quedan $18. Escribe y resuelve una ecuación para determinar cuántos días *d* estuvo Amelia en el campamento.

Muestra tu trabajo aquí

¡Piénsalo!
¿Cuál es la incógnita del problema?

¡Coméntalo!
¿Cómo puedes verificar que la solución es razonable?

Conéctate
Puedes completar un ejemplo adicional en línea.

Aplicar Presupuestos

Los estudiantes de la secundaria Worthingway quieren alquilar un castillo inflable para la fiesta de fin de año. La gráfica muestra el costo de alquilar el inflable en lugares dentro de la zona habitual de entrega. Para llevar el castillo inflable a lugares fuera de la zona de entrega, la compañía cobra una tarifa de $50. La secundaria Worthingway está fuera de la zona de entrega. Los estudiantes tienen $200 para gastar. ¿Por cuántas horas completas pueden alquilar el castillo inflable?

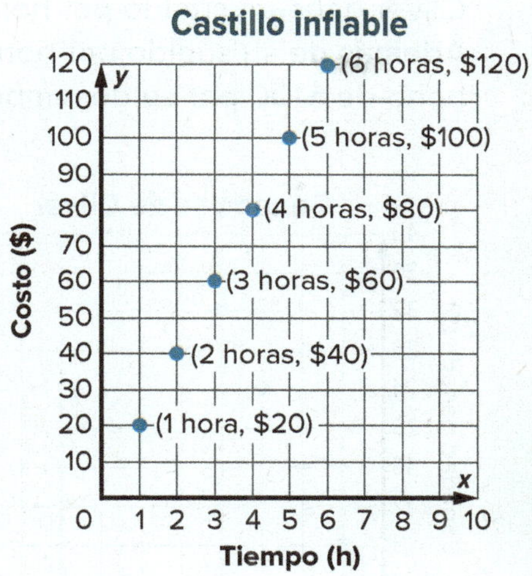

Conéctate para mirar la animación.

1 ¿Cuál es la tarea?

Asegúrate de comprender la pregunta que debes responder o el problema que debes resolver. Lee el problema tres veces. Comenta las preguntas con un compañero.

Primera vez Describe el problema con tus palabras.
Segunda vez ¿Qué operaciones matemáticas observas?
Tercera vez ¿Cuál es la pregunta?

2 ¿Cómo puedes resolver la tarea? ¿Qué estrategias puedes usar?

Registra tus observaciones aquí

3 ¿Cuál es la solución?

Usa tu estrategia para resolver el problema.

Muestra tu trabajo aquí

4 ¿Cómo puedes demostrar que tu solución es razonable?

¡Escríbelo! Escribe un argumento que puedas usar para defender la solución.

¡Coméntalo!
¿Cómo puedes usar la gráfica para determinar la respuesta?

Verificar

Oliver gana un sueldo por hora, como se muestra en la gráfica. Además de su sueldo por hora, puede acceder a bonos. Si recibió un bono de $100 por su desempeño y trabajó 20 horas, ¿cuánto ganó?

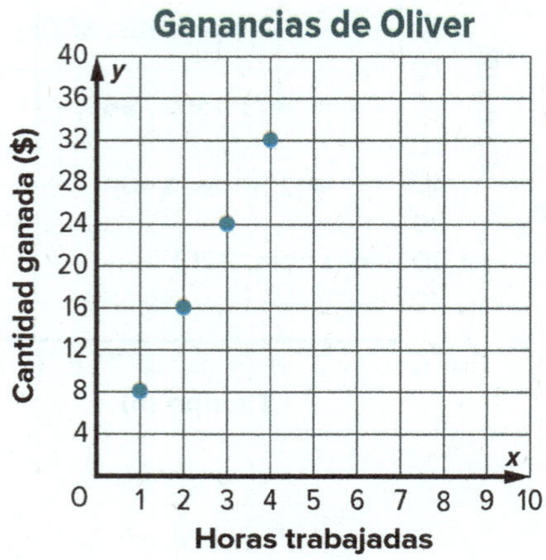

Muestra tu trabajo aquí

Conéctate Puedes completar un ejemplo adicional en línea.

Foldables Es hora de actualizar tu Foldable en el Repaso del módulo, en función de lo que aprendiste en esta lección. Si aún no armaste tu Foldable, encontrarás instrucciones en la página FL1.

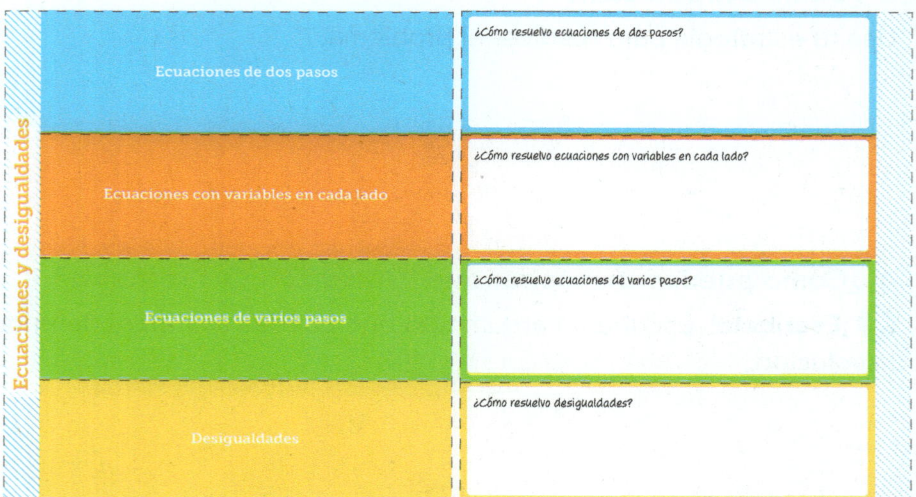

Nombre ______ Periodo ______ Fecha ______

Práctica independiente

Conéctate Puedes completar tu tarea en línea.

Resuelve las ecuaciones. Verifica la solución. (Ejemplos 1 a 4)

1. $5x + 2 = 17$

2. $-6x - 7 = 17$

3. $-5 = 3x - 14$

4. $3.8 = 2x - 11.2$

5. $2 + \frac{1}{6}x = -4$

6. $-9 = \frac{2}{7}x + 5$

Escribe una ecuación de dos pasos para representar cada problema. Luego, resuelve el problema.

7. Easton fue a un concierto con algunos amigos. Las entradas costaron $29.50 cada una y gastaron $15 en estacionamiento. El total que gastaron fue $133. Determina cuántas personas fueron al concierto. (Ejemplo 1)

8. Ishi compró un lienzo de $6.95 y 8 tubos de pintura. Ella gastó $24.95 en total en el lienzo y los tubos. Determina cuánto salió cada tubo de pintura. (Ejemplo 1)

9. Un globo aerostático está a una altura de $100\frac{1}{5}$ yardas. La altura del globo disminuye $10\frac{4}{5}$ yardas por minuto. Determina la cantidad de minutos que tardará el globo en alcanzar una altura de 57 yardas. (Ejemplo 2)

10. La temperatura actual es de 48 °F. Se espera que baje 1.5 °F por hora. Determina en cuántas horas la temperatura llegará a 36 °F. (Ejemplo 2)

Práctica para la prueba

11. **Respuesta abierta** La tabla muestra el costo de la membresía y de las canastas de frutas en un club de almacenes con descuento. La señora Williams pagó un total de $105 por su membresía anual y varias canastas de frutas para regalarle a sus compañeros de trabajo. Resuelve la ecuación $15x + 30 = 105$ para determinar cuántas canastas de frutas compró la señora Williams.

Artículo	Costo ($)
Costo de la membresía	30
Canasta de fruta	15

Aplicar

12. La tabla muestra la tarifa de un artista de maquillaje artístico para fiestas. A los clientes también se les cobra una tarifa de reserva de $25. Una escuela tiene $175 para gastar en un artista de maquillaje artístico para la feria. ¿Por cuántas horas completas pueden contratar al artista?

Horas	Tarifa ($)
2	49.00
3	73.50
4	98.00
5	122.50

13. La tabla muestra el costo de hospedar a un perro en una guardería de animales. A los dueños también se les cobra una tarifa de inscripción de $10. La familia Kittle hospedó a su perro en la guardería durante 7 días. ¿Cuánto gastaron en total, junto con la tarifa de inscripción, en la guardería del perro?

Días	Costo ($)
3	97.50
4	130.00
5	162.50
6	195.00

Problemas de pensamiento de orden superior

14. Escribe un problema de la vida diaria que pueda representarse por la ecuación $2x + 5 = 35$. Luego, resuelve la ecuación.

15. MP **Perseverar con los problemas** Mia descubrió que cuando a la mitad de su edad le suma 3, tiene el mismo resultado que cuando a un cuarto de su edad le suma 7. ¿Cuántos años tiene Mia?

16. MP **Representaciones múltiples** Al comienzo de un viaje escolar, un autobús tiene 28 galones de gasolina. El autobús gasta 6 galones de gasolina por hora. El autobús se detendrá a cargar cuando le queden 4 galones de gasolina.

a. Haz una tabla para mostrar cuántos galones de gasolina quedan luego de 1, 2 y 3 horas.

b. Escribe y resuelve una ecuación para determinar cuántas horas pasarán hasta que el autobús tenga que detenerse para cargar gasolina.

17. MP **Hallar el error** Un estudiante está resolviendo $-5 + 2x = 15$. Halla el error del estudiante y corrígelo.

$$-5 + 2x = 15$$

$$-5 + (-5) + 2x = 15 + (-5)$$

$$2x = 10$$

$$x = 5$$

Lección 7-2

Escribir y resolver ecuaciones de dos pasos: $p(x + q) = r$

Puedo... resolver desigualdades de multiplicaciones y divisiones de un paso con coeficientes positivos usando operaciones inversas.

Explorar Resolver ecuaciones de dos pasos con fichas de álgebra

Actividad en línea Usarás fichas de álgebra para explorar cómo representar y resolver ecuaciones de dos pasos con paréntesis.

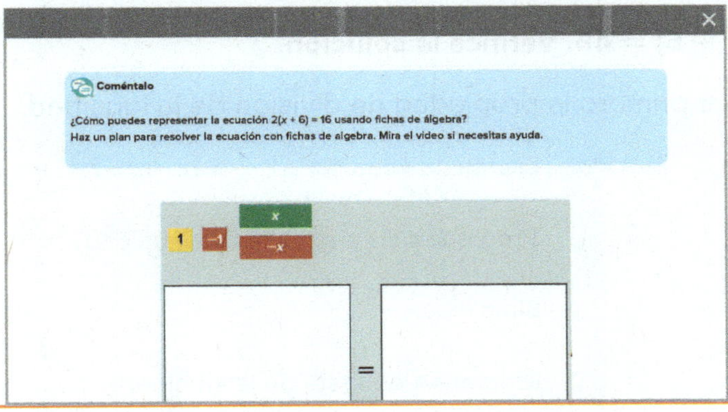

Aprender Ecuaciones de dos pasos

Una ecuación como $2(x + 6) = 14$ tiene la forma $p(x + q) = r$. Contiene dos factores, p y $(x + q)$, y es considerada una ecuación de dos pasos porque se necesitan dos pasos para resolverla.

Conéctate Mira la animación para aprender cómo resolver ecuaciones de dos pasos con paréntesis.

Sigue los pasos para resolver la ecuación $3(x + 2) = -18$ usando la propiedad distributiva.

Ecuación	Pasos
$3(x + 2) = -18$	
$3x + 6 = -18$	Propiedad distributiva
$-6 \quad -6$	Propiedad de resta de la igualdad
$\frac{3x}{3} = \frac{-24}{3}$	Propiedad de división de la igualdad
$x = -8$	

(continúa en la página siguiente)

¡Piénsalo!
¿Cómo se diferencia la ecuación $3(x + 5) = 45$ de la ecuación $3x + 5 = 45$?

¡Coméntalo!
Compara y contrasta los dos métodos para resolver la ecuación.

Sigue los pasos para resolver la ecuación usando las propiedades de la igualdad.

Ecuación	Pasos
$\frac{3(x+2)}{3} = \frac{-18}{3}$	Propiedad de división de la igualdad
$x + 2 = -6$	Simplifica.
$-2 \quad -2$	
$x = -8$	Propiedad de resta de la igualdad.

Ejemplo 1 Resolver ecuaciones de dos pasos

Resuelve $3(x + 5) = 45$. Verifica la solución.

Método 1 Usar primero la propiedad de división de la igualdad.

$3(x + 5) = 45$	Escribe la ecuación.
$\frac{3(x+5)}{3} = \frac{45}{3}$	Propiedad de división de la igualdad
$x + 5 = 15$	Simplifica.
$-5 \quad -5$	Propiedad de resta de la igualdad
$x = 10$	Simplifica.

Método 2 Usar primero la propiedad distributiva.

$3(x + 5) = 45$	Escribe la ecuación.
$3x + 15 = 45$	Propiedad distributiva
$-15 \quad -15$	Propiedad de resta de la igualdad
$3x = 30$	Simplifica.
$\frac{3x}{3} = \frac{30}{3}$	Propiedad de división de la igualdad
$x = 10$	Simplifica.

Por lo tanto, la solución a la ecuación es $x = 10$.

Verifica la solución sustituyendo el resultado en la ecuación original.

$3(x + 5) = 45$	Escribe la ecuación original.
$3(10 + 5) \stackrel{?}{=} 45$	Reemplaza x por 10.
$45 = 45$ ✓	La ecuación es verdadera.

Verificar

Resuelve $2(x + 4) = -20$.

Muestra tu trabajo aquí

Ejemplo 2 Resolver ecuaciones de dos pasos

Resuelve $5(n - 2) = -30$. Verifica la solución.

Método 1 Usar primero la propiedad de división de la igualdad.

$5(n - 2) = -30$	Escribe la ecuación original.
$\frac{5(n-2)}{5} = \frac{-30}{5}$	Propiedad de división de la igualdad
$n - 2 = -6$	Simplifica.
$+2 \quad +2$	Propiedad de suma de la igualdad
$n = -4$	Simplifica

Método 2 Usar la propiedad distributiva.

$5(n - 2) = -30$	Escribe la ecuación.
$5n - 10 = -30$	Propiedad distributiva
$+10 \quad +10$	Propiedad de suma de la igualdad
$5n = -20$	Simplifica.
$\frac{5n}{5} = \frac{-20}{5}$	Propiedad de división de la igualdad
$n = -4$	Simplifica.

Por lo tanto, con cualquiera de los dos métodos la solución a la ecuación es $n = -4$.

Verifica la solución sustituyendo el resultado en la ecuación original.

$5(n - 2) = -30$	Escribe la ecuación original.
$5(-4 - 2) \stackrel{?}{=} -30$	Reemplaza n por -4.
$-30 = -30$ ✓	La ecuación es verdadera.

Verificar

Resuelve $3(x - 6) = -12$.

Muestra tu trabajo aquí

Conéctate Puedes completar un ejemplo adicional en línea.

¡Piénsalo!

¿Cómo comenzarías a resolver la ecuación?

¡Coméntalo!

¿Cuándo sería mejor usar un método en vez del otro?

Ejemplo 4 Resolver ecuaciones de dos pasos

Resuelve $\frac{2}{3}(n + 6) = 10$. Verifica la solución.

$\frac{2}{3}(n + 6) = 10$ — Escribe la ecuación.

$\frac{3}{2} \cdot \frac{2}{3}(n + 6) = \frac{3}{2} \cdot 10$ — Propiedad multiplicativa de la igualdad

$(n + 6) = \frac{3}{2} \cdot \frac{10}{1}$ — $\frac{3}{2} \cdot \frac{2}{3} = 1$; Expresa 10 como $\frac{10}{1}$.

$n + 6 = 15$ — Simplifica.

$-6 \quad -6$ — Propiedad de resta de la igualdad

$n = 9$ — Simplifica.

Por lo tanto, la solución a la ecuación es $n = 9$.

Verifica la solución sustituyendo el resultado en la ecuación original.

$\frac{2}{3}(n + 6) = 10$ — Escribe la ecuación original.

$\frac{2}{3}(9 + 6) \stackrel{?}{=} 10$ — Reemplaza n por 9.

$10 = 10$ ✓ — La ecuación es verdadera.

¡Piénsalo!

¿Cómo puedes usar el recíproco de $\frac{2}{3}$ para resolver esta ecuación?

¡Coméntalo!

¿Por qué es importante usar recíprocos para resolver la ecuación?

Verificar

Resuelve $\frac{1}{4}(d - 3) = -15$.

Muestra tu trabajo aquí

Conéctate Puedes completar un ejemplo adicional en línea.

Aprender Ecuaciones de dos pasos: Método aritmético y método algebraico

Resolver un problema usando solo números y operaciones es un método aritmético. Resolver un problema usando variables es un método algebraico. Resuelve el siguiente problema.

Tres amigos fueron a la fiesta de una banda en una granja. Cada estudiante gastó la misma cantidad de dinero y en total, todos juntos, gastaron \$21. Cada uno compró un *hot dog* por \$5. Si cada uno compró un boleto para una *hay ride*, ¿cuánto costó cada boleto?

La tabla muestra cómo usar los métodos para resolver el problema.

Método aritmético	Método algebraico
Divide el total de lo que gastaron por 3 para hallar cuánto gastó cada uno. $\$21 \div \$3 = \$7$ Luego, resta el costo del *hot dog* a los \$7 para hallar el costo de la *hay ride*: $\$7 - \$5 = \$2$ Por lo tanto, cada boleto para la *hay ride* costó \$2.	Usa x para el costo del boleto para la *hay ride*. La ecuación $3(x + 5) = 21$ representa la situación. Resuélvela para hallar el costo del boleto para la *hay ride*. $3(x + 5) = 21$ $\frac{3(x + 5)}{3} = \frac{21}{3}$ $x + 5 = 7$ $-5 \quad -5$ $x = 2$

¡Coméntalo! Compara y contrasta el método aritmético y el método algebraico usados para resolver el problema.

Explorar Escribir ecuaciones de dos pasos

Actividad en línea Usa diagramas de barras para representar problemas con ecuaciones de dos pasos con paréntesis.

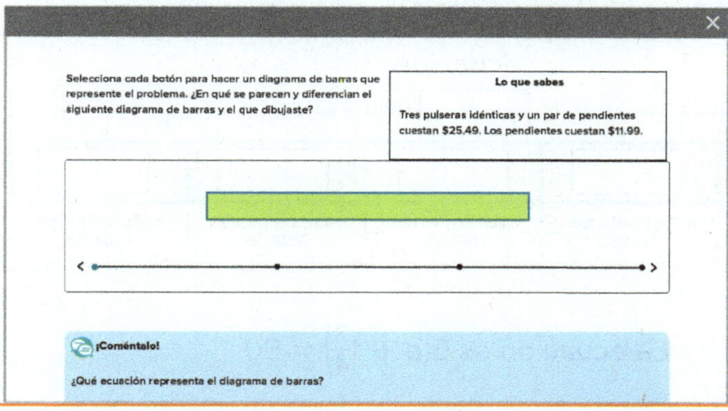

Aprender Escribir ecuaciones de dos pasos

Algunas situaciones se pueden representar con ecuaciones de dos pasos con forma $p(x + q) = r$. Resuelve el siguiente problema.

El señor Vargas llevó a su clase de 24 estudiantes a patinar sobre hielo. Cada estudiante pagó una tarifa para ingresar a la pista y \$4.75 para alquilar los patines. El costo total que pagaron los estudiantes fue de \$234. ¿Cuál es la tarifa para ingresar a la pista?

Palabras
24 veces el costo total para cada estudiante es \$234.
Variable
Usa t para representar la tarifa para ingresar a la pista. Entonces, $t + 4.75$ es el costo total para cada estudiante.
Ecuación
$24(f + 4.75) = 234$

Tus notas

¡Piénsalo!

¿Cuál es la incógnita del problema?

¡Coméntalo!

¿Cómo te ayuda el diagrama de barras a escribir la ecuación $5\left(d + 1\frac{3}{4}\right) = 50$?

Ejemplo 4 Escribir y resolver ecuaciones de dos pasos

Mackenzie conduce la misma distancia para ir y venir de la escuela todos los días. Además conduce $1\frac{3}{4}$ millas ida y vuelta todos los días para ir a la librería. Durante una semana escolar de 5 días, Mackenzie conduce 50 millas en total.

Escribe y resuelve una ecuación para determinar la distancia total de ida y vuelta de la escuela.

Parte A Escribe una ecuación.

Palabras

5 veces la distancia total cada día es igual a 50 millas.

Variable

Usa *d* para representar la distancia total de ida y vuelta de la escuela.

Entonces, $d + 1\frac{3}{4}$ es la distancia total que ella conduce cada día.

Diagrama de barras

Completa el diagrama de barras como ayuda para escribir la ecuación.

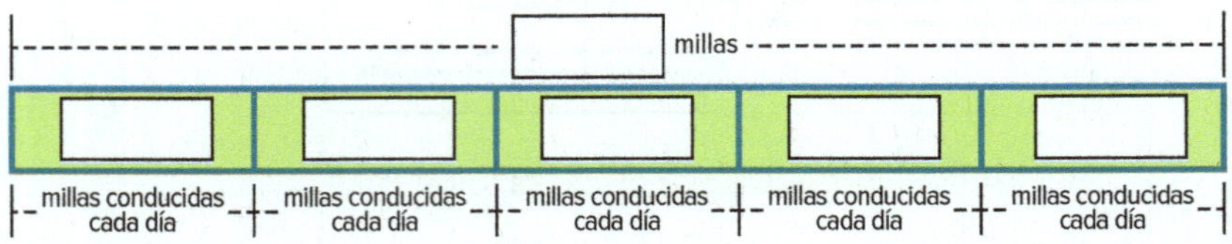

Ecuación

La ecuación es $5\left(d + 1\frac{3}{4}\right) = 50$.

Parte B Resuelve la ecuación.

$5\left(d + 1\frac{3}{4}\right) = 50$	Escribe la ecuación.
$\frac{5\left(d + 1\frac{3}{4}\right)}{5} = \frac{50}{5}$	Propiedad de división de la igualdad
$d + 1\frac{3}{4} = 10$	Simplifica.
$-1\frac{3}{4} \quad -1\frac{3}{4}$	Propiedad de resta de la igualdad
$d = 8\frac{1}{4}$	Simplifica.

Por lo tanto, la distancia de ida y vuelta es ________ millas

Verificar

La señora Byers hace 5 disfraces. Cada uno requiere $1\frac{3}{8}$ yardas de tela azul y una cantidad de tela roja. Ella usará $8\frac{3}{4}$ yardas en total. Escribe y resuelve una ecuación para determinar la cantidad de yardas de tela roja r que necesitará para cada disfraz.

Muestra tu trabajo aquí

Conéctate Puedes completar un ejemplo adicional en línea.

Pausa para reflexionar

Explica cómo escribiste y resolviste la ecuación en el problema de la sección Verificar. ¿Usaste un diagrama de barras? ¿Por qué? ¿Puedes resolver el problema de una manera distinta a la del ejemplo? Si es así, explícalo.

Registra tus observaciones aquí

Ejemplo 5 Escribir y resolver ecuaciones de dos pasos

¡Piénsalo!
¿Qué operaciones usarás para escribir la ecuación?

Jamal y dos primos recibieron la misma cantidad de dinero para ir al cine. Cada uno gastó \$15. Después, les quedó \$30 en total.

Escribe y resuelve una ecuación para hallar la cantidad de dinero que recibió cada niño.

Parte A Escribe una ecuación.

Palabras
3 veces el monto de dinero que cada niño tenía para gastar es igual a \$30.
Variable
Usa m para representar el monto de dinero que cada niño recibió. Entonces, $m - 15$ es el monto de dinero que a cada niño le quedaba para gastar.
Ecuación
La ecuación es $3\left(\boxed{}\right) = 30$.

Parte B Resuelve la ecuación.

¡Coméntalo!
¿Tiene sentido la respuesta en el contexto del problema?

$3(m - 15) = 30$	Escribe la ecuación.
$\frac{3(m-15)}{3} = \frac{30}{3}$	Propiedad de división de la igualdad
$m - 15 = 10$	Simplifica.
$+15 \quad +15$	Propiedad de suma de la igualdad
$m = 25$	Simplifica.

Por lo tanto, cada niño recibió \$ ________.

Verificar

El señor Singh tenía tres hojas de calcomanías. Le dio 20 calcomanías de cada hoja a sus estudiantes y le quedaron 12 en total. Escribe y resuelve una ecuación para hallar cuántas calcomanías c en total había originalmente en cada hoja.

Muestra tu trabajo aquí

Conéctate Puedes completar un ejemplo adicional en línea.

Aplicar Perímetro

Pierre usa dos papeles rectangulares como marcador de página. El ancho del marcador B es igual a la longitud del marcador A. La longitud del marcador B es igual a la mitad del perímetro del marcador A. El perímetro del marcador A es de 14 centímetros. ¿Cuál es el perímetro del marcador B?

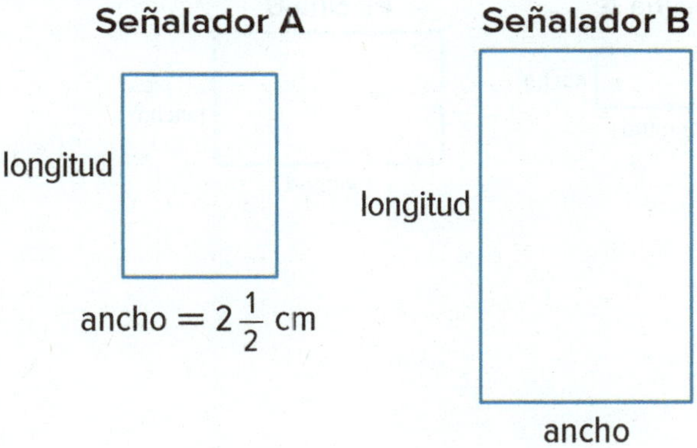

1 ¿Cuál es la tarea?

Asegúrate de comprender la pregunta que debes responder o el problema que debes resolver. Lee el problema tres veces. Comenta las preguntas con un compañero.

Primera vez Describe el problema con tus palabras.
Segunda vez ¿Qué operaciones matemáticas observas?
Tercera vez ¿Cuál es la pregunta?

2 ¿Cómo puedes resolver la tarea? ¿Qué estrategias puedes usar?

Registra tus observaciones aquí

3 ¿Cuál es la solución?

Usa tu estrategia para resolver el problema.

Muestra tu trabajo aquí

4 ¿Cómo puedes demostrar que tu solución es razonable?

¡Escríbelo! Escribe un argumento que puedas usar para defender la solución.

¡Coméntalo!
¿Cómo puedes hallar la longitud del marcador A?

Verificar

Se muestran dos piscinas rectangulares. La longitud de la piscina A es igual al ancho de la piscina B. El ancho de la piscina A es $\frac{1}{4}$ de la longitud de la piscina B. El perímetro de la piscina B es de 120 pies. ¿Cuál es el perímetro de la piscina A?

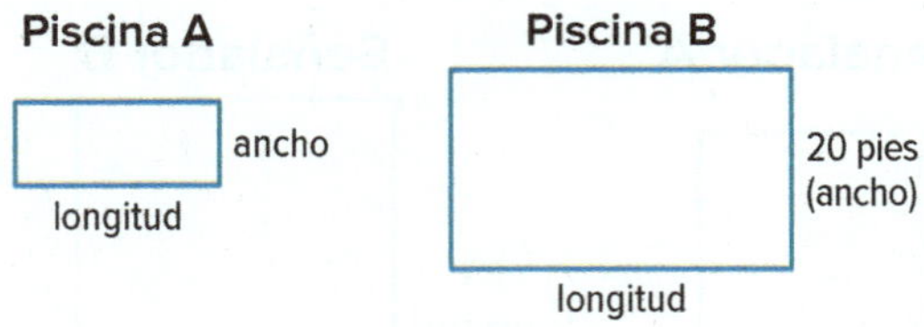

Muestra tu trabajo aquí

Conéctate Puedes completar un ejemplo adicional en línea.

Foldables Es hora de actualizar tu Foldable en el Repaso del módulo, en función de lo que aprendiste en esta lección. Si aún no armaste tu Foldable, encontrarás instrucciones en la página FL1.

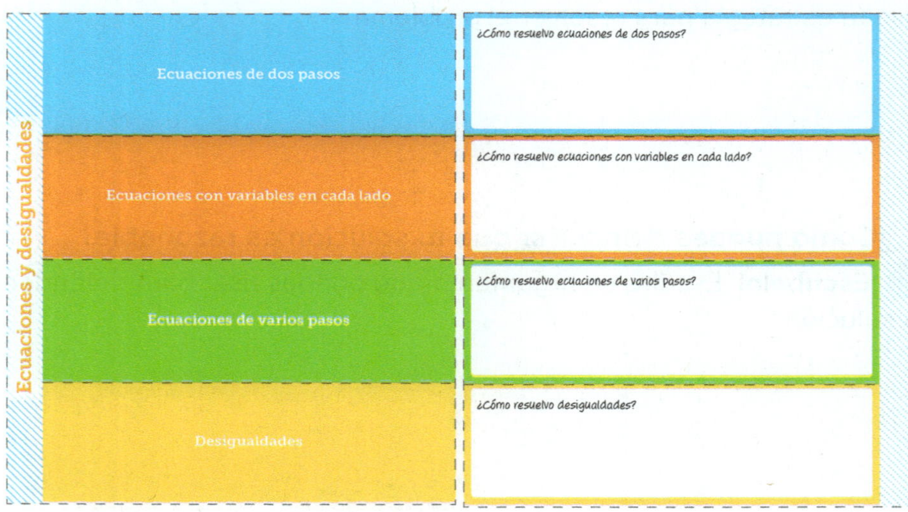

Nombre ______________________ Período ____________ Fecha ____________

Práctica

Conéctate Puedes completar tu tarea en línea.

Resuelve las ecuaciones. Verifica la solución. (Ejemplos 1 a 4)

1. $-2(x + 4) = 18$

2. $10(x - 5) = -80$

3. $-0.25(8 + x) = 14$

4. $-0.8(10 - x) = 36$

5. $\frac{1}{2}(x - 4) = 5$

6. $-\frac{7}{9}(x + 3) = 14$

Escribe y resuelve las ecuaciones de los ejercicios. Verifica tu solución. (Ejemplos 4 y 5)

7. Ayana está haciendo 6 bufandas, cada una requiere $1\frac{1}{4}$ yardas de tela morada y una cantidad de tela azul. Ella usará 10 yardas en total. Determina cuántas yardas de tela azul se necesitan para cada bufanda. (Ejemplo 1)

8. Sara hornea 3 tandas de galletas de chispas de chocolate y tres tandas de galletas de avena. Para cada tanda de galletas de chispas de chocolate necesita $2\frac{1}{4}$ tazas de harina. Usará $12\frac{3}{4}$ tazas de harina para las seis tandas. Calcula cuántas tazas de harina se necesitan para cada tanda de galletas de avena. (Ejemplo 1)

9. Javier compró 3 bolsas de globos para una fiesta. Usó 8 globos de cada bolsa. Halla cuántos globos había originalmente en cada bolsa si quedaron 21. (Ejemplo 2)

10. Vera y sus tres hermanas recibieron la misma cantidad de dinero para ir al festival. Cada una gastó $12. Despues, las niñas tenían $24 las tres juntas. Determina la cantidad de dinero que recibió cada una. (Ejemplo 2)

Práctica para la prueba

11. Respuesta abierta La Sra. James compra 5 conjuntos de gorro y guantes. Tiene cupones de descuento de $1.50 del precio regular de cada conjunto. Luego de usar los cupones, el costo total es de $48.75. Determina el precio regular de un solo conjunto de gorro y guantes.

Artículo	Costo ($)
Gorro y guantes	p
Bufanda	9.99

Aplicar

12. Olive y Ryan tienen marcos con el mismo perímetro. El marco de Olive tiene un ancho de 1.25 veces el ancho del marco de Ryan. ¿Cuál es la longitud ℓ del marco de Olive?

Marco de Ryan

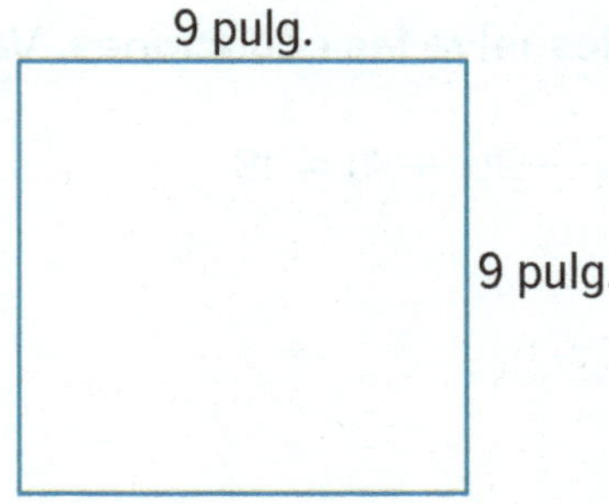

13. Un paisajista diseñó un jardín con forma de trapecio. El área del jardín es de 13.92 pies cuadrados. Pondrá una cerca alrededor del perímetro del jardín. ¿Cuántos metros de cerca se necesitan?

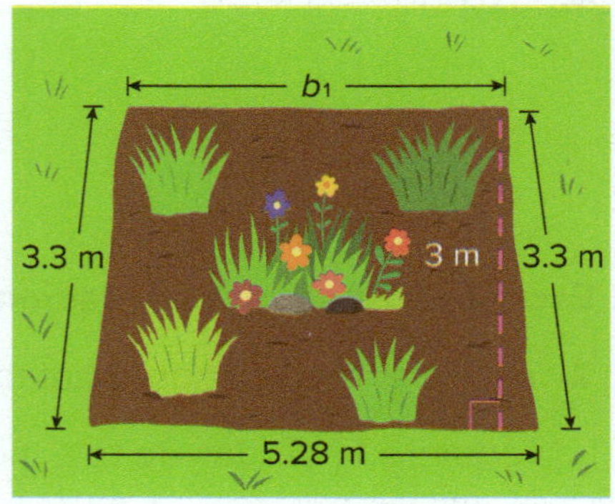

Problemas de pensamiento de orden superior

14. **MP Justificar las conclusiones** Supón que para un valor de *x*, la solución a la ecuación $2.5(y - x) = 0$ es $y = 6$. ¿Cúal debe ser el valor de *x*? Justifica tu conclusión.

15. **MP Perseverar con los problemas** Keith es 5 años mayor que Trina. El doble de la suma de sus edades es 62. Escribe y resuelve una ecuación para hallar la edad de Keith.

16. **MP Hallar el error** Un estudiante quiere resolver $-2(x - 5) = 12$. Halla el error del estudiante y corrígelo.

$$-2(x - 5) = 12$$
$$-2x - 5 = 12$$
$$-2x - 5 + 5 = 12 + 5$$
$$-2x = 17$$
$$x = -8.5$$

17. **Crear** Escribe una situación de la vida diaria que podría ser representada por la ecuación $12(x + 2.50) = 78$. Luego, resuelve la ecuación.

Escribir y resolver ecuaciones con variables en cada lado

Puedo... aplicar las propiedades de la igualdad para resolver ecuaciones con variables en cada lado que tengan coeficientes racionales.

Explorar Ecuaciones con variables en cada lado

Actividad en línea Usarás el Web Sketchpad para explorar la manera en que una balanza de platillos puede ayudarte a resolver ecuaciones con variables en cada lado.

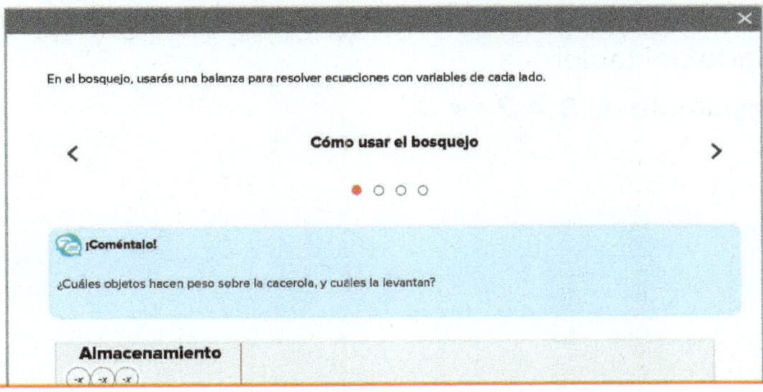

Aprender Ecuaciones con variables en cada lado

Algunas ecuaciones, como $8 + 3x = 5x + 2$, tienen variables a los dos lados del signo igual. Para resolverlas, aplica las propiedades de la igualdad para escribir una ecuación equivalente con variables en un solo lado del signo igual. Luego, resuelve la ecuación.

$8 + 3x = 5x + 2$	Escribe la ecuación.
$-3x = -3x$	Propiedad de resta de la igualdad
$8 = 2x + 2$	Simplifica.
$-2 = -2$	Propiedad de resta de la igualdad
$\frac{6}{2} = \frac{2x}{2}$	Propiedad de división de la igualdad
$3 = x$	Simplifica.

(continúa en la página siguiente)

Tus notas

Conéctate Mira la animación y completa los pasos para resolver la ecuación $8 + 3x = 5x + 2$ con fichas de álgebra.

Paso 1 Representa la ecuación.
En el lado izquierdo del tablero, dibuja ocho fichas de 1 y tres fichas de x para representar $8 + 3x$. En el lado derecho del tablero, dibuja cinco fichas de x y dos fichas de 1 para representar $5x + 2$.

Paso 2 Dibuja las demás fichas luego de quitar tres fichas de x de cada lado del tablero.

La ecuación resultante es $8 = 2x + 2$.

Paso 3 Dibuja las demás fichas luego de quitar dos fichas de 1 de cada lado del tablero.

La ecuación resultante es $6 = 2x$.

Paso 4 Dibuja las fichas de modo que queden separadas en dos grupos iguales.

Hay tres fichas de 1 en cada grupo, por lo tanto $x = 3$.

Ejemplo 1 Resolver ecuaciones con variables en cada lado

Resuelve $6n - 1 = 4n - 5$. Verifica tu solución.

$6n - 1 = 4n - 5$	Escribe la ecuación.
$-4n \quad = \square$	Propiedad de resta de la igualdad
$\square - 1 = -5$	Simplifica.
$+1 = +1$	Propiedad de suma de la igualdad
$2n = \square$	Simplifica.
$\frac{2n}{2} = \frac{-4}{2}$	Propiedad de división de la igualdad
$n = \square$	Simplifica.

Por lo tanto, la solución de la ecuación es $n = -2$.

Verifica la solución.

$6n - 1 = 4n - 5$	Escribe la ecuación.
$6(\square) - 1 = 4(\square) - 5$	Reemplaza n por -2.
$-12 - 1 = -8 - 5$	Multiplica.
$\square = \square$	Simplifica. La solución, -2, es correcta.

Verificar

Resuelve $10 - 3x = -5 + 2x$.

Muestra tu trabajo aquí

¡Coméntalo!
Describe cómo puedes usar fichas de álgebra para resolver la ecuación. ¿Importa que la variable sea n?

Conéctate Puedes completar un ejemplo adicional en línea.

Ejemplo 2 Resolver ecuaciones con coeficientes racionales

Resuelve $\frac{2}{3}x - 1 = 9 - \frac{1}{6}x$. Verifica tu solución.

¡Piénsalo!
¿Qué observas sobre los coeficientes de la ecuación?

Método 1 Resolver la ecuación usando fracciones.

$$\frac{2}{3}x - 1 = 9 - \frac{1}{6}x$$ Escribe la ecuación.

$$\frac{\square}{6}x - 1 = 9 - \frac{\square}{6}x$$ El común denominador de los coeficientes es 6.

$$+\frac{1}{6}x \quad = \quad +\frac{1}{6}x$$ Propiedad de suma de la igualdad

$$\frac{\square}{\square}x - 1 = \square$$ Simplifica.

$$+1 = +1$$ Propiedad de suma de la igualdad

$$\frac{5}{6}x \quad = \square$$ Simplifica.

$$\left(\frac{6}{5}\right)\frac{5}{6}x = 10\left(\frac{6}{5}\right)$$ Propiedad multiplicativa de la igualdad

$$x = \square$$ Simplifica.

¡Coméntalo!
Compara los dos métodos que aplicaste para resolver la ecuación.

Método 2 Resolver la ecuación usando el m. c. d. para eliminar las fracciones.

$$\frac{2}{3}x - 1 = 9 - \frac{1}{6}x$$ Escribe la ecuación.

$$\frac{4}{6}x - 1 = 9 - \frac{1}{6}$$ Reescríbela con denominadores comunes.

$$6\left(\frac{4}{6}x - 1\right) = \left(9 - \frac{1}{6}x\right)6$$ Multiplica por 6 para eliminar las fracciones.

$$\square - \square = \square - \square$$ Propiedad distributiva

$$+x \quad = \quad +x$$ Propiedad de suma de la igualdad

$$\square - 6 = 54$$ Simplifica.

$$+6 = +6$$ Propiedad de suma de la igualdad

$$5x \quad = \square$$ Simplifica.

$$\frac{5x}{5} = \frac{60}{5}$$ Propiedad de división de la igualdad

$$x = \square$$ Simplifica.

Por lo tanto, con cualquiera de los dos métodos, la solución de la ecuación es $x = 12$.

(continúa en la página siguiente)

Verifica la solución.

$\frac{2}{3}x - 1 = 9 - \frac{1}{6}x$	Escribe la ecuación.
$\frac{2}{3} \cdot \square - 1 = 9 - \frac{1}{6} \cdot \square$	Reemplaza x por 12.
$\square - 1 = 9 - \square$	Multiplica.
$7 = 7$	Simplifica. La solución, 12, es correcta.

Verificar

Resuelve $\frac{2}{3}x + 5 = \frac{2}{5}x - 3$.

Muestra tu trabajo aquí

Conéctate Puedes completar un ejemplo adicional en línea.

Un minuto de historia

Alicia Dickenstein (1955-) es una matemática argentina y dicta clases en la Universidad de Buenos Aires. En 2015, recibió el premio TWAS en matemáticas de la Academia Mundial de Ciencias. Este premio se entrega a personas de países en desarrollo por sus destacadas contribuciones a las ciencias o las matemáticas. En 2018, Dickenstein fue invitada a disertar en el Encuentro Mundial de Mujeres Matemáticas en Río de Janeiro, Brasil.

Explorar Escribir y resolver ecuaciones con variables en cada lado

Actividad en línea Explorarás cómo escribir una ecuación con variables en cada lado para resolver un problema de la vida diaria.

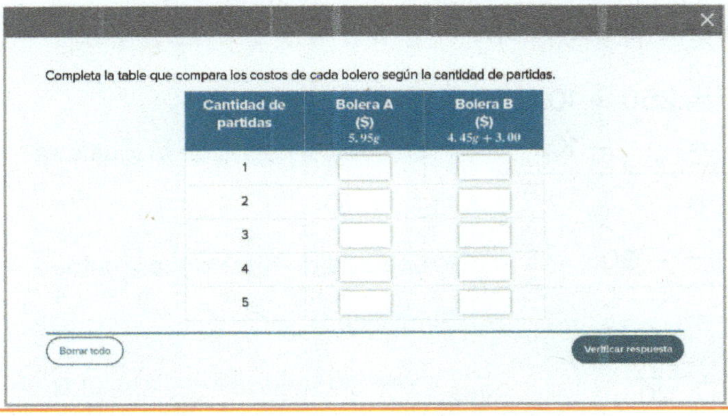

¡Coméntalo!
¿Qué representará la solución de la ecuación dentro del contexto del problema?

¡Piénsalo!
¿Cuál es la incógnita de este problema?

¡Coméntalo!
Imagina que un cliente planea realizar una sesión con entrenador personal una vez por mes, durante un año. ¿Qué gimnasio le resultará más económico? Explica.

Aprender Escribir y resolver ecuaciones con variables en cada lado

Se pueden representar muchos problemas con ecuaciones.

El plan de un sitio web es de $0.99 por canción, más una tarifa inicial de $25. Otro plan cuesta $1.50 por canción, más una tarifa inicial de $10. ¿Para cuántas canciones el costo de los dos planes será el mismo?

Palabras
Una tarifa de $25 más $0.99 por canción es igual a una tarifa de $10 más $1.50 por canción.
Variables
La *s* representa la cantidad de canciones.
Ecuación
$25 + 0.99c = 10 + 1.50c$

Ejemplo 3 Escribir y resolver ecuaciones con variables en cada lado

El gimnasio Green's Gym cobra una tarifa de inscripción de $50 una única vez y $30 por sesión con entrenador. Breakout Gym cobra una cuota anual de $250 y $10 por cada sesión con entrenador.

¿Para cuántas sesiones el costo de los dos planes es el mismo? Escribe y resuelve una ecuación. Verifica tu solución.

Parte A Escribe una ecuación para representar el problema.

La *s* representará la cantidad de ______. Escribe una ecuación que permita hallar cuándo el costo de los dos planes es el mismo.

Green's Gym		**Breakout Gym**
50 + ☐	=	☐ + 10*s*

Parte B Resuelve la ecuación.

$50 + 30s = 250 + 10s$	Escribe la ecuación.
$-10s = -10s$	Propiedad de resta de la igualdad
$50 + \square = \square$	Simplifica.
$-50 = -50$	Propiedad de resta de la igualdad
$\square = \square$	Simplifica.
$\frac{20s}{20} = \frac{200}{20}$	Propiedad de división de la igualdad
$s = \square$	Simplifica.

Por lo tanto, el costo es el mismo para 10 sesiones con entrenador.

(continúa en la página siguiente)

Verifica la solución.

Green's Gym		**Breakout Gym**
$50 + 30s = 50 + 30(10)$	Reemplaza *s* por 10.	$250 + 10s = 250 + 10(10)$
$= 50 + 300$	Multiplica.	$= 250 + 100$
$= \square$	Simplifica.	$= \square$

Verificar

Un contenedor tiene 130 galones de agua y se lo está llenando a razón de $\frac{1}{4}$ de galón por segundo. Otro contenedor tiene 200 galones de agua y se lo está drenando a razón de $\frac{1}{3}$ de galón por segundo. Escribe y resuelve una ecuación para determinar *s*, la cantidad de segundos que deben transcurrir hasta que los dos contenedores tengan la misma cantidad de agua.

Muestra tu trabajo aquí

Conéctate Puedes completar un ejemplo adicional en línea.

Ejemplo 2 Escribir y resolver ecuaciones con variables en cada lado

La empresa de alquiler de autos Ryan's Rentals cobra $40 por día, más $0.25 por milla. La empresa Road Trips cobra $25 por día, más $0.45 por milla.

¿Para qué cantidad de millas el costo diario de alquiler de un auto es el mismo? Escribe y resuelve una ecuación para representar este problema. Verifica tu solución.

Parte A Escribe una ecuación.

La *m* representará la cantidad de ________. Escribe una ecuación que permita hallar cuándo el costo de los dos alquileres es el mismo.

Ryan's Rentals		**Road Trips**
$40 + \square$	$=$	$\square + 0.45m$

(continúa en la página siguiente)

¡Piénsalo!
¿Cómo comenzarías a resolver el problema?

Parte B Resuelve la ecuación.

$40 + 0.25m = 25 + 0.45m$	Escribe la ecuación.
$\quad - 0.25m = \quad - 0.25m$	Propiedad de resta de la igualdad
$\square = 25 + \square$	Simplifica.
$-25 \quad = -25$	Propiedad de resta de la igualdad
$\square = \square$	Simplifica.
$\frac{15}{0.20} = \frac{0.20m}{0.20}$	Propiedad de división de la igualdad
$\square = m$	Simplifica.

Por lo tanto, el costo es el mismo para 75 millas en un día.

Verifica la solución.

Ryan's Rentals		Road Trips
$40 + 0.25m$		$25 + 0.45m$
$= 40 + (0.25)75$	Reemplaza m por 75.	$= 25 + (0.45)75$
$= 40 + \square$	Multiplica.	$= 25 + \square$
$= \square$	Simplifica.	$= \square$

¡Coméntalo!

¿Qué empresa es más económica si se planea conducir 50 millas en un día? ¿Y 150 millas? Explica.

Verificar

Annie compara costos para enviar un paquete. Una empresa cobra \$7 por la primera libra y \$0.20 por cada libra adicional que pese el paquete. Otra empresa cobra \$5 por la primera libra y \$0.30 por cada libra adicional. Escribe y resuelve una ecuación que podría usarse para determinar p, la cantidad de libras, cuando los costos de envío de las dos empresas son iguales.

Muestra tu trabajo aquí

Conéctate Puedes completar un ejemplo adicional en línea.

Aplicar Mejoras en el hogar

Imagina que quieres reemplazar la alfombra de una sala cuya longitud es cinco pies menor que el doble de su ancho, a. Se colocan tiras de tachuelas en todo el perímetro de la sala, que es igual a cinco veces el ancho. Si la alfombra cuesta $2.99 por pie cuadrado, ¿cuál es el costo total para alfombrar la sala?

Conéctate
Mira la animación.

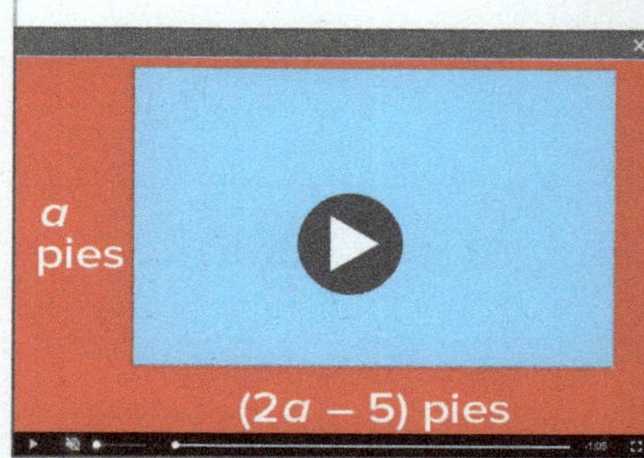

1 ¿Cuál es la tarea?

Asegúrate de comprender la pregunta que debes responder o el problema que debes resolver. Lee el problema tres veces. Comenta las preguntas con un compañero.

Primera vez Describe el problema con tus palabras.
Segunda vez ¿Qué operaciones matemáticas observas?
Tercera vez ¿Cuál es la pregunta?

2 ¿Cómo puedes resolver la tarea? ¿Qué estrategias puedes usar?

Registra tus observaciones aquí

¡Coméntalo!
¿De qué otra forma podrías resolver este problema?

3 ¿Cuál es la solución?

Usa tu estrategia para resolver el problema.

Muestra tu trabajo aquí

4 ¿Cómo puedes demostrar que tu solución es razonable?

¡Escríbelo! Escribe un argumento que puedas usar para defender tu solución.

Verificar

Se están colocando baldosas en un baño rectangular. La longitud de sus lados se muestra a continuación. La x representa la longitud, en pies, de una baldosa cuadrada. El perímetro es igual a $48x - 6$. Si cada pie cuadrado de baldosas cuesta $8.49, ¿cuál es el costo total para cubrir el baño?

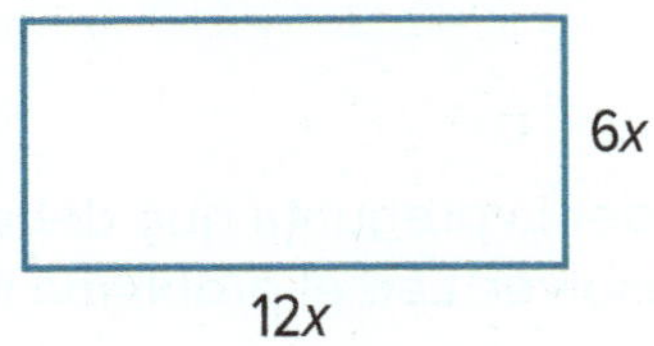

Muestra tu trabajo aquí

Conéctate Puedes completar un ejemplo adicional en línea.

Foldables Es hora de actualizar tu Foldable en el Repaso del módulo, en función de lo que aprendiste en esta lección. Si aún no armaste tu Foldable, encontrarás instrucciones en la página FL1.

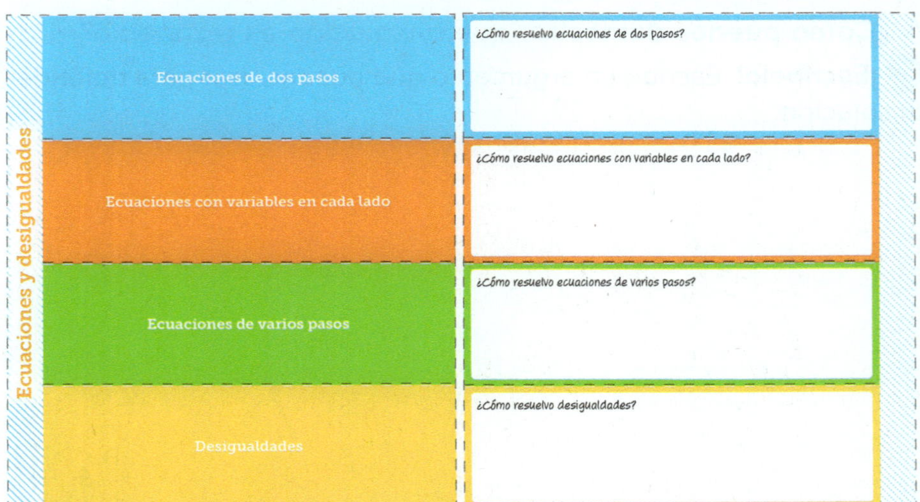

Nombre ______________________ Periodo ____________ Fecha ____________

Práctica independiente

Conéctate Puedes completar tu tarea en línea.

Recuelve cada ecuación. Verifica tus soluciones. (Ejemplos 1 y 2)

1. $-2a - 9 = 6a + 15$

2. $\frac{1}{2}x - 5 = 10 - \frac{3}{4}x$

3. $\frac{2}{3}y + 1 = \frac{1}{6}y + 8$

4. $5.4p + 13.1 = -2.6p + 3.5$

Escribe y resuelve una ecuación para cada ejercicio. Verifica tus soluciones. (Ejemplos 3 y 4)

5. Marko tiene 45 libros de cómics en su colección, y Tamara tiene 61 libros. Marko compra 4 nuevos libros por mes, y Tamara compra 2 libros cada mes. ¿Dentro de cuántos meses Marko y Tamara tendrán la misma cantidad de libros de cómics?

6. Una pecera tiene 150 galones de agua que se drena a razón de $\frac{1}{2}$ galón por segundo. Una segunda pecera tiene 120 galones de agua y se llena a razón de $\frac{1}{4}$ de galón por segundo. ¿Cuántos segundos transcurrirán hasta que las dos peceras tengan la misma cantidad de agua?

Práctica para la prueba

7. Respuesta abierta Deanna y Lulu están jugando en el local de videojuegos. Deanna comienza con $15, y cada juego en la máquina en la que está jugando cuesta $0.75. Lulu comienza con $13, y cada juego en la máquina en la que está jugando cuesta $0.50. ¿Cuántos juegos podrán jugar las dos amigas hasta que les quede la misma cantidad de dinero? Usa *g* para representar la cantidad de juegos.

Aplicar

8. Aiden quiere reemplazar las baldosas de un cocina rectangular. La longitud de la cocina es nueve pies menor que tres veces su ancho, *w*. El perímetro de la cocina es seis veces el ancho. Si las baldosas cuestan $1.69 por pie cuadrado, ¿cuál es el costo total para cubrir con baldosas la cocina?

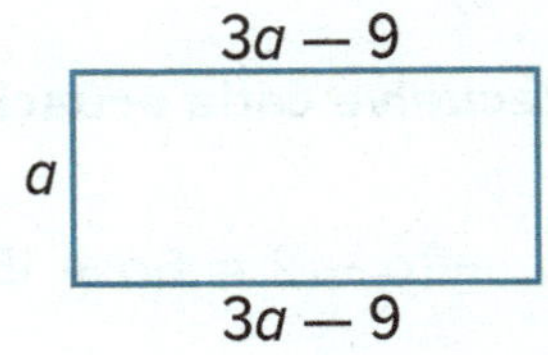

9. Hailey quiere colocar una cerca en forma de triángulo isósceles en su jardín. La longitud de los lados de la cerca se muestra en el dibujo, donde *x* representa la cantidad de pies en cada sección de cerca. El perímetro de la cerca se puede cubrir con 8 secciones de cerca enteras, representadas por la expresión $8x$. Si la cerca cuesta $6.50 por pie, ¿cuál será el costo total de la cerca?

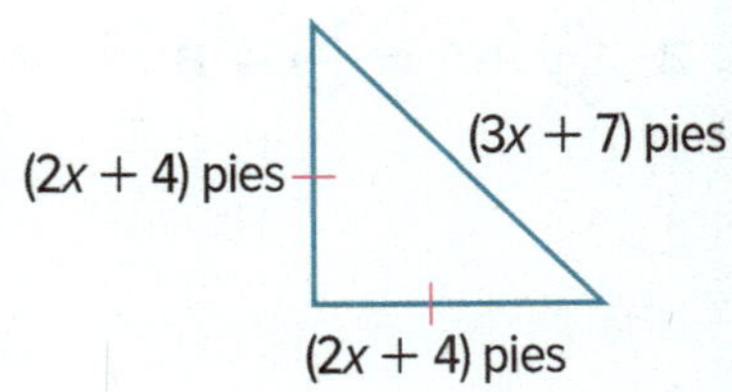

Problemas de pensamiento de orden superior

10. **Identificar estructuras** Explica cómo se puede aplicar la propiedad distributiva para eliminar las fracciones de la ecuación. $\frac{1}{5}x + 8 = \frac{1}{10}x + 9$.

11. El martes, Ling trabajó tres horas más de las que trabajó el lunes. El miércoles, trabajó una hora más que el doble de la cantidad de horas que trabajó el lunes. La cantidad total de horas es dos más cinco veces el número de horas que trabajó el lunes. Escribe y resuelve una ecuación para hallar la cantidad de horas que trabajó el lunes.

12. **Hallar el error** Un estudiante escribió la ecuación $22 + 4 = 6s + 12s$ para representar el problema que se describe a la derecha. Halla su error y corrígelo.

Darnell y Emma son estudiantes universitarios. Darnell actualmente tiene 22 créditos y planea obtener 6 créditos por semestre. Emma tiene 4 créditos y planea obtener 12 créditos por semestre. ¿Dentro de cuántos semestres, *s*, Darnell y Emma tendrán la misma cantidad de créditos?

Lección 7-4

Escribir y resolver ecuaciones de varios pasos

Puedo... escribir y resolver ecuaciones lineales de varios pasos con coeficientes racionales aplicando la propiedad distributiva y combinando términos semejantes.

Aprender Resolver ecuaciones de varios pasos

Algunas ecuaciones contienen expresiones con símbolos de agrupación en uno o en los dos lados del signo igual.

Para resolver ecuaciones como estas, primero desarrolla las expresiones que contienen símbolos de agrupación. Luego, resuelve la ecuación combinando términos semejantes y aplicando las propiedades de la igualdad.

Conéctate Mira la animación para aprender a resolver esta ecuación de varios pasos $-5(2x + 3) - x = 4(x + 11) + 1$.

La animación muestra que puedes aplicar la propiedad distributiva y las propiedades de la igualdad para resolver una ecuación de varios pasos que contenga expresiones con símbolos de agrupación.

$-5(2x + 3) - x = 4(x + 11) + 1$	Escribe la ecuación.
$-10x - 15 - x = 4x + 44 + 1$	Desarrolla las expresiones usando la propiedad distributiva.
$-11x - 15 = 4x + 45$	Combina los términos semejantes $-10x$ y $-x$. Combina los términos semejantes 44 y 1.
$+11x \quad = +11x$	Propiedad de suma de la igualdad
$-15 = 15x + 45$	Simplifica.
$-45 = \quad -45$	Propiedad de resta de la igualdad
$-60 = 15x$	Simplifica.
$\frac{-60}{15} = \frac{15x}{15}$	Propiedad de división de la igualdad
$-4 = x$	Simplifica.

La solución de la ecuación es $x =$ ________.

¡Coméntalo!
¿Cómo puedes asegurarte de haber resuelto la ecuación correctamente?

Tus notas

Ejemplo 1 Resolver ecuaciones de varios pasos

Resuelve $3(8x + 12) - 15x = 2(3 - 3x)$. Verifica tu solución.

$3(8x + 12) - 15x = 2(3 - 3x)$	Escribe la ecuación.
$\square + \square - 15x = \square - \square$	Propiedad distributiva
$\square + 36 = 6 - 6x$	Combina términos semejantes.
$+ 6x \quad = \quad + 6x$	Propiedad de suma de la igualdad
$\square + 36 = 6$	Simplifica.
$- 36 = - 36$	Propiedad de resta de la igualdad
$15x = \square$	Simplifica.
$\dfrac{15x}{\square} = \dfrac{-30}{\square}$	Propiedad de división de la igualdad
$x = \square$	Simplifica.

Por lo tanto, la solución de la ecuación es $x = -2$.

Verifica la solución.

$3(8x + 12) - 15x = 2(3 - 3x)$	Escribe la ecuación.
$3[8(\square) + 12] - 15(\square) = 2[3 - 3(\square)]$	Reemplaza x por -2.
$-12 - (-30) = 2(9)$	Multiplica.
$\square = \square$	Simplifica.

Verificar

Resuelve $8(-2 + x) - 3x = 6x + 13$.

Muestra tu trabajo aquí

Conéctate Puedes completar un ejemplo adicional en línea.

Ejemplo 2 Resolver ecuaciones de varios pasos

Resuelve $0.3(10 - 5x) = 31.5 - (8x + 9)$. Verifica tu solución.

$0.3(10 - 5x) = 31.5 - (8x + 9)$	Escribe la ecuación.
$\square - \square = 31.5 - (8x + 9)$	Propiedad distributiva
$3 - 1.5x = 31.5 + (-8x - 9)$	Reescríbela usando el inverso de suma.
$3 - 1.5x = \square - 8x$	Combina términos semejantes.
$-3 \qquad = -3$	Propiedad de resta de la igualdad
$\square = \square - 8x$	Simplifica.
$+ 8x = \qquad + 8x$	Propiedad de suma de la igualdad
$\square = 19.5$	Simplifica.
$\dfrac{6.5x}{\square} = \dfrac{19.5}{\square}$	Propiedad de división de la igualdad
$x = \square$	Simplifica.

Por lo tanto, la solución de la ecuación es $x = 3$.

Verifica la solución.

Para verificar la solución, reemplaza x por 3 en la ecuación original.

$0.3(10 - 5x) = 31.5 - (8x + 9)$	Escribe la ecuación.
$0.3\left(10 - 5 \cdot \square\right) = 31.5 - \left(8 \cdot \square + 9\right)$	Sustituye.
$0.3\left(10 - \square\right) = 31.5 - \left(\square + 9\right)$	Multiplica.
$0.3\left(\square\right) = 31.5 - \square$	Simplifica.
$\square = \square$	Simplifica.

Verificar

Resuelve $15 - (7x + 20) = 0.5(6x - 14)$.

Muestra tu trabajo aquí

Conéctate Puedes completar un ejemplo adicional en línea.

¡Piénsalo!

¿Cómo comenzarías a resolver la ecuación?

¡Coméntalo!

¿De qué manera la propiedad de los inversos de suma permite quitar los paréntesis para simplificar el lado derecho de la ecuación?

Ejemplo 3 Resolver ecuaciones de varios pasos

Resuelve $\frac{1}{2}(6x - 4) + 6x = -12\left(\frac{1}{6}x + 2\right)$. Verifica tu solución.

$\frac{1}{2}(6x - 4) + 6x = -12\left(\frac{1}{6}x + 2\right)$	Escribe la ecuación.
$\square - \square + 6x = \square - \square$	Propiedad distributiva
$\square - 2 = -2x - 24$	Combina términos semejantes.
$+2x \qquad = +2x$	Propiedad de suma de la igualdad
$\square - 2 = -24$	Simplifica.
$+2 = +2$	Propiedad de suma de la igualdad
$11x = \square$	Simplifica.
$\frac{11x}{\square} = \frac{-22}{\square}$	Propiedad de división de la igualdad
$x = \square$	Simplifica.

Por lo tanto, la solución de la ecuación es $x = -2$.

Verificar

Resuelve $\frac{3}{4}(-5x - 8) = -6(x + 4) + \frac{1}{4}x$.

Muestra tu trabajo aquí

Conéctate Puedes completar un ejemplo adicional en línea.

Explorar Convertir problemas en ecuaciones

Actividad en línea Explorarás cómo representar un problema con una ecuación de varios pasos con variables en ambos lados.

Completa la table para mostrar el precio en dólares de las camisetas por la cantidad de jugadores.

Cantidad de jugadores	Precio de la camiseta con el nombre
1	$20 + n$
2	$2(20 + n)$
3	$3(20 + n)$
4	
5	
6	

Aprender Escribir y resolver ecuaciones de varios pasos

Pueden representarse problemas de la vida diaria con ecuaciones de varios pasos.

Cuatro amigos compraron entradas para el zoológico y gastaron \$9.50 cada uno en una pulsera para acceder a las atracciones. Ese mismo día, otro grupo de 5 amigos compró entradas para el zoológico y gastaron \$3 cada uno en la exhibición de la raya venenosa. El grupo de 5 amigos también alquiló un casillero por \$8. Si ambos grupos gastaron lo mismo, ¿cuánto pagó cada uno por una entrada al zoológico?

Palabras
4 veces el precio de una entrada y una pulsera de \$9.50 es igual a un casillero de \$8 más cinco veces el precio de una entrada y una atracción de \$3
Variables
La e representa el precio de cada entrada.
Ecuación
$4(e + 9.50) = 8 + 5(e + 3)$

¡Coméntalo!
Describe otra situación de la vida diaria en la que debas resolver una ecuación de varios pasos para solucionar un problema.

Ejemplo 4 Escribir y resolver ecuaciones de varios pasos

La señora Hill diseña una huerta rectangular en el fondo de su casa. El ancho de la huerta es $11\frac{1}{2}$ pies menor que el doble de su longitud.

Si el perímetro de la huerta es de 37 pies, ¿cuál es la longitud de la huerta? Escribe y resuelve una ecuación. Verifica tu solución.

¡Piénsalo!
¿Cuál es la incógnita del problema?

Parte A Escribe una ecuación.
La ℓ representa la ________, en pies, de la huerta. El ancho de la huerta es dos veces la longitud ________ $11\frac{1}{2}$ pies. Por lo tanto, la expresión $2\ell - 11\frac{1}{2}$ representa el ________ de la huerta.

Escribe una ecuación que represente el perímetro.

$$P = 2\ell + 2a$$

$$\boxed{} = 2\ell + 2\left(\boxed{}\right)$$

¡Coméntalo!
¿Qué otra ecuación, además de $P = 2\ell + 2w$, puedes escribir para representar el perímetro de la huerta?

(continúa en la página siguiente)

Parte B Resuelve la ecuación.

$37 = 2\ell + 2\left(2\ell - 11\frac{1}{2}\right)$	Escribe la ecuación.
$37 = 2\ell + \square - \square$	Propiedad distributiva
$37 = \square - 23$	Combina términos semejantes.
$+23 = \quad\quad +23$	Propiedad de suma de la igualdad
$\square = 6\ell$	Simplifica.
$\frac{60}{6} = \frac{6\ell}{6}$	Propiedad de división de la igualdad
$\square = \ell$	Simplifica.

Por lo tanto, la longitud de la huerta es 10 pies.

Verifica la solución.

Longitud: $\square$ pies

Ancho: $2\ell - 11\frac{1}{2} = 2(10) - 11\frac{1}{2}$ o $\square$ pies

Perímetro: $2\ell - 2a = 2(10) + 2(8.5)$ o $\square$ pies

Verificar

El vestíbulo de la casa de Oscar tiene forma de rectángulo. La longitud del vestíbulo es $\frac{1}{2}$ pie mayor que el doble de su ancho. El perímetro del vestíbulo es 31 pies.

Parte A

¿Qué ecuaciones puedes usar para hallar el ancho *w* del vestíbulo? Elige todas las opciones correctas.

- ☐ $31 = \frac{1}{2} + 4a$
- ☐ $31 = 1 + 6a$
- ☐ $31 = 2 + 2a$
- ☐ $31 = 2\left(\frac{1}{2} + 2a\right) + 2a$
- ☐ $31 = \frac{1}{2} + 2a$
- ☐ $31 = 2\left(\frac{1}{2} + 3a\right)$

Parte B

¿Cuál es el ancho del vestíbulo?

Muestra tu trabajo aquí

Conéctate Puedes completar un ejemplo adicional en línea.

Ejemplo 5 Escribir y resolver ecuaciones de varios pasos

La clase de 20 estudiantes del señor Murphy hará una visita al centro de ciencias y verán la película en 3D. La clase de 15 estudiantes de la señora Todd hará una visita al museo de arte y lo recorrerá con audioguías. El precio de la entrada al museo de arte es 2.5 veces el precio de la entrada al centro de ciencias, como muestra la tabla.

Si el costo total es el mismo en el centro de ciencias y en el museo, ¿cuánto sale cada entrada al centro de ciencias? Verifica.

Centro de ciencias	Museo de arte
Entrada: $\$x$ por estudiante	Entrada: $\$2.5x$ por estudiante
Película en 3D: \$2.50 por estudiante	Audioguía: \$1 por estudiante

Parte A Escribe una ecuación.

La x representa el precio de una entrada al centro de ciencias. El costo de la visita al centro de ciencias se puede representar con la expresión $(x + 2.50)$ si cada estudiante paga la entrada y la película en 3D. El costo de la visita al museo de arte se puede representar con la expresión $(2.5x + 1)$ si cada estudiante paga la entrada y la audioguía. Completa la ecuación que representa el costo total.

$$\square(x + 2.50) = \square(2.5x + 1)$$

Parte B Resuelve la ecuación.

$20(x + 2.50) = 15(2.5x + 1)$	Escribe la ecuación.
$\square + \square = \square + \square$	Propiedad distributiva
$-20x \qquad = -20x$	Propiedad de resta de la igualdad
$50 = \square + 15$	Simplifica.
$-15 = \qquad -15$	Propiedad de resta de la igualdad
$\square = 17.5x$	Simplifica.
$\frac{35}{\square} = \frac{17.5x}{\square}$	Propiedad de división de la igualdad
$\square = x$	Simplifica.

Por lo tanto, el precio de cada entrada al centro de ciencias es \$2.

Verifica la solución.

Centro de ciencias: $20(x + 2.5) = 20(2 + 2.50)$ o \$$\square$

Museo de arte: $15(2.5x + 1) = 15(2.5(2) + 1)$ o \$$\square$

¡Piénsalo!
¿Qué representará la variable?

¡Coméntalo!
¿Puedes resolver la ecuación sin aplicar la propiedad distributiva? ¿Por qué es útil la propiedad distributiva?

Verificar

Un grupo de 6 amigos fue a un partido de un torneo de baloncesto. Cada uno compró una entrada por x dólares y gastó \$8.50 en golosinas. Otro grupo de 4 amigos fue al partido final y pagó el doble por cada entrada de lo que pagó el primer grupo. Los 4 amigos también gastaron \$6.50 cada uno en golosinas. Los dos grupos gastaron la misma cantidad de dinero. Escribe y resuelve una ecuación que se pueda usar para hallar el costo de cada entrada para el grupo de 6 amigos.

Muestra tu trabajo aquí

Conéctate Puedes completar un ejemplo adicional en línea.

Pausa para reflexionar

Escribe una oración sobre la lección de hoy para cada una de las siguientes categorías: quién, qué, dónde, cómo y por qué.

Registra tus observaciones aquí

Aplicar Finanzas comerciales

La tabla muestra la cantidad de horas que trabajaron el mes pasado los empleados de una cafetería. Cada empleado gana \$15 por hora, y $7m + 19$ representa la cantidad total de horas trabajadas, donde m es la cantidad de horas que trabajó Mai.

Empleado	Horas trabajadas
Shantel	48
Lorenzo	$2m + 7$
Jamie	$3.5(m - 6)$
Mai	m

¿Cuál fue el salario total que se les pagó a los empleados?

1 ¿Cuál es la tarea?

Asegúrate de comprender la pregunta que debes responder o el problema que debes resolver. Lee el problema tres veces. Comenta las preguntas con un compañero.

Primera vez Describe el problema con tus palabras.
Segunda vez ¿Qué operaciones matemáticas observas?
Tercera vez ¿Cuál es la pregunta?

2 ¿Cómo puedes resolver la tarea? ¿Qué estrategias puedes usar?

Registra tus observaciones aquí

3 ¿Cuál es la solución?

Usa tu estrategia para resolver el problema.

Muestra tu trabajo aquí

4 ¿Cómo puedes demostrar que tu solución es razonable?

¡Escríbelo! Escribe un argumento que puedas usar para defender la solución.

¡Coméntalo!
¿Qué método usaste para resolver el problema? Explica por qué elegiste ese método.

Verificar

La tabla muestra la cantidad de minutos que Declan dedicó a distintas actividades la semana pasada. La cantidad total de minutos que dedicó a todas las actividades fue $5x + 15.75$. ¿Cuál es la razón entre la cantidad de minutos que Declan anduvo en bicicleta y la cantidad de minutos que practicó fútbol?

Actividad	Tiempo (minutos)
Andar en bicicleta	x
Practicar fútbol	$2.5(x + 3) + 2.5$
Nadar	15.5
Pasear al perro	$3(x - 13.25)$

Muestra tu trabajo aquí

Conéctate Puedes completar un ejemplo adicional en línea.

Foldables Es hora de actualizar tu Foldable en el Repaso del módulo, en función de lo que aprendiste en esta lección. Si aún no armaste tu Foldable, encontrarás instrucciones en la página FL1.

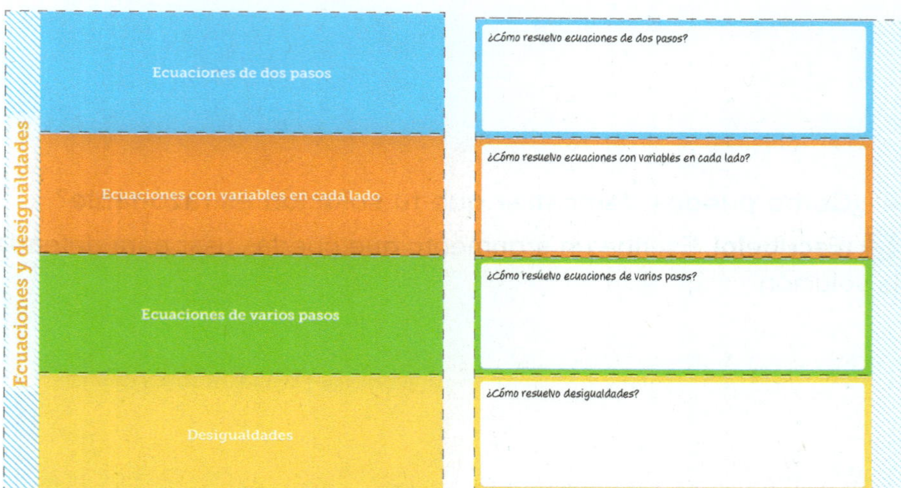

Nombre ______________________ Período ____________ Fecha ____________

Práctica

Conéctate Puedes completar tu tarea en línea.

Resuelve cada ecuación. Verifica tus soluciones. (Ejemplos 1 a 3)

1. $-g + 2(3 + g) = -4(g + 1)$

2. $0.6(4 - 2x) = 20.5 - (3x + 10)$

3. $\frac{1}{2}(-4 + 6n) = \frac{1}{3}n + \frac{2}{3}(n + 9)$

4. $\frac{1}{5}(5x - 5) + 3x = -9\left(\frac{1}{3}x + 4\right)$

Escribe y resuelve una ecuación para cada ejercicio. Verifica tus soluciones.
(Ejemplos 1 y 2)

5. El señor Reed dibuja un plano de un patio rectangular. El ancho del patio es $40\frac{3}{4}$ pies menor que el doble de su longitud. El perímetro del patio es $86\frac{1}{2}$ pies. ¿Cuál es la longitud del patio?

6. El club del anuario visitará un parque de diversiones, y cada uno de sus 12 miembros pagará su entrada y contribuirá al pago del estacionamiento. El club de robótica visitará un parque acuático. Cada uno de sus 14 miembros pagará su entrada y también comprará un vale de comida. El precio de la entrada al parque de diversiones es 1.5 veces el precio de la entrada al parque acuático, como muestra la tabla. Si el costo total es el mismo tanto en el parque de diversiones como en el parque acuático, ¿cuál es el precio por estudiante de la entrada al parque acuático?

Parque de diversiones	Parque acuático
Entrada: $1.5*x* por estudiante	Entrada: $*x* por estudiante
Estacionamiento: $2 por estudiante	Vale de comida: $10.50 por estudiante

Práctica para la prueba

7. Editor de ecuaciones Resuelve la ecuación para *q*.

$2\left(\frac{1}{2}q + 1\right) = -3(2q - 1) + 8q + 4$

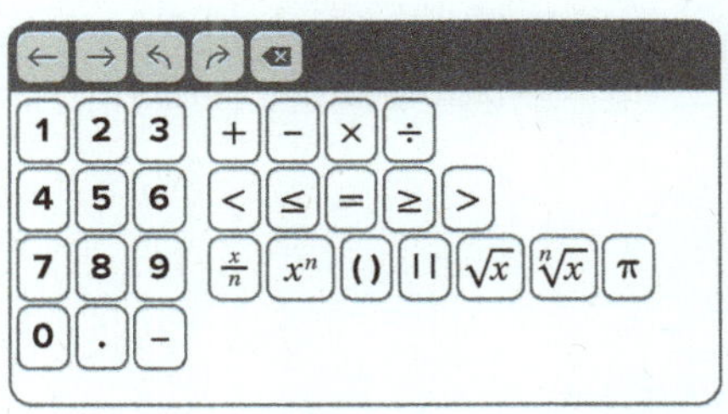

Aplicar

8. Cuatro hermanos ofrecen un servicio de paseo de perros. La tabla muestra la cantidad de horas que trabajó cada hermano. Cada hermano gana $25.50 por hora, y $10h + 15$ representa la cantidad total de horas trabajadas, donde h es la cantidad de horas que trabajó Michael. ¿Cuánto ganaron en total los hermanos?

Hermano	Horas trabajadas
Martin	$2.5h + 3$
Emilio	$4(h - 2)$
Michael	h
Mario	31

9. El triángulo y el cuadrado siguiente tienen el mismo perímetro. Escribe y resuelve una ecuación para hallar el valor de x. Halla la longitud de un lado del cuadrado.

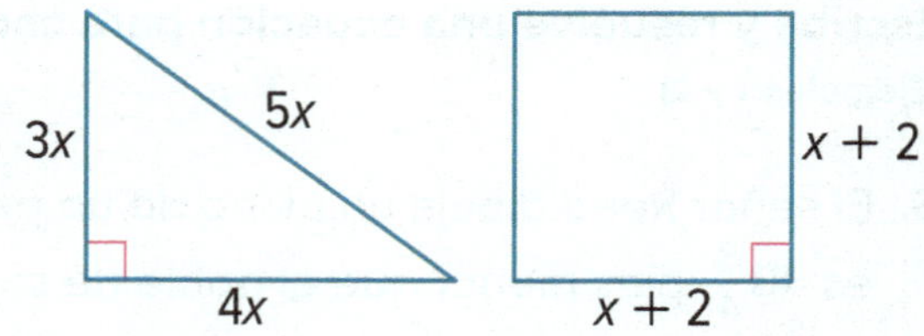

Problemas de pensamiento de orden superior

10. MP **Hallar el error** Una estudiante resolvió la ecuación $3(-4 + x) - 5x = 7x + 15$. Halla su error y corrígelo.

$$\begin{aligned}
3(-4 + x) - 5x &= 7x + 15\\
-12 + 3x - 15x &= 7x + 15\\
-12 - 12x &= 7x + 15\\
-12 - 12x + 12x &= 7x + 12x + 15\\
-12 &= 19x + 15\\
-12 - 15 &= 19x + 15 - 15\\
-27 &= 19x\\
-1\frac{8}{19} &= x
\end{aligned}$$

11. MP **Perseverar con los problemas** Elijah depositó $2x + 3$ dólares en el banco la primera semana. La semana siguiente duplicó los ahorros de la primera semana y los depositó en el banco. La semana siguiente, duplicó el monto que había en el banco y lo depositó. Ahora tiene $477 en el banco. Escribe y resuelve una ecuación para hallar cuánto dinero depositó en el banco la primera semana.

12. MP **Identificar estructuras** Describe cuál es la función de la propiedad distributiva cuando resuelves ecuaciones de varios pasos que incluyen expresiones con símbolos de agrupación.

Determinar la cantidad de soluciones

Puedo... identificar la cantidad de soluciones de una ecuación lineal en una variable simplificando cada lado y comparando coeficientes y constantes.

Explorar Cantidad de soluciones

Actividad en línea Usarás el Web Sketchpad para explorar ecuaciones con una única solución, sin solución y con número infinito de soluciones.

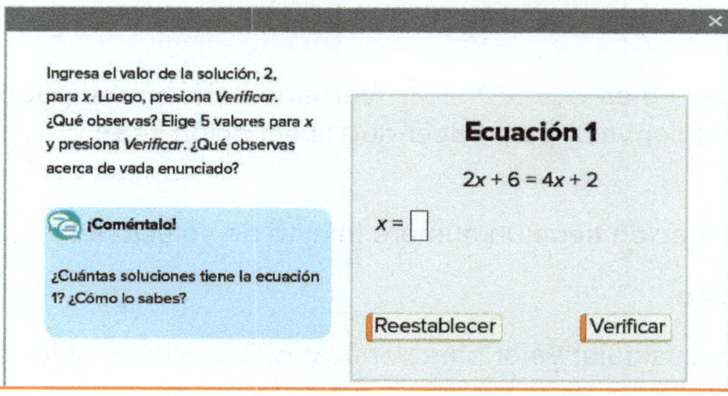

Aprender Cantidad de soluciones

La solución de una ecuación es el valor de la variable que hace que la ecuación sea verdadera. Algunas ecuaciones tienen una única solución, mientras que otras no tienen solución. En estos casos, ningún valor hará que la ecuación sea verdadera. Otro tipo de ecuaciones pueden tener un número infinito de soluciones. En estos casos, la ecuación es verdadera para todos los valores de la variable.

	Sin solución	Una solución	Número infinito de soluciones
Símbolos	$a = b$	$x = a$	$a = a$
Ejemplos	$3x + 4 = 3x$ $4 = 0$ Dado que $4 \neq 0$, no existe solución.	$2x = 20$ $x = 10$ Dado que $x = 10$, existe una única solución.	$4x + 2 = 4x + 2$ $2 = 2$ Como $2 = 2$, todos los valores de x son soluciones.

¡Coméntalo!
Estudia la estructura de las ecuaciones sin solución en comparación con la estructura de las ecuaciones con número infinito de soluciones. ¿Qué observas?

Tus notas

¡Piénsalo!

¿Cómo puedes determinar si la ecuación tiene una única solución, no tiene solución o tiene un número infinito de soluciones?

¡Coméntalo!

Luego de simplificar cada lado, la ecuación queda $6x - 8 = 6x - 8$. ¿Por qué no es necesario terminar de resolverla para determinar la cantidad de soluciones?

Ejemplo 1 Ecuaciones con número infinito de soluciones

Resuelve $6(x - 3) + 10 = 2(3x - 4)$. Determina si la ecuación tiene una única solución, no tiene solución o tiene un número infinito de soluciones. Verifica tu solución.

$6(x - 3) + 10 = 2(3x - 4)$	Escribe la ecuación.
$\square - \square + 10 = \square - \square$	Propiedad distributiva
$6x - \square = 6x - 8$	Combina términos semejantes.
$-6x = -6x$	Resta 6*x* de cada término.
$-8 = -8$	Simplifica.

La ecuación $-8 = -8$ es ______________ verdadera porque se puede sustituir con cualquier valor para hacer que la ecuación sea verdadera.

Por lo tanto, la ecuación tiene un número infinito de soluciones

Verifica la solución.

Reemplaza *x* con cualquier valor para verificar que cualquier solución será válida.

$6(x - 3) + 10 = 2(3x - 4)$	Escribe la ecuación.
$6(\square - 3) + 10 = 2(3 \cdot \square - 4)$	Reemplaza *x* por 4.
$16 = 16$	Simplifica.

Verificar

¿Qué ecuación tiene un número infinito de soluciones?

(A) $2(3c - 6) - 2c = 4(c + 4)$

(B) $3(2p - 1) = 2(p + 10) + 1$

(C) $8(x - 9) = 6(2x - 12) - 4x$

(D) $5(x - 2) - 20 = -5(x - 6)$

Muestra tu trabajo aquí

Conéctate Puedes completar un ejemplo adicional en línea.

Ejemplo 2 Ecuaciones sin solución

Resuelve $8(4 - 2x) = 4(3 - 5x) + 4x$. Determina si la ecuación tiene una única solución, no tiene solución o tiene un número infinito de soluciones.

$8(4 - 2x) = 4(3 - 5x) + 4x$	Escribe la ecuación.
$\square - \square = \square - \square + 4x$	Propiedad distributiva
$32 - 16x = 12 - \square$	Combina términos semejantes.
$+ 16x = + 16x$	Propiedad de suma de la igualdad
$\square = 12$	Simplifica.

La ecuación 32 = 12 __________ es verdadera porque no se puede sustituir con ningún valor para hacer que la ecuación sea verdadera.

Por lo tanto, la ecuación no tiene solución.

¡Piénsalo!

¿Cómo puedes comenzar a resolver esta ecuación?

¡Coméntalo!

Luego de simplificar cada lado, la ecuación queda $32 - 16x = 12 - 16x$. Sin continuar resolviendo, ¿cómo puedes determinar que la ecuación no tiene solución con solo analizarla?

Verificar

¿Qué ecuación no tiene solución?

Ⓐ $5(b + 3) - 2b = 2b + 3$

Ⓑ $4(d - 3) + 5 = 3(d + 2) - 7$

Ⓒ $3(x + 5) = 5(x + 3) - 2x$

Ⓓ $-10y + 18 = -3(5y - 7) + 5y$

Muestra tu trabajo aquí

Conéctate Puedes completar un ejemplo adicional en línea.

¡Coméntalo!

¿Qué observas sobre la relación entre la cantidad de soluciones y los coeficientes de cada lado?

Aprender Analizar ecuaciones para determinar la cantidad de soluciones

Es posible determinar la cantidad de soluciones de una ecuación sin resolverla. La cantidad de soluciones de una ecuación se puede identificar luego de haber simplificado cada lado.

Completa la tabla para indicar si los coeficientes y las constantes son *iguales* o *diferentes*.

	Sin solución	Una solución	Número infinito de soluciones
Ecuación	$6x + 3 = 6x + 1$	$6x + 3 = 4x + 1$	$6x + 3 = 6x + 3$
Coeficientes	iguales		iguales
Constantes		diferentes o iguales	

Ejemplo 3 Crear ecuaciones con número infinito de soluciones

¿Con qué números completarías la ecuación para que tenga un número infinito de soluciones?

$$6x - x + 4 + 2x = \boxed{?}\,x + \boxed{?}$$

$6x - x + 4 + 2x = \boxed{?}\,x + \boxed{?}$ Escribe la ecuación.

$\boxed{} + 4 = \boxed{?}\,x + \boxed{?}$ Combina términos semejantes.

$7x + 4 = \boxed{}\,x + \boxed{}$ Los coeficientes y las constantes deben ser iguales en cada lado.

Por lo tanto, $6x - x + 4 + 2x = 7x + 4$ es la ecuación con número infinito de soluciones.

¡Coméntalo!

¿Cómo puedes verificar que la ecuación $6x - x + 4 + 2x = 7x + 4$ tiene un número infinito de soluciones?

Verificar

Completa con valores que hagan que la ecuación tenga un número infinito de soluciones.

$$4x - 2(x + 5) = \boxed{}\,x - \boxed{}$$

Muestra tu trabajo aquí

Conéctate Puedes completar un ejemplo adicional en línea.

Ejemplo 4 Crear ecuaciones sin solución

¿Con qué números completarías la ecuación para que no tenga solución?

$3(2x + 4) - x =$? x + ?

$3(2x + 4) - x =$? $x +$? Escribe la ecuación.

☐ + ☐ $- x =$? $x +$? Propiedad distributiva

☐ $+ 12 =$? $x +$? Combina términos semejantes.

Por lo tanto, $5x + 12 = 5x + 8$ no tiene solución porque los coeficientes son iguales, pero las constantes son diferentes.

Verificar

Completa con valores que hagan que la ecuación no tenga solución.

$-3x + 8x - 6 - x =$ ☐ $x -$ ☐

Muestra tu trabajo aquí

Conéctate Puedes completar un ejemplo adicional en línea.

Pausa para reflexionar

¿De qué manera conocer las estructuras de las ecuaciones sin solución y de las ecuaciones con número infinito de soluciones te ayuda a crear estos tipos de ecuaciones?

Registra tus observaciones aquí

¡Coméntalo!
¿Cómo puedes verificar que la ecuación $3(2x + 4) - x = 5x + 8$ no tiene solución?

¡Coméntalo!
¿Qué otras expresiones, además de $5x + 8$, harían que la ecuación no tenga solución?

Pausa para reflexionar

Haz un organizador gráfico que te ayude a estudiar los conceptos que aprendiste en la clase de hoy.

Registra tus observaciones aquí

Aplicar Escuela

Caden, Lilly y Amelia están analizando las expresiones $\frac{1}{2}(11x + 24)$ y $-\left(\frac{1}{2}x + 5\right) + 6(x + 8)$, para todos los valores de x. Cada estudiante afirma lo que se muestra en la tabla. ¿Qué estudiante tiene razón?

Caden	$\frac{1}{2}(11x + 24)$	$=$	$-\left(\frac{1}{2}(x + 5\right) + 6(x + 8)$
Lilly	$\frac{1}{2}((11x + 24)$	$>$	$-\left(\frac{1}{2}(x + 5\right) + 6(x + 8)$
Amelia	$\frac{1}{2}((11x + 24)$	$<$	$-\left(\frac{1}{2}(x + 5\right) + 6(x + 8)$

1 ¿Cuál es la tarea?

Asegúrate de comprender la pregunta que debes responder o el problema que debes resolver. Lee el problema tres veces. Comenta las preguntas con un compañero.

Primera vez Describe el problema con tus palabras.
Segunda vez ¿Qué operaciones matemáticas observas?
Tercera vez ¿Cuál es la pregunta?

2 ¿Cómo puedes resolver la tarea? ¿Qué estrategias puedes usar?

Registra tus observaciones aquí

3 ¿Cuál es la solución?

Usa tu estrategia para resolver el problema.

Muestra tu trabajo aquí

4 ¿Cómo puedes demostrar que tu solución es razonable?

¡Escríbelo! Escribe un argumento que puedas usar para defender la solución.

¡Coméntalo!
Para todos los valores de x, $\frac{1}{2}(11x + 24) <$ $-\left(\frac{1}{2}x + 5\right) + 6(x + 8)$. Genera dos expresiones distintas, A y B, para el lado derecho de la desigualdad, según las siguientes pautas.
$\frac{1}{2}(11x + 24) = A$
$\frac{1}{2}11x + 24) > B$

Verificar

Olivia y Harry analizan las expresiones $\frac{1}{4}(8 + 3x) + 5$ y $-2\left(\frac{3}{4}x + 7\right) + 2\frac{1}{4}xx + 24$, para todos los valores de x. Olivia afirma que el valor de estas expresiones es siempre igual. Harry afirma que el valor de la primera expresión es siempre menor que el valor de la segunda expresión. ¿Qué estudiante tiene razón?

Muestra tu trabajo aquí

Conéctate Puedes completar un ejemplo adicional en línea.

Pausa para reflexionar

¿Qué preguntas tienes aún sobre las ecuaciones con número infinito de soluciones y las ecuaciones sin solución?

Registra tus observaciones aquí

Nombre ______ Período ______ Fecha ______

Práctica

Conéctate Puedes completar tu tarea en línea.

Resuelve todas las ecuaciones. Determina si las ecuaciones tienen una única solución, no tienen solución o tienen un número infinito de soluciones. (Ejemplos 1 y 2)

1. $4(x - 8) + 12 = 2(2x - 9)$

2. $3(2k - 5) = 6(k - 4) + 9$

3. $-4y - 3 = \frac{1}{3}(12y - 9) - 8y$

4. $6(3 - 5w) = 5(4 - 2w) - 20w$

Completa las ecuaciones para que tengan un número infinito de soluciones. (Ejemplo 3)

5. $2x - 7(x + 10) = \square x - \square$

6. $12x - x + 8 + 3x = \square x + \square$

Completa las ecuaciones para que no tengan solución. (Ejemplo 4)

7. $-15x + 4x + 2 - x = \square x + \square$

8. $9(x - 4) - 5x = \square x - \square$

Práctica para la prueba

9. Opción múltiple ¿Cuál de los siguientes enunciados explica por qué $\frac{2}{3}(x + 3) = \frac{2}{3}(x - 6)$ no tiene solución?

Ⓐ Los coeficientes son diferentes, y las constantes son diferentes.

Ⓑ Los coeficientes son iguales, y las constantes son iguales.

Ⓒ Los coeficientes son diferentes, y las constantes son iguales.

Ⓓ Los coeficientes son iguales, y las constantes son diferentes.

Aplicar

10. Tres estudiantes del club de matemáticas analizan las expresiones $\frac{1}{4}(10x + 8)$ y $-(\frac{1}{2}x + 13) + 3(x + 5)$, para todos los valores de x. Cada estudiante afirma que las expresiones están relacionadas, según muestra la tabla. ¿Qué estudiante tiene razón?

Estudiante 1	$\frac{1}{4}(10x + 8)$	$=$	$-(\frac{1}{2}x + 13) + 3(x + 5)$
Estudiante 2	$\frac{1}{4}(10x + 8)$	$>$	$-(\frac{1}{2}x + 13) + 3(x + 5)$
Estudiante 3	$\frac{1}{4}(10x + 8)$	$<$	$-(\frac{1}{2}x + 13) + 3(x + 5)$

11. Daniel y Fatima analizan las siguientes expresiones para todos los valores de x. Daniel afirma que el valor de estas expresiones es siempre igual. Fatima afirma que el valor de la expresión de la izquierda es siempre mayor que el valor de la expresión de la derecha. ¿Qué estudiante tiene razón?

$0.6(-7x + 9)$ y $4(x - 3) - (-8 + 8.2x)$

Problemas de pensamiento de orden superior

12. MP **Hallar el error** Una estudiante resolvió esta ecuación y determinó que la solución era -2. Halla su error y corrígelo.

$$1.5x - 2 = -2 + 1.5x$$
$$-2 = -2$$

13. MP **Construir un argumento** Imagina que la solución de una ecuación es $x = 0$. Explica por qué es incorrecto concluir que la ecuación no tiene solución.

14. Determina si el enunciado es *verdadero* o *falso*. Justifica tu respuesta.

Toda ecuación tendrá siempre al menos una solución.

15. MP **Identificar estructuras** ¿Qué valores de a, b, c, y d harán que la ecuación tenga una única solución? Luego, modifica la ecuación para que no tenga solución. Finalmente, modifica de nuevo la ecuación para que tenga un número infinito de soluciones.

$$ax + b = cx + d$$

Lección 7-6

Escribir y resolver desigualdades de sumas y restas de un paso

Puedo... aplicar operaciones inversas para resolver desigualdades de suma y resta de un paso.

¿Qué palabras de vocabulario aprenderás?
propiedad de resta de la desigualdad
propiedad de suma de la desigualdad

Explorar Propiedades de suma y resta de la desigualdad

Actividad en línea Usarás el Web Sketchpad para explorar los efectos de sumar y restar un número de cada lado.

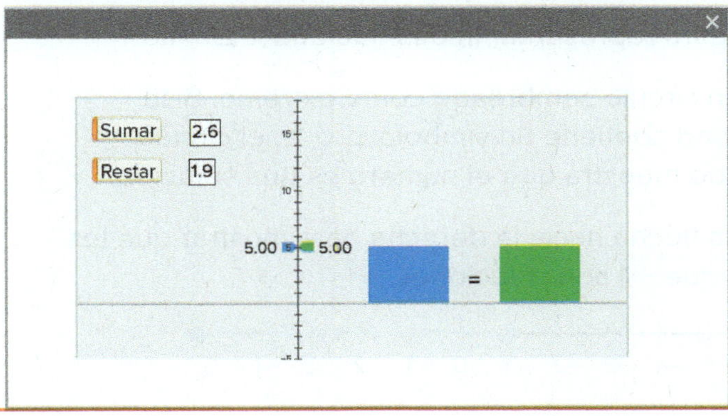

Aprender Desigualdades

Una **desigualdad** es un enunciado matemático que compara cantidades. Contiene los símbolos $<$, $>$, $\leq$ o $\geq$.

En la tabla se muestra el significado de cada símbolo de desigualdad.

Símbolo	Significado
$<$	es menor que $4 < 8$
$>$	es mayor que $3 > -2$
$\leq$	es menor que o igual a $-6 \leq 1$ o $5 \leq 5$
$\geq$	es mayor que o igual a $9 \geq 6$ o $-7 \geq -7$

Tus notas

¡Coméntalo!
Al representar una desigualdad en la recta numérica, ¿cómo sabes si debes trazar un círculo vacío o sombreado?

¡Coméntalo!
Si tuvieras que representar $x > 35$, ¿con qué valores harías la recta numérica? Explícalo.

¡Coméntalo!
¿Son verdaderas las propiedades de suma y resta de la desigualdad para los símbolos $\geq$ y $\leq$? Explícalo.

Aprender Representar desigualdades

Conéctate Mira la animación para aprender a representar desigualdades en una recta numérica.

Sigue los pasos para representar la desigualdad $x < 3.5$.

Paso 1 Coloca un círculo vacío como extremo. Si la desigualdad contiene un símbolo $<$ o $>$, el círculo vacío sirve para mostrar que el número no es una solución.

Paso 2 Dibuja una flecha hacia la izquierda para mostrar que los números menores que 3.5 son parte de la solución.

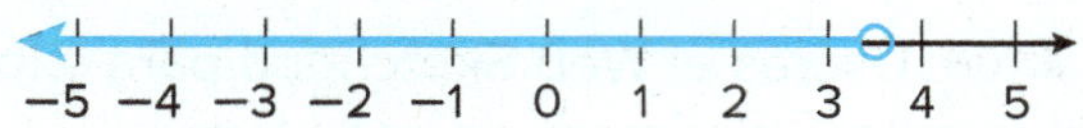

Sigue los pasos para representar la desigualdad $x \geq -1$.

Paso 1 Coloca un círculo sombreado como extremo. Si la desigualdad contiene un símbolo $\leq$ o $\geq$, el círculo sombreado muestra que el número es una solución.

Paso 2 Traza una flecha hacia la derecha para mostrar que los valores mayores que −1 son soluciones.

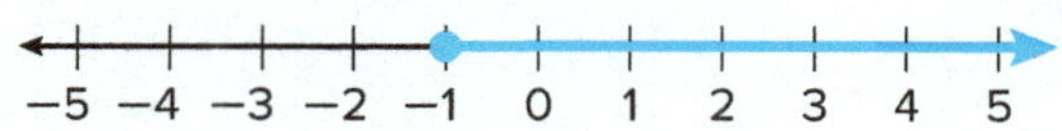

Aprender Propiedades de resta y suma de la desigualdad

Para resolver una desigualdad, debes hallar los valores de la variable que hacen que la desigualdad sea verdadera. Las desigualdades de suma se resuelven con la **propiedad de resta de la desigualdad;** y las desigualdades de resta se resuelven con la **propiedad de suma** de la desigualdad.

Palabras	Una desigualdad sigue siendo verdadera cuando se suma o resta el mismo número de los dos lados.	
Símbolos	Para todos los números a, b y c, si $a > b$, entonces $a - c > b - c$ y $a + c > b + c$, si $a < b$, entonces $a - c < b - c$ y $a + c < b + c$.	
Ejemplos	$\begin{array}{rcr} 2 & < & 5 \\ -4 & & -4 \\ \hline -2 & < & 1 \end{array}$	$\begin{array}{rcr} 4 & > & -1 \\ +3 & & +3 \\ \hline 7 & > & 2 \end{array}$

Estas propiedades también son verdaderas para $a \geq b$ y $a \leq b$.

Ejemplo 1 Resolver y representar gráficamente desigualdades de suma

Resuelve $0.4 + y \leq -9.6$. Verifica tu solución. Luego, representa la solución en una recta numérica.

Parte A Resuelve la desigualdad.

$0.4 + y \leq -9.6$	Escribe la desigualdad.
$-0.4 \quad\quad -0.4$	Propiedad de resta de la desigualdad
$y \leq -10$	Simplifica.

La solución de la desigualdad es $0.4 + y \leq -9.6$ es $y \leq$ ______.

Puedes verificar la solución $y \leq -10$ si sustituyes un número menor que o igual a -10 en la desigualdad original.

$0.4 + y \leq -9.6$	Escribe la desigualdad original.
$0.4 + (-10) \overset{?}{\leq} -9.6$	Sustituye -10 por y.
$-9.6 \leq -9.6$	Simplifica.

Parte B Representa el conjunto solución en una recta.

Para representar $y \leq -10$, dibuja un círculo sombreado en -10 y traza una flecha hacia la izquierda. Esto muestra que -10 y los valores menores que -10 son parte de la solución.

Verificar

Resuelve $x + 1.3 < 5.4$ y representa el conjunto solución.

Parte A Resuelve $x + 1.3 < 5.4$.

Muestra tu trabajo aquí

Parte B Representa el conjunto solución.

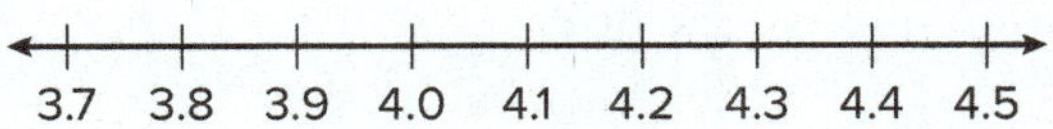

Conéctate Puedes completar un ejemplo adicional en línea.

Un minuto de historia

En el Imperio inca de América del Sur, en los siglos XV y XVI, se utilizaban cuerdas anudadas y de colores llamadas *quipus* para mantener registros complejos, desde conteo de la población hasta la reserva de alimentos de una aldea.

¡Coméntalo!

¿Por qué el rango de la recta numérica se extiende de -13 a -5? ¿Puedes usar otro?

Ejemplo 2 Resolver y representar desigualdades de resta

Resuelve $-6 \geq n - 5$. Verifica tu solución. Luego, representa gráficamente el conjunto solución en una recta numérica.

Parte A Resuelve la desigualdad.

$-6 \geq n - 5$	Escribe la desigualdad.
$+5 \qquad\quad +5$	Propiedad de suma de la desigualdad
$\square \geq \square$	Simplifica.

La solución de la desigualdad $-6 \geq n - 5$ es $-1 \geq n$ o $n \leq -1$.

Para verificar la solución, puedes sustituir la variable por un número menor que o igual a -1 en la desigualdad original.

$-6 \geq n - 5$	Escribe la desigualdad original.
$-6 \overset{?}{\geq} -3 - 5$	Reemplaza n con -3.
$-6 \geq -8$	Simplifica.

¡Coméntalo! Puedes escribir $-1 \geq n$ como $n \leq -1$. ¿Cómo puedes visualizar la solución en una recta? Explica tu razonamiento.

Parte B Representa el conjunto solución en una recta numérica.

Para representar $n \leq -1$, dibuja un círculo sombreado en -1 y una flecha hacia la izquierda. Esto demuestra que -1 es parte de la solución, y los valores menores que -1 también lo son.

¡Coméntalo! ¿Por qué $-1 \geq n$ es equivalente a $n \leq -1$? Sustituye n por valores que demuestren que las dos desigualdades son equivalentes.

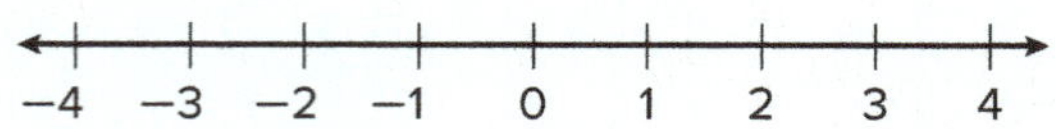

Verificar

Resuelve $x - 2.3 \geq -8.5$ y representa el conjunto solución.

Parte A Resuelve $x - 2.3 \geq -8.5$.

Muestra tu trabajo aquí

Parte B Representa el conjunto solución.

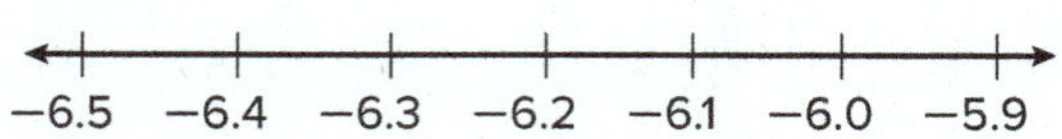

Conéctate Puedes completar un ejemplo adicional en línea.

Aprender Escribir desigualdades

Las desigualdades sirven para representar situaciones de la vida diaria. La tabla muestra las frases que describen cada desigualdad.

Símbolos	Frases
$<$	es menor que es menos de
$>$	es mayor que es más de
$\leq$	es menor que o igual a no es más de es como máximo
$\geq$	es mayor que o igual a no es menos de es como mínimo

La tabla muestra los pasos para escribir una desigualdad de una situación de la vida diaria.

Palabras	Describe el problema en términos matemáticos.
Variable	Define una variable para representar la incógnita.
Desigualdad	Representa las palabras como una desigualdad.

Por ejemplo, en un camión no caben más de 25 toneladas de material. Se puede representar con la desigualdad $x \leq 25$, donde x representa el peso del material que transporta el camión.

Ejemplo 3 Escribir y resolver desigualdades de sumas de un paso

Dylan puede gastar $18 como máximo para andar en *kart* y jugar en la feria estatal. Imagina que andar en *kart* cuesta $5.50.

Escribe y resuelve una desigualdad para determinar cuánto puede gastar Dylan en juegos si anda en *kart* una vez. Luego, interpreta la solución.

Parte A Escribe la desigualdad.

Palabras	El costo de andar en *kart* más el de los juegos es menor que o igual al total que puede gastar.
Variable	La letra x representa el costo de los juegos.
Desigualdad	$5.5 + x \leq 18$

(continúa en la página siguiente)

¡Piénsalo!

¿Qué palabras clave te indican qué símbolo utilizar en la desigualdad?

Parte B Resuelve la desigualdad.

$5.5 + x \leq 18$	Escribe la desigualdad.
$-5.5 \qquad -5.5$	Propiedad de resta de la desigualdad
$x \leq 12.5$	Simplifica.

La solución de la desigualdad $5.5 + x \leq 18$ es ________.

Parte C Interpreta la solución.

Representa el conjunto solución de $x \leq 12.50$ en la recta numérica.

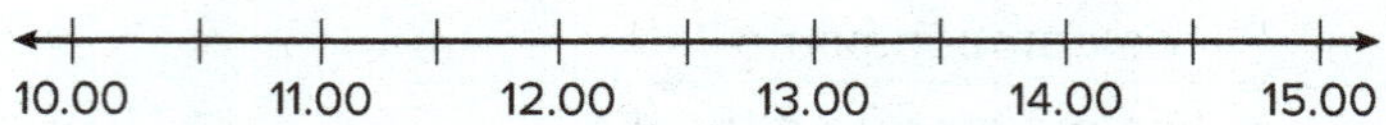

El mayor valor que forma parte del conjunto solución es 12.50.

Entonces, lo máximo que Dylan puede gastar en los juegos es \$12.50.

Verificar

La meta de Hannah es caminar como mínimo $6\frac{1}{2}$ millas esta semana. Ya caminó $2\frac{3}{4}$ millas. Escribe y resuelve una desigualdad para determinar la distancia que Hannah debe caminar para alcanzar o superar su meta. Luego, interpreta la solución.

Muestra tu trabajo aquí

Conéctate Puedes completar un ejemplo adicional en línea.

Ejemplo 4 Escribir y resolver desigualdades de restas de un paso

Caleb tiene dos tipos de perros. La diferencia de altura entre su yorkshire terrier y su gran danés es de 25 pulgadas como mínimo. El yorkshire terrier de Caleb tiene una altura de $6\frac{1}{4}$ pulgadas.

Escribe y resuelve una desigualdad para determinar la altura que puede tener el gran danés. Luego, interpreta la solución.

Parte A Escribe una desigualdad.

Palabras	La altura del gran danés menos la del yorkshire terrier es de 25 pulgadas como mínimo.
Variable	*La letra h* representa la altura del gran danés.
Desigualdad	$h - 6\frac{1}{4} \geq 25$

Parte B Resuelve la desigualdad.

$h - 6\frac{1}{4} \geq 25$	Escribe la desigualdad.
$+\square \quad +\square$	Propiedad de suma de la desigualdad
$h \geq 31\frac{1}{4}$	Simplifica.

La solución de la desigualdad $h - 6\frac{1}{4} \geq 25$ es $h \geq 31\frac{1}{4}$.

Parte C Interpreta la solución.

Representa el conjunto solución.

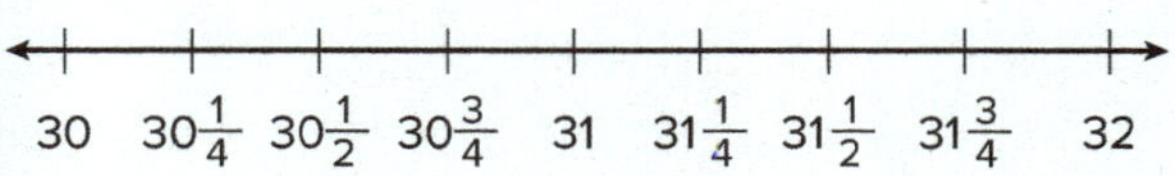

Entonces, la altura del gran danés es de $31\frac{1}{4}$ pulgadas como mínimo.

¡Piénsalo!
¿Qué símbolo utilizarás para escribir la desigualdad?

Verificar

Gabriella pagó $17.25 por un suéter que estaba en oferta. La diferencia entre el precio original y el precio de oferta fue de $8.50 como máximo. Escribe y resuelve una desigualdad para determinar el precio posible del suéter. Luego, interpreta la solución.

Parte A Escribe una desigualdad para hallar el precio original más alto posible del suéter.

Parte B ¿Cuál es la solución de la desigualdad en la Parte A?

Muestra tu trabajo aquí

Parte C El precio original del suéter era ______________.

Pausa para reflexionar

Compara y contrasta la resolución de desigualdades de suma y de resta de un paso con las ecuaciones de suma y resta de un paso. Haz un organizador gráfico.

Registra tus observaciones aquí

Aplicar Ascensores

La capacidad máxima de peso del ascensor en el edificio donde vive Maya es 900 libras. Ella y otras cinco personas están en el ascensor. Luego, suben dos pasajeros más. Si Maya pesa 108 libras, ¿cuál sería el peso máximo de los dos pasajeros adicionales para no exceder la capacidad máxima del ascensor?

Pasajero	Peso (lb)
1	126
2	182
3	78
4	135
5	63

Conéctate para mirar la animación.

1 ¿Cuál es la tarea?

Asegúrate de comprender la pregunta que debes responder o el problema que debes resolver. Lee el problema tres veces. Comenta las preguntas con un compañero.

Primera vez Describe el problema con tus palabras.
Segunda vez ¿Qué operaciones matemáticas observas?
Tercera vez ¿Qué te preguntas?

2 ¿Cómo puedes resolver la tarea? ¿Qué estrategias puedes usar?

Registra tus observaciones aquí

3 ¿Cuál es la solución?

Usa tu estrategia para resolver el problema.

Muestra tu trabajo aquí

4 ¿Cómo sabes que tu solución es razonable?

¡Escríbelo! Escribe un argumento que puedas usar para defender la solución.

¡Coméntalo!
¿Podrían ser soluciones posibles estos conjuntos de valores? Explícalo.

- 115 y 93
- 120 y 90
- 35 y 165

Verificar

Se muestra el registro de lectura de Hayley. Debe leer 2 horas por semana como mínimo. ¿Cuánto tiempo debería leer los sábados y domingos para alcanzar su meta de lectura?

Día	Cantidad de minutos
Lunes	20
Martes	25
Miércoles	15
Jueves	10
Viernes	20
Sábado	x
Domingo	y

Ⓐ sábado: 5 minutos; domingo: 10 minutos

Ⓑ sábado: 10 minutos; domingo: 10 minutos

Ⓒ sábado: 10 minutos; domingo: 15 minutos

Ⓓ sábado: 15 minutos; domingo: 20 minutos

Muestra tu trabajo aquí

Conéctate Puedes completar un ejemplo adicional en línea.

Foldables Es hora de actualizar tu Foldable en el Repaso del módulo, en función de lo que aprendiste en esta lección. Si aún no armaste tu Foldable, encontrarás instrucciones en la página FL1.

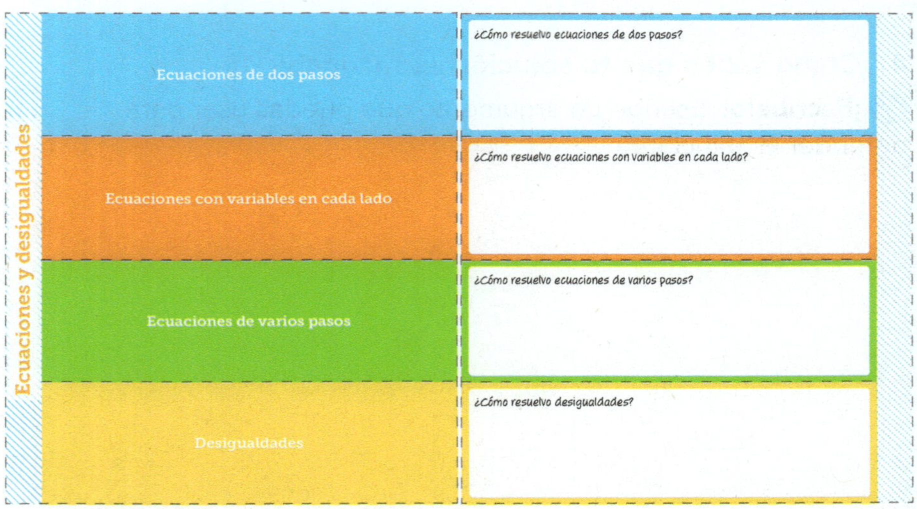

Nombre ______________________ Período ____________ Fecha ____________

Práctica

Resuelve las desigualdades. Representa el conjunto solución en la recta numérica. (Ejemplos 1 y 2)

1. $x + 8 \geq 14$

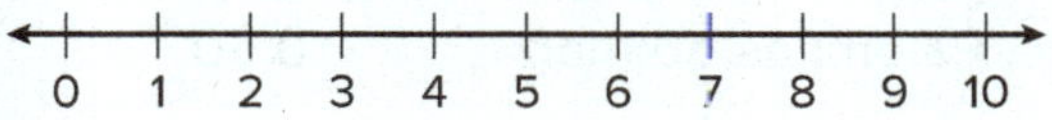

2. $x + 5.4 < -1.6$

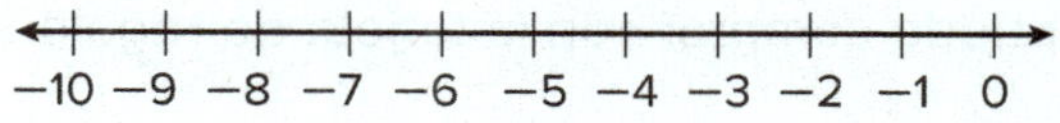

3. $3 \leq \frac{1}{3} + x$

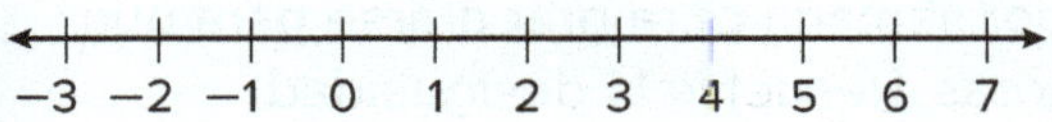

4. $4 \leq x - 7$

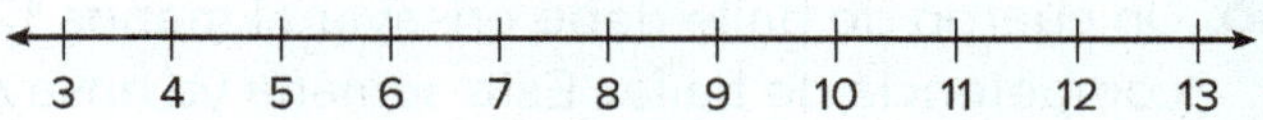

5. $x - 3 \leq -8$

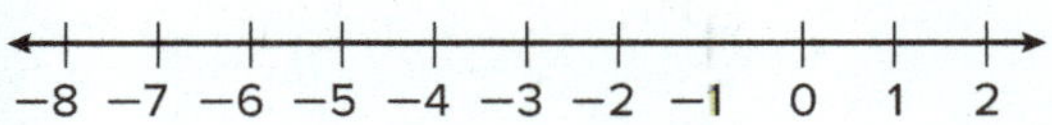

6. $6.9 < x - 2.3$

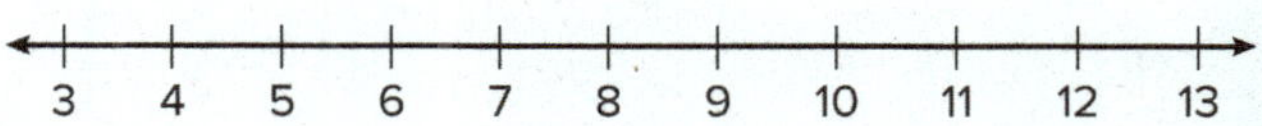

Resuelve los problemas al escribir primero una desigualdad. (Ejemplos 3 y 4)

7. Un delfín nada a una profundidad de −50 pies y, luego, asciende una cierta cantidad de pies hasta una profundidad superior a los −35 pies. Determina la cantidad de pies que ascendió el delfín. Luego, interpreta la solución

8. Linda tiene dos gatos. La diferencia de peso entre su Maine Coon y su siberiano es de 6 libras como mínimo. El siberiano de Linda tiene un peso de $8\frac{3}{4}$ libras. Determina el peso posible del Maine Coon. Luego, interpreta la solución.

9. La diferencia entre las temperaturas máxima y mínima del mes fue de menos de 27 °F. La temperatura mínima del mes fue −2 °F. Determina cuál fue la temperatura máxima posible. Luego, interpreta la solución.

Práctica para la prueba

10. Respuesta abierta Teddy tiene dos alcancías. La diferencia en la cantidad de dinero es de no más de $10. Una de las alcancías contiene $7.31. Determina la cantidad de dinero posible que hay en la otra alcancía. Luego, interpreta la solución.

Aplicar

11. A Zeg le quedan \$9.20 en una tarjeta de regalo para la tienda de golosinas. Tiene los siguientes productos en su cesta de compras: 2 paletas gigantes, 3 paquetes de palomitas de maíz, 1 barra de chocolate y 5 caramelos. Zeg quiere comprar más productos. Nombra dos más que puede comprar con la tarjeta de regalo.

Productos	Costo (\$)
Chocolate	0.99
Caramelos	0.45
Paletas gigantes	1.75
Palomitas de maíz	0.50

10. Un cuerpo de baile debe ensayar al menos 12.75 horas por semana para prepararse para una competencia de baile. Esta semana ya ensayaron 10.5 horas. Resuelve la desigualdad $10.5 + x \geq 12.75$ para hallar la cantidad de tiempo x, en horas, que les falta ensayar. ¿Cuál es la cantidad mínima de minutos que el cuerpo de baile tiene que ensayar?

Problemas de pensamiento de orden superior

11. Escribe un problema de la vida diaria que pueda tener la solución $x \leq 10$.

12. MP **Razonamiento inductivo** Hay espacio para 120 estudiantes en una excursión. Hasta ahora, se inscribieron 74 estudiantes. ¿Pueden inscribirse 46 estudiantes más? Explica tu razonamiento.

13. **Crear** Escribe y resuelve un problema de de la vida diaria que contenga una desigualdad de suma de un paso.

14. MP **Perseverar con los problemas** William mide 3 pies y 1 pulgada de alto y le gustaría subirse a la montaña rusa. Necesita medir 42 pulgadas como mínimo. Escribe y resuelve una desigualdad de suma para determinar cuánto más alto debe ser William para subir a la montaña rusa.

Lección 7-7

Escribir y resolver desigualdades de multiplicaciones y divisiones de un paso

Puedo... resolver desigualdades de multiplicaciones y divisiones de un paso con coeficientes positivos y negativos.

Explorar Propiedades de multiplicación y división de la desigualdad

Actividad en línea Usarás el Web Sketchpad para determinar si una desigualdad sigue siendo verdadera si se multiplican o dividen los dos lados por el mismo número positivo.

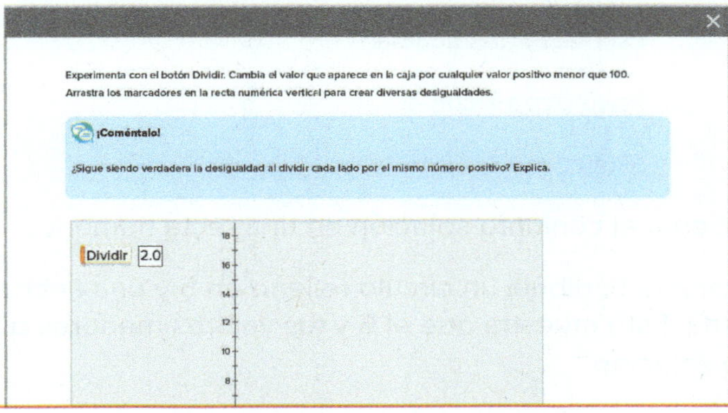

Aprender Propiedades de división y multiplicación de la desigualdad

Puedes resolver las desigualdades de multiplicación con la **propiedad de división de la desigualdad**; y las de división, con la **propiedad multiplicativa de la desigualdad**.

La tabla describe el proceso para utilizar las propiedades de división y multiplicación de la desigualdad con coeficientes *positivos*.

Palabras	La desigualdad sigue siendo verdadera si divides o multiplicas los dos lados por el mismo número positivo.	
Símbolos	Para todos los números a, b y c, donde $c > 0$, si $a > b$, entonces $\frac{a}{c} > \frac{b}{c}$ y $ac > bc$. si $a < b$, entonces $\frac{a}{c} < \frac{b}{c}$ y $ac < bc$.	
Ejemplos	$9 < 15$ $\frac{9}{3} < \frac{15}{3}$ $3 < 5$	$10 > 7$ $2(10) > 2(7)$ $20 > 14$

Estas propiedades también son verdaderas para $a \geq b$ y $a \leq b$.

¿Qué palabras de vocabulario aprenderás?

propiedad de desigualdad de la división

propiedad de desigualdad de la multiplicación

¡Coméntalo!

La propiedad de división establece:

Para todos los números a, b y c, donde $c > 0$,

1. si $a > b$, $\frac{a}{c} > \frac{b}{c}$.
2. si $a < b$, $\frac{a}{c} < \frac{b}{c}$.

¿Qué significa la desigualdad $c > 0$?

Tus notas

¡Piénsalo!
¿Qué pasos debes seguir para resolver la desigualdad?

¡Coméntalo!
¿Qué propiedad permite dividir los dos lados de la desigualdad por el mismo número?

Ejemplo 1 Resolver y representar desigualdades de multiplicaciones

Resuelve $8x \leq 40$. Verifica tu solución. Luego, representa el conjunto solución en una recta numérica.

Parte A Resuelve la desigualdad.

$8x \leq 40$	Escribe la desigualdad.
$\frac{8x}{8} \leq \frac{40}{8}$	Propiedad de división de la desigualdad
$x \leq 5$	Simplifica.

La solución de la desigualdad $8x \leq 40$ es ________.

Para verificar la solución, puedes sustituir la variable por un número menor que o igual a 5 en la desigualdad original. Intenta con el 4.

$8x \leq 40$	Escribe la desigualdad.
$8(4) \stackrel{?}{\leq} 40$	Reemplaza x con 4.
$32 \leq 40$	Simplifica.

Parte B Representa el conjunto solución en una recta numérica.

Para representar $x \leq 5$, dibuja un círculo relleno en 5 y una flecha hacia la izquierda. Esto muestra que el 5 y los valores menores que 5 son parte de la solución.

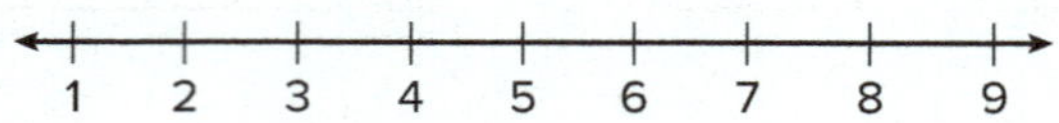

Verificar

Resuelve $12x \geq -36$ y representa el conjunto solución.

Parte A Resuelve $12x \geq -36$.

Muestra tu trabajo aquí

Parte B Representa el conjunto solución.

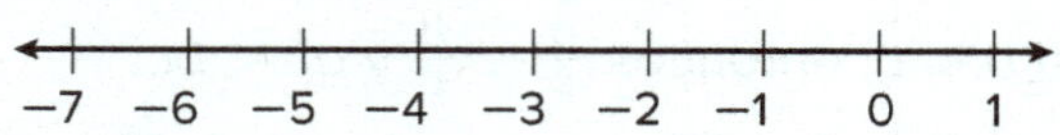

Conéctate Puedes completar un ejemplo adicional en línea.

Ejemplo 2 Resolver y representar gráficamente desigualdades de divisiones

Resuelve $\frac{d}{2} > 7$. Verifica tu solución. Luego, representa el conjunto solución en una recta numérica.

Parte A Resuelve la desigualdad.

$\frac{d}{2} > 7$	Escribe la desigualdad.
$2\left(\frac{d}{2}\right) > 2(7)$	Propiedad multiplicativa de la desigualdad
$d > 14$	Simplifica.

La solución de la desigualdad $\frac{d}{2} > 7$ es ________.

Para verificar la solución, puedes sustituir un número mayor que 14 en la desigualdad original. Intenta con el 15.

$\frac{d}{2} > 7$	Escribe la desigualdad.
$\frac{15}{2} \overset{?}{>} 7$	Reemplaza *d* con 15.
$7.5 > 7$	Simplifica.

Parte B Representa el conjunto solución en una recta numérica.

Para representar $d > 14$, coloca un círculo vacío en el 14 y una flecha hacia la derecha para mostrar que todos los valores mayores que 14, sin incluir el 14, son parte de la solución.

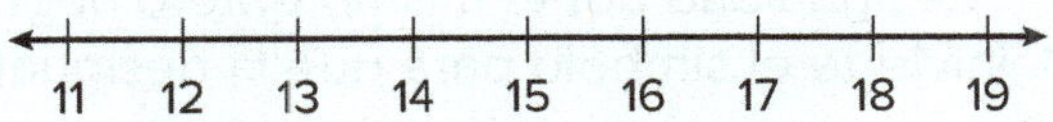

Verificar

Resuelve $-6 \geq \frac{x}{7}$ y representa el conjunto solución.

Parte A Resuelve $-6 \geq \frac{x}{7}$.

Muestra tu trabajo aquí

Parte B Representa gráficamente el conjunto solución.

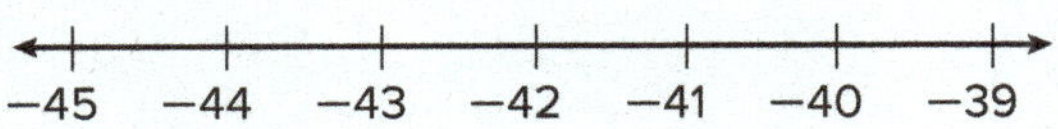

Conéctate Puedes completar un ejemplo adicional en línea.

¡Piénsalo!

¿Qué pasos debes seguir para resolver la desigualdad?

¡Coméntalo!

¿Sería verdadera la desigualdad si se sustituyera *d* por 14? ¿Por qué?

Explorar Multiplicar y dividir desigualdades por números negativos

Actividad en línea Usarás el Web Sketchpad para explorar cómo se ve afectada una desigualdad al multiplicar o dividir sus dos lados por el mismo número negativo.

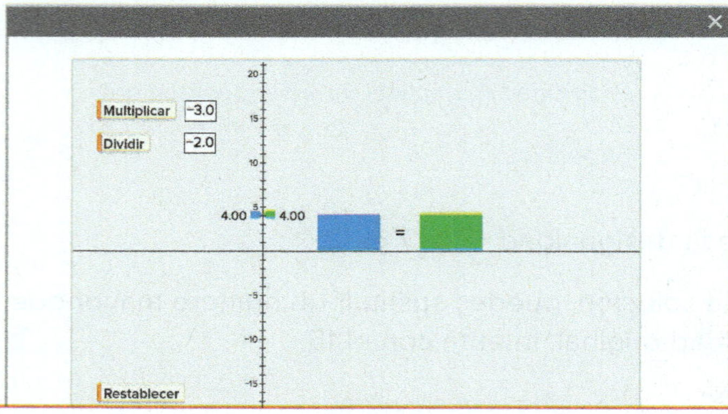

Aprender Propiedades de división y multiplicación de la desigualdad

La tabla describe el proceso para utilizar las propiedades de división y multiplicación de la desigualdad cuando se divide o multiplica cada lado de la desigualdad por un entero *negativo*.

Palabras	Cuando divides o multiplicas los dos lados de una desigualdad por el mismo entero *negativo*, se inivierte el simbolo para que la desigualdad siga siendo verdadera.	
Símbolos	Para todos los números a, b y c, donde $c < 0$, si $a < b$, entonces $\frac{a}{c} > \frac{b}{c}$ y $ac > bc$, si $a > b$, entonces $\frac{a}{c} < \frac{b}{c}$ y $ac < bc$.	
Ejemplos	$18 > -12$ $\frac{18}{-3} < \frac{-12}{-3}$ $-6 < 4$	$-4 < 5$ $-4(-3) > 5(-3)$ $12 > -15$

Estas propiedades también son verdaderas para $a \leq b$ y $a \geq b$.

(continúa en la página siguiente)

Conéctate Mira la animación para comprender por qué debes invertir el símbolo de la desigualdad al dividir los dos lados por el mismo entero negativo.

Paso 1 Para comenzar, representa los números a cada lado de la desigualdad verdadera $-6 < 4$.

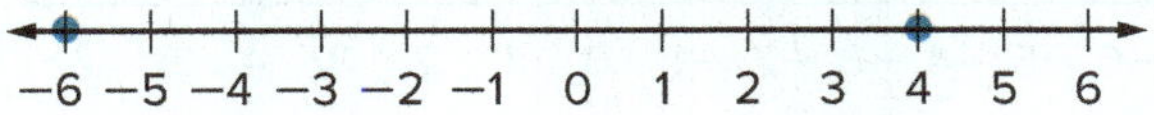

Paso 2 Divide cada lado de la desigualdad por el mismo entero negativo, por ejemplo, -2.

$$\frac{-6}{-2} \overset{?}{<} \frac{4}{-2}$$

Paso 3 Simplifica cada lado de la desigualdad. ¿Sigue siendo verdadera?

$$3 \overset{?}{<} -2$$

Paso 4 Representa los dos lados de la desigualdad para determinar que NO es verdadera. El número 3 no es menor que -2.

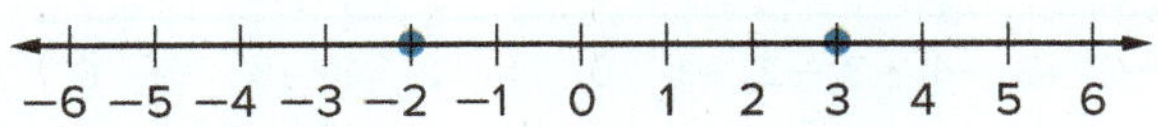

Paso 5 Invierte el símbolo para que la desigualdad sea verdadera. El número 3 es mayor que -2.

$$3 > -2$$

(continúa en la página siguiente)

Pausa para reflexionar

Observaste que cuando divides cada lado de la desigualdad por -2 obtienes una desigualdad falsa, a menos que inviertas el símbolo. ¿Piensas que esto es así para toda desigualdad y/o divisor negativo? Escribe desigualdades para experimentar y verificar si esto será siempre verdadero o no.

Registra tus observaciones aquí

¡Coméntalo! ¿Es necesario invertir el símbolo al resolver la desigualdad $3x > -9$? ¿Por qué?

Conéctate Mira la animación para comprender por qué debes invertir el símbolo de la desigualdad al multiplicar cada lado por el mismo entero negativo.

Paso 1 Para comenzar, representa los números a cada lado de la desigualdad verdadera $-2 < 4$.

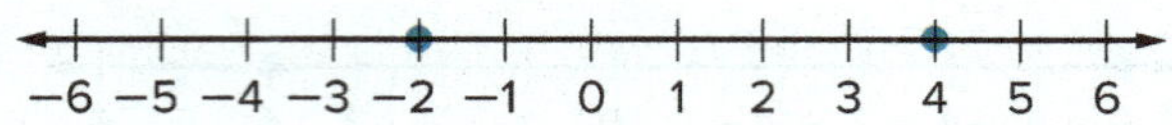

Paso 2 Multiplica los dos lados de la desigualdad por el mismo entero negativo, por ejemplo, -1.

$$-1(-2) \stackrel{?}{<} -1(4)$$

Paso 3 Simplifica los dos lados. ¿Sigue siendo verdadera la desigualdad?

$$2 \stackrel{?}{<} -4$$

Paso 4 Representa los dos lados de la desigualdad para determinar que NO es verdadera. El número 2 no es menor que -4.

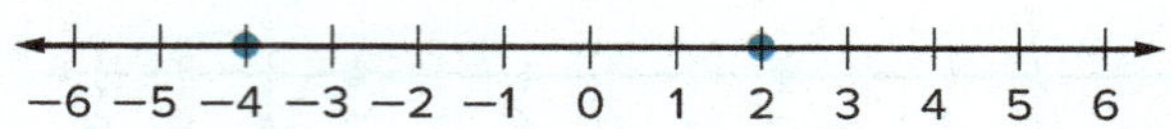

Paso 5 Invierte el símbolo para que la desigualdad sea verdadera. El número 2 es mayor que -4.

$$2 > -4$$

¡Coméntalo!

En base a lo que sabes sobre los opuestos, explica por qué el símbolo de la desigualdad se invierte al multiplicar los dos lados por -1.

Pausa para reflexionar

Observaste que cuando multiplicas cada lado de la desigualdad por -1 obtienes una desigualdad falsa, a menos que inviertas el símbolo. ¿Piensas que esto será así para toda desigualdad o entero negativo? Escribe desigualdades para experimentar y verificar si esto será siempre verdadero o no.

Registra tus observaciones aquí

Ejemplo 3 Desigualdades de multiplicación con coeficientes negativos

Resuelve $-2x < 10$. Verifica la solución. Luego, representa el conjunto solución en una recta numérica.

Parte A Resuelve la desigualdad.

$-2x < 10$	Escribe la desigualdad.
$\frac{-2x}{-2} > \frac{10}{-2}$	Divide los dos lados por -2, luego invierte el símbolo.
$x > -5$	Simplifica.

La solución de la desigualdad $-2x < 10$ es $x > -5$.

Para verificar la solución, puedes sustituir un número mayor que -5 en la desigualdad original.

$-2x < 10$	Escribe la desigualdad.
$-2(-3) \overset{?}{<} 10$	Reemplaza x con -3.
$6 < 10$	Simplifica.

Parte B Representa el conjunto solución en una recta numérica.

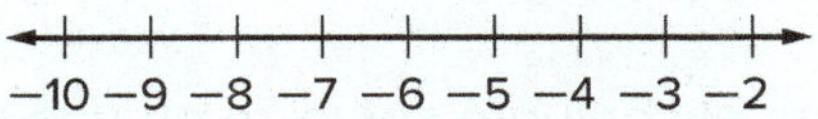

Verificar

Resuelve $-4.1x > 12.3$ y representa el conjunto solución.

Parte A Resuelve $-4.1x > 12.3$.

Muestra tu trabajo aquí

Parte B Representa el conjunto solución.

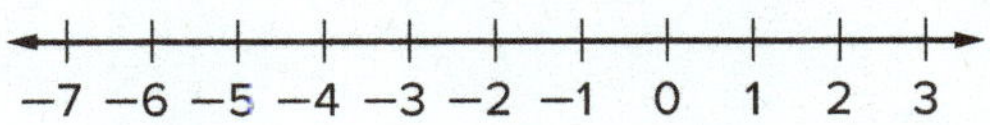

¡Piénsalo!

¿Qué es importante recordar cuando se multiplican o dividen los dos lados de una desigualdad por un entero negativo?

¡Coméntalo!

¿Cómo puedes verificar tu trabajo con la gráfica de la solución?

¡Piénsalo!

¿Qué pasos debes seguir para resolver la desigualdad?

Ejemplo 4 Desigualdades de división con coeficientes negativos

Resuelve $\frac{x}{-4} \geq 3$. Verifica la solución. Luego, representa el conjunto solución en una recta numérica.

Parte A Resuelve la desigualdad.

$\frac{x}{-4} \geq 3$ — Escribe la desigualdad.

$\square\left(\frac{x}{-4}\right) \leq \square(3)$ — Propiedad multiplicativa de la desigualdad

$x \leq -12$ — Simplifica.

La solución de la desigualdad $\frac{x}{-4} \geq 3$ es ________.

Para verificar la solución, puedes sustituir x por un número menor que o igual a −12 en la desigualdad original.

$\frac{x}{-4} \geq 3$ — Escribe la desigualdad.

$\frac{\square}{-4} \overset{?}{\geq} 3$ — Reemplaza x con −20.

$5 \geq 3$ — Simplifica.

Parte B Representa el conjunto solución en una recta numérica.

Para representar la solución $x \leq -12$, coloca un círculo relleno en −12 y una flecha hacia la izquierda para mostrar que todos los valores menores que −12, incluyendo −12, son parte de la solución.

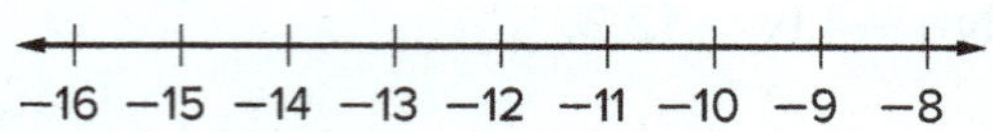

Verificar

Resuelve $\frac{x}{-2.25} \leq -4$ y representa el conjunto solución.

Parte A Resuelve $\frac{x}{-2.25} \leq -4$.

Muestra tu trabajo aquí

Parte B Representa el conjunto solución.

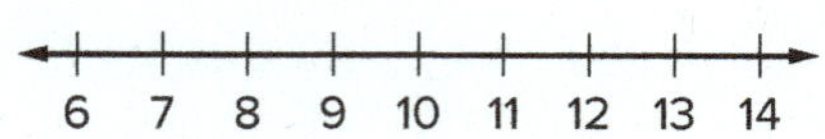

Conéctate Puedes completar un ejemplo adicional en línea.

Ejemplo 5 Escribir y resolver desigualdades de multiplicación de un paso

Ling trabaja en el zoológico y gana $15 por hora.

Escribe y resuelve una desigualdad para determinar la cantidad de horas que Ling debe trabajar para ganar $225 como mínimo. Luego, interpreta la solución.

Parte A Escribe una desigualdad.

Palabras	Lo que gana por hora por la cantidad de horas es lo que gana por semana como mínimo.
Variable	*La letra x* representa la cantidad de horas.
Desigualdad	$15x \geq 225$

Parte B Resuelve la desigualdad.

$15x \geq 225$ Escribe la desigualdad.

$\frac{15x}{15} \geq \frac{225}{15}$ Propiedad de división de la desigualdad

$x \geq$ ☐ Simplifica.

La solución de la desigualdad $15x \geq 225$ es $x \geq 15$.

Parte C Interpreta la solución.

Representa el conjunto solución de $x \geq 15$ en la recta numérica.

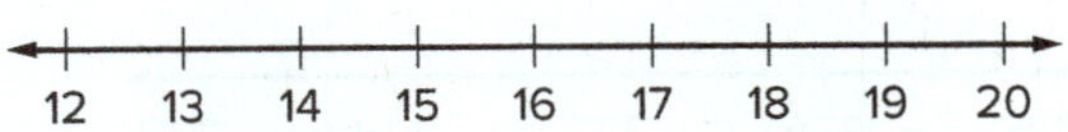

Usa la gráfica para interpretar la solución.

Entonces, Ling debe trabajar ______________ .

¡Piénsalo!
¿Qué palabras clave indican el símbolo de desigualdad que debes usar?

¡Coméntalo!
Al resolver la desigualdad, ¿tuviste que invertir el símbolo? Explícalo.

Verificar

Dominic invitó a 12 amigos a su fiesta de cumpleaños. ¿Cuánto puede gastar en artículos de cotillón para cada uno si su presupuesto no es más de $75?
Escribe y resuelve una desigualdad para determinar cuánto puede gastar por persona. Luego interpreta la solución.

Muestra tu trabajo aquí

Conéctate Puedes completar un ejemplo adicional en línea.

¡Piénsalo!

¿Cómo escribirías la desigualdad?

Ejemplo 6 Escribir y resolver desigualdades de división de un paso

La señora Miller comprará cera para hacer velas. Quiere hacer 35 velas como mínimo y necesita 6.5 onzas de cera para cada una.

Escribe y resuelve una desigualdad para determinar la cantidad de cera que debe comprar. Luego, interpreta la solución.

Parte A Escribe una desigualdad.

Palabras	El total de cera dividido por la cantidad para cada vela es la cantidad de velas como mínimo.
Variable	*La letra x* representa la cantidad total de cera.
Desigualdad	$\frac{x}{6.5} \geq 35$

Parte B Resuelve la desigualdad.

$\frac{x}{6.5} \geq 35$	Escribe la desigualdad.
$(\square)\frac{x}{6.5} \geq (\square)35$	Propiedad multiplicativa de la desigualdad
$x \geq 227.5$	Simplifica.

La solución de la desigualdad $\frac{x}{6.5} \geq 35$ es $x \geq 227.5$.

Parte C Interpreta la solución.

Representa el conjunto solución de $x \geq 227.5$ en la recta numérica.

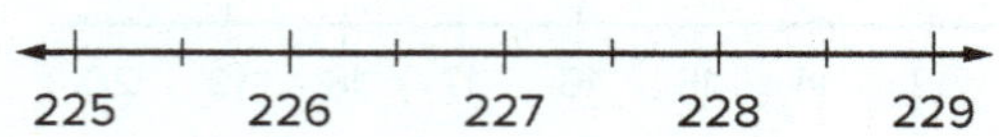

Usa la gráfica para interpretar la solución

La señora Miller necesita ____________________ onzas de cera.

Verificar

Thomas quiere usar jugo para hacer paletas de helado. Necesita 7.5 onzas de jugo por cada paleta y quiere hacer 12 como máximo. ¿Cuánto jugo debe preparar?
Escribe y resuelve una desigualdad para determinar la cantidad de jugo que debe preparar. Luego interpreta la solución.

Muestra tu trabajo aquí

Conéctate Puedes completar un ejemplo adicional en línea.

Aplicar Recaudar fondos

Los estudiantes de la escuela Westlake recaudan dinero para alquilar autobuses para una excursión. Cada autobús tiene capacidad para 44 estudiantes y cuesta $150 por día. Si van 275 estudiantes como mínimo, ¿cuánto dinero deberán recaudar?

1 ¿Cuál es la tarea?

Asegúrate de comprender la pregunta que debes responder o el problema que debes resolver. Lee el problema tres veces. Comenta las preguntas con un compañero.

Primera vez Describe el problema con tus palabras.
Segunda vez ¿Qué operaciones matemáticas observas?
Tercera vez ¿Cuál es la pregunta?

2 ¿Cómo puedes resolver la tarea? ¿Qué estrategias puedes usar?

Registra tus observaciones aquí

3 ¿Cuál es la solución?

Usa tu estrategia para resolver el problema.

Muestra tu trabajo aquí

4 ¿Cómo puedes demostrar que tu solución es razonable?

¡Escríbelo! Escribe un argumento que puedas usar para defender la solución.

Conéctate para mirar la animación.

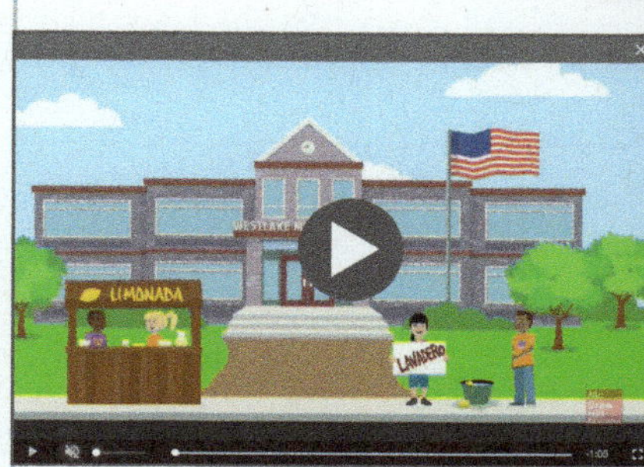

¡Coméntalo!
Si se suman 35 estudiantes a la excursión, ¿será necesario recaudar más dinero? Explica tu razonamiento.

Verificar

Hudson tiene que alquilar mesas para una reunión familiar. Cada mesa tiene capacidad para 8 personas y cuesta $8.75. Si asisten 85 personas como mínimo, ¿cuánto costará el alquiler de las mesas?

Muestra tu trabajo aquí

Conéctate Puedes completar un ejemplo adicional en línea.

Foldables Es hora de actualizar tu Foldable en el Repaso del módulo, en función de lo que aprendiste en esta lección. Si aún no armaste tu Foldable, encontrarás instrucciones en la página FL1.

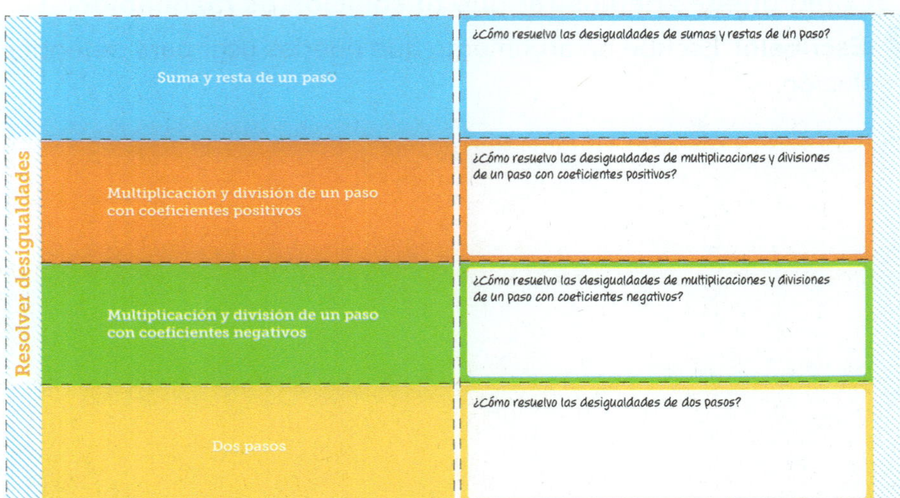

Nombre ______________________ Período ____________ Fecha ____________

Práctica

¡Conéctate! Puedes completar tu tarea en línea.

Resuelve cada desigualdad. Representa la solución sobre la recta numérica. (Ejemplos 1-4)

1. $-14 \geq 7x$

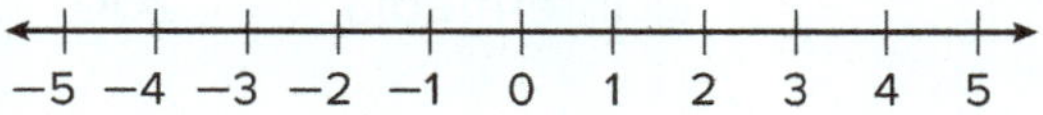

2. $2 \leq 0.25x$

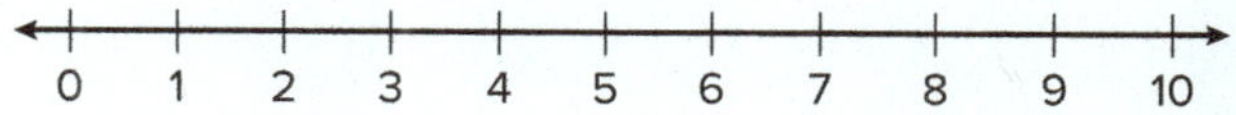

3. $\frac{x}{2} > -4$

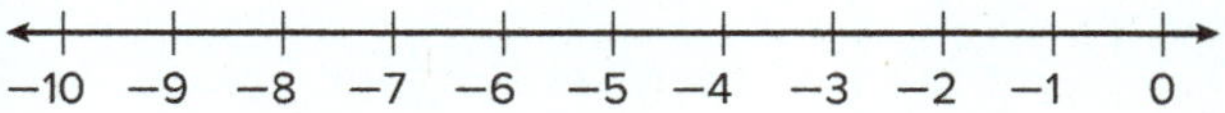

4. $-6x > 66$

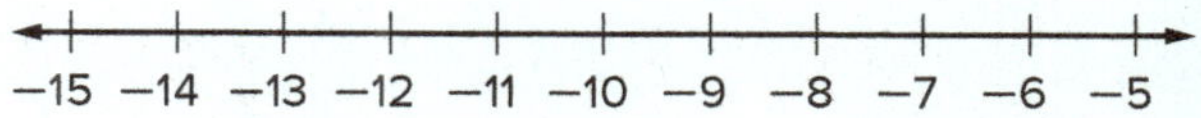

5. $-2.2x \leq -6.6$

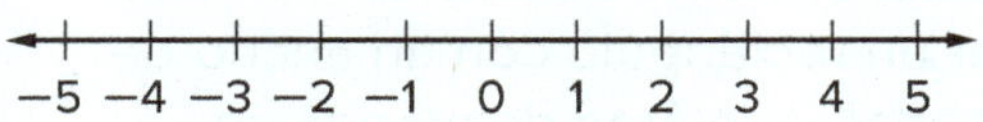

6. $\frac{x}{-5} \geq -3$

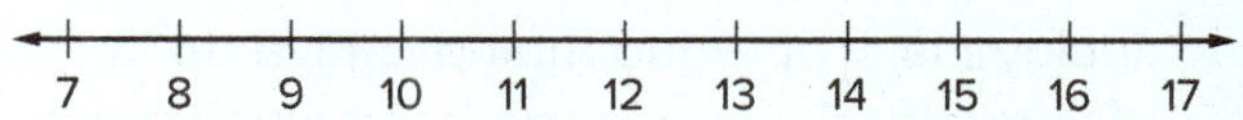

Para resolver los problemas, escribe primero una desigualdad.

7. Hermes gana $6 por hora cuidando niños. Quiere ganar $168 como mínimo para comprarse un nuevo sistema de videojuegos. Determina cuántas horas debe cuidar niños para comprar el sistema. Luego, interpreta la solución.

8. Sadie quiere preparar varias tandas de panes. Quedan 13 cucharadas de levadura en el frasco y para cada tanda necesita $3\frac{1}{4}$ cucharadas. Determina la cantidad de tandas que puede preparar. Luego, interpreta la solución.

9. Chase hará señaladores. Quiere hacer menos de 12 y necesita 4.25 pulgadas de tela para cada uno. Determina cuánta tela debe comprar. Luego, interpreta la solución.

Práctica para la prueba

10. Respuesta abierta Mae quiere preparar más de 6 canastas de regalos para la rifa escolar. Cada canasta cuesta $15.50. Determina la cantidad de dinero que gastará para preparar las canastas. Luego, interpreta la solución.

Aplicar

11. La abuela de Greg tejerá bufandas para donar. La tabla muestra la cantidad de yardas que se necesitan para los diferentes tipos de bufandas. Quiere hacer bufandas voluminosas y no tiene más de 2.250 yardas de lana. Si la organización benéfica venderá las bufandas por \$24.50, ¿cuánto dinero recaudará?

Tipo de lana	Cantidad de yardas
Gruesa	150
Delgada	250
Intermedia	200

12. En una excursión, un grupo decide navegar en balsa. Cada balsa tiene capacidad para 8 personas y cuesta \$25 por día. Si van 70 personas como mínimo, ¿cuánto dinero necesitarán para alquilar las balsas?

Problemas de pensamiento de orden superior

13. Escribe un problema de la vida diaria que incluya la propiedad multiplicativa de la desigualdad y que tenga una solución de $x \geq 25$.

14. MP **Razonamiento abstracto** Tienes que dibujar un rectángulo con un ancho de 5 pulgadas y un área de menos de 55 pulgadas cuadradas. ¿Puede ser de 11 pulgadas la longitud del rectángulo? Explica tu razonamiento.

15. ¿Cuál no pertenece? Identifica la desigualdad que no pertenece. Explica tu razonamiento.

A. $-6x \leq -36$

B. $\frac{x}{2} \geq 3$

C. $\frac{x}{3} \geq 2$

D. $\frac{x}{-3} \geq -2$

16. MP **Hallar el error** Un estudiante resolvió la desigualdad que se muestra a continuación. Halla su error y corrígelo.

$$-25 \leq -5x$$

$$\frac{-25}{-5} \leq \frac{-5x}{-5}$$

$$5 \leq x$$

Lección 7-8

Escribir y resolver desigualdades de dos pasos

Puedo... escribir desigualdades de dos pasos de situaciones de la vida diaria y resolverlas usando operaciones inversas.

Aprender Resolver desigualdades de dos pasos

Una **desigualdad de dos pasos** contiene dos operaciones.

Conéctate Mira la animación para aprender a resolver una desigualdad de dos pasos.

En la animación se muestra cómo resolver la desigualdad de dos pasos $-2x + 6 \geq 12$.

Pasos	Ejemplo
1. Cancela la suma o la resta.	$-2x + 6 \geq 12$ $\quad\; -6 \quad -6$ $-2x \quad \geq 6$
2. Cancela la multiplicación o la división. Invierte el símbolo de desigualdad al multiplicar o dividir por un número negativo.	$\frac{-2x}{-2} \leq \frac{6}{-2}$ $x \leq -3$
3. Verifica la solución.	$-2x + 6 \geq 12$ $-2(-4) + 6 \overset{?}{\geq} 12$ $14 \geq 12$ ✓

Pausa para reflexionar

Compara y contrasta resolver una desigualdad de dos pasos y una ecuación de dos pasos. ¿En qué se parecen? ¿En qué se diferencian?

Registra tus observaciones aquí

¿Qué palabras de vocabulario aprenderás?
desigualdad de dos pasos

¡Coméntalo!
Un estudiante sustituyó *x* por - 9 en la desigualdad $2x + 6 \geq 12$. ¿Es aceptable? Explícalo.

Tus notas

¡Piénsalo!

¿Qué pasos debes seguir para resolver la desigualdad?

¡Coméntalo!

Imagina que al resolver la desigualdad, Jesse indica que la solución es $x \leq -4$. Halla el error y explica cómo corregirlo.

Ejemplo 1 Resolver desigualdades de dos pasos

Resuelve $-5x - 12 \leq 8$. Verifica tu solución. Luego, representa el conjunto solución en una recta numérica.

Parte A Resuelve la desigualdad.

$-5x - 12 \leq 8$	Escribe la desigualdad.
$\underline{+12 \quad +12}$	Propiedad de suma de la desigualdad
$-5x \leq 20$	Simplifica.
$\frac{-5x}{-5} \geq \frac{20}{-5}$	Propiedad de división de la desigualdad
$x \geq -4$	Simplifica.

La solución de la desigualdad $-5x - 12 \leq 8$ es _________.

Para verificar la solución $x \geq -4$, puedes sustituir la variable con un número mayor que o igual a -4 en la desigualdad original.

$-5x - 12 \leq 8$	Escribe la desigualdad.
$-5(-1) - 12 \overset{?}{\leq} 8$	Reemplaza x con -1.
$5 - 12 \overset{?}{\leq} 8$	Multiplica $-5(-1)$.
$-7 \leq 8$ ✓	Simplifica.

Parte B Representa el conjunto solución en una recta numérica.

Para representar $x \geq -4$, dibuja un círculo relleno en -4 y una flecha hacia la derecha.

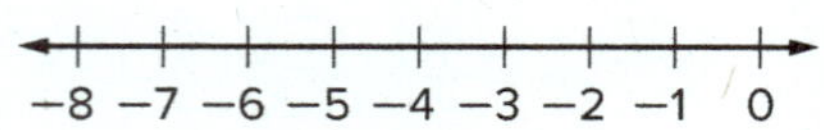

Verificar

Resuelve $-6x - 4 > 14$ y representa el conjunto solución.

Parte A Resuelve $-6x - 4 > 14$.

Muestra tu trabajo aquí

Parte B Representa el conjunto solución.

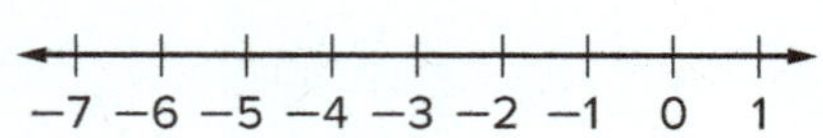

Conéctate Puedes completar un ejemplo adicional en línea.

Ejemplo 2 Resolver desigualdades de dos pasos

Resuelve $4.7x - 3.25 \leq 10.85$. Verifica tu solución. Luego, representa el conjunto solución en una recta numérica.

Parte A Resuelve la desigualdad.

$4.7x - 3.25 \leq 10.85$	Escribe la desigualdad.
$+3.25 \quad +3.25$	Propiedad de suma de la desigualdad
$4.7x \leq 14.1$	Simplifica.
$\frac{4.7x}{4.7} \leq \frac{14.1}{4.7}$	Propiedad de división de la desigualdad
$x \leq 3$	Simplifica.

La solución de la desigualdad $4.7x - 3.25 \leq 10.85$ es ________.

Para verificar la solución $x \leq 3$, puedes sustituir la variable por un número menor que o igual a 3 en la desigualdad original.

$4.7x - 3.25 \leq 10.85$	Escribe la desigualdad.
$4.7(1) - 3.25 \overset{?}{\leq} 10.85$	Reemplaza x con 1.
$4.7 - 3.25 \overset{?}{\leq} 10.85$	Multiplica.
$1.45 \leq 10.85$ ✓	Simplifica.

Parte B Representa el conjunto solución en una recta numérica.

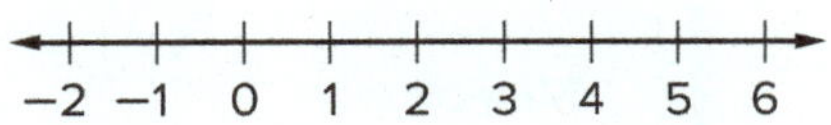

Verificar

Resuelve $1.3x - 3.2 \geq 4.6$ y representa el conjunto solución.

Parte A Resuelve $1.3x - 3.2 \geq 4.6$.

Muestra tu trabajo aquí

Parte B Representa el conjunto solución.

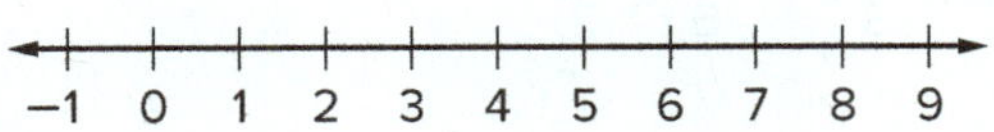

Conéctate Puedes completar un ejemplo adicional en línea.

¡Piénsalo!

¿Qué pasos debes seguir para resolver la desigualdad?

¡Piénsalo!

¿Qué pasos debes seguir para resolver la desigualdad?

Ejemplo 3 Resolver desigualdades de dos pasos

Resuelve $\frac{3}{4}x - \frac{1}{2} > \frac{3}{8}$. Verifica la solución. Luego, representa el conjunto solución en una recta numérica.

Parte A Resuelve la desigualdad.

$\frac{3}{4}x - \frac{1}{2} > \frac{3}{8}$	Escribe la desigualdad.
$\frac{3}{4}x - \frac{4}{8} > \frac{3}{8}$	Suma $\frac{1}{2}$ a cada lado. Escribe $\frac{1}{2}$ como $\frac{4}{8}$.
$+\frac{4}{8} + \frac{4}{8}$	Propiedad de suma de la desigualdad
$\frac{3}{4}x > \frac{7}{8}$	Simplifica.
$\frac{4}{3} \cdot \left(\frac{3}{4}x\right) > \frac{7}{8} \cdot \frac{4}{3}$	Multiplica cada lado por el recíproco.
$x > \frac{7}{6}$ o $1\frac{1}{6}$	Simplifica.

La solución de la desigualdad $\frac{3}{4}x - \frac{1}{2} > \frac{3}{8}$ es ____________.

Para verificar la solución $x > 1\frac{1}{6}$, puedes sustituir la variable por un número mayor que $1\frac{1}{6}$ en la desigualdad original.

$\frac{3}{4}x - \frac{1}{2} > \frac{3}{8}$	Escribe la desigualdad.
$\frac{3}{4}(4) - \frac{1}{2} \stackrel{?}{>} \frac{3}{8}$	Reemplaza x con 4.
$3 - \frac{1}{2} \stackrel{?}{>} \frac{3}{8}$	Multiplica.
$2\frac{1}{2} > \frac{3}{8}$ ✓	Simplifica.

Parte B Representa el conjunto solución en una recta numérica.

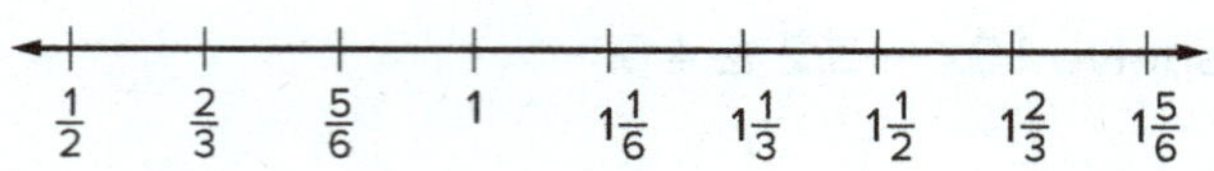

Verificar

Resuelve $\frac{2}{3}x - \frac{5}{6} < \frac{1}{2}$ y representa el conjunto solución.

Parte A Resuelve $\frac{2}{3}x - \frac{5}{6} < \frac{1}{2}$.

Muestra tu trabajo aquí

Parte B Representa el conjunto solución.

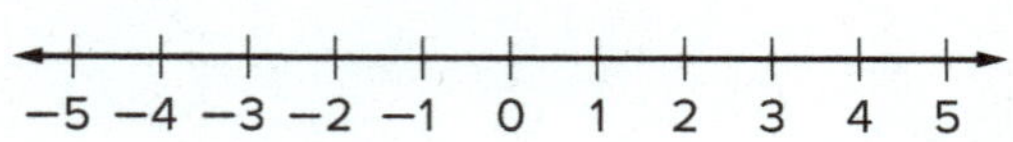

Conéctate

Puedes completar un ejemplo adicional en línea.

Ejemplo 4 Escribir y resolver desigualdades de dos pasos

A mitad de la temporada de la liga de bolos, Stewart tiene 34 *strikes*. Tiene un promedio de 2 *strikes* por partido. Necesita 61 *strikes* como mínimo para batir el récord de la liga.

Escribe y resuelve una desigualdad para determinar la cantidad posible de juegos adicionales que Stewart debería jugar para lograr 61 *strikes* como mínimo. Luego, interpreta la solución.

Parte A Escribe una desigualdad.

Palabras	La cantidad de *strikes* que tiene Stewart más dos *strikes* por juego es la cantidad total de *strikes* necesarios como mínimo.
Variable	*La letra j* representa la cantidad de juegos.
Desigualdad	$34 + 2j \geq 61$

Parte B Resuelve la desigualdad.

$34 + 2j \geq 61$	Escribe la desigualdad.
$-34 \qquad -34$	Propiedad de resta de la desigualdad
$2j \geq 27$	Simplifica.
$\frac{2j}{2} \geq \frac{27}{2}$	Propiedad de división de la desigualdad
$j \geq 13.5$	Simplifica.

La solución de la desigualdad $34 + 2j \geq 61$ es $j \geq$ ______________.

Parte C Interpreta la solución.

Representa el conjunto solución de $j \geq 13.5$ en la recta numérica.

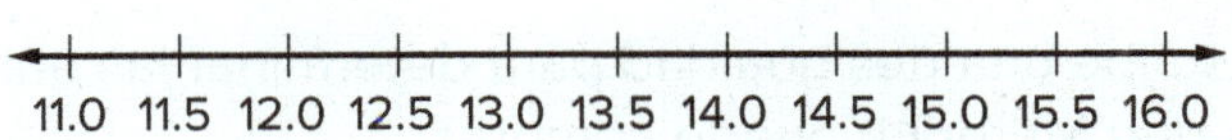

Usa la gráfica para interpretar la situación.

Entonces, para batir el récord, Stewart tendrá que jugar

______________________.

¡Piénsalo!

¿Cuál es la incógnita del problema?

¡Coméntalo!

Al interpretar la solución de la desigualdad, ¿por qué la menor cantidad de juegos que necesita Stewart es igual a 14, y no 13 o 13.5?

Verificar

Peter no puede gastar más de $100 en ropa nueva para la escuela. Gasta $35 en un par de zapatos. Las camisas cuestan $15.

Escribe y resuelve una desigualdad para determinar cuántas camisas puede comprar Peter. Luego, interpreta la solución.

Muestra tu trabajo aquí

Conéctate Puedes completar un ejemplo adicional en línea.

Ejemplo 5 Escribir y resolver desigualdades de dos pasos

Meredith recibe una mesada de $50 para comprar el almuerzo en la escuela. Puede gastar cualquier cantidad de dinero restante en entretenimiento. Meredith quisiera tener $12 restantes como mínimo al final del mes para ir al cine con sus amigos. Cada almuerzo que compra en la escuela le cuesta $2.50.

Escribe y resuelve una desigualdad para determinar la cantidad de almuerzos que Meredith puede comprar y que le queden $12 como mínimo. Luego, interpreta la solución.

Parte A Escribe una desigualdad para determinar la cantidad de almuerzos que Meredith puede comprar.

Palabras	La mesada menos el costo por almuerzo es la cantidad restante como mínimo.
Variable	*La letra x* representa la cantidad de almuerzos.
Desigualdad	$50 - 2.50x \geq 12$

Parte B Resuelve la desigualdad.

$50 - 2.50x \geq 12$	Escribe la desigualdad.
$-50 \qquad\quad -50$	Propiedad de resta de la desigualdad
$-2.50x \geq -38$	Simplifica.
$\frac{-2.50x}{-2.50} \leq \frac{-38}{-2.50}$	Propiedad de división de la desigualdad
$x \leq 15.2$	Simplifica.

La solución de la desigualdad $50 - 2.50x \geq 12$ es ______________.

Parte C Interpreta la solución.

Representa el conjunto solución de $x \leq 15.2$ en la recta numérica.

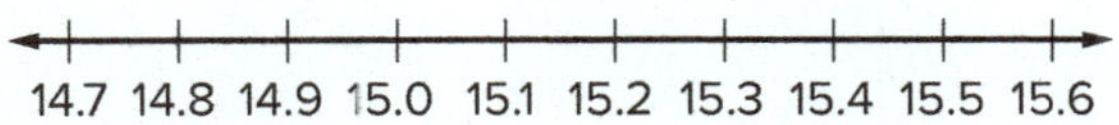

Interpreta la solución usando el gráfico.

Entonces, Meredith puede comprar ____________________ almuerzos para tener $12 restantes como mínimo para ir al cine.

Verificar

Sylvia recibió $25 por su cumpleaños y le gustaría comprar música en un sitio web con parte del dinero. Cada canción que descarga cuesta $1.20. Le gustaría tener $10 restantes como mínimo.

Escribe y resuelve una desigualdad para determinar la cantidad de canciones que Sylvia puede comprar y que le queden $10 como mínimo. Luego, interpreta la solución.

Muestra tu trabajo aquí

¡Piénsalo!

¿Con qué símbolo escribirás la desigualdad?

¡Coméntalo!

Si olvidaste invertir el símbolo de la desigualdad al dividir los dos lados por −2.50, ¿cómo sabes que la solución es incorrecta?

Pausa para reflexionar

Haz un organizador gráfico que describa cómo resolver desigualdades. Asegúrate de incluir ejemplos de sumas, restas, multiplicaciones, divisiones y desigualdades de dos pasos.

Registra tus observaciones aquí

Conéctate Puedes completar un ejemplo adicional en línea.

Aplicar Escuela

Para obtener la calificación que desea en su clase de inglés, Elspeth necesita un promedio de 85% en las puntuaciones. Cada prueba vale 20 puntos. La tabla muestra las puntuaciones de las primeras cuatro pruebas. Si hay una prueba más, ¿qué puntuación debe recibir para alcanzar un promedio de 85% cómo mínimo en la clase de inglés?

Prueba	Puntuación
1	18
2	16
3	19
4	14

1 ¿Cuál es la tarea?

Asegúrate de comprender la pregunta que debes responder o el problema que debes resolver. Lee el problema tres veces. Comenta las preguntas con un compañero.

Primera vez Describe el problema con tus palabras.
Segunda vez ¿Qué operaciones matemáticas observas?
Tercera vez ¿Cuál es la pregunta?

2 ¿Cómo puedes resolver la tarea? ¿Qué estrategias puedes usar?

Registra tus observaciones aquí

3 ¿Cuál es la solución?

Usa tu estrategia para resolver el problema.

Muestra tu trabajo aquí

4 ¿Cómo sabes que tu solución es razonable?

¡Escribe al respecto! Escribe un argumento que puedas usar para defender la solución.

¡Coméntalo!
En la desigualdad $\frac{67 + x}{100} \geq 0.85$ que representa la puntuación promedio de Elspeth, ¿por qué 100 es denominador?

Verificar

Para obtener la calificación que desea en la clase de ciencias, Ainsley necesita un promedio de 85% en las puntuaciones de sus pruebas. Cada prueba vale 30 puntos. La tabla muestra puntuaciones de las primeras 5 pruebas. Habrá una prueba más. ¿Qué puntuación debe recibir para alcanzar un promedio de 85% cómo mínimo en la clase de ciencias?

Prueba	Puntuación
1	25
2	26
3	25
4	24
5	28

Muestra tu trabajo aquí

Conéctate Puedes completar un ejemplo adicional en línea.

Foldables Es hora de actualizar tu Foldable en el Repaso del módulo, en función de lo que aprendiste en esta lección. Si aún no armaste tu Foldable, encontrarás instrucciones en la página FL1.

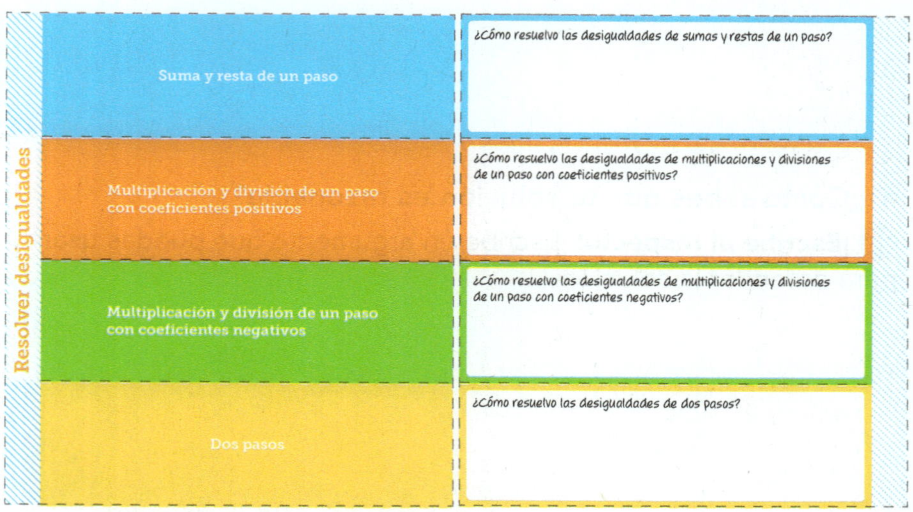

Nombre ______________________ Período ____________ Fecha ____________

Práctica

Conéctate Puedes completar tu tarea en línea.

Resuelve las desigualdades. Representa el conjunto solución en una recta. (Ejemplos 1 a 3)

1. $-3x - 3 > 12$

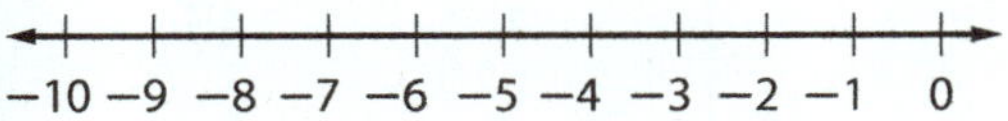

2. $-4 \leq 4x + 8$

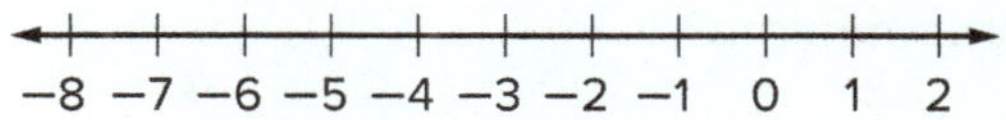

3. $6.5x - 11.3 \leq 8.2$

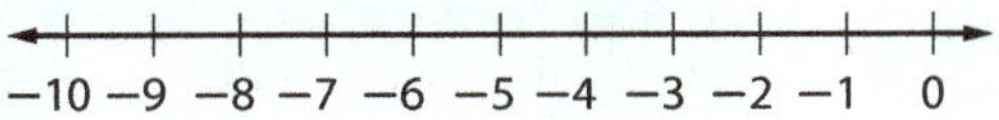

4. $-2.45x + 3.2 < -6.6$

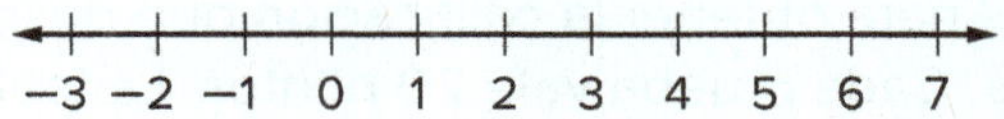

5. $\frac{1}{2}x - \frac{1}{4} < \frac{5}{8}$

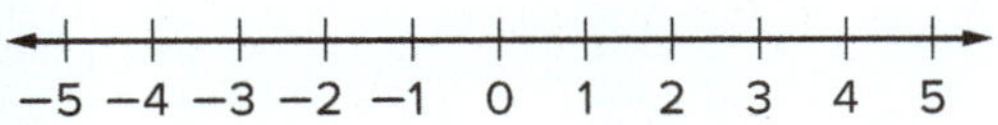

6. $\frac{x}{10} + \frac{1}{4} \geq \frac{1}{5}$

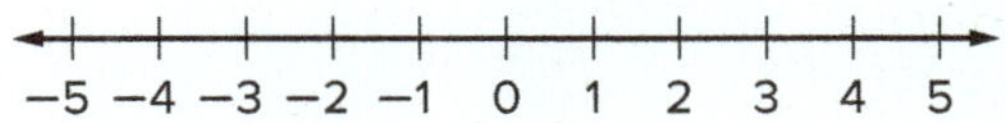

7. Una compañía cobra $15 más $4 por hora para alquilar una bicicleta. Si Margie no quiere gastar más de $27, escribe y resuelve una desigualdad para determinar cuántas horas puede alquilar la bicicleta. Luego, interpreta la solución. (Ejemplo 4)

8. Matilda necesita $112 como mínimo para comprar un vestido. Ya ahorró $40. Gana $9 por hora cuidando niños. Escribe y resuelve una desigualdad para determinar cuántas horas necesitará cuidar niños para comprar el vestido. Interpreta la solución. (Ejemplo 4)

9. Douglas compró una tarjeta de $20 en un centro de juegos. Cada carrera en *kart* cuesta $3.50. Quiere que en la tarjeta le queden $7.75 como mínimo para los videojuegos. Escribe y resuelve una desigualdad para determinar cuántas veces podrá correr en *kart*. Luego, interpreta la solución. (Ejemplo 5)

Práctica para la prueba

10. Respuesta abierta La mesada de Robin es de $40. Quiere ir al cine tantas veces como sea posible y que le queden $12.50 como mínimo al final del mes para ir a un concierto. Una entrada de cine cuesta $5. Escribe y resuelve una desigualdad para determinar cuántas veces puede ir al cine en el mes. Luego, interpreta la solución.

Aplicar

11. Para obtener el puntaje que desea en un juego de preguntas y respuestas, Jet necesita un promedio de 80% después de cinco rondas. Cada ronda vale 50 puntos. La tabla muestra los puntajes de las primeras cuatro rondas. Si hay una ronda más, ¿cuál es el puntaje mínimo que debe recibir para alcanzar un promedio de 80% cómo mínimo?

Ronda	Puntaje
1	49
2	46
3	44
4	45

12. Eden necesita un promedio de 92% en las puntuaciones de sus pruebas para obtener la calificación que desea en la clase de ciencias. Cada prueba vale 20 puntos. La tabla muestra las puntuaciones de las primeras cuatro pruebas. Habrá una prueba más. ¿Qué puntuación debe recibir para alcanzar un promedio de 92% cómo mínimo?

Prueba	Puntuación
1	20
2	18
3	19
4	17

Problemas de pensamiento de orden superior

13. Resuelve $-2(x + 2) < x + 8$. Luego, representa el conjunto solución en una recta numérica.

14. MP **Identificar estructuras** Escribe una desigualdad de dos pasos que se pueda resolver sumando primero 4 a cada lado.

15. MP **Identificar estructuras** Explica cómo puedes resolver la desigualdad $-2x + 4 < 16$ sin multiplicar ni dividir por un coeficiente negativo.

16. **Crear** Escribe, resuelve e interpreta la solución a un problema de la vida diaria con una desigualdad de dos pasos.

Repaso

Foldables Usa tu Foldable para repasar el módulo.

Resolver desigualdades

$x + 7 > -9$

$8x < 72$

$-9x > 99$

$-4x + 2 < 26$

¡Califícate!

Cuando hayas terminado el módulo, completa el cuadro que está al principio. Coloca una marca en cada fila que corresponda a lo que sabes sobre cada tema.

Reflexión sobre el módulo

Usa lo que aprendiste sobre escribir y resolver ecuaciones para completar el organizador gráfico.

Pregunta esencial

¿Cómo se pueden usar las ecuaciones para resolver problemas de la vida diaria?

Ecuaciones de dos pasos	Ecuaciones con variables en cada lado	Ecuaciones de varios pasos
Explica cómo resolver $3h - 7 = 24$.	Explica cómo resolver $-2a - 9 = 6a + 15$.	Explica cómo resolver $-a + 2(3 + a) = -4(a + 1)$.
Explica cómo resolver $2(a + 5) = 20$.	Explica cómo resolver $4b + 6 = 2b + 28$.	Explica cómo resolver $6(x - 3) + 10 = 2(4x - 5)$.

¿Cuáles son los pasos para escribir una ecuación de una situación de la vida diaria?

Nombre ______________________ Período ____________ Fecha ____________

Práctica para la prueba

1. Respuesta abierta Resuelve la ecuación $-7t - 1 = 20$. (Lección 1)

2. Editor de ecuaciones Carlos quiere alquilar una consola de video juegos por $17.50 y algunos juegos por $5.25 cada uno. Tiene $49 para gastar. ¿Cuántos juegos puede alquilar? (Lección 1)

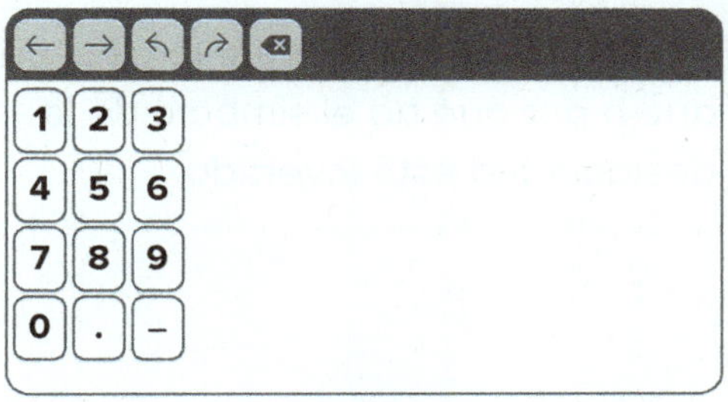

3. Editor de ecuaciones La solución a la ecuación $-2(x + 11) = -8$ es $x =$ _. (Lección 2)

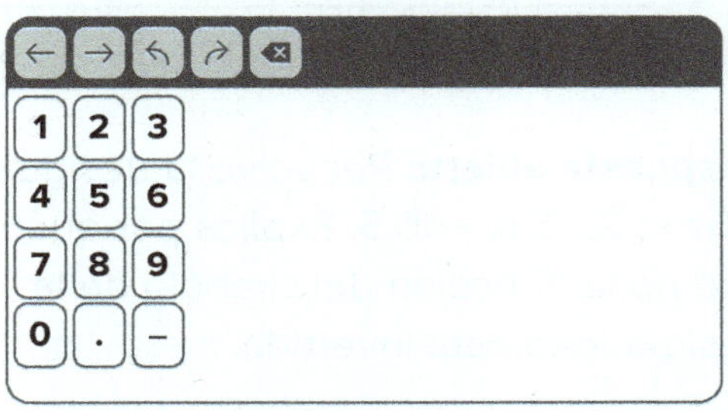

4. Respuesta abierta Resuelve $3n - 2 = 4n - 6$. (Lección 3)

5. Respuesta abierta Monique quiere alquilar películas en línea. Movies Plus cobra una tarifa única de $20 más $5 por película. Movies-To-Go cobra $7 por película. ¿Para cuántas películas es igual el costo de alquilar por Movies Plus y Movies-To-Go? (Lección 3)

Escribe y resuelve la ecuación para representar el problema, donde *m* es la cantidad de películas alquiladas.

6. Editor de ecuaciones Resuelve $2(6x + 4) - 3x = 5x - 4$. (Lección 4)

$x =$ ________

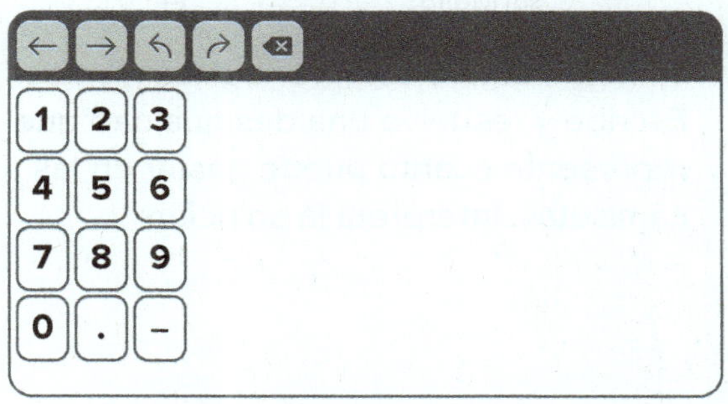

7. **Selección múltiple** El ancho de una mesa rectangular es $2\frac{1}{2}$ pies más corto que tres veces su longitud. Si el perímetro de la mesa es de 43 pies, ¿cuál es su longitud, ℓ? (Lección 4)

¿Qué ecuación representa esta situación?

Ⓐ $43 = 2\ell + 2\left(3\ell - 2\frac{1}{2}\right)$

Ⓑ $43 = 2\ell + 2\left(2\ell - 2\frac{1}{2}\right)$

Ⓒ $43 = \ell + 2\left(3\ell - 2\frac{1}{2}\right)$

Ⓓ $43 = \ell + 2\left(2\ell - 2\frac{1}{2}\right)$

8. Elemento de la tabla Determina si cada ecuación tiene una solución, ninguna o infinitas soluciones. (Lección 5)

	Una solución	Ninguna solución	Infinitas soluciones
$4(x + 8) = 2(4 + 2x)$			
$3(2x + 1) = 3 + 6x$			
$2(x + 5) = 5x + 1$			

9. Respuesta abierta Jessica tiene una tarjeta de regalo para una tienda con un valor de $75. La tabla muestra los objetos que ha elegido hasta ahora. (Lección 6)

Objeto	Costo ($)
brazalete	8
gafas	15
toalla	12
sombrero	10
sandalias	14

También quiere comprar dos camisetas. Escribe y resuelve una desigualdad que represente cuánto puede gastar en las camisetas. Interpreta la solución.

10. Grid El domingo, la diferencia entre la temperatura máxima y mínima fue de al menos 35 °F. La temperatura mínima ese mismo día fue −8 °F. (Lección 6)

A. Escribe y resuelve una desigualdad para *t*, la temperatura máxima el domingo.

B. Representa la solución de la desigualdad.

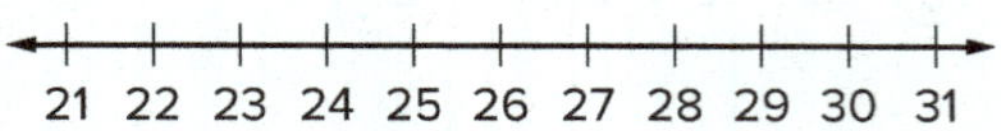

11. Editor de ecuaciones Escribe el símbolo y el valor correctos que representen la solución de la desigualdad $9x < 27$. (Lección 7)

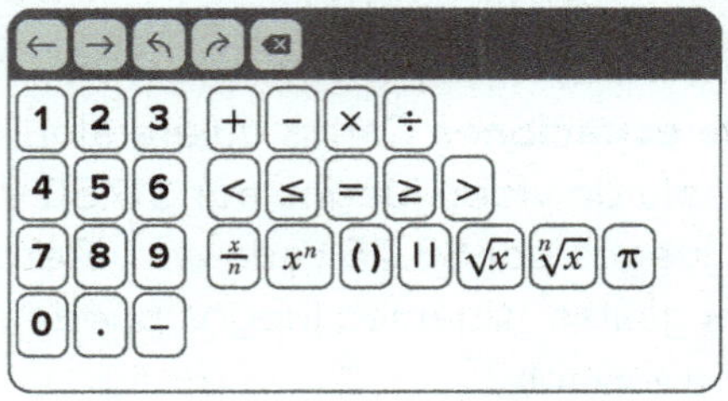

12. Cuadrícula Considera la desigualdad $-11x \geq 22$. (Lección 7)

A. Resuelve la desigualdad. Explica por qué o por qué no el símbolo de la desigualdad está invertido.

B. Representa la solución de la desigualdad.

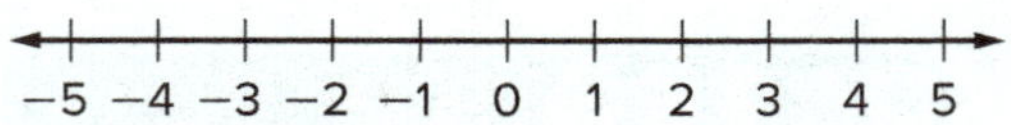

13. Respuesta abierta Resuelve la desigualdad $6.6z - 2.25 \leq -10.5$. Explica por qué o por qué no la dirección del símbolo de la desigualdad está invertida. (Lección 8)

Organizadores de estudio Foldables

¿Qué son los Foldables y cómo se arman?

Los Foldables son organizadores gráficos tridimensionales que te permiten crear guías de estudio de cada módulo del libro.

Paso 1 Al final del libro encontrarás el Foldable del módulo que estás estudiando actualmente. Sigue las instrucciones de corte y armado en la parte superior de la página.

Paso 2 Ve a la sección Repaso que se encuentra al final del módulo que estás estudiando actualmente. Haz coincidir las lengüetas y adhiere tu Foldable a esta página. Las lengüetas con líneas punteadas indican dónde debes colocar el Foldable. Las lengüetas con rayas indican dónde debes pegar el Foldable.

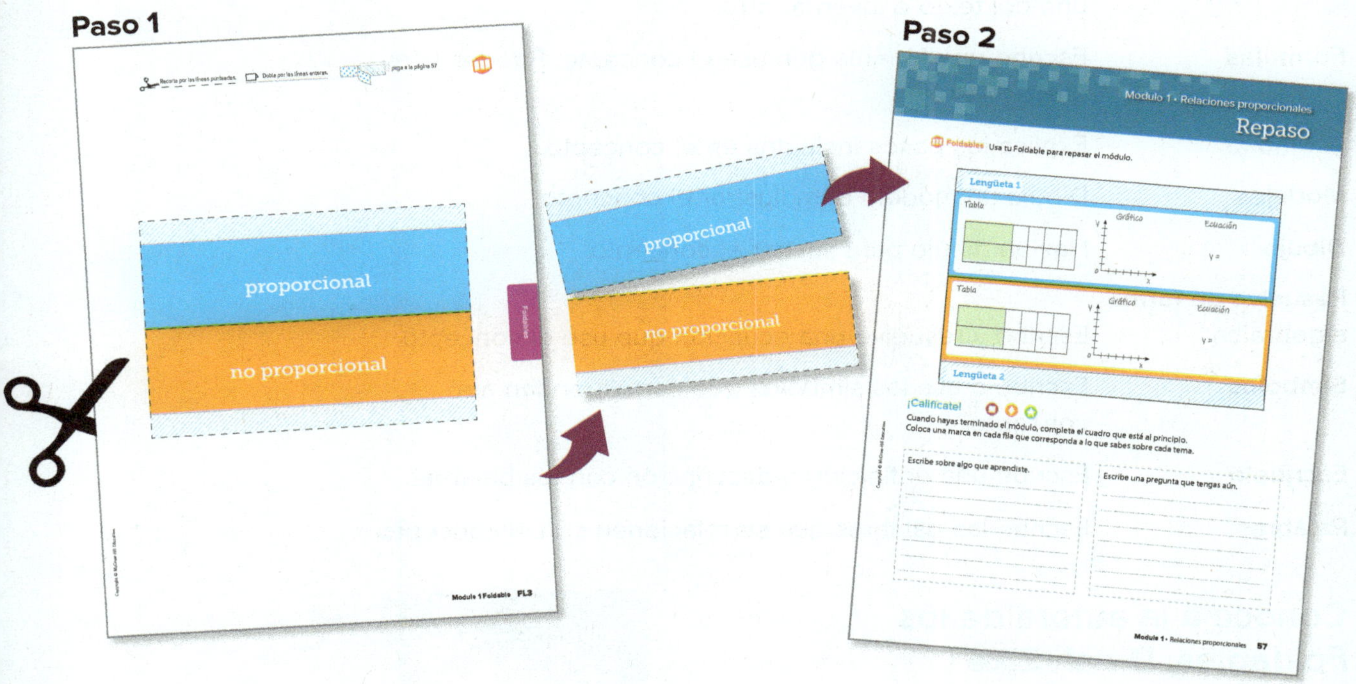

¿Cómo sé cuándo debo usar mi Foldable?

Al final de algunas lecciones encontrarás instrucciones para trabajar con el Foldable. Deberás actualizarlo con los conceptos aprendidos en esas lecciones. Una vez que hayas completado tu Foldable, úsalo para estudiar para la evaluación del módulo.

¿Cómo completo mi Foldable?

Los Foldables de tu libro no son iguales. Sin embargo, deberás completar algunos de ellos con información similar. A continuación se detallan algunas de las instrucciones que verás a medida que completas tu Foldable.

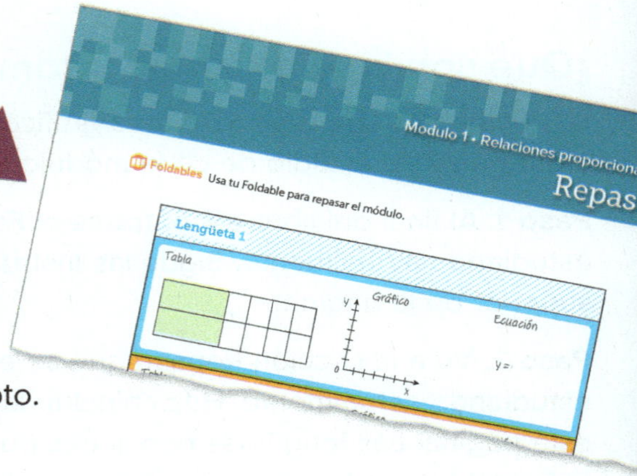

Instrucciones y su significado

Úsalo para...	Completa la oración explicando cuándo debería usarse el concepto.
Definición	Escribe una definición con tus palabras.
Descripción	Describe el concepto con palabras.
Ecuación	Escribe una ecuación que use el concepto. Puedes usar una del texto o inventar otra.
Ejemplo	Escribe un ejemplo sobre el concepto. Puedes usar uno del texto o inventar otro.
Fórmulas	Escribe una fórmula que use el concepto. Puedes usar una del texto.
¿Cómo...?	Explica los pasos incluidos en el concepto.
Modelos	Dibuja un modelo para ilustrar el concepto.
Dibujo	Haz un dibujo para ilustrar el concepto.
Resuelve de forma algebraica	Escribe y resuelve una ecuación que use el concepto.
Símbolos	Escribe o usa los símbolos que correspondan al concepto.
Escríbelo	Escribe una definición o descripción con tus palabras.
Palabras	Escribe las palabras que se relacionen con el concepto.

Conoce a la autora de los Foldables, Dinah Zike

Dinah Zike es conocida por diseñar elementos manipulables prácticos que utilizan maestros y padres a nivel nacional e internacional. Dinah es una fuente inagotable de energía e ideas. Su interés y el placer por el aprendizaje inspira a todos los que la rodean.

Recorta por las líneas punteadas. Dobla por las líneas enteras. pega en la página 57

proporcional

no proporcional

Foldables

Recorta por las líneas punteadas. Dobla por las líneas enteras. pega en la página 57

Lengüeta 1

Escríbelo

Escríbelo

Lengüeta 2

Recorta por las líneas punteadas. Dobla por las líneas enteras. pega en la página 121

Porcentajes

porcentaje de incremento

porcentaje de disminución

Foldables

Recorta por las líneas punteadas. Dobla por las líneas enteras. pega en la página 121

Definición

Definición

Recorta por las líneas punteadas. Dobla por las líneas enteras. pega en la página 215

Operaciones con números racionales

+ o − de números enteros	× o ÷ de números enteros
+ o − de números racionales	× o ÷ de números racionales

Recorta por las líneas punteadas. Dobla por las líneas enteras. pega en la página 215

Ejemplos

Ejemplos

Ejemplos

Ejemplos

Lengüeta 2

Lengüeta 1

Recorta por las líneas punteadas. Dobla por las líneas enteras. pega en la página 281

Leyes de exponentes

Producto de potencias

Cociente de potencias

Potencia de una potencia

Potencia de productos

Foldables

Recorta por las líneas punteadas. Dobla por las líneas enteras. pega en la página 281

Ejemplos

Ejemplos

Ejemplos

Ejemplos

Recorta por las líneas punteadas. Dobla por las líneas enteras. pega en la página 331

Números reales

Racionales	Irracionales

Foldables

Recorta por las líneas punteadas. Dobla por las líneas enteras. pega en la página 331

¡Escríbelo!

¡Escríbelo!

Recorta por las líneas punteadas.

Dobla por las líneas enteras.

pega en la página 377

Expresiones lineales

sumar o restar

descomponer en factores

Foldables

Recorta por las líneas punteadas. Dobla por las líneas enteras. pega en la página 377

Ejemplos

Ejemplos

Recorta por las líneas punteadas. Dobla por las líneas enteras. pega en la página 479

Ecuaciones y desigualdades

Ecuaciones de dos pasos

Ecuaciones con variables en cada lado

Ecuaciones de varios pasos

Desigualdades

Foldables

Recorta por las líneas punteadas. Dobla por las líneas enteras. pega en la página 479

¿Cómo resuelvo ecuaciones de dos pasos?

¿Cómo resuelvo ecuaciones con variables en cada lado?

¿Cómo resuelvo ecuaciones de varios pasos?

¿Cómo resuelvo desigualdades?

Glosario

El glosario electrónico multilingüe contiene palabras y definiciones en los siguientes 14 idiomas:

árabe	inglés	hmong	ruso	urdu
bengalí	francés	coreano	español	vietnamita
portugués brasileño	criollo haitiano	mandarín	tagalo	

English — **Español**

A

absolute value (Lesson 3-1) The distance the number is from zero on a number line.

valor absoluto Distancia de un número del cero en la recta numérica.

acute angle (Lesson 11-1) An angle with a measure greater than 0° and less than 90°.

ángulo agudo Ángulo que mide más de 0° y menos de 90°.

acute triangle (Lesson 11-4) A triangle having three acute angles.

triángulo acutángulo Triángulo con tres ángulos agudos.

Addition Property of Equality (Lesson 7-2) If you add the same number to each side of an equation, the two sides remain equal.

Propiedad de suma de la igualdad Si sumas el mismo número a ambos lados de una ecuación, los dos lados permanecen iguales.

Addition Property of Inequality (Lesson 7-6) If you add the same number to each side of an inequality, the inequality remains true.

Propiedad de suma de la desigualdad Si se suma el mismo número a cada lado de una desigualdad, la desigualdad sigue siendo verdadera.

Additive Identity Property (Lesson 3-1) The sum of any number and zero is the number.

Propiedad de identidad de la suma La suma de cualquier número y cero es el mismo número.

additive inverse (Lesson 3-1) Two integers that are opposites. The sum of an integer and its additive inverse is zero.

inverso de suma Dos enteros opuestos. La suma de un entero y su inverso de suma es cero.

Additive Inverse Property (Lesson 3-1) The sum of any number and its additive inverse is zero.

Propiedad de los inversos de suma La suma de cualquier número y su inversa aditiva es cero.

adjacent angles (Lesson 11-1) Angles that have the same vertex, share a common side, and do not overlap.

ángulos adyacentes Ángulos que comparten el mismo vértice y un lado común, pero no se sobreponen.

algebraic expression (Lesson 6-1) A combination of variables, numbers, and at least one operation.

expresión algebraica Combinación de variables, números y, por lo menos, una operación.

alternate exterior angles (Lesson 11-3) Exterior angles that lie on opposite sides of the transversal.

ángulos alternos externos Ángulos externos que se encuentran en lados opuestos de la transversal.

alternate interior angles (Lesson 11-3) Interior angles that lie on opposite sides of the transversal.

ángulos alternos internos Ángulos internos que se encuentran en lados opuestos de la transversal.

amount of error (Lesson 2-4) The positive difference between the estimate and the actual amount.

cantidad de error La diferencia positiva entre la estimación y la cantidad real.

angle (Lesson 11-1) Two rays with a common endpoint form an angle. The rays and vertex are used to name the angle.

ángulo Dos rayos con un extremo común forman un ángulo. Los rayos y el vértice se usan para nombrar el ángulo.

angle of rotation (Lesson 13-3) The degree measure of the angle through which a figure is rotated.

ángulo de rotación Medida en grados del ángulo sobre el cual se rota una figura.

area (Lesson 12-2) The measure of the interior surface of a two-dimensional figure.

área La medida de la superficie interior de una figura bidimensional.

asymmetric distribution (Lesson 10-4) A distribution in which the shape of the graph on one side of the center is very different than the other side, or it has outliers that might affect the average.

distribución asimétrica Una distribución en la que la forma del gráfico en un lado del centro es muy diferente del otro lado, o tiene valores atípicos que pueden afectar al promedio.

B

bar notation (Lesson 3-6) In repeating decimals, the line or bar placed over the digits that repeat. For example, $2.\overline{63}$ indicates that the digits 63 repeat.

notación de barra Línea o barra que se coloca sobre los dígitos que se repiten en decimales periódicos. Por ejemplo, $2.\overline{63}$ indica que los dígitos 63 se repiten.

base (Lesson 4-1) In a power, the number that is the common factor. In 10^3, the base is 10. That is, $10^3 = 10 \cdot 10 \cdot 10$.

base En una potencia, el número que es el factor común. En 10^3, la base es 10. Es decir, $10^3 = 10 \cdot 10 \cdot 10$.

base (Lesson 11-7) One of the two parallel congruent faces of a prism.

base Una de las dos caras paralelas congruentes de un prisma.

biased sample (Lesson 10-1) A sample drawn in such a way that one or more parts of the population are favored over others.

muestra sesgada Muestra en que se favorece una o más partes de una población.

box plot (Lesson 10-4) A method of visually displaying a distribution of data values by using the median, quartiles, and extremes of the data set. A box shows the middle 50% of the data.

diagrama de caja Un método de mostrar visualmente una distribución de valores mediante el uso de la mediana, los cuartiles y los extremos del conjunto de datos. Una caja muestra el 50% del medio de los datos.

C

center (Lesson 12-1) The point from which all points on a circle are the same distance.

centro El punto desde el cual todos los puntos en una circunferencia están a la misma distancia.

center of dilation (Lesson 13-4) The center point from which dilations are performed.

centro de dilatación Punto fijo en torno al cual se realizan las dilataciones.

center of rotation (Lesson 13-3) A fixed point around which shapes move in a circular motion to a new position.

centro de rotación Punto fijo alrededor del cual se giran las figuras en movimiento circular alrededor de un punto fijo.

circle (Lesson 12-1) The set of all points in a plane that are the same distance from a given point called the center.

círculo Conjunto de todos los puntos de un plano que están a la misma distancia de un punto dado denominado centro.

circumference (Lesson 12-1) The distance around a circle.

circunferencia Distancia en torno a un círculo.

coefficient (Lesson 6-1) The numerical factor of a term that contains a variable.

coeficiente El factor numérico de un término que contiene una variable.

commission (Lesson 2-5) A payment equal to a percent of the amount of goods or services that an employee sells for the company.

comisión Un pago igual a un porcentaje de la cantidad de bienes o servicios que un empleado vende para la empresa.

common denominator (Lesson 3-6) A common multiple of the denominators of two or more fractions. 24 is a common denominator for $\frac{1}{3}$, $\frac{5}{8}$, and $\frac{3}{4}$ because 24 is the LCM of 3, 8, and 4.

común denominador El múltiplo común de los denominadores de dos o más fracciones. 24 es un denominador común para $\frac{1}{3}$, $\frac{5}{8}$, y $\frac{3}{4}$ porque 24 es el m.c.m. de 3, 8 y 4.

complementary angles (Lesson 11-2) Two angles are complementary if the sum of their measures is 90°.

ángulos complementarios Dos ángulos son complementarios si la suma de sus medidas es 90°.

complementary events (Lesson 9-3) Two events in which either one or the other must happen, but they cannot happen at the same time. The sum of the probability of an event and its complement is 1 or 100%.

sucesos complementarios Dos sucesos en los cuales uno o el otro debe suceder, pero no pueden ocurrir al mismo tiempo. La suma de la probabilidad de un suceso y su complemento es 1 o 100%.

complex fraction (Lesson 1-1) A fraction $\frac{A}{B}$ where A and/or B are fractions and B does not equal zero.

fracción compleja Una fracción $\frac{A}{B}$ en la cual A y/o B son fracciones y B no es igual a cero.

composite figure (Lesson 12-3) A figure that is made up of two or more figures.

figura compuesta Figura formada por dos o más figuras.

composite solid (Lesson 12-9) An object made up of more than one solid.

sólido compuesto Cuerpo compuesto de más de un sólido.

composition of transformations (Lesson 13-5) The resulting transformation when a transformation is applied to a figure and then another transformation is applied to its image.

composición de transformaciones Transformación que resulta cuando se aplica una transformación a una figura y luego se le aplica otra transformación a su imagen.

compound event (Lesson 9-5) An event consisting of two or more simple events.

suceso compuesto Un suceso que consiste en dos o más sucesos simples.

cone (Lesson 11-7) A three-dimensional figure with one circular base connected by a curved surface to a single point.

cono Una figura tridimensional con una base circular conectada por una superficie curva a un solo punto.

congruent (Lesson 13-5) Having the same measure; if one image can be obtained from another by a sequence of rotations, reflections, or translations.

congruente Que tienen la misma medida; si una imagen puede obtenerse de otra por una secuencia de rotaciones, reflexiones o traslaciones.

congruent angles (Lesson 11-1) Angles that have the same measure.

ángulos congruentes Ángulos que tienen la misma medida.

congruent figures (Lesson 11-4) Figures that have the same size and same shape and corresponding sides and angles with equal measure.

figuras congruentes Figuras que tienen el mismo tamaño y la misma forma y los lados y los ángulos correspondientes tienen igual medida.

congruent segments (Lesson 11-4) Sides with the same length.

segmentos congruentes Lados con la misma longitud.

constant (Lesson 6-1) A term that does not contain a variable.

constante Término que no contiene ninguna variable.

constant of proportionality (Lesson 1-3) A constant ratio or unit rate of two variable quantities. It is also called the constant of variation.

constante de proporcionalidad Una razón constante o tasa por unidad de dos cantidades variables. También se llama constante de variación.

constant of variation (Lesson 1-3) The constant ratio in a direct variation. It is also called the constant of proportionality.

constante de variación Una razón constante o tasa por unidad de dos cantidades variables. También se llama constante de proporcionalidad.

constant rate of change (Lesson 1-3) The rate of change between any two points in a linear relationship is the same or *constant*.

tasa constante de cambio La tasa de cambio entre dos puntos cualesquiera en una relación lineal permanece igual o *constante*.

convenience sample (Lesson 10-1) A sample which consists of members of a population that are easily accessed.

muestra de conveniencia Muestra que incluye miembros de una población fácilmente accesibles.

corresponding angles (Lesson 11-3) Angles that are in the same position on two parallel lines in relation to a transversal.

ángulos correspondientes Ángulos que están en la misma posición sobre dos rectas paralelas en relación con la transversal.

corresponding parts (Lesson 8-3) Parts of congruent or similar figures that are in the same relative position.

partes correspondientes Partes de figuras congruentes o similares que están en la misma posición relativa.

counterexample (Lesson 5-3) A statement or example that shows a conjecture is false.

contraejemplo Ejemplo o enunciado que demuestra que una conjetura es falsa.

cross section (Lesson 11-7) The intersection of a solid and a plane.

sección transversal Intersección de un sólido con un plano.

cube root (Lesson 4-1) One of three equal factors of a number. If $a^3 = b$, then a is the cube root of b. The cube root of 64 is 4 since $4^3 = 64$.

raíz cúbica Uno de tres factores iguales de un número. Si $a^3 = b$, entonces a es la raíz cúbica de b. La raíz cúbica de 64 es 4, dado que $4^3 = 64$.

cylinder (Lesson 11-7) A three-dimensional figure with two parallel congruent circular bases connected by a curved surface.

cilindro Una figura tridimensional con dos paralelas congruentes circulares bases conectados por una superficie curva.

D

degrees (Lesson 11-1) The most common unit of measure for angles. If a circle were divided into 360 equal-sized parts, each part would have an angle measure of 1 degree.

grados La unidad más común para medir ángulos. Si un círculo se divide en 360 partes iguales, cada parte tiene una medida angular de 1 grado.

diameter (Lesson 12-1) The distance across a circle through its center.

diámetro Segmento que pasa por el centro de un círculo y lo divide en dos partes iguales.

dilation (Lesson 13-4) A transformation that enlarges or reduces a figure by a scale factor.

dilatación Transformación que produce la ampliación o reducción de una imagen por un factor de escala.

dimensional analysis (Lesson 1-2) The process of including units of measurement when you compute.

análisis dimensional Proceso que incluye las unidades de medida al hacer cálculos.

direct variation (Lesson 8-4) A relationship between two variable quantities with a constant ratio. A proportional linear relationship.

variación directa Relación entre dos cantidades variables con una razón constante. Una relación lineal proporcional.

discount (Lesson 2-8) The amount by which the regular price of an item is reduced.

descuento Cantidad que se le rebaja al precio regular de un artículo.

distribution (Lesson 10-4) The shape of a graph of data.

distribución La forma de un gráfico de datos.

Distributive Property (Lesson 3-3) To multiply a sum by a number, multiply each addend of the sum by the number outside the parentheses. For any numbers a, b, and c, $a(b + c) = ab + ac$ and $a(b - c) = ab - ac$.

Example: $2(5 + 3) = (2 \cdot 5) + (2 \cdot 3)$ and $2(5 - 3) = (2 \cdot 5) - (2 \cdot 3)$

Propiedad distributiva Para multiplicar una suma por un número, multiplíquese cada sumando de la suma por el número que está fuera del paréntesis. Sean cuales fuere los números a, b, y c, $a(b + c) = ab + ac$ y $a(b - c) = ab - ac$.

Ejemplo: $2(5 + 3) = (2 \cdot 5) + (2 \cdot 3)$ y $2(5 - 3) = (2 \cdot 5) - (2 \cdot 3)$

Division Property of Equality (Lesson 7-1) If you divide each side of an equation by the same nonzero number, the two sides remain equal.

Propiedad de división de la igualdad Si divides ambos lados de una ecuación entre el mismo número no nulo, los lados permanecen iguales.

Division Property of Inequality (Lesson 7-7) When you divide each side of an inequality by a negative number, the inequality symbol must be reversed for the inequality to remain true.

Propiedad de división de la desigualdad Cuando se divide cada lado de una desigualdad entre un número negativo, el símbolo de desigualdad debe invertirse para que la desigualdad siga siendo verdadera.

double box plot (Lesson 10-4) Two box plots graphed on the same number line.

doble diagrama de caja Dos diagramas de caja sobre la misma recta numérica.

double dot plot (Lesson 10-4) A method of visually displaying a distribution of two sets of data values where each value is shown as a dot above a number line.

doble diagrama de puntos Un método de mostrar visualmente una distribución de dos conjuntos de valores donde cada valor se muestra como un punto arriba de una recta numérica.

E

edge (Lesson 11-7) The line segment where two faces of a polyhedron intersect.

arista El segmento de línea donde se cruzan dos caras de un poliedro.

enlargement (Lesson 11-6) An image larger than the original.

aumento Imagen más grande que la original.

equiangular (Lesson 11-4) In a polygon, all of the angles are congruent.

equiangular En un polígono, todos los ángulos son congruentes.

equilateral (Lesson 11-4) In a polygon, all of the sides are congruent.

equilátero En un polígono, todos los lados son congruentes.

equilateral triangle (Lesson 11-4) A triangle having three congruent sides.

triángulo equilátero Triángulo con tres lados congruentes.

equivalent expressions (Lesson 6-1) Expressions that have the same value.

expresiones equivalentes Expresiones que tienen el mismo valor.

equivalent ratios (Lesson 1-2) Two ratios that have the same value.

razones equivalentes Dos razones que tienen el mismo valor.

evaluate (Lesson 4-1) To find the value of an expression.

resolver Calcular el valor de una expresión.

event (Lesson 9-1) The desired outcome or set of outcomes in a probability experiment.

suceso El resultado deseado o conjunto de resultados en un experimento de probabilidad.

experimental probability (Lesson 9-2) An estimated probability based on the relative frequency of positive outcomes occurring during an experiment. It is based on what *actually* occurred during such an experiment.

probabilidad experimental Probabilidad estimada que se basa en la frecuencia relativa de los resultados positivos que ocurren durante un experimento. Se basa en lo que en *realidad* ocurre durante dicho experimento.

exponent (Lesson 4-1) In a power, the number of times the base is used as a factor. In 10^3, the exponent is 3.

exponente En una potencia, el número de veces que la base se usa como factor. En 10^3, el exponente es 3.

exterior angle (Lesson 11-5) An angle between one side of a polygon and the extension of an adjacent side.

ángulo exterior Un ángulo entre un lado de un polígono y la extensión de un lado adyacente.

exterior angles (Lesson 11-3) The four outer angles formed by two lines cut by a transversal.

ángulos externos Los cuatro ángulos exteriores que se forman cuando una transversal corta dos rectas.

F

face (Lesson 11-7) A flat surface of a polyhedron.

cara Una superficie plana de un poliedro.

factor (Lesson 6-4) To write a number as a product of its factors.

factorizar Escribir un número como el producto de sus factores.

factored form (Lesson 6-4) An expression expressed as the product of its factors.

forma factorizada Una expresión expresada como el producto de sus factores.

factors (Lesson 6-1) Two or more numbers that are multiplied together to form a product.

factores Dos o más números que se multiplican entre sí para formar un producto.

fee (Lesson 2-5) A payment for a service. It can be a fixed amount, a percent of the charge, or both.

cuota Un pago por un servicio. Puede ser una cantidad fija, un porcentaje del cargo, o ambos.

G

gratuity (Lesson 2-7) Also known as a tip. It is a small amount of money in return for a service.

gratificación También conocida como propina. Es una cantidad pequeña de dinero en retribución por un servicio.

greatest common factor (GCF) of two monomials (Lesson 6-4) The greatest monomial that is a factor of both monomials. The greatest common factor also includes any variables that the monomials have in common.

máximo común divisor (M.C.D.) de dos monomios El monomio más grande que es un factor de ambos monomios. El factor común más grande también incluye las variables que los monomios tienen en común.

H

hemisphere (Lesson 12-8) One of two congruent halves of a sphere.

hemisferio Una de dos mitades congruentes de una esfera.

I

image (Lesson 13-1) The resulting figure after a transformation.

imagen Figura que resulta después de una transformación.

indirect measurement (Lesson 13-7) A technique using properties of similar polygons to find distances or lengths that are difficult to measure directly.

medición indirecta Técnica que usa las propiedades de polígonos semejantes para calcular distancias o longitudes difíciles de medir directamente.

inequality (Lesson 7-6) An open sentence that uses $<$, $>$, $\neq$, $\leq$, or $\geq$ to compare two quantities.

desigualdad Enunciado abierto que usa $<$, $>$, $\neq$, $\leq$, o $\geq$ para comparar dos cantidades.

inference (Lesson 10-1) A prediction made about a population.

inferencia Una predicción hecha sobre una población.

initial value (Lesson 8-5) The starting value in a real-world situation in which an equation can be written. The y-intercept of a linear function.

valor inicial El valor inicial en una situación real en la que se puede escribir una ecuación. La intersección y de una función lineal.

integer (Lesson 3-1) Any number from the set {..., −4, −3, −2, −1, 0, 1, 2, 3, 4, ...}, where ... means continues without end.

entero Cualquier número del conjunto {..., −4, −3, −2, −1, 0, 1, 2, 3, 4, ...}, donde ... significa que continúa sin fin.

interest (Lesson 2-9) The amount paid or earned for the use of the principal.

interés La cantidad pagada o ganada por el uso del principal.

interior angle (Lesson 11-5) An angle inside a polygon.

ángulo interno Ángulo dentro de un polígono.

interior angles (Lesson 11-3) The four inside angles formed by two lines cut by a transversal.

ángulos internos Los cuatro ángulos internos formados por dos rectas intersecadas por una transversal.

interquartile range (IQR) (Lesson 10-4) A measure of variation in a set of numerical data, the interquartile range is the distance between the first and third quartiles of the data set.

rango entre cuartiles (REC) El rango entre cuartiles, una medida de la variacion en un conjunto de datos numéricos, es la distancia entre el primer y el tercer cuartil del conjunto de datos

invalid inference (Lesson 10-1) An inference that is based on a biased sample or makes a conclusion not supported by the results of the sample.

inferencia inválida Una inferencia que se basa en una muestra sesgada o hace una conclusión no apoyada por los resultados de la muestra.

inverse operations (Lesson 5-1) Pairs of operations that undo each other. Addition and subtraction are inverse operations. Multiplication and division are inverse operations.

operaciones inversas Pares de operaciones que se anulan mutuamente. La adición y la sustracción son operaciones inversas. La multiplicación y la división son operaciones inversas.

irrational number (Lesson 5-2) A number that cannot be expressed as the ratio $\frac{a}{b}$, where a and b are integers and $b \neq 0$.

números irracionales Número que no se puede expresar como la proporción $\frac{a}{b}$, donde a y b son enteros y $b \neq 0$.

isosceles triangle (Lesson 11-4) A triangle having at least two congruent sides.

triángulo isósceles Triángulo que tiene por lo menos dos lados congruentes.

L

lateral face (Lesson 12-5) In a polyhedron, a face that is not a base.

cara lateral En un poliedro, las caras que no forman las bases.

lateral surface area (Lesson 12-5) The sum of the areas of all of the lateral faces of a solid.

área de superficie lateral Suma de las áreas de todas las caras de un sólido.

least common denominator (LCD) (Lesson 3-6) The least common multiple of the denominators of two or more fractions. You can use the LCD to compare fractions.

mínimo común denominador (m.c.d.) El menor de los múltiplos de los denominadores de dos o más fracciones. Puedes usar el mínimo común denominador para comparar fracciones.

like terms (Lesson 6-1) Terms that contain the same variable(s) raised to the same power. Example: 5*x* and 6*x* are like terms.

términos semejantes Términos que contienen las mismas variables elevadas a la misma potencia. Ejemplo: 5*x* y 6*x* son términos semejantes.

likelihood (Lesson 9-1) The chance of an event occurring.

probabilidad La posibilidad de que un suceso ocurra.

linear (Lesson 8-1) To fall in a straight line.

lineal Que cae en una línea recta.

linear equation (Lesson 8-1) An equation with a graph that is a straight line.

ecuación lineal Ecuación cuya gráfica es una recta.

linear expression (Lesson 6-2) An algebraic expression in which the variable is raised to the first power, and variables are neither multiplied nor divided.

expresión lineal Expresión algebraica en la cual la variable se eleva a la primera potencia.

linear relationship (Lesson 1-4) A relationship for which the graph is a straight line.

relación lineal Una relación para la cual la gráfica es una línea recta.

line of reflection (Lesson 13-2) The line over which a figure is reflected in a transformation.

eje de reflexión Línea a través de la cual se refleja una figura en una transformación.

line segment (Lesson 11-5) Part of a line containing two endpoints and all of the points between them.

segmento de recta Parte de una línea que contiene dos extremos y todos los puntos entre ellos.

M

markdown (Lesson 2-8) An amount by which the regular price of an item is reduced.

rebaja Una cantidad por la cual el precio regular de un artículo se reduce.

markup (Lesson 2-7) The amount the price of an item is increased above the price the store paid for the item.

margen de ganancia Cantidad de aumento en el precio de un artículo por encima del precio que paga la tienda por dicho artículo.

mean (Lesson 10-4) The sum of the data divided by the number of items in the data set.

media La suma de los datos dividida entre el número total de artículos en el conjunto de datos.

mean absolute deviation (MAD) (Lesson 10-4) A measure of variation in a set of numerical data, computed by adding the distances between each data value and the mean, then dividing by the number of data values.

desviación media absoluta (DMA) Una medida de variación en un conjunto de datos numéricos que se calcula sumando las distancias entre el valor de cada dato y la media, y luego dividiendo entre el número de valores.

measures of center (Lesson 10-4) Numbers that are used to describe the center of a set of data. These measures include the mean, median, and mode.

medidas de tendencia central Números que se usan para describir el centro de un conjunto de datos. Estas medidas incluyen la media, la mediana y la moda.

measures of variation (Lesson 10-4) A measure that is used to describe the variability, or spread, of a data set.

medidas de variación Medida que se utiliza para describir la variabilidad o la dispersión de un conjunto de datos.

median (Lesson 10-4) A measure of center in a set of numerical data. The median of a list of values is the value appearing at the center of a sorted version of the list—or the mean of the two central values, if the list contains an even number of values.

mediana Una medida del centro en un conjunto de dados númericos. La mediana de una lista de valores es el valor que aparace en el centro de una versíon ordenada de la lista, o la media de dos valores centrales si la lista contiene un número par de valores.

monomial (Lesson 4-2) A number, variable, or product of a number and one or more variables.

monomio Número, variable o producto de un número y una o más variables.

Multiplication Property of Equality (Lesson 7-1) If you multiply each side of an equation by the same nonzero number, the two sides remain equal.

Propiedad multiplicativa de la igualdad Si multiplicas ambos lados de una ecuación por el mismo número no nulo, lo lados permanecen iguales.

Multiplication Property of Inequality (Lesson 7-7) When you multiply each side of an inequality by a negative number, the inequality symbol must be reversed for the inequality to remain true.

Propiedad multiplicativa de la desigualdad Cuando se multiplica cada lado de una desigualdad por un número negativo, el símbolo de desigualdad debe invertirse para que la desigualdad siga siendo verdadera.

Multiplicative Identity Property (Lesson 3-3) The product of any number and one is the number.

Propiedad multiplicativa de la identidad El producto de cualquier número y uno es el mismo número.

multiplicative inverse (Lesson 3-8) Two numbers with a product of 1. For example, the multiplicative inverse of $\frac{2}{3}$ is $\frac{3}{2}$.

inverso multiplicativo Dos números cuyo producto es 1. Por ejemplo, el inverso multiplicativo de $\frac{2}{3}$ es $\frac{3}{2}$.

Multiplicative Property of Zero (Lesson 3-3) The product of any number and zero is zero.

Propiedad multiplicativa del cero El producto de cualquier número y cero es cero.

N

natural numbers (Lesson 5-1) The set of numbers used for counting.

números naturales El conjunto de números utilizado para el recuento.

negative exponent (Lesson 4-4) The result of repeated division used to represent very small numbers.

exponente negativo El resultado de la división repetida se utiliza para representar números muy pequeños.

negative integer (Lesson 3-1) An integer that is less than zero. Negative integers are written with a − sign.

entero negativo Número menor que cero. Se escriben con el signo −.

net (Lesson 12-5) A two-dimensional figure that can be used to build a three-dimensional figure.

red Figura bidimensional que sirve para hacer una figura tridimensional.

nonproportional (Lesson 1-3) The relationship between two ratios with a rate or ratio that is not constant.

no proporcional Relación entre dos razones cuya tasa o razón no es constante.

numerical expression (Lesson 6-1) A combination of numbers and operations.

expresión numérica Combinación de números y operaciones.

O

obtuse angle (Lesson 11-1) Any angle that measures greater than 90° but less than 180°.

ángulo obtuso Cualquier ángulo que mide más de 90° pero menos de 180°.

obtuse triangle (Lesson 11-4) A triangle having one obtuse angle.

triángulo obtusángulo Triángulo que tiene un ángulo obtuso.

opposites (Lesson 3-1) Two integers are opposites if they are represented on the number line by points that are the same distance from zero, but on opposite sides of zero. The sum of two opposites is zero.

opuestos Dos enteros son opuestos si, en la recta numérica, están representados por puntos que equidistan de cero, pero en direcciones opuestas. La suma de dos opuestos es cero.

order of operations (Lesson 3-9) The rules to follow when more than one operation is used in a numerical expression.

1. Evaluate the expressions inside grouping symbols.
2. Evaluate all powers.
3. Multiply and divide in order from left to right.
4. Add and subtract in order from left to right.

orden de las operaciones Reglas a seguir cuando se usa más de una operación en una expresión numérica.

1. Primero, evalúa las expresiones dentro de los símbolos de agrupación.
2. Evalúa todas las potencias.
3. Multiplica y divide en orden de izquierda a derecha.
4. Suma y resta en orden de izquierda a derecha.

ordered pair (Lesson 8-1) A pair of numbers used to locate a point in the coordinate plane. The ordered pair is written in this form: (x-coordinate, y-coordinate).

par ordenado Par de números que se utiliza para ubicar un punto en un plano de coordenadas. Se escribe de la siguiente forma: (coordenada x, coordenada y).

origin (Lesson 8-1) The point of intersection of the x-axis and y-axis in a coordinate plane.

origen Punto en que el eje x y el eje y se intersecan en un plano de coordenadas.

outcome (Lesson 9-1) Any one of the possible results of an action. For example, 4 is an outcome when a number cube is rolled.

resultado Cualquiera de los resultados posibles de una acción. Por ejemplo, 4 puede ser un resultado al lanzar un cubo numerado.

P

parallel lines (Lesson 11-3) Lines in the same plane that never intersect or cross. The symbol || means parallel.

rectas paralelas Rectas que yacen en un mismo plano y que no se intersecan. El símbolo || significa "paralela a".

parallelogram (Lesson 12-3) A quadrilateral with opposite sides parallel and opposite sides congruent.

paralelogramo Cuadrilátero cuyos lados opuestos son paralelos y congruentes.

percent error (Lesson 2-4) A ratio that compares the inaccuracy of an estimate (amount of error) to the actual amount.

porcentaje de error Una razón que compara la inexactitud de una estimación (cantidad del error) con la cantidad real.

percent of change (Lesson 2-3) A ratio that compares the change in a quantity to the original amount.

$$\text{percent of change} = \frac{\text{amount of change}}{\text{original amount}} \cdot 100$$

porcentaje de cambio Razón que compara el cambio en una cantidad a la cantidad original.

$$\text{porcentaje de cambio} = \frac{\text{cantidad del cambio}}{\text{cantidad original}} \cdot 100$$

percent of decrease (Lesson 2-3) A negative percent of change.

porcentaje de disminución Porcentaje de cambio negativo.

percent of increase (Lesson 2-3) A positive percent of change.

porcentaje de incremento Porcentaje de cambio positivo.

perfect cube (Lesson 5-1) A number whose cube root is an integer. 27 is a perfect cube because its cube root is 3.

cubo perfecto Número cuya raíz cúbica es un número entero. 27 es un cubo perfecto porque su raíz cúbica es 3.

perfect square (Lesson 5-1) A number whose square root is a whole number. 25 is a perfect square because its square root is 5.

cuadrado perfecto Número cuya raíz cuadrada es un número entero. 25 es un cuadrado perfecto porque su raíz cuadrada es 5.

perpendicular lines (Lesson 11-3) Two lines that intersect to form right angles.

rectas perpendiculares Dos rectas que se intersecan formando ángulos rectos.

pi (Lesson 12-1) The ratio of the circumference of a circle to its diameter. The Greek letter π represents this number. The value of pi is 3.1415926.... Approximations for pi are 3.14 and $\frac{22}{7}$.

pi Relación entre la circunferencia de un círculo y su diámetro. La letra griega π representa este número. El valor de pi es 3.1415926.... Las aproximaciones de pi son 3.14 y $\frac{22}{7}$.

plane (Lesson 11-7) A two-dimensional flat surface that extends in all directions.

plano Superficie bidimensional que se extiende en todas direcciones.

polygon (Lesson 12-3) A simple closed figure formed by three or more straight line segments.

polígono Figura cerrada simple formada por tres o más segmentos de recta.

polyhedron (Lesson 11-7) A three-dimensional figure with faces that are polygons.

poliedro Una figura tridimensional con caras que son polígonos.

population (Lesson 10-1) The entire group of items or individuals from which the samples under consideration are taken.

población El grupo total de individuos o de artículos del cual se toman las muestras bajo estudio.

positive integer (Lesson 3-1) An integer that is greater than zero. They are written with or without a + sign.

entero positivo Entero que es mayor que cero; se escribe con o sin el signo +.

power (Lesson 4-1) A product of repeated factors using an exponent and a base. The power 7^3 is read *seven to the third power*, or *seven cubed*.

potencia Producto de factores repetidos con un exponente y una base. La potencia 7^3 se lee *siete a la tercera potencia* o *siete al cubo*.

Power of a Power Property (Lesson 4-3) A property that states to find the power of a power, multiply the exponents.

Propiedad de la potencia de una potencia Una propiedad que establece que se halla la potencia de una potencia al multiplicar los exponentes.

Power of a Product Property (Lesson 4-3) A property that states to find the power of a product, find the power of each factor and multiply.

Propiedad de la potencia de un producto Una propiedad que establece que para hallar la potencia de un producto, hay que hallar la potencia de cada factor y multiplicar.

preimage (Lesson 13-1) The original figure before a transformation.

preimagen Figura original antes de una transformación.

principal (Lesson 2-9) The amount of money deposited or borrowed.

capital Cantidad de dinero que se deposita o se toma prestada.

principal square root (Lesson 5-1) The positive square root of a number.

raíz cuadrada principal La raíz cuadrada positiva de un número.

prism (Lesson 11-7) A polyhedron with two parallel congruent faces called bases.

prisma Un poliedro con dos caras congruentes paralelas llamadas bases.

probability (Lesson 9-2) The chance that some event will happen. It is the ratio of the number of favorable outcomes to the number of possible outcomes.

probabilidad La posibilidad de que suceda un evento. Es la razón del número de resultados favorables al número de resultados posibles.

probability experiment (Lesson 9-2) When you perform an event to find the likelihood of an event.

experimento de probabilidad Cuando realiza un evento para encontrar la probabilidad de un evento.

probability model (Lesson 9-3) A model used to assign probabilities to outcomes of a chance process by examining the nature of the process.

modelo de probabilidad Un modelo usado para asignar probabilidades a resultados de un proceso aleatorio examinando la naturaleza del proceso.

Product of Powers Property (Lesson 4-2) A property that states to multiply powers with the same base, add their exponents.

Propiedad de la potencia de un producto Una propiedad que establece que para multiplicar potencias con la misma base, se suman sus exponentes.

properties (Lesson 3-1) Statements that are true for any number or variable.

propiedades Enunciados que son verdaderos para cualquier número o variable.

proportion (Lesson 1-5) An equation stating that two ratios or rates are equivalent.

proporción Ecuación que indica que dos razones o tasas son equivalentes.

proportional (Lesson 1-3) The relationship between two ratios with a constant rate or ratio.

proporcional Relación entre dos razones con una tasa o razón constante.

pyramid (Lesson 11-7) A polyhedron with one base that is a polygon and three or more triangular faces that meet at a common vertex.

pirámide Un poliedro con una base que es un polígono y tres o más caras triangulares que se encuentran en un vértice común.

Q

quadrants (Lesson 8-1) The four sections of the coordinate plane.

cuadrantes Las cuatro secciones del plano de coordenadas.

quadrilateral (Lesson 12-3) A closed figure having four sides and four angles.

cuadrilátero Figura cerrada que tiene cuatro lados y cuatro ángulos.

Quotient of Powers Property (Lesson 4-2) A property that states to divide powers with the same base, subtract their exponents.

Propiedad del cociente de potencias Una propiedad que establece que para dividir potencias con la misma base hay que restar sus exponentes.

R

radical sign (Lesson 5-1) The symbol used to indicate a positive square root, $\sqrt{}$.

símbolo de raíz cuadrada Símbolo que se usa para indicar una raíz cuadrada positiva, $\sqrt{}$.

radius (Lesson 12-1) The distance from the center of a circle to any point on the circle.

radio Distancia desde el centro de un círculo hasta cualquiera de sus puntos.

random (Lesson 9-2) Outcomes occur at random if each outcome occurs by chance. For example, rolling a number on a number cube occurs at random.

azar Los resultados ocurren aleatoriamente si cada resultado ocurre por casualidad. Por ejemplo, sacar un número en un cubo numerado ocurre al azar.

rate (Lesson 1-1) A special kind of ratio in which the units are different.

tasa Un tipo especial de relación en el que las unidades son diferentes.

rate of change (Lesson 8-1) A rate that describes how one quantity changes in relation to another quantity.

tasa de cambio Una tasa que describe cómo cambia una cantidad en relación con otra cantidad.

ratio (Lesson 1-1) A comparison between two quantities, in which for every *a* units of one quantity, there are *b* units of another quantity.

razón Una comparación entre dos cantidades, en la que por cada *a* unidades de una cantidad, hay unidades *b* de otra cantidad.

rational numbers (Lesson 3-6) The set of numbers that can be written in the form $\frac{a}{b}$, where *a* and *b* are integers and $b \neq 0$.

Examples: $1 = \frac{1}{1}, \frac{2}{9}, -2.3 = \frac{-23}{10}$

números racionales Conjunto de números que puede escribirse en la forma $\frac{a}{b}$ donde *a* y *b* son números enteros y $b \neq 0$.

Ejemplos: $1 = \frac{1}{1}, \frac{2}{9}, -2.3 = \frac{-23}{10}$

real numbers (Lesson 5-2) The set of rational numbers together with the set of irrational numbers.

números reales El conjunto de números racionales junto con el conjunto de números irracionales.

reciprocal (Lesson 3-8) The multiplicative inverse of a number.

recíproco El inverso multiplicativo de un número.

rectangular prism (Lesson 12-4) A prism that has two parallel congruent bases that are rectangles.

prisma rectangular Un prisma con dos bases paralelas congruentes que son rectángulos.

reduction (Lesson 11-6) An image smaller than the original.

reducción Imagen más pequeña que la original.

reflection (Lesson 13-2) A transformation where a figure is flipped over a line. Also called a flip.

reflexión Transformación en la cual una figura se voltea sobre una recta. También se conoce como simetría de espejo.

regular polygon (Lesson 12-3) A polygon that has all sides congruent and all angles congruent.

polígono regular Polígono con todos los lados y todos los ángulos congruentes.

regular pyramid (Lesson 12-5) A pyramid whose base is a regular polygon and in which the segment from the vertex to the center of the base is the altitude.

pirámide regular Pirámide cuya base es un polígono regular y en la cual el segmento desde el vértice hasta el centro de la base es la altura.

relative frequency (Lesson 9-2) A ratio that compares the frequency of each category to the total.

frecuencia relativa Razón que compara la frecuencia de cada categoría al total.

relative frequency graph (Lesson 9-2) A graph used to organize occurrences compared to a total.

gráfica de frecuencia relativa Gráfico utilizado para organizar las ocurrencias en comparación con un total.

relative frequency table (Lesson 9-2) A table used to organize occurrences compared to a total.

tabla de frecuencia relativa Una tabla utilizada para organizar las ocurrencias en comparación con un total.

remote interior angles (Lesson 11-5) The angles of a triangle that are not adjacent to a given exterior angle.

ángulos internos no adyacentes Ángulos de un triángulo que no son adya centes a un ángulo exterior dado.

repeating decimal (Lesson 3-6) A decimal in which 1 or more digits repeat.

decimal periódico Un decimal en el que se repiten 1 o más dígitos.

rhombus (Lesson 12-3) A parallelogram having four congruent sides.

rombo Paralelogramo que tiene cuatro lados congruentes.

right angle (Lesson 11-1) An angle that measures exactly 90°.

ángulo recto Ángulo que mide exactamente 90°.

right triangle (Lesson 11-4) A triangle having one right angle.

triángulo rectángulo Triángulo que tiene un ángulo recto.

rise (Lesson 8-2) The vertical change between any two points on a line.

elevación El cambio vertical entre cualquier par de puntos en una recta.

rotation (Lesson 13-3) A transformation in which a figure is turned about a fixed point.

rotación Transformación en la cual una figura se gira alrededor de un punto fijo.

run (Lesson 8-2) The horizontal change between any two points on a line.

recorrido El cambio horizontal entre cualquier par de puntos en una recta.

S

sales tax (Lesson 2-6) An additional amount of money charged on items that people buy.

impuesto sobre la venta Cantidad de dinero adicional que se cobra por los artículos que se compran.

sample (Lesson 10-1) A randomly selected group chosen for the purpose of collecting data.

muestra Grupo escogido al azar o aleatoriamente que se usa con el propósito de recoger datos.

sample space (Lesson 9-3) The set of all possible outcomes of a probability experiment.

espacio muestral Conjunto de todos los resultados posibles de un experimento probabilístico.

scale (Lesson 11-6) The scale that gives the ratio that compares the measurements of a drawing or model to the measurements of the real object.

escala Razón que compara las medidas de un dibujo o modelo a las medidas del objeto real.

scale drawing (Lesson 11-6) A drawing that is used to represent objects that are too large or too small to be drawn at actual size.

dibujo a escala Dibujo que se usa para representar objetos que son demasiado grandes o demasiado pequeños como para dibujarlos de tamaño natural.

scale factor (Lesson 11-6) A scale written as a ratio without units in simplest form.

factor de escala Escala escrita como una razón sin unidades en forma simplificada.

scale factor (Lesson 13-4) The ratio of the lengths of two corresponding sides of two similar polygons.

factor de escala La razón de las longitudes de dos lados correspondientes de dos polígonos semejantes.

scale model (Lesson 11-6) A model used to represent objects that are too large or too small to be built at actual size.

modelo a escala Réplica de un objeto real, el cual es demasiado grande o demasiado pequeño como para construirlo de tamaño natural.

scalene triangle (Lesson 11-4) A triangle having no congruent sides.

triángulo escaleno Triángulo sin lados congruentes.

scientific notation (Lesson 4-5) A compact way of writing numbers with absolute values that are very large or very small. In scientific notation, 5,500 is 5.5×10^3.

notación científica Manera abreviada de escribir números con valores absolutos que son muy grandes o muy pequeños. En notación científica, 5,500 es 5.5×10^3.

selling price (Lesson 2-7) The amount the customer pays for an item.

precio de venta Cantidad de dinero que paga un consumidor por un artículo.

semicircle (Lesson 12-2) Half of a circle. The formula for the area of a semicircle is $A = \frac{1}{2}\pi r^2$.

semicírculo Medio círculo. La fórmula para el área de un semicírculo es $A = \frac{1}{2}\pi r^2$.

similar (Lesson 13-6) If one image can be obtained from another by a sequence of transformations and dilations.

semejante Si una imagen puede obtenerse de otra mediante una secuencia de transformaciones y dilataciones.

similar figures (Lesson 8-3) Figures that have the same shape but not necessarily the same size.

figuras semejantes Figuras que tienen la misma forma, pero no necesariamente el mismo tamaño.

simple event (Lesson 9-2) One outcome or a collection of outcomes.

suceso simple Un resultado o una colección de resultados.

simple interest (Lesson 2-9) The amount paid or earned for the use of money. The formula for simple interest is $I = prt$.

interés simple Cantidad que se paga o que se gana por el uso del dinero. La fórmula para calcular el interés simple es $I = prt$.

simple random sample (Lesson 10-1) An unbiased sample where each item or person in the population is as likely to be chosen as any other.

muestra aleatoria simple Muestra de una población que tiene la misma probabilidad de escogerse que cualquier otra.

simplest form (Lesson 6-1) An expression is in simplest form when it is replaced by an equivalent expression having no like terms or parentheses.

mínima expresión Una expresión está en su mínima expresión cuando es reemplazada por una expresión equivalente sin términos similares ni paréntesis.

simplify (Lesson 6-5) Write an expression in simplest form.

simplificar Escribir una expresión en su forma más simple.

simulation (Lesson 9-6) An experiment that is designed to model the action in a given situation.

simulación Un experimento diseñado para modelar la acción en una situación dada.

slant height (Lesson 12-5) The height of each lateral face.

altura inclinada Altura de cada cara lateral.

slope (Lesson 8-1) The rate of change between any two points on a line. The ratio of the rise, or vertical change, to the run, or horizontal change.

pendiente Razón de cambio entre cualquier par de puntos en una recta. La razón de la altura, o cambio vertical, a la carrera, o cambio horizontal.

slope-intercept form (Lesson 8-5) An equation written in the form $y = mx + b$, where m is the slope and b is the y-intercept.

forma pendiente-intercepto Ecuación de la forma $y = mx + b$, donde m es la pendiente y b es la intersección y.

slope triangles (Lesson 8-3) Right triangles that fall on the same line on the coordinate plane.

triángulos de pendiente Triángulos rectos que caen en la misma línea en el plano de coordenadas.

solid (Lesson 12-6) A three-dimensional figure formed by intersecting planes.

sólido Figura tridimensional formada por planos que se intersecan.

sphere (Lesson 12-8) The set of all points in space that are a given distance from a given point called the center.

esfera Conjunto de todos los puntos en el espacio que están a una distancia dada de un punto dado llamado centro.

square root (Lesson 5-1) One of the two equal factors of a number. If $a^2 = b$, then a is the square root of b. A square root of 144 is 12 since $12^2 = 144$.

raíz cuadrada Uno de dos factores iguales de un número. Si $a^2 = b$, la a es la raíz cuadrada de b. Una raíz cuadrada de 144 es 12 porque $12^2 = 144$.

standard form (Lesson 4-5) Numbers written without exponents.

forma estándar Números escritos sin exponentes.

statistics (Lesson 10-1) The study of collecting, organizing, and interpreting data.

estadística Estudio que consiste en recopilar, organizar e interpretar datos.

straight angle (Lesson 11-1) An angle that measures exactly 180°.

ángulo llano Ángulo que mide exactamente 180°.

stratified random sample (Lesson 10-1) A sample in which the population is divided into groups with similar traits that do not overlap. A simple random sample is then selected from each group.

muestra aleatoria estratificada Una muestra en la que la población se divide en grupos con rasgos similares que no se superponen. A continuación, se selecciona una muestra aleatoria simple de cada grupo.

Subtraction Property of Equality (Lesson 7-1) If you subtract the same number from each side of an equation, the two sides remain equal.

Propiedad de resta de la igualdad Si restas el mismo número de ambos lados de una ecuación, los dos lados permanecen iguales.

Subtraction Property of Inequality (Lesson 7-6) If you subtract the same number from each side of an inequality, the inequality remains true.

Propiedad de resta de la desigualdad Si se resta el mismo número a cada lado de una desigualdad, la desigualdad sigue siendo verdadera.

supplementary angles (Lesson 11-2) Two angles are supplementary if the sum of their measures is 180°.

ángulos suplementarios Dos ángulos son suplementarios si la suma de sus medidas es 180°.

surface area (Lesson 12-5) The sum of the areas of all the surfaces (faces) of a three-dimensional figure.

área total La suma de las áreas de todas las superficies (caras) de una figura tridimensional.

survey (Lesson 10-1) A question or set of questions designed to collect data about a specific group of people, or population.

encuesta Pregunta o conjunto de preguntas diseñadas para recoger datos sobre un grupo específico de personas o población.

symmetric distribution (Lesson 10-4) A distribution in which the shape of the graph on each side of the center is similar.

distribución simétrica Distribución en la que la forma de la gráfica en cada lado del centro es similar.

systematic random sample (Lesson 10-1) A sample where the items or people are selected according to a specific time or item interval.

muestra aleatoria sistemática Muestra en que los elementos o personas se eligen según un intervalo de tiempo o elemento específico.

T

term (Lesson 4-2) Each part of an algebraic expression separated by an addition or subtraction sign.

término Cada parte de un expresión algebraica separada por un signo adición o un signo sustracción.

terminating decimal (Lesson 3-6) A decimal with a repeating digit of 0.

decimal finito Un decimal que tiene un dígito que se repite que es 0.

theoretical probability (Lesson 9-3) The ratio of the number of ways an event can occur to the number of possible outcomes in the sample space. It is based on what *should* happen when conducting a probability experiment.

probabilidad teórica Razón del número de maneras en que puede ocurrir un evento al número de resultados posibles en el espacio muestral. Se basa en lo que *debería* pasar cuando se conduce un experiment probabilístico.

theoretical probability of a compound event (Lesson 9-5) The ratio of the number of ways an event can occur to the number of possible outcomes in the sample space. It is based on what *should* happen when conducting a probability experiment.

probabilidad teórica de un suceso compuesto Razón del número de maneras en que puede ocurrir un suceso al número de resultados posibles en el espacio muestral. Se basa en lo que *debería* pasar cuando se conduce un experimento probabilístico.

three-dimensional figure (Lesson 11-7) A figure with length, width, and height.

figura tridimensional Figura que tiene largo, ancho y alto.

tip (Lesson 2-7) Also known as a gratuity, it is a small amount of money in return for a service.

propina También conocida como gratificación; es una cantidad pequeña de dinero en recompensa por un servicio.

transformation (Lesson 13-1) An operation that maps a geometric figure, preimage, onto a new figure, image.

transformación Operación que convierte una figura geométrica, la pre-imagen, en una figura nueva, la imagen.

translation (Lesson 13-1) A transformation that slides a figure from one position to another without turning.

traslación Transformación en la cual una figura se desliza de una posición a otra sin hacerla girar.

transversal (Lesson 11-3) A line that intersects two or more other lines.

transversal Recta que interseca dos o más rectas.

trapezoid (Lesson 12-3) A quadrilateral with one pair of parallel sides.

trapecio Cuadrilátero con un único par de lados paralelos.

tree diagram (Lesson 9-5) A diagram used to show the sample space.

diagrama de árbol Diagrama que se usa para mostrar el espacio muestral.

triangle (Lesson 11-4) A figure with three sides and three angles.

triángulo Figura con tres lados y tres ángulos.

triangular prism (Lesson 12-4) A prism that has two parallel congruent bases that are triangles.

prisma triangular Un prisma que tiene dos bases congruentes paralelas que triángulos.

truncating (Lesson 5-3) A process of approximating a decimal number by eliminating all decimal places past a certain point without rounding.

truncar Proceso de aproximación de un número decimal eliminando todos los decimales más allá de un cierto punto sin redondear.

two-step equation (Lesson 7-1) An equation having two different operations.

ecuación de dos pasos Ecuación que contiene dos operaciones distintas.

two-step inequality (Lesson 7-8) An inequality that contains two operations.

desigualdad de dos pasos Desigualdad que contiene dos operaciones.

U

unbiased sample (Lesson 10-1) A sample representative of the entire population.

muestra no sesgada Muestra que se selecciona de modo que se representativa de la población entera.

uniform probability model (Lesson 9-3) A probability model which assigns equal probability to all outcomes.

modelo de probabilidad uniforme Un modelo de probabilidad que asigna igual probabilidad a todos los resultados.

unit rate (Lesson 1-1) A rate in which the first quantity is compared to 1 unit of the second quantity.

tasa por unidad Una tasa en la que la primera candidad se compara con 1 unidad de la segunda.

unit ratio (Lesson 1-2) A ratio in which the first quantity is compared to every 1 unit of the second quantity.

razón por unidad Una razón en la que la primera cantidad se compara con cada 1 unidad de la segunda cantidad.

V

valid inference (Lesson 10-1) A prediction, made about a population, based on an unbiased sample that is representative of the population.

inferencia válida Una predicción sobre una población basada en una muestra imparcial que es representativa de la población.

valid sampling method (Lesson 10-1) A sampling method that is: representative of the population selected at random, where each member has an equal chance of being selected, and large enough to provide accurate data.

método de muestreo válido Un método de muestreo representativo de la población seleccionada al azar, donde cada miembro tiene la misma oportunidad de ser seleccionado, y suficientemente grande para proporcionar datos precisos.

variability (Lesson 10-3) A measure that describes the amount of diversity in values within a sample or samples.

variabilidad Medida que describe la cantidad de diversidad en valores dentro de una muestra o muestras.

vertex (Lesson 11-1) A vertex of an angle is the common endpoint of the rays forming the angle.

vértice El vértice de un ángulo es el extremo común de los rayos que lo forman.

vertex (Lesson 11-7) The point where three or more faces of a polyhedron intersect.

vértice El punto donde tres o más caras de un poliedro se cruzan.

vertical angles (Lesson 11-1) Opposite angles formed by the intersection of two lines. Vertical angles are congruent.

ángulos opuestos por el vértice Ángulos opuestos formados por la intersección de dos rectas. Los ángulos opuestos por el vértice son congruentes.

vertices (Lesson 11-7) Plural of vertex.

vértices Plural de vértice.

visual overlap (Lesson 10-4) A visual demonstration that compares the centers of two distributions with their variation, or spread.

superposición visual Una demostración visual que compara los centros de dos distribuciones con su variación, o magnitud.

volume (Lesson 12-4) The measure of the space occupied by a solid. Standard units of measure are cubic units such as in^3 or ft^3.

volumen Medida del espacio que ocupa un sólido. Unidades de medida estándar son unidades cúbicas tales como $pulg^3$ o $pies^3$.

voluntary response sample (Lesson 10-1) A sample which involves only those who want to participate in the sampling.

muestra de respuesta voluntaria Muestra que involucra solo a aquellos que quieren participar en el muestreo.

W

wholesale cost (Lesson 2-7) The amount the store pays for an item.

costo al por mayor La cantidad que la tienda paga por un artículo.

X

x-axis **(Lesson 8-1)** The horizontal number line that helps to form the coordinate plane.

eje *x* La recta numérica horizontal que ayuda a formar el plano de coordenadas.

x-coordinate **(Lesson 8-1)** The first number of an ordered pair.

coordenada *x* El primer número de un par ordenado.

x-intercept **(Lesson 8-1)** The *x*-coordinate of the point where the line crosses the *x*-axis.

intercepto en *x* La coordenada *x* del punto donde cruza la gráfica el eje *x*.

Y

y-axis **(Lesson 8-1)** The vertical number line that helps to form the coordinate plane.

eje *y* La recta numérica vertical que ayuda a formar el plano de coordenadas.

y-coordinate **(Lesson 8-1)** The second number of an ordered pair.

coordenada *y* El segundo número de un par ordenado.

y-intercept **(Lesson 8-5)** The *y*-coordinate of the point where the line crosses the *y*-axis.

intercepto en *y* La coordenada *y* del punto donde cruza la gráfica el eje *y*.

Z

zero angle **(Lesson 11-1)** An angle that measures exactly 0 degrees.

ángulo nulo Un ángulo que mide exactamente 0 grados.

Zero Exponent Rule **(Lesson 4-4)** A rule that states that any nonzero number to the zero power is equivalent to 1.

regla de exponente cero Una regla que establece que cualquier número diferente de cero a la potencia cero es equivalente a 1.

zero pair **(Lesson 3-1)** The result when one positive counter is paired with one negative counter. The value of a zero pair is 0.

par cero Resultado de hacer coordinar una ficha positiva con una negativa. El valor de un par nulo es 0.

Índice

A

B

C

D

E

F

G

H

I

Respuestas seleccionadas

Lección 1-1 Tasas por unidad que incluyen razones de fracciones, Páginas de práctica 11-12

1. 64 millas en una hora **3.** 124.8 millas en una hora **5.** $\frac{5}{9}$ de pie en un mes **7.** $\frac{3}{5}$ de milla en un minuto **9.** moneda; aproximadamente 56.4 kilómetros por hora más rápido

11. Ejemplo de respuesta: El estudiante que corre $\frac{3}{4}$ de milla en 6 minutos correrá 1 milla en 8 minutos si la velocidad es constante. El estudiante que corre $\frac{1}{2}$ de milla en 5 minutos correrá 1 milla en 10 minutos si la velocidad es constante. **13.** Ejemplo de respuesta: Estableció que su tasa era de $\frac{\frac{3}{4}\text{ de hora}}{9\text{ tarjetas de felicitación}}$. La tasa por unidad de $\frac{1}{12}$ es hora por tarjeta de felicitación, no tarjeta por hora.

Lección 1-2 Comprender las relaciones proporcionales, Páginas de práctica 19-20

1. sí; Las dos tienen una razón de 3 : 1.
3. sí; Las dos tienen una razón de 7 : 200.
5. no; Una razón es 4 cm por año y la otra es 3 cm por año. **7.** 5 pies^3 de minerales, 5 pies^3 de musgo, 10 pies^3 de abono; 12 pies^3 de minerales, 12 pies^3 de musgo, 24 pies^3 de abono; 20 pies^3 de minerales, 20 pies^3 de musgo, 40 pies^3 de abono; 100 pies^3 de minerales, 100 pies^3 de musgo, 200 pies^3 de abono **9.** $\frac{1}{2}$ taza **11.** Ejemplo de respuesta: En la primera solución de limpieza, la razón de vinagre y agua es de 1 : 2. Sin embargo, la segunda solución tiene una razón de 2 : 3. Las razones no son equivalentes. **13.** Ejemplo de respuesta: La tasa por unidad de cada razón de una situación es la cantidad comparada con 1 unidad de otra cantidad. Si una relación es proporcional, entonces cada razón tendría la misma tasa por unidad.

Lección 1-3 Tablas de relaciones proporcionales, Páginas de práctica 29-30

1.

Almuerzos comprados	1	2	3	4
Costo total ($)	2.50	5.00	7.50	10.00

sí; Las razones de las cantidades son todas iguales y tienen una tasa por unidad de $2.50 por almuerzo.

3.

Horas	1	2	3	4
Costo ($)	55	75	95	115

no; Las razones entre las cantidades no son iguales.

5. 0.50 **7.** 3.1 **9.** sí; $9.00 **11.** sí; Ejemplo de respuesta: Hay una relación proporcional entre la cantidad de onzas líquidas y la cantidad de tazas. Por lo tanto, la cantidad de tazas se incrementaría por el mismo factor que la cantidad de onzas líquidas. **13.** Ejemplo de respuesta: La cantidad de vueltas se incrementa a la misma tasa y el tiempo se incrementa a la misma tasa, pero las razones de las vueltas por el tiempo no son iguales.

Lección 1-4 Gráficas de relaciones proporcionales, Páginas de práctica 39-40

1.

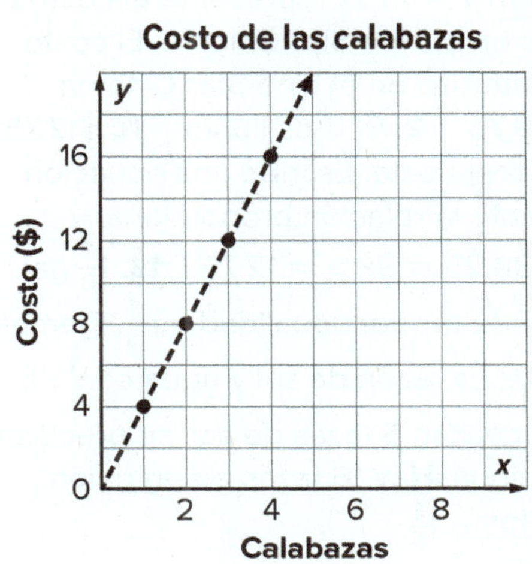

El costo es proporcional a la cantidad de calabazas compradas, porque la gráfica incluye una recta que pasa por el origen.

3. 15

5.

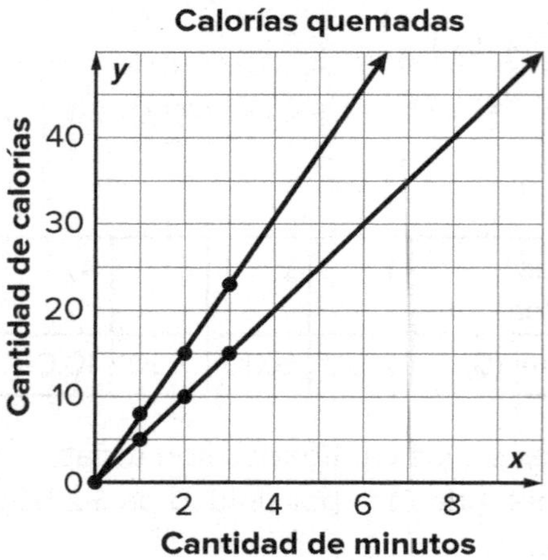

El punto (1, 5) representa la tasa por unidad.

7. Ejemplo de respuesta: Una recta puede tener una tasa por unidad constante y no ser proporcional porque pasa por el origen. Por ejemplo, alquilar un bote con una tarifa inicial y, luego, un costo por hora tendría una tasa constante, pero no pasaría por el origen.
9. Ejemplo de respuesta: En la gráfica, se muestra la cantidad de pies por yarda. La constante de proporcionalidad es 3; hay 3 pies por yarda.

Lección 1-5 Ecuaciones de relaciones proporcionales, Páginas de práctica 47-48

1. 4.75; Liv gana $4.75 por cada brazalete que vende. **3.** $y = 1.5x$ **5.** $y = 1\frac{3}{4}x$; $10\frac{1}{2}$ c
7. La ecuación $y = 7.75x$ representa el costo de las entradas en el cine Star Cinema. El costo total de 9 entradas en el cine Star Cinema sería de $69.75. **9.** 91 tiros libres **11.** $12.75; Ejemplo de respuesta: Escribe una ecuación que represente la relación proporcional y resuelve x. $38.25 = 3x$; $x = 12.75$ **13.** $1\frac{1}{8}$ gal.; la constante de proporcionalidad es $\frac{1}{3}$. Ejemplo de respuesta: La razón de sal y agua es $\frac{1}{3}$: 1. Como se necesitan 6 tazas de sal, se precisan 18 tazas de agua. Hay 16 tazas en un galón. $18 \div 16 = 1.125$ o $1\frac{1}{8}$.

Lección 1-6 Resolver problemas que incluyan relaciones proporcionales, Páginas de práctica 55-56

1. 177 niñas **3.** 75 trozos **5.** 19.2 min. **7.** 315 adultos **9.** 0.52 gal.; Ejemplo de respuesta: El área de la cerca es 26(7), o 182 pies cuadrados. Usando la ecuación $y = 350x$ para representar la relación proporcional, necesitará $182 \div 350$, o 0.52 gal. **11.** Ejemplo de respuesta: Enrique gasta una botella de 12 onzas de champú en 16 semanas. ¿Cuánto le durará una botella de 18 onzas de la misma marca? 24 semanas

Módulo 1 Repaso Páginas 59-60

1. D **3.** 8 tazas de harina, 2 tazas de sal, 4 tazas de agua; 6 tazas de harina, $1\frac{1}{2}$ de taza de sal, 3 tazas de agua **5.** no; Las razones $\frac{2}{1}$, $\frac{5}{4}$, $\frac{7}{6}$ y $\frac{10}{8}$ no son equivalentes. **7.** La relación es proporcional. El punto (9, 18) respeta esta relación. La constante de proporcionalidad es 2. **9A.** $y = 22.5x$ **9B.** $292.50

Lección 2-1 Porcentaje de cambio, Páginas de práctica 71-72

1. 25%; incremento **3.** 37.5%; disminución **5.** 48.5% **7.** 10.7% **9.** 56.6% **11.** del área; 600% **13.** Ejemplo de respuesta: El mes pasado cayeron 0.5 pulgadas de nieve. Este mes, 0.75 pulgadas. ¿Cuál es el porcentaje de incremento en la caída de nieve?; 50%
15. verdadero; Ejemplo de respuesta: Una disminución indica una cantidad menor. Por lo tanto, la cantidad original debe ser mayor a la cantidad de disminución.

Lección 2-2 Impuestos, Páginas de práctica 81-82

1. \$19.26 **3.** \$52.45 **5.** \$79.82 **7.** \$359.13 **9.** D. \$132.74 **11.** \$34.54 **13.** Ejemplo de respuesta: $1.06 \cdot a$; $a + 0.06a$; Las dos expresiones multiplican el costo por 100% y por la tasa del impuesto sobre la venta para obtener el costo total. **15.** mayor que; Ejemplo de respuesta: El 10% de \$160 es \$16, y el 5% de \$160 es \$8. El impuesto es mayor que el 5%, así que el impuesto será mayor que \$8.

Lección 2-3 Propinas y márgenes de ganancia, Páginas de práctica 89-90

1. \$22.00 **3.** \$194.25 **5.** \$47.40 **7.** \$30 **9.** 55% **11.** \$342.37 **13.** sí; Ejemplo de respuesta: El total sería \$77, que es menos de \$80. **15.** Ejemplo de respuesta: $1.18x$; $x + 0.18x$; Las dos expresiones multiplican el costo por 100% y por la propina para obtener el costo total.

Lección 2-4 Descuentos, Páginas de práctica 97-98

1. \$126.00 **3.** \$276.25 **5.** \$24.70 **7.** \$375.15 **9.** \$47.89 **11.** Saltarín; \$3.76; **13.** $11\frac{1}{9}$%; Ejemplo de respuesta: Supongamos que el costo del artículo es \$50. El 10% de \$50 es \$5 y \$50 – \$5 = \$45. Con una proporción, hallo qué porcentaje de \$45 es \$5. Resuelvo para *r*: $\frac{5}{45} = \frac{r}{100}$. $r = 11\frac{1}{9}$% **15.** \$34.30; alrededor del 14%

Lección 2-5 Interés, Páginas de práctica 105-106

1. \$31.80 **3.** \$157.50 **5.** \$112.50 **7.** \$288.75 **9.** \$157.50 **11.** \$247.50 **13.** 3.75%; Uso la fórmula de interés simple y resuelvo *r*. $328.13 = 2{,}500 \cdot 3.5 \cdot r$; $r = 3.75$ **15.** Ejemplo de respuesta: Si la tasa se duplica, entonces el interés se duplica a \$80. Si el tiempo se duplica, entonces el interés también se duplica a \$80.

Lección 2-6 Comisiones y honorarios, Páginas de práctica 113-114

1. \$391 **3.** \$27,273 **5.** \$20,000 **7.** \$12 **9.** Empleo 2; \$108.75 **11.** Ejemplo de respuesta: El estudiante escribió el porcentaje como 65 sobre 100. Debería ser 6.5 sobre 100. La comisión debería ser \$34.13. **13.** verdadero; Ejemplo de respuesta: Podrías ganar 0.5% de una venta de \$5,000 en joyas. El 0.5% de \$5,000 es \$25.

Lección 2-7 Porcentaje de error, Páginas de práctica 119-120

1. 30% **3.** 36.9% **5.** 1.01% **7.** 34.1% **9.** 4% **11.** El estudiante se olvidó de escribir el valor del error como un porcentaje. 0.12 = 12% **13.** El denominador será 0 en el cálculo. Un denominador de 0 es indefinido y, por lo tanto, el porcentaje sería indefinido.

Módulo 2 Repaso Páginas 123-124

1. 48% **3.** B

5.

	Sí	No
Subtotal: \$129.50 Propina: \$23.27		x
Subtotal: \$98.40 Propina: \$17.71	x	
Subtotal: \$142.17 Propina: \$22.75		x

7. 47.19 **9.** Existen en verdad 118 elementos. El valor del error en la estimación de Clark es 10. El porcentaje de error en la estimación de Clark es del 8.5%, redondeado a la décima más cercana. **11.** \$64,815; Resolví la proporción $\frac{3{,}500}{x} = \frac{5.4}{100}$.

Lección 3-1 Sumar enteros, Páginas de práctica 137-138

1. -11 **3.** -26 **5.** -17 **7.** -40 **9.** -20 **11.** -1 **13.** 76 m más arriba **15.** Tasha; $1 **17a.** -1 **17b.** 3 **17c.** 0 **19.** Ejemplo de respuesta: 2 y -2 son inversos de suma y la suma de cualquier número y su inverso es cero. El entero 3 es positivo, entonces la suma será positiva.

Lección 3-2 Restar enteros, Páginas de práctica 147-148

1. 11 **3.** 76 **5.** -10 **7.** -6 **9.** 22 **11.** -37 **13.** 19 unidades **15.** 440 pies **17.** Utah; Nevada **19.** El estudiante escribió erróneamente $4 - 2$ en lugar de $4 + 2$. La solución correcta es 6. **21.** a veces; Ejemplo de respuesta: $-10 - (-40) = 30$ y $-28 - (-13) = -15$.

Lección 3-3 Multiplicar enteros, Páginas de práctica 157-158

1. -28 **3.** -108 **5.** 100 **7.** -140 **9.** -192 **11.** 70 **13.** 756 **15.** -63 puntos **17.** sí; Al finalizar enero, contaba con $1,300 −$1,250, o $50 en su cuenta. $50 • 12 = $600 y $600 > $500. **19a.** Propiedad multiplicativa de identidad **19b.** Propiedad conmutativa de la multiplicación **21.** -8 y 8

Lección 3-4 Dividir enteros, Páginas de práctica 165-166

1. -11 **3.** -25 **5.** 3 **7.** -16 **9.** -4 **11.** 3 **13.** -60 **15.** 16 semanas **17.** no; Ejemplo de respuesta: La propiedad asociativa no se aplica a la división de enteros debido a que la manera en que se agrupan afecta la solución. $[12 \div (-6)] \div 2 = -1$; $12 \div [(-6 \div 2)] = -4$ **19.** Ejemplo de respuesta: le pidió prestado a su madre un total de $50 en cantidades iguales durante 5 días. ¿Cuánto dinero pidió prestado por día? −$10

Lección 3-5 Realizar operaciones con enteros, Páginas de práctica 169-170

1. -39 **3.** 22 **5.** -105 **7.** -6 **9.** -7 **11.** 10 **13.** −$200 **15.** Chicago; Oklahoma City; La diferencia entre máxima y mínima en Chicago es 40 °C − (−33 °C), o 77 °C. La diferencia entre máxima y mínima en Nashville es 42 °C − (−27 °C), o 69°C. La diferencia máxima y mínima en Oklahoma City es 43 °C − (−22 °C), o 65°C. $77 > 69 > 65$ **17.** El estudiante restó 9 en lugar de sumar el inverso de suma. La respuesta correcta debería ser -63. **19.** no; De acuerdo con el orden de las operaciones, la multiplicación debería realizarse de izquierda a derecha antes de la resta.

Lección 3-6 Números racionales, Páginas de práctica 179-180

1. 0.625; finito **3.** $0.\overline{2}$; no finito **5.** -0.8; finito **7.** $\frac{8}{9}$ **9.** $-1\frac{5}{9}$ **11A.** 0.3; finito **11B.** $0.0\overline{3}$; no finito **15.** Cho, Kevin, Sydney **17.** no; Ejemplo de respuesta: $0.\overline{5} = \frac{5}{9}$ **17.** $0.\overline{2}$, $0.\overline{50}$ y $0.\overline{98}$; Ejemplo de respuesta: Cuando el denominador de la fracción es 9 o 99, el numerador de la fracción es la parte periódica del decimal.

Lección 3-7 Sumar y restar con números racionales, Páginas de práctica 193-194

1. $\frac{1}{2}$ **3.** $-\frac{9}{10}$ **5.** $37.20; Ejemplo de respuesta: Quinn le dio $37.20 a su hermano para que comprara el regalo de cumpleaños. **7.** $1\frac{17}{24}$, o $1.708\overline{3}$ **9.** $4\frac{13}{30}$, o $4.4\overline{3}$ **11.** 1.45, o $1\frac{9}{20}$ **13.** $11\frac{1}{6}$, o $11.1\overline{6}$ **15.** 20.8 pulg., o $20\frac{4}{5}$ pulg. **17.** 55 libras **19.** Ejemplo de respuesta: $3\frac{1}{2} + 1\frac{1}{16}$; $4\frac{9}{16}$ **21.** Ejemplo de respuesta: El estudiante halló un denominador común, pero no el mínimo común denominador. El mínimo común denominador de 9, 3 y 6 es 18.

Lección 3-8 Multiplicar y dividir números racionales, Páginas de práctica 207–208

1. $\frac{2}{5}$ **3.** $-7\frac{9}{16}$ **5.** -4, o $-\frac{4}{1}$ **7.** $-2\frac{11}{17}$
9. -6, o $-\frac{6}{1}$ **11.** -1, o $-\frac{1}{1}$ **13.** -8, o $-\frac{8}{1}$
15. -3.99, o $-3\frac{99}{100}$ **17.** $\$135.30$ **19.** falso;
Ejemplo de respuesta: $\frac{1}{2}\left(2\frac{1}{4}\right) = 1\frac{1}{8}$ y $1\frac{1}{8} < 2\frac{1}{4}$
21. $20 \div \frac{3}{4}$; Si se multiplica 20 por un número menor que 1, dará como resultado un número menor a 20. Si se divide 20 por un número menor a 1, dará como resultado un número mayor a 20.

Lección 3-9 Aplicar operaciones con números racionales, Páginas de práctica 213–214

1. -2.55, o $-2\frac{11}{20}$ **3.** -1.825, o $-1\frac{33}{40}$ **5.** 0.5, o $\frac{1}{2}$ **7.** -1.85, o $-1\frac{17}{20}$ **9.** 0.26, o $\frac{13}{50}$
11. 0.28, o $\frac{7}{25}$ **13.** 33.6 **15.** $\frac{3}{4}$ taza de avena; $1\frac{7}{8}$ tazas de arándanos **17.** $\left(\frac{1}{2} \times 120 \times 0.25\right) + \left(\frac{1}{5} \times 120 \times 0.75\right) + \left(\frac{3}{10} \times 120 \times 1.50\right)$; $\$87$
19. Ejemplo de respuesta: El propietario de una vivienda quiere cerrar su propiedad con una cerca. La propiedad rectangular mide $25\frac{1}{3}$ yardas de ancho y $30\frac{2}{3}$ yardas de largo. La cerca se vende en secciones de 8 pies y cuesta $\$45.50$ por sección. ¿Cuánto costará cerrar con una cerca la propiedad rectangular? $\$1,911$

Módulo 3 Repaso Páginas 217–218

1A. Propiedad conmutativa; Ejemplo de respuesta: Uno de los métodos que pueden usarse para sumar tres o más enteros es agrupar los que tienen el mismo signo y, luego, sumar. **1B.** 35 **3.** –72 **5.** El punto de congelación es 0 °C. El punto de ebullición es 100 °C. **7.** 102.875, o $107\frac{7}{8}$ libras **9.** A
11. $\$47.25$; Ejemplo de respuesta: Dividí 31.5 por el ancho de la caja de DVD, 0.6, y obtuve 52.5. Entonces, cada estante puede sostener 52 DVD. Dividí 132 por 52 y obtuve 2.5. Por lo tanto, sé que necesito 3 estantes. Luego, multipliqué 3 por el costo del estante, $\$15.75$.

Lección 4-1 Potencias y exponentes, Páginas de práctica 229–230

1. $(-7)^2 \cdot 5^4$ **3.** 65 **5.** $7\frac{7}{16}$ **7.** $>$
9. $\left(-\frac{4}{5}\right)^3$; $3^5 - 10^4$; $(9.8)^2 - 10^2$ **11.** 8,200 lagos
13. Ejemplo de respuesta: Sustituyó -4 por x, pero debería haber elevado -4 a la segunda potencia, no solo 4. Colocar paréntesis alrededor del -4 lo hubiera ayudado a elevar el valor correcto a la segunda potencia. El valor correcto de la expresión es 729. **15.** Es incorrecto. Dado que $4^2 = 2^4$, el primer conjunto de expresiones son iguales. Distinto es el caso de $\left(\frac{1}{3}\right)^2$ y $\left(\frac{1}{2}\right)^3$ porque $\left(\frac{1}{3}\right)^2 = \frac{1}{9}$ y $\left(\frac{1}{2}\right)^3 = \frac{1}{8}$.

Lección 4-2 Multiplicar y dividir monomios, Páginas de práctica 241–242

1. 3^9 o 19,683 **3.** $24m^4n^5$ **5.** b^7 **7.** 10^3 o 1,000 **9.** a^2c^5 **11.** Plato B **13.** 4^{16}; ejemplo de respuesta: *cuatro veces* 4^{15} se traduce en $4 \cdot 4^{15}$, que se simplifica a 4^{16}. **15.** $n = 5$

Lección 4-3 Potencias de monomios, Páginas de práctica 249–250

1. 7^6, o 117,649 **3.** d^{42} **5.** $64m^{30}$
7. $-243w^{15}z^{40}$ **9.** $(6^2)^3$; $(6^2)^3 = 46,656$ y $46,656 > 1,000$ **11.** $49x^6y^{10}$ fichas
13. Ejemplo de respuesta: Mediante la ley de exponentes de potencia de una potencia, ambas expresiones se simplifican a 4^8. La multiplicación es conmutativa, de modo que $2 \cdot 4$ es lo mismo que $4 \cdot 2$. **15.** $[(-4)^4]^5$; Ejemplo de respuesta: Mediante la propiedad de potencia de una potencia, $[(-4)^4]^5$ se simplifica $(-4)^{20}$, número positivo. La expresión $-[(4^{12})^3]$ se simplifica a $-(4^{36})$, número negativo.

Lección 4-4 Exponentes cero y negativos, Páginas de práctica 259–260

1. 1 **3.** $\frac{1}{8^4}$ **5.** d^{-6} **7.** $\frac{1}{81}$ **9.** x^4 **11.** 1 **13.** 10^{12} veces mayor **15.** 5^{-7}, 5^0, 5^4; Ejemplo de respuesta: Escrito con un exponente positivo, 5^{-7} es $\frac{1}{5^7}$ y es menor a 1, 5^0 equivale a 1, y 5^4 es mayor a 1. **17.** Son equivalentes; Ejemplo de respuesta: Ambas expresiones se simplifican a 1.

Lección 4-5 Notación científica, Páginas de práctica 271–272

1. 1,600 **3.** 0.0000083 **5.** 2.204×10^9 **7.** 5 kilómetros; Ejemplo de respuesta: El número 5×10^6 milímetros es innecesariamente grande y sería difícil de visualizar. Elegir la unidad de medida más grande es más apropiado. **9.** alrededor de 2×10^{-3} pulgadas **11.** 1,089,822 insectos **13.** 1.5×10^5 **15.** Ejemplo de respuesta: Katrina no tuvo en cuenta el valor posicional y las potencias de diez. El número 3.5×10^4, en forma estándar, es 35,000. El número 2.1×10^6 es 2,100,000. Por ende, 2.1×10^6 es mayor.

Lección 4-6 Calcular con notación científica, Páginas de práctica 279–280

1. 3×10^{22} **3.** 1.2913×10^5 **5.** alrededor de 2.72×10^8 segundos **7.** 9.6×10^{-4} gramos **9.** Ejemplo de respuesta: Cada número tiene un factor que es potencia de 10. Dado que las bases son iguales, estas propiedades pueden aplicarse para multiplicar o dividir las potencias de 10. **11.** Ejemplo de respuesta: Halló $5.78 \div 2$ como 2.89, pero incorrectamente halló la potencia de diez. El numerador es 10^5, y el denominador es 10^{-6}. Al dividir, la potencia resultante de diez es 10^{11}. La respuesta correcta debería ser 2.89×10^{11}.

Módulo 4 Repaso Páginas 283–284

1. B **3.** Harrisburg, Liberty Crossing, Glenview

5.

	verdadero	falso
$(d^4)^3 = d^{12}$	X	
$(n^5)^{10} = n^{15}$		X
$(k^7)^3 = k^{21}$	X	

7. 6^{-4} **9.** A **11.** 0.0072 **13.** 7.75×10^7

Lección 5-1 Raíces, Páginas de práctica 297–298

1. 19 **3.** $-\frac{3}{4}$ **5.** ± 0.2 **7.** -8 **9.** 14 plantas **11.** 24 pies **13.** Ejemplo de respuesta: El número racional 2, elevado al cubo, tiene como resultado 8. Sin embargo, no existe un número racional que, al multiplicarse por sí mismo, sea igual a 8. **15.** 9,261.

Lección 5-2 Números reales, Páginas de práctica 307–308

1. irracional **3.** racional **5.** racional **7.** irracional **9.** A, C, D, E **11.** A, C **13.** verdadero; Ejemplo de respuesta: Todos los enteros pueden expresarse como la razón $\frac{a}{b}$, donde a y b son enteros y $b \neq 0$, que es la definición de un número racional. Por lo tanto, todos los enteros son números racionales. **15.** Ejemplo de respuesta: Usaría una calculadora para hallar $\sqrt{8}$. La calculadora muestra 2.82842712474619. Entonces, multiplicaría ese resultado por sí mismo, sin usar el botón x^2. Si la solución es 8, entonces es un decimal finito. Si la solución no es 8, entonces sé que la calculadora redondeó la solución original y que no es un decimal finito. **17.** falso; La definición de un número racional es un número expresado como la razón $\frac{a}{b}$, donde a y b son enteros y $b \neq 0$. En la razón $\frac{\sqrt{2}}{1}$, $\sqrt{2}$ no es un entero, por lo tanto, no cumple con la definición de un número racional.

Lección 5-3 Estimar números irracionales, Páginas de práctica 317–318

1. 11 **3.** 4 **5.** 17.2 **7.** 3.3 **9.** 21.2 millas por hora **11.** 22.1 **13.** alrededor de 12 pies
15. Ejemplo de respuesta: Para escribir el valor exacto de la raíz cuadrada de un cuadrado no perfecto, como $\sqrt{13}$, lo dejaría escrito como $\sqrt{13}$. La forma decimal debería redondearse, sin importar cuántos lugares decimales escribí.
17. Ejemplo de respuesta: Del mismo modo que puedo estimar raíces cuadradas y cúbicas, podría hallar la raíz cuarta más cercana de 20. Dado que $16 < 20 < 81$, la raíz cuarta se encuentra entre 2 y 3. Dado que 20 está más cerca de 16, la raíz cuarta de 20 es alrededor de 2.

Lección 5-4 Comparar y ordenar números reales, Práctica páginas 329–330

1. <

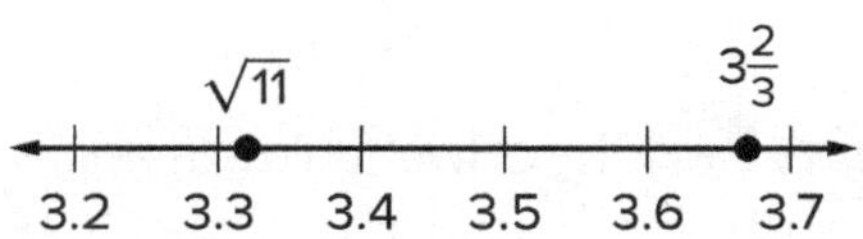

3. <

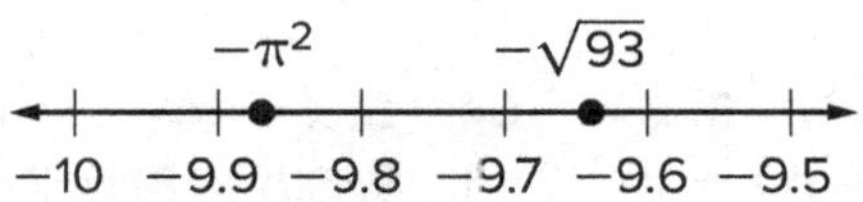

5. $\{\pi, \frac{10}{3}, 3\frac{1}{2}, \sqrt{13}\}$

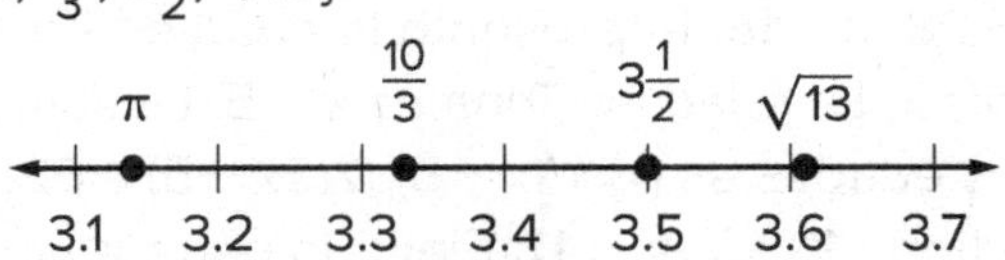

7. mayor que **9.** 0.3 segundos **11.** π; Ejemplo de respuesta: 3.14 puede extenderse a 3.14000... El número π escrito como decimal es 3.141... y 3.141 > 3.140. **13.** Ejemplo de respuesta: 1.7 y $\sqrt{3}$; $1.7 < \sqrt{3}$

Módulo 5 Repaso Páginas 333–334

1. −1.3; 1.3 **3.** $-\frac{9}{11}$; −0.8181... **5A.** falso
5B. Ejemplo de respuesta: −1
7.

	7.	8.	9.
$\sqrt{70}$		X	
$\sqrt{79}$			X
$\sqrt{88}$			X
$\sqrt{52}$	X		
$\sqrt{60}$		X	
$\sqrt{47}$	X		
$\sqrt{65}$		X	

9. 6.92 **11A.** >
11B.

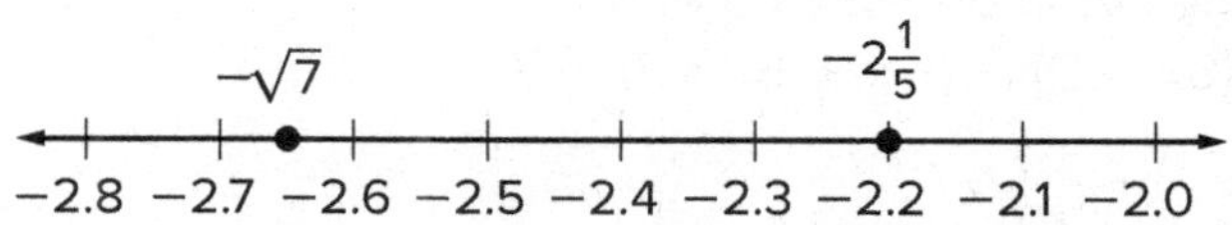

Lección 6-1 Simplificar expresiones algebraicas, Páginas de práctica 345–346

1. $1.25c$ **3.** $-17y - 16z + 4$ **5.** $-7c - 2d - 6$
7. $\frac{3}{10}y + 1\frac{1}{8}$ **9.** $-6x + 10$ **11.** $15y - 10z$
13. $-7x + 14$

15.

Lado del triángulo	Longitud (unidades)
1	$2(a + 3)$
2	$3a - 1$
3	$a - 2$

17. El perímetro del cuadrilátero 1 es $13x + 6$. El perímetro del cuadrilátero 2 es $14x - 5$. El perímetro del cuadrilátero 1 es mayor si $x = 3$. Sí, si x es = 4, el perímetro del cuadrilátero 1 es de 58 unidades y el perímetro del cuadrilátero 2 es de 51 unidades. **19.** Ejemplo de respuesta: El estudiante multiplicó 4 por 3, en vez de −3. $5x - 3(x + 4) = 2x - 12$

Lección 6-2 Sumar expresiones lineales, Páginas de práctica 353–354

1. $2x + 7$ **3.** $-3x - 4$ **5.** $-14x + 1$ **7.** $\frac{7}{16}x + 2$ **9.** $x + \frac{1}{3}$ **11.** $-\frac{5}{12}x - 8$ **13.** $10x + 4$ unidades o $2(5x + 2)$ unidades **15.** $258 **17.** $5x - 3$ **19.** La suma será cero cuando los coeficientes de los términos x sean opuestos.

Lección 6-3 Restar expresiones lineales, Páginas de práctica 361–362

1. $-3x + 6$ **3.** $4x + 8$ **5.** $2x + 1$ **7.** $-8x - 9$ **9.** $\frac{4}{15}x + \frac{7}{8}$ **11.** $-\frac{1}{2}x - \frac{1}{3}$ **13.** $(3x + 4)$ puntos **15.** $374 **17.** $6x + 3$ **19.** Ejemplo de respuesta: El estudiante solo sumó el inverso de suma de $-x$ y no el 5.
$(6x - 2) - (-x + 5) = 7x - 7$

Lección 6-4 Descomponer en factores las expresiones lineales, Páginas de práctica 369–370

1. $4y$ **3.** $8m$ **5.** $14ab$ **7.** $5(x + 7)$ **9.** no puede descomponerse **11.** $18x(4 - y)$ **13.** no puede descomponerse **15.** $\frac{1}{2}(x + 1)$ **17.** $9 **19.** Ejemplo de respuesta: $3x$, $9x$ **21.** c. $7x + 3$; Todas las demás expresiones pueden descomponerse en factores, pero $7x + 3$, no.

Lección 6-5 Combinar operaciones con expresiones lineales, Páginas de práctica 375–376

1. $4(2x + 3)$ **3.** $15(x + 2)$ **5.** $\frac{13}{24}x - 3$ **7.** $\frac{3}{4}x + 5$ **9.** $2(7x + 11)$ **11.** $12(x - 1)$ **13.** $2(9x + 4)$ **15.** $5(3x + 13)$ **17.** Ejemplo de respuesta: El estudiante olvidó distribuir -3 en ambos términos dentro del paréntesis. Solo lo distribuyó en el primer término. La respuesta correcta es $3(x - 2)$. **19a.** Ejemplo de respuesta: $\frac{1}{2}(x + 12)$ **19b.** Ejemplo de respuesta: $\frac{3}{4}(x - 24)$

Módulo 6 Repaso Páginas 379-380

1. $1.15c$ **3A.** Triángulo 1: $-6x + 105$; Triángulo 2: $20x - 30$ **3B.** Triángulo 1 **5.** C **7.** $-\frac{1}{2}x - 2$; Ejemplo de respuesta: Usé la propiedad distributiva para el signo de resta en el segundo paréntesis. Luego, usé la propiedad conmutativa para agrupar los términos semejantes. Luego, combiné los términos semejantes. **9.** C **11.** A **13.** $2x - 3$

Lección 7-1 Escribir y resolver ecuaciones de dos pasos: $px + q = r$, Páginas de práctica 393–394

1. $x = 3$ **3.** $x = 3$ **5.** $x = -36$ **7.** $29.50p + 15 = 133$; 4 personas **9.** $100\frac{1}{5} - 10\frac{4}{5}m = 57$; 4 min **11.** 5 canastas de frutas **13.** $237.50 **15.** 16 años **17.** El estudiante sumó –5 a los dos lados, en vez de sumar +5 a los dos lados. La solución es $x = 10$.

Lección 7-2 Escribir y resolver ecuaciones de dos pasos: $p(x + q) = r$, Páginas de práctica 405–406

1. $x = -13$ **3.** $x = -64$ **5.** $x = 14$ **7.** $6\left(1\frac{1}{4} + b\right) = 10$; $\frac{5}{12}$ yd **9.** $3(b - 8) = 21$; 15 globos **11.** $5(p - 1.50) = 48.75$; $11.25 **13.** 15.88 m **15.** Represento la edad de Keith como $= x$. La edad de Trina es $x - 5$. La suma de sus edades es $(x) + (x - 5)$. $2(2x - 5) = 62$; Keith tiene 18 años. **17.** Ejemplo de respuesta: Vas con 11 amigos a jugar a los bolos. El alquiler de los zapatos cuesta $2.50. El costo total de un juego y el alquiler de zapatos para todos es de $78. ¿Cuál es el costo de un juego de bolos para una persona?; $4

Lección 7-3 Escribir y resolver ecuaciones con variables en cada lado, Páginas de práctica 417–418

1. $x = -3$ **3.** $x = 14$ **5.** Que m = la cantidad de meses; $45 + 4m = 61 + 2m$; 8 meses
7. $15 - 0.75g = 13 - 0.50g$; 8 juegos **9.** \$780
11. Si m = la cantidad de horas trabajadas el lunes; $m + (m + 3) + (2m + 1) = 5m + 2$; 2 horas

Lección 7-4 Escribir y resolver ecuaciones de varios pasos, Páginas de práctica 429–430

1. $x = -2$ **3.** $x = 4$ **5.** Si ℓ = la longitud; $86\frac{1}{2} = 2\ell + 2\left(2\ell - 40\frac{3}{4}\right)$; 28 pies
7. -5 **9.** $3x + 4x + 5x = 4(x + 2)$; $x = 1$; 3 unidades **11.** $(2x + 3) + 2(2x + 3) + 2[(2x + 3) + 2(2x + 3)] = 477$; \$53

Lección 7-5 Determinar la cantidad de soluciones, Páginas de práctica 439–440

1. No tiene solución. **3.** número infinito de soluciones **5.** $-5x - 70$ **7.** Ejemplos de constante: $-12x + 6$ **9.** D **11.** Fatima
13. Ejemplo de respuesta: La solución $x = 0$ significa que 0 es la solución de la ecuación y que la ecuación tiene una única solución, 0.
15. Ejemplo de respuesta: una solución: $-4x + 7 = -5x + 9$; No tiene solución: $-4x + 7 = -4x + 8$; número infinito de soluciones: $-4x + 7 = -4x + 7$

Lección 7-6 Escribir y resolver desigualdades de sumas y restas de un paso, Páginas de práctica 451–452

1. $x \geq 6$

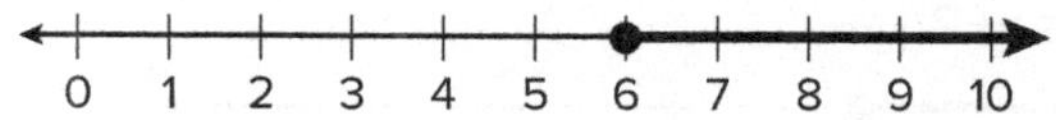

3. $x \geq 2\frac{2}{3}$

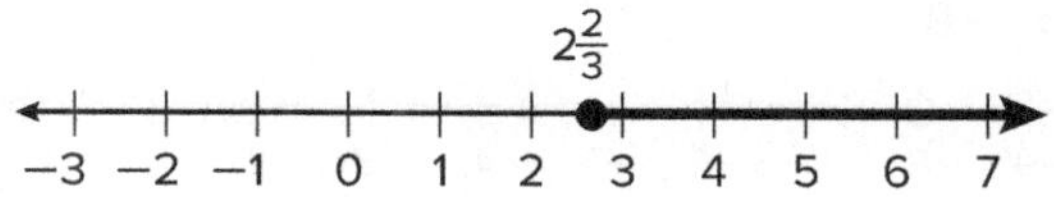

5. $x \leq -5$

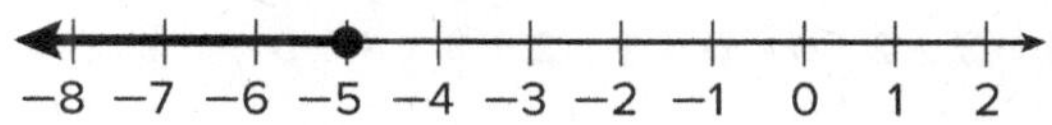

7. $-50 + x > -35$; $x > 15$; El delfín ascendió más de 15 pies.
9. $x - (-2) < 27$; $x < 25$; La temperatura maxima mensual fue de menos de 25 °F.
11. Ejemplo de respuesta: un paquete de palomitas de maíz y un caramelo **13.** Ejemplo de respuesta: En un autobús escolar caben 40 estudiantes como máximo y hasta ahora ya se subieron 30. ¿Cuántos estudiantes más pueden subir al autobús? **15.** Ejemplo de respuesta: Petra debe escribir un informe con más de 1,000 palabras para su clase de historia. Ya escribió 684. Escribe y resuelve una desigualdad para averiguar cuántas palabras más debe escribir.
$684 + x > 1{,}000$; $x > 316$ palabras.

Lección 7-7 Escribir y resolver desigualdades de multiplicaciones y divisiones de un paso, Páginas de práctica 465–466

1. $x \leq -2$

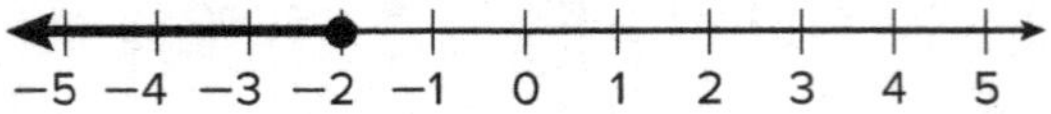

3. $x > -8$

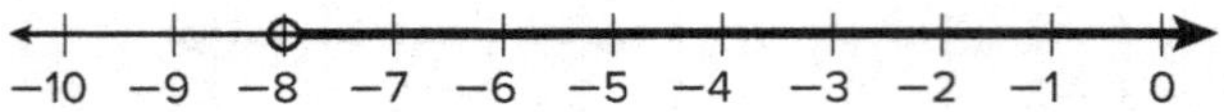

5. $x \geq 3$

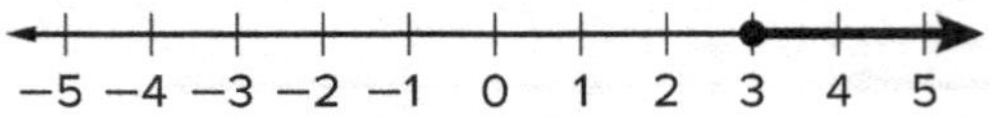

7. $6x \geq 168$; $x \geq 28$; Hermes debe cuidar niños 28 o más. **9.** $\frac{x}{4.25} \leq 12$; $x \leq 51$; Chase debe comprar al menos 51 pulgadas de tela.

11. $367.50 como máximo **13.** Ejemplo de respuesta: Kail gana $4 por cada perro que pasea. Necesita $100 como mínimo para comprarse un par de botas de esquí. Escribe y resuelve una desigualdad para determinar cuántos perros debe pasear para comprar las botas. **15.** $\frac{x}{-3} \geq -2$; La solución de esta desigualdad es $x \leq 6$. La solución de las otras tres desigualdades es $x \geq 6$

Lección 7-8 Escribir y resolver desigualdades de dos pasos, Páginas de práctica 477–478

1. $x < -5$

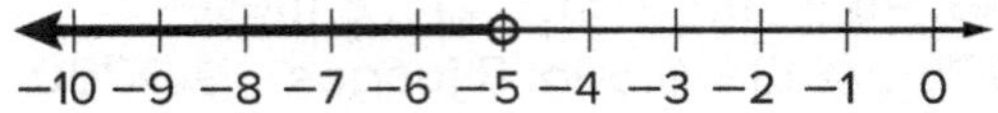

3. $x \leq 3$

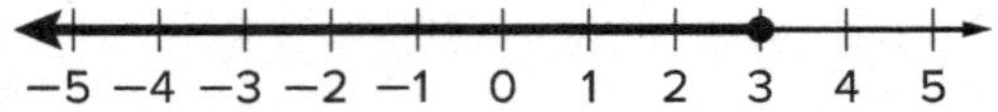

5. $x < 1\frac{3}{4}$

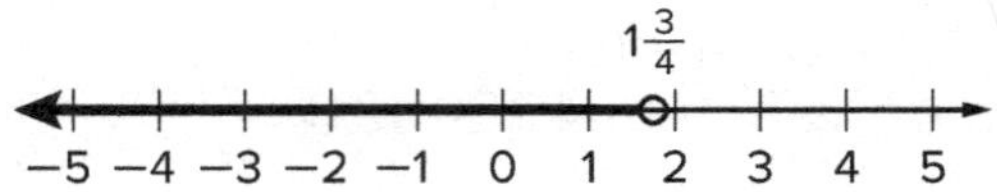

7. $15 + 4x \leq 27$, $x \leq 3$; Margie puede alquilar la bicicleta por hasta 3 horas. **9.** $20 - 3.5x \geq 7.75$, $x \leq 3.5$; Douglas puede correr en *kart* no más de 3 veces. **11.** un puntaje de 16 puntos como mínimo **13.** $x > -4$

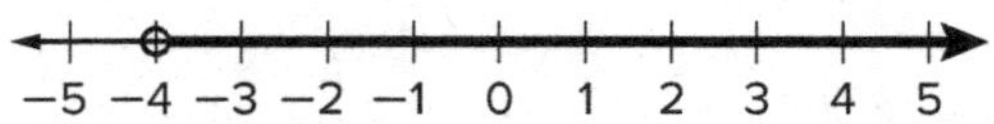

15. Ejemplo de respuesta: Sumo $2x$ a cada lado de la desigualdad antes de resolverla.

Módulo 7 Repaso Páginas 481–482

1. $t = -3$ **3.** -7 **5.** $5m + 20 = 7m$; $m = 10$
7. A **9.** x = costo de la camiseta; $59 + 2x \leq 75$; $x \leq 8$; Ejemplo de respuesta: Según la solución, cada camiseta puede costar $8 o menos.
11. < 3 **13.** $z \leq -1.25$; Ejemplo de respuesta: La dirección del símbolo de desigualdad no está invertida porque no tuve que multiplicar ni dividir cada lado de la desigualdad por un número negativo para hallar z.